纳米酶
NANOZYME

魏辉 主编

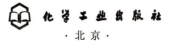

化学工业出版社
·北京·

内容简介

纳米酶是蕴含酶学特性的功能纳米材料。纳米酶的发现源于生物、化学、材料、物理、医学等领域研究者的通力合作，这一发现打破了纳米材料无酶学催化活性的传统认知，不仅开拓了酶学等诸多学科的研究视野，更为能有效利用多学科交叉思维与方法解决人类在健康、环境、能源、农业、安全等方面的挑战注入了新思路。

本书分为四篇，较为系统地阐述了这一新兴领域的基本概念、理论和应用，具体包括纳米酶的概念与特点、纳米酶相关催化反应理论基础、典型纳米酶、纳米酶设计与调控以及纳米酶应用。

本书适合作为高年级本科生、研究生及相关领域研究人员的教学用书或参考书。

图书在版编目（CIP）数据

纳米酶 / 魏辉主编． -- 北京 ： 化学工业出版社，2025．7（2025.10重印）． -- ISBN 978-7-122-47428-5

Ⅰ．TB383

中国国家版本馆CIP数据核字第20251CA875号

责任编辑：李晓红　　　　　　　　文字编辑：王文莉
责任校对：王鹏飞　　　　　　　　装帧设计：王晓宇

出版发行：化学工业出版社
　　　　　（北京市东城区青年湖南街13号　邮政编码100011）
印　　装：北京建宏印刷有限公司
710mm×1000mm　1/16　印张24¼　字数469千字
2025年10月北京第1版第2次印刷

购书咨询：010-64518888
售后服务：010-64518899
网　　址：http://www.cip.com.cn
凡购买本书，如有缺损质量问题，本社销售中心负责调换。

定　　价：248.00元　　　　　　　　版权所有　违者必究

NANOZYME

酶，一般是指具有催化活性的蛋白质或者核酸。酶不仅在生命体系，还在工业生产中发挥着重要作用。然而，因其生物分子的特性，酶在实际应用中也面临着一些挑战，如稳定性较差、生产成本较高等。为了解决酶的这些缺点，模拟酶应运而生。模拟酶是能模拟天然酶功能的各种材料的总称。自20世纪60年代Ronald Breslow等人利用环糊精模拟酶以来，该领域就得到了快速发展。由于传统材料的限制，以环糊精为代表的模拟酶一直未能取得突破性进展。

20世纪末21世纪初，纳米科技的飞速发展为新型模拟酶的研发提供了契机。我国科学家阎锡蕴等人与来自生物、化学、材料和医学等领域的研究者通力合作，打破传统学科界限，经过多年的努力，于2007年在国际上报道了首例四氧化三铁纳米酶，从此改变了人们对纳米材料生物惰性的传统认知。

纳米酶是指具有类酶活性的功能纳米材料。与天然酶或传统模拟酶相比，纳米酶具有高稳定性、易于规模化生产和低成本等显著优点；更为重要的是，可以利用纳米材料的特性对其进行精确设计，以有效调控其类酶催化活性和多功能性，从而实现不同的应用需求。目前全球已有50多个国家和地区的400多个实验室从事纳米酶研究，其研究范围从纳米酶材料开发拓展到了生物、农业、医学、环境治理和国防安全等多个领域，逐渐形成了纳米酶学研究的新领域。

近年来，有 *Nanozymology*、*Nanozymes: Next Wave of Artificial Enzymes* 等英文专著相继出版，但尚未见相关中文专著出版。鉴于本研究领域的蓬勃发展，纳米酶新材料、新机制、新应用等层出不穷，编者在自己科研和教学的基础上，汇总国内外研究者的成果，不揣冒昧，尝试编写此书。

本书作为首部纳米酶的中文专著，内容涵盖了纳米酶的基本概念、理论和应用，具体包括纳米酶的概念与特点、纳米酶相关催化反应理论基础、典型纳米酶、纳米酶设计与调控以及纳米酶应用。全书分为四篇共20章。第Ⅰ篇为基础篇，包含第1、2章：第1章介绍纳米酶的基本概念及其特点；第2章介绍相关催化反应的基本概念。第Ⅱ篇为典型纳米酶篇，包含第3～12章：第3～10章分别介绍氧化酶、过氧化物酶、过氧化氢酶、超氧化物歧化酶、水解酶、裂解型纳米酶、异构型纳米酶及连接酶的基本结构及相应的模拟酶与纳米酶；第11章介绍模拟其他酶的纳米酶；第 12 章介绍具有多酶活性的纳米酶。第Ⅲ篇为设计与调控篇，包含第 13、14 章；第 13 章阐述当前纳米酶的设计策略；第 14 章介绍调控纳米酶活性的基本方法。第Ⅳ篇为应用篇，包含第 15~20 章，介绍纳米酶目前及未来可能的应用方向：第 15 章介绍纳米酶在生物分析检测方面的应用；第 16 章介绍纳米酶在医学治疗方面的应用；第 17~20 章分别阐述纳米酶在环境、国防、合成及农业方面的应用。

编者希望本书的出版能鼓励并吸引更多研究人员加入这一领域，使我国继续在这一领域保持引领地位。编者虽有如此愿望，但受知识所限，可能会有疏漏，恳请读者批评指正。

本书编写分工如下：第 1 章王权、李思蓉、王小宇；第 2 章李通、王雨婷；第 3 章第 3.1、3.2 节张益宏、赵婧媛，3.3 节磨东泽、赵婧媛，3.4 节刘雨风、王雨婷；第 4 章第 4.1~4.3 节张益宏，4.4 节王小宇；第 5 章第 5.1、5.2 节刘雨风，5.3、5.4 节杜江；第 6 章第 6.1 节梅琦、张敏萱，6.2 节张敏萱，6.3、6.4 节刘全艺、张益宏、杜衍；第 7 章第 7.1、7.2 节孙琦、张晶晶，7.3 节周子君；第 8 章张益宏、陈夕雯、林安琪；第 9 章第 9.1 节张涵洁，9.2、9.3 节顾芗；第 10 章第 10.1、10.2 节冯佳媛，10.3 节周敏；第 11 章第 11.1、11.2 节张涵洁，11.3 节顾芗；第 12 章杜江；第 13 章刘淑杰；第 14 章魏艮、李通；第 15 章王建森、刘宛灵；第 16 章第 16.1 节周敏，16.2 节魏艮，16.3 节王雨婷，16.4 节陈夕雯，16.5 节张敏萱，16.6 节刘宛灵，16.7 节崔小苗，16.8 节孙琦；第 17 章龙超、王明；第 18 章周子君；第 19 章孙琦、李通、程远、张晶晶；第 20 章刘宛灵、张益宏。封面图片由陈晓红创作绘画。

本书的出版，得益于国内外研究者在纳米酶领域的不懈努力；受益于很多师长和朋友的热情鼓励和无私帮助；也离不开编者研究组成员的支持，特别是张益宏、李通、刘宛灵三位成员帮忙完成了本书的统稿与定稿工作。在此一并表示衷心的感谢。特别感谢化学工业出版社编辑的耐心、鼓励、帮助，使得本书写作得以完成。

编者

2025 年 5 月

NANOZYME

目录
CONTENTS

Ⅱ 典型纳米酶篇

第 7 章　水解酶 154

第 8 章　裂解酶 173

第 20 章　农业应用

NANOZYME

I 基础篇

　　正如酶学研究借鉴和使用了非酶催化反应的许多名词和概念，本书也将借鉴和使用酶催化反应及非酶催化反应的名词和概念来阐述纳米酶的催化反应。

第 1 章　绪论

天然酶（简称酶）是由细胞合成的高效生物催化剂，可以在生理条件下催化生命体内各种重要的化学反应。酶催化反应具有好的底物专一性、强的反应选择性、高的催化效率，且反应条件通常较为温和（例如室温、环境压力、水溶液等）。酶不仅在生命体系反应中发挥着核心作用，而且已被广泛应用于生物医学、生物制药、食品工业、农业、环境、能源等领域。

1.1　从酶到模拟酶

已发现的酶从化学组成上可以分为两大类——蛋白质酶和核酶，它们都具有精巧复杂的三维结构。这些精巧复杂的结构使得酶不可避免地面临易于变性、难于制备、生产成本高、不易回收等缺点。这些缺点限制了酶的实际应用。另外，在酶学研究早期，因缺乏有效的研究工具，酶精巧复杂的三维结构阻碍了人们对其结构（特别是活性位点）及催化机制的研究。为克服酶的上述缺点以拓展其应用范围，同时为深入理解酶的催化机制，模拟酶研究应运而生。

模拟酶（亦称"人工酶"）是能模拟酶催化功能的各种材料的总称❶。自20世纪中期以来，人们逐步开展模拟酶的研究。Ronald Breslow 等人在其开创性工作中使用环糊精及其衍生物来模拟各种酶，如水解酶、细胞色素 P-450[1]。受到这些研究的启发，人们进一步研究了诸如金属配合物、聚合物、超分子和生物分子（例如核酸、催化抗体和蛋白质）等许多类型的材料以模拟各种天然酶[2]。模拟酶的研究一方面能解决酶稳定性差、成本高等不足，另一方面通过模仿酶的催化活性中心，有助于印证酶的活性中心结构，深入理解酶的催化机制❷[3,4]。

除模拟已知的酶催化反应外，研究者还利用模拟酶实现了当时尚未被发现的酶催化反应，并在后续的研究中发现存在相应的天然酶。如在 20 世纪 80 年代初，

---

❶ "模拟酶"与"人工酶"的概念有所不同，本书对二者不做区分。本书中，二者均指"能模仿酶催化功能的材料"。

❷ 早期研究中，结构复杂的酶由于其结构缺乏足够高的分辨率，以至于酶的确切活性中心不易确定。一个典型的例子是固氮酶的 FeMo 辅酶的中心原子，最初推测 C、N、O 原子均有可能，后来研究认为很可能是 N 原子，直到 2011 年才被确认为 C 原子。

研究者利用环糊精能结合双底物的特性设计模拟酶，实现了狄尔斯-阿尔德（Diels-Alder）[4＋2] 环加成反应[5]。而能催化狄尔斯-阿尔德反应的酶是十几年后才被发现的，并且最初发现的酶通常缺乏专一性；能单功能催化狄尔斯-阿尔德反应的酶在2011 年才被报道[6]。由此可见，模拟酶除模仿酶催化反应外，还能用于开发新反应，拓展酶催化反应范围。

值得一提的是，模拟酶研究的重要目标是实现"可设计的催化（catalysis by design）"，这也在一定程度上启发了"酶定向进化"的研究。

1.2 从模拟酶到纳米酶

在过去的数十年中，伴随着纳米科技的兴起，各种功能纳米材料被用于模拟酶的催化活性。这些新兴的功能纳米材料现在被统称为"纳米酶"[7,8]。自阎锡蕴研究团队报道首例能模拟过氧化物酶催化的四氧化三铁纳米酶以来，纳米酶研究引起了研究者的广泛关注。迄今已发现诸多种类的纳米材料（如碳、金属、金属氧化物、金属有机骨架材料等）可用于模拟氧化还原酶、水解酶、裂合酶、连接酶等 [9-30]。

纳米酶兼具功能纳米材料与传统模拟酶的双重优点，因此被誉为下一代模拟酶（图 1.1）。作为纳米材料，首先，纳米酶具有丰富的表面化学，可用于修饰各种功能分子；其次，纳米酶不仅可以催化生理环境下的反应，而且可以催化苛刻条件下的反应；再次，除具有类酶催化活性外，纳米酶还具有光、电、磁等其他功能；最后，其还可以通过调控纳米材料的组成、结构等来调控纳米酶的催化活性。作为新型模拟酶，纳米酶可实现大规模生产，兼具稳定性高、经济性好，且易于实现循环使用等优点。因其上述诸多优点，纳米酶被较为广泛地应用于分析检测、疾病诊疗、环境保护等领域，并已在国家安全、农业生产、日化工业等领域开展了探索性研究。

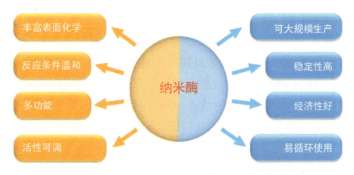

图 1.1　纳米酶兼具功能纳米材料与传统模拟酶特性

1.3　纳米酶的概念及特点

　　纳米酶，亦称"纳米模拟酶"或者"纳米材料模拟酶"，其英文名称为nanozyme[8]。纳米酶，是指具有类酶催化活性的纳米材料。在这一定义的基础上，笔者尝试从多个角度对纳米酶的概念进行阐述。

1.3.1　纳米酶概念的内涵

　　首先，尽管现有纳米酶的材料多为无机纳米材料，但纳米酶的定义并未限制纳米材料的种类。因此，无论是无机纳米材料还是其他纳米材料，只要其能部分或者全部模拟酶的催化功能，则均可以归属于纳米酶。其次，纳米酶的概念主要是从功能属性进行限定，并不强调纳米酶材料具有酶的结构属性。我们给纳米酶下这么广泛的定义，并有意模糊其定义的边界，是考虑到纳米酶作为新兴、交叉的研究领域，这样定义具有更好的包容性和开放性，能更有力地推动纳米酶研究的发展。

　　作为一个理想的纳米酶，至少应具有如下部分（或者全部）特点：首先，能取代或者部分补偿生物体内相应酶的生理功能；其次，应该具有类似酶的活性位点，且活性位点结构明确；再次，活性位点周围具有类似酶的微环境，可以提供底物和催化反应的选择性；最后，能弥补酶稳定性差、成本高等不足。显然，这将是纳米酶领域的一个长期发展目标。

1.3.2　纳米材料为什么能模拟酶

　　直觉上，酶和纳米材料具有很大的差异。对于酶而言，其物质载体为蛋白质或核酸，因而具有明确的序列和结构、均一的分子质量；其催化反应具有高活性、高选择性（底物的选择性和催化的特异性）；催化反应发生在活性位点，而大多数催化活性位点被包埋在蛋白质骨架内部。纳米材料则涵盖无机、有机、杂化等多种材料，除个别种类外，大多数纳米材料形态结构各异，没有确定的分子量；可在极端条件下催化反应；催化的反应多发生在纳米材料表面（包括孔/腔道的表面）。

　　然而，与蛋白质酶相比较，纳米材料与之具有多重相似性，如：二者尺寸均在纳米级别；二者均有不规则、多样化的形貌，且具有丰富的表面性质（如表面电荷、亲疏水性、配体等），为催化底物的结合/识别提供了可能；再者，二者均可催化多种类型的反应。这些相似性使得纳米材料可以模拟酶。

1.3.3　纳米材料仿酶催化功能是材料在纳米尺度的纳米生物效应

　　当材料从宏观尺度缩小到纳米尺度时，会出现一些新奇的纳米效应。已广泛研究的纳米效应涵盖了材料的光学、电学、磁学、力学等性能。如金属材料的尺寸进入纳米尺度显示出诸如表面等离子共振现象的丰富光学特性；又如与可导电的块体石墨不同，特定结构的石墨烯可具有超导性能；再如宏观的磁性材料在尺寸足够小时会展现出超顺磁性能；而宏观尺度脆性的金刚石在纳米尺度具有很好的弹性。

与材料在纳米尺度的这些特性相同，在宏观尺度没有催化活性的材料在纳米尺度会出现催化活性，而纳米酶则在纳米尺度下出现仿酶催化反应活性。一个典型的例子是宏观尺度的铁矿石材料，当尺寸在数十纳米或者更小时会显示出类过氧化物酶催化的活性。

1.3.4　纳米酶与其他催化剂的异同

催化反应可分为均相催化和异相催化。分子催化剂和酶属于均相催化剂，而纳米催化剂则属于异相催化剂。传统模拟酶为分子材料，因此为均相催化剂；纳米酶为纳米材料，故为异相催化剂。与传统纳米催化剂不同，纳米酶概念强调了其蕴含的酶学催化特性，受酶启发通过模仿酶的功能和 / 或结构，设计纳米材料实现相应的生物催化。由此可见，从模拟酶角度而言，纳米酶是新型模拟酶；从纳米催化剂角度而言，纳米酶是仿酶的催化材料。

参考文献

[1]　Breslow, R. Biomimetic chemistry and artificial enzymes: catalysis by design. *Acc. Chem. Res.* **1995**, *28*, 146-153.

[2]　Ronald Breslow. Artificial Enzymes. Weinheim: Wiley-VCH, **2005**.

[3]　Spatzal, T.; Aksoyoglu, M.; Zhang, L.; Andrade, S. L. A.; Schleicher, E.; Weber, S.; Rees, D. C.; Einsle, O. Evidence for interstitial carbon in nitrogenase FeMo Cofactor. *Science* **2011**, *334*, 940-940.

[4]　Lancaster, K. M.; Roemelt, M.; Ettenhuber, P.; Hu, Y.; Ribbe, M. W.; Neese, F.; Bergmann, U.; DeBeer, S. X-ray emission spectroscopy evidences a central carbon in the nitrogenase iron-molybdenum cofactor. *Science* **2011**, *334*, 974-977.

[5]　Rideout, D. C.; Breslow, R. Hydrophobic acceleration of Diels-Alder reactions. *J. Am. Chem. Soc.* **1980**, *102*, 7816-7817.

[6]　Kim, H. J.; Ruszczycky, M. W.; Choi, S. H.; Liu, Y. H.; Liu, H. W. Enzyme-catalysed [4+2] cycloaddition is a key step in the biosynthesis of spinosyn A. *Nature* **2011**, *473*, 109-112.

[7]　Wei, H.; Wang, E. Nanomaterials with enzyme-like characteristics (nanozymes): next-generation artificial enzymes. *Chem. Soc. Rev.* **2013**, *42*, 6060-6093.

[8]　Wei, H.; Gao, L.; Fan, K.; Liu, J.; He, J.; Qu, X.; Dong, S.; Wang, E.; Yan, X. Nanozymes: A clear definition with fuzzy edges. *Nano Today* **2021**, *40*, 101269.

[9]　Gao, L.; Zhuang, J.; Nie, L.; Zhang, J.; Zhang, Y.; Gu, N.; Wang, T.; Feng, J.; Yang, D.; Perrett,

S.; Yan, X. Intrinsic peroxidase-like activity of ferromagnetic nanoparticles. *Nat. Nanotechnol.* **2007**, *2*, 577-583.

[10] Dugan, L. L.; Turetsky, D. M.; Du, C.; Lobner, D.; Wheeler, M.; Almli, C. R.; Shen, C. K. F.; Luh, T. Y.; Choi, D. W.; Lin, T. S. Carboxyfullerenes as neuroprotective agents. *Proc. Natl. Acad. Sci. U.S.A.* **1997**, *94*, 9434-9439.

[11] Ali, S. S.; Hardt, J. I.; Quick, K. L.; Sook Kim-Han, J.; Erlanger, B. F.; Huang, T. T.; Epstein, C. J.; Dugan, L. L. A biologically effective fullerene (C_{60}) derivative with superoxide dismutase mimetic properties. *Free Radical Biol. Med.* **2004**, *37*, 1191-1202.

[12] Manea, F.; Houillon, F. B.; Pasquato, L.; Scrimin, P. Nanozymes: gold-nanoparticle-based transphosphorylation catalysts. *Angew. Chem. Int. Ed.* **2004**, *43*, 6165-6169.

[13] Tarnuzzer, R. W.; Colon, J.; Patil, S.; Seal, S. Vacancy engineered ceria nanostructures for protection from radiation-induced cellular damage. *Nano Lett.* **2005**, *5*, 2573-2577.

[14] Wei, H.; Wang, E. Fe_3O_4 magnetic nanoparticles as peroxidase mimetics and their applications in H_2O_2 and glucose detection. *Anal. Chem.* **2008**, *80*, 2250-2254.

[15] Song, Y.; Qu, K.; Zhao, C.; Ren, J.; Qu, X. Graphene oxide: Intrinsic peroxidase catalytic activity and its application to glucose detection. *Adv. Mater.* **2010**, *22*, 2206-2210.

[16] Guo, Y.; Deng, L.; Li, J.; Guo, S.; Wang, E.; Dong, S. Hemin-graphene hybrid nanosheets with intrinsic peroxidase-like activity for label-free colorimetric detection of single-nucleotide polymorphism. *ACS Nano* **2011**, *5*, 1282-1290.

[17] André, R.; Natálio, F.; Humanes, M.; Leppin, J.; Heinze, K.; Wever, R.; Schröder, H. C.; Müller, W. E. G.; Tremel, W. V_2O_5 nanowires with an intrinsic peroxidase-like activity. *Adv. Funct. Mater.* **2011**, *21*, 501-509.

[18] Fan, K.; Cao, C.; Pan, Y.; Lu, D.; Yang, D.; Feng, J.; Song, L.; Liang, M.; Yan, X. Magnetoferritin nanoparticles for targeting and visualizing tumour tissues. *Nat. Nanotechnol.* **2012**, *7*, 459-464.

[19] Natalio, F.; André, R.; Hartog, A. F.; Stoll, B.; Jochum, K. P.; Wever, R.; Tremel, W. Vanadium pentoxide nanoparticles mimic vanadium haloperoxidases and thwart biofilm formation. *Nat. Nanotechnol.* **2012**, *7*, 530-535.

[20] Chen, Z.; Yin, J.-J.; Zhou, Y.-T.; Zhang, Y.; Song, L.; Song, M.; Hu, S.; Gu, N. Dual enzyme-like activities of iron oxide nanoparticles and their implication for diminishing cytotoxicity. *ACS Nano* **2012**, *6*, 4001-4012.

[21] Lin, Y.; Ren, J.; Qu, X. Catalytically active nanomaterials: a promising candidate for artificial enzymes. *Acc. Chem. Res.* **2014**, *47*, 1097-1105.

[22] Ragg, R.; Tahir, M. N.; Tremel, W. Solids Go Bio: Inorganic nanoparticles as enzyme mimics. *Eur. J. Inorg. Chem.* **2016**, *2016*, 1906-1915.

[23] Zhou, Y.; Liu, B.; Yang, R.; Liu, J. Filling in the gaps between nanozymes and enzymes: challenges and opportunities. *Bioconjugate Chem.* **2017**, *28*, 2903-2909.

[24] 纳米酶研究专刊. 生物化学与生物物理进展. **2018** (2).

[25] Wu, J.; Wang, X.; Wang, Q.; Lou, Z.; Li, S.; Zhu, Y.; Qin, L.; Wei, H. Nanomaterials with enzyme-like characteristics (nanozymes): next-generation artificial enzymes (Ⅱ). *Chem. Soc. Rev.* **2019**, *48*, 1004-1076.

[26] Huang, Y.; Ren, J.; Qu, X. Nanozymes: classification, catalytic mechanisms, activity regulation, and applications. *Chem. Rev.* **2019**, *119*, 4357-4412.

[27] Liang, M.; Yan, X. Nanozymes: From new concepts, mechanisms, and standards to applications. *Acc. Chem. Res.* **2019**, *52*, 2190-2200.

[28] Fedeli, S.; Im, J.; Gopalakrishnan, S.; Elia, J. L.; Gupta, A.; Kim, D.; Rotello, V. M. Nanomaterial-based bioorthogonal nanozymes for biological applications. *Chem. Soc. Rev.* **2021**, *50*, 13467-13480.

[29] Zhang, R.; Yan, X.; Fan, K. Nanozymes inspired by natural enzymes. *Acc. Mater. Res.* **2021**, *2*, 534-547.

[30] Komkova, M. A.; Karyakin, A. A. Prussian blue: from advanced electrocatalyst to nanozymes defeating natural enzyme. *Microchim. Acta* **2022**, *189*, 290.

第 2 章　催化反应基本概念

催化是指利用催化剂改变一个化学反应速率和/或控制反应选择性的过程。一般认为，催化剂是能显著改变反应过程且自身质量、性质不变的物质。纳米酶是具有类酶催化活性的催化剂，故本章将简要介绍与之相关的催化反应基本概念。

对于催化反应，催化剂不会改变反应体系的平衡态，而只是改变反应体系达到平衡态的时间。因篇幅限制，本章内容对于反应热力学不做介绍，将对以反应速率为核心的反应动力学进行详细的介绍。

2.1　反应速率

反应速率，即单位时间内反应物消耗的量或者产物生成的量。对于一个给定的化学反应而言，例如：

$$A + 2B \longrightarrow C$$

为方便理解，这里暂不考虑可逆反应。不难发现，反应物 A 与反应物 B 的消耗速率以及产物 C 的生成速率并不相等，单位时间内，1 分子的 A 与 2 分子的 B 反应生成 1 分子的 C，所以反应速率一般会表达成某个具体反应物的消耗速率或者产物的生成速率。于是，对于特定化合物的反应速率如下：

$$v_A = \Delta[A]/\Delta t \tag{2.1}$$

$$v_B = \Delta[B]/\Delta t \tag{2.2}$$

$$v_C = \Delta[C]/\Delta t \tag{2.3}$$

上述速率为一段时间的平均反应速率。而对于某个时刻的速率可以表达为以下的微分形式：

$$v_A = d[A]/dt \tag{2.4}$$

$$v_B = d[B]/dt \tag{2.5}$$

$$v_C = d[C]/dt \tag{2.6}$$

为了更加直观地理解平均反应速率和瞬时反应速率，这里以产物浓度 [C] 随反应时间 t 的变化为例。如图 2.1 所示，平均反应速率就是产物浓度变化曲线中两点之间直线的斜率，瞬时反应速率就是某个时刻的切线的斜率。

当 t 无限接近于 0 时，对应的瞬时反应速率即为初始反应速率，一般会用 v_0 来表示，这一速率将在后续酶催化动力学的研究中应用。值得注意的是，无论是一段时期的平均反应速率还是某个时刻的瞬时反应速率，都应严格遵循反应方程式中的化学计量比。

$$-v_A = -v_B/2 = v_C \qquad (2.7)$$

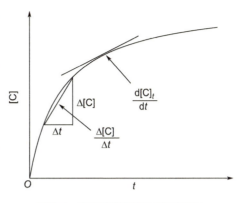

图 2.1　产物浓度随时间变化的曲线

2.2　反应级数

化学反应速率与反应物浓度有什么关系呢？一个化学反应的发生需要反应物分子之间发生接触与碰撞，但不是所有的分子碰撞都能获得产物，只有具有足够能量的反应物分子且在分子碰撞时具有一定的取向，才能实现反应的发生。由此，不难发现反应物浓度应该会影响化学反应速率，反应物浓度高时，分子之间的碰撞概率将增大，则反应速率将增大。但也存在特例，比如在酶催化过程中，当底物浓度足够高时，再继续提高浓度，反应速率基本保持不变，这种情形会在后文详细阐述。

通过确定反应速率和反应物浓度的函数关系，便可以得到反应的速率方程。这里仍然以 A + 2B —— C 为例。其速率方程表达如下：

$$v = k[A]^a[B]^b \qquad (2.8)$$

式中，k 为反应速率常数；幂指数 a 与 b 可由实验测定。于是，

$$n = a + b \qquad (2.9)$$

式中，n 便是反应级数。

当 $n = 0$ 时，该反应为零级反应，反应速率与反应物浓度大小无关。

当 $n = 1$ 时，该反应为一级反应，反应速率与反应物浓度的一次方成正比。

当 $n = 2$ 时，该反应为二级反应，反应速率与反应物浓度的二次方成正比。

当 $n = 3$ 时，该反应为三级反应，反应速率与反应物浓度的三次方成正比，但这种情况在实际反应体系中已经比较少见了。

值得注意的是，n 值不一定就是正整数，也可以是分数甚至是负数。总体而言，绝大多数反应级数不会超过三级。根据我们举例的反应方程式，1 分子的 A 与 2 分子的 B 反应从而生成 1 分子的 C，那是否依此就可以确定该反应是一个三级反应？答案是否定的。这里我们需要引入基元反应的概念。

基元反应是指反应物通过一步过程转化为产物。如图 2.2 所示，基元反应只存

在一个过渡态,不存在中间产物。假如上述举例的反应是基元反应,那么 1 分子的 A 会同时与 2 分子的 B 反应得到产物,于是反应级数就等于化学计量数之和,也就是三级。事实上,大部分反应都不是基元反应,而是由多个基元反应构成的总反应。总反应存在多于一个的过渡态以及不少于一个的中间产物,图 2.2 所示的是一个包含两步基元反应的总反应。假如上述举例的反应包含多个基元反应,则需要通过实验去测定整个反应的反应级数。

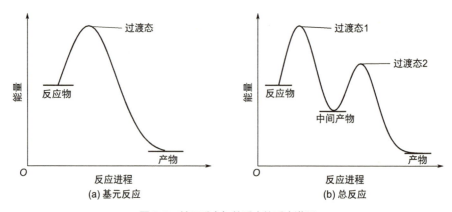

图 2.2　基元反应与总反应的反应进程

2.3　活化能

除浓度会影响反应物分子的碰撞概率从而影响反应速率外,温度也是调控反应速率的一个很重要的因素。比如,升高温度可以加快分子的热运动,那么反应物分子之间碰撞的概率也会增大。然而,不是所有的碰撞都可以发生化学反应,只有一定取向的分子碰撞且分子具有足够的动能时,才会发生化学反应,而这种碰撞被称为反应碰撞,对应的分子为活化分子(即过渡态)。比如,在双分子亲核反应(S_N2)过程中,亲核试剂需要从离去基团正后方去进攻碳原子,这时反应才能够发生。除了分子取向,分子的动能也需要超过一个阈值,而这个能垒就是活化能,也就是图 2.3 中反应物与过渡态的能量差,活化能反映了活化分子与反应物分子的平均能量差。

温度与活化能共同构成了速率常数,即阿伦尼乌斯经验公式,其数学表达式如下所示:

$$k = Ae^{\frac{-E_a}{RT}}$$

（2.10）

式中,k 为反应速率常数;A 为常数;E_a 为反应活化能;R 为摩尔气体常数;T 为热力学温度。值得注意的是,该方程是通过实验与理论总结的经验公式。该公式很好地概括了反应温度和活化能是如何影响反应速率常数的。可以看出,提高反应温度与降低反应活化能是两种提高反应速率常数的策略。

为测定一个反应的活化能，我们可以变换方程为：

$$\ln k = \ln A - \frac{E_a}{RT} \tag{2.11}$$

反应速率常数 k 可以通过实验测定得到，温度则是实验中设定的。如图 2.4 所示，通过对 $\ln k$ 与 $-1/T$ 的线性拟合，便可以得到一个给定反应的活化能 E_a，即线性拟合的斜率 $\times R$。

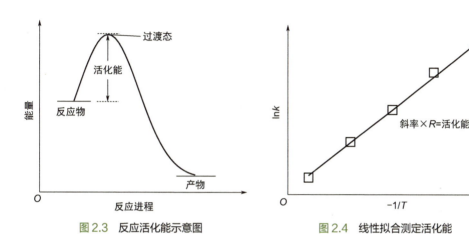

图 2.3　反应活化能示意图　　　　图 2.4　线性拟合测定活化能

2.4　酶催化反应

如上所述，降低活化能可以提高反应速率常数，而催化剂的使用是一种有效降低活化能的策略。对于酶催化反应，酶能显著降低反应的活化能，其采取的方式是改变反应路径，即构建多步基元反应（图 2.5）。不同的酶催化反应具有不同的反应路径，而且往往是十分复杂的。不仅如此，对于同一底物，由于使用不同的酶，其反应路径也会有所不同，便会得到不同的产物，比如过氧化物酶与过氧化氢酶的底物都是过氧化氢（H_2O_2），然而前

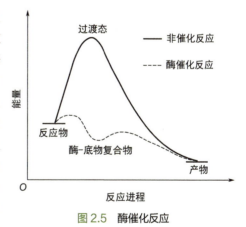

图 2.5　酶催化反应

者通常将另一有机底物氧化，而后者则将 H_2O_2 分解为氧气和水 [1,2]。除此以外，酶的另一特点是底物的特异性，比如葡萄糖氧化酶（GOx）对于葡萄糖的催化活性高，对其他单糖几乎没有活性 [3]。高活性与底物特异性是酶的两大优点。

酶催化反应需要在温和的条件下才能有效进行。温度和 pH 是两个十分重要的反应条件，对整个酶催化反应具有显著的影响。如前所述，温度影响分子的热运动，从而影响分子之间发生化学反应的概率。对于酶催化反应，温度还会通过影响酶的构象从而影响反应速率。特别是当温度过高时，酶的构象发生不可逆的改变，使得酶的催化反应速率不可逆地下降。而 pH 也会影响酶的构象，pH 值过高或过低都会使酶变性，从而抑制酶催化反应。因而，温度和 pH 都存在一个最合适的值使得酶催化活性最佳，这样的值称为最适温度和最适 pH，可以由实验测定。不难发现，酶的一大缺点就是其稳定性不佳，所以往往在运输储存与使用中需要特殊的条件（比如低温），这一点限制了酶的应用与发展。除了温度与 pH，酶自身的浓度也会影响反应速率，酶的浓度越高，酶催化反应速率就越大。底物浓度是另一个影响反应速率的因素，底物浓度越高，底物和酶的结合概率就越大，酶催化反应就越快。但当底物浓度足够大时，由于酶催化位点是有限的，其与底物的结合达到饱和，则反应速率会保持不变。有关底物浓度对酶催化反应速率的影响可以参阅后续有关动力学的章节。

2.5 纳米酶催化反应

与天然酶一致，温度、pH、纳米酶浓度、底物浓度等都会影响纳米酶催化反应速率 [4]。不同于天然酶，纳米酶自身的物理化学性质对其催化性能影响是显著的。这主要是因为天然酶构象明确，且单个酶中的催化位点数目是固定的。而纳米材料的结构与表界面性质丰富可调，单个纳米酶的催化位点数目是庞大的，且既可分布在材料表面，也可分布在材料内部（如孔道中）。因此，纳米酶的尺寸就是影响其催化反应速率的一个重要因素。比如，在其他因素不变的前提下，降低纳米酶的尺寸，纳米酶表面的催化位点数目就会增加，纳米酶催化反应速率也会提高 [5]。除此以外，晶型也是一个不可忽视的影响因素，相同组分的纳米酶具有不同的晶面，不同晶面的催化性能大不相同，从而导致纳米酶的催化性能也大不相同 [6]。

除却纳米酶的物理参数，其化学组成对催化性能影响也是巨大的。可以在纳米酶的表面修饰一些功能基团，使得其对底物的亲和性得到提高，这样的修饰就可以显著地提高纳米酶的催化性能 [7]。其次，改变纳米酶自身的化学组分也是一种有效的方式，比如通过调控纳米酶中某个组分来改变电子轨道中电子的占据行为，就可以调控纳米酶和底物的结合与电子传递 [8,9]。总之，调控纳米酶的物理化学性质是一种行之有效的提高纳米酶催化性能的方法，也是基于"结构决定性能"这一科学规则的有效实践。

2.6 纳米酶催化反应动力学

前文已经介绍了反应速率、活化能等背景知识以及纳米酶催化反应的基本概念，本节将讨论催化反应动力学及纳米酶的动力学机制。

2.6.1　催化活性及活性位点

借鉴酶活性度量单位——酶活力，纳米酶活力单位（U）可以用来度量纳米酶的催化活性并便于和酶进行比较。一个纳米酶活力单位表示在最适反应条件下，每分钟催化 1 μmol 底物转化成产物所需要的纳米酶质量。纳米酶比活力，又称纳米酶比活性，可以用单位质量的纳米酶所含的纳米酶活力数来表示（单位 U/mg）[10,11]。

转换频率（turnover frequency，TOF）代表单位时间内单个活性位点转换的底物分子数，它将活性比较的基准从整体转移到了活性位点，因而能更好地反映纳米酶本征的催化活性。纳米酶的某些特定位置能够吸附底物，降低活化能，催化反应进行，这些位置被称作活性位点。活性位点的确定可以为高效纳米酶的设计提供指导，目前可以通过探针分子、原位同步辐射、理论计算等方法进行测定，但仍然缺少更精准的、动态的方法。

2.6.2　催化反应动力学

如前文所言，与酶催化反应相似，纳米酶催化反应速率也受温度、pH 和底物浓度等多种因素的影响。而动力学正是研究反应速率随这些因素变化的规律，这对比较纳米酶催化活性、探究催化反应的动力学机制以及开发出更高活性的纳米酶都有着不可或缺的作用。纳米酶的催化反应动力学机制与酶相似，其反应初速率与底物浓度的关系大多遵循以稳态平衡假设为前提的米氏方程（Michaelis-Menten equation）❶，且目前研究表明，大部分双底物纳米酶动力学符合"乒乓"（Ping-Pong）反应，与酶基本一致[12]。因此，本节将详细介绍米氏方程以及乒乓反应。

2.6.2.1　单底物米氏方程

以纳米酶催化单底物反应为例推导米氏方程，其反应过程可以看作分两步进行（图 2.6）：首先纳米酶（nanozyme，N）与底物（substrate，S）结合形成中间络合物（NS），然后分解得到产物（product，P）和游离的纳米酶。

$$N + S \underset{k_{-1}}{\overset{k_1}{\rightleftharpoons}} NS \underset{k_{-2}}{\overset{k_2}{\rightleftharpoons}} N + P$$

图 2.6　纳米酶催化的单底物反应过程（k_1、k_{-1}、k_2、k_{-2} 为反应速率常数）

对此，稳态平衡假设包括以下三点：

① 初始底物浓度 [S] 远大于纳米酶的初始浓度 $[N]_0$，因此反应初期 [S] 可看作

---

❶ 米氏方程由 Leonor Michaelis 和 Maud Leonora Menten 提出，经 George Edward Briggs 和 John Burdon Sanderson Haldane 修正得到。

恒定不变；

② 反应初期生成的产物很少，因此其逆反应可以忽略不计；

③ 中间络合物达到稳态平衡，即其浓度 [NS] 保持不变，[NS] 的生成速率 v_c 与其分解消失的速率 v_d 相等。

根据图 2.6 以及上述假设①和②，可以分别写出 v_c 和 v_d：

$$v_c = k_1[N][S] + k_{-2}[N][P] \tag{2.12a}$$

$$v_c = k_1([N]_0 - [NS])[S] + k_{-2}([N]_0 - [NS])[P] \tag{2.12b}$$

$$v_c \approx k_1([N]_0 - [NS])[S] \tag{2.12c}$$

$$v_d = (k_2 + k_{-1})[NS] \tag{2.12d}$$

进一步，根据假设③可以得到：

$$k_1([N]_0 - [NS])[S] = (k_2 + k_{-1})[NS] \tag{2.13a}$$

$$[NS] = \frac{k_1[N]_0[S]}{k_1[S] + k_2 + k_{-1}} \tag{2.13b}$$

$$[NS] = \frac{[N]_0[S]}{[S] + \dfrac{k_2 + k_{-1}}{k_1}} \tag{2.13c}$$

令

$$\frac{k_2 + k_{-1}}{k_1} = K_m \tag{2.14}$$

则

$$[NS] = \frac{[N]_0[S]}{K_m + [S]} \tag{2.15}$$

由此，可以写出该单底物反应的初始速率 v_0：

$$v_0 = k_2[NS] \tag{2.16a}$$

$$v_0 = \frac{k_2[N]_0[S]}{K_m + [S]} \tag{2.16b}$$

当纳米酶的所有活性位点都被底物占据时，纳米酶均以中间络合物的形式存在，即 $[NS] = [N]_0$，这时的反应初速率为最大反应速率 v_{max}，即

$$v_{max} = k_2[N]_0 \tag{2.17a}$$

$$k_2 = \frac{v_{max}}{[N]_0} \tag{2.17b}$$

显然 v_{max} 受纳米酶浓度的影响，它代表该纳米酶体系反应速率的极限。

令

$$k_2 = k_{cat} \tag{2.18}$$

式中，k_{cat} 为催化常数，即单位时间内单个活性中心能催化反应的底物分子数 ❶。

此时

$$v_0 = \frac{v_{max}[S]}{K_m + [S]} \qquad (2.19)$$

该式即为米氏方程，K_m 被称作米氏常数（图 2.7）。

当 $[S] \ll K_m$ 时，

$$v_0 \approx \frac{v_{max}[S]}{K_m} \qquad (2.20a)$$

$$v_0 = k'[S] \qquad (2.20b)$$

初始反应速率与底物浓度线性相关，为一级反应。

当 $[S] \gg K_m$ 时，

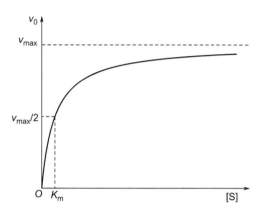

图 2.7　米氏方程的曲线示意图

$$v_0 \approx \frac{v_{max}[S]}{[S]} \qquad (2.21a)$$

$$v_0 = v_{max} \qquad (2.21b)$$

初始反应速率为恒定常数，即为零级反应。

当底物浓度介于这两者之间时，初始反应速率表现为混合级反应。

且特别当 $[S] = K_m$ 时，

$$v_0 = \frac{v_{max}}{2} \qquad (2.22)$$

所以，K_m 表示初始反应速率为 v_{max} 的一半时对应的底物浓度。K_m 越小，底物越容易让纳米酶饱和，说明该纳米酶对此底物有相对更高的亲和性，由此可以判断纳米酶的最适底物。K_m 是纳米酶催化动力学的特征常数，与纳米酶的浓度无关，与纳米酶本身的性质、底物种类、环境温度、pH 等相关。k_{cat}/K_m 被称作专一性常数，它同时反映了纳米酶的催化活性和对底物的亲和性，可以用来衡量纳米酶的催化效率。

可以通过 Origin 或 Matlab 等软件对 v_0 随 [S] 变化拟合得到米氏方程的双曲线图像，进而得到各项动力学参数。除此以外，将米氏方程线性化也是一种便捷的处理方法，比如 Lineweaver-Burk 双倒数作图就是目前常用的一种作图方法

---

❶ 催化常数（k_{cat}）是活性位点完全被底物所饱和时，单位时间内单个活性位点转换的底物分子数，即最大反应速率与活性位点浓度的比值；转换频率（turnover frequency，TOF）是一定反应条件下，单位时间内单个活性位点转换的底物分子数；转换数（turnover number，TON）是在一段时间内，单个活性位点转换的底物分子数。TOF 的使用源于非均相催化对 k_{cat} 的借鉴，但 k_{cat} 更强调最大反应速率。此外，为具有可比性，TOF 不能直接由 TON 与时间的比值求得，而需要计算初始反应速率。

（图 2.8）。

通过将米氏方程两边同时取倒数可以得到

$$\frac{1}{v_0} = \frac{K_m}{v_{max}} \times \frac{1}{[S]} + \frac{1}{v_{max}} \qquad (2.23)$$

可以直观地看到，以 $1/[S]$ 为自变量、$1/v_0$ 为因变量作图，该直线在 y 轴的截距为 v_{max} 的倒数，在 x 轴的截距的绝对值为 K_m 的倒数。

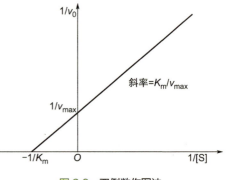

图 2.8　双倒数作图法

2.6.2.2　双底物乒乓反应

除了上述的单底物纳米酶，现有大部分纳米酶都有两个底物。酶催化双底物反应的动力学机制可以根据底物与酶是否形成三元络合物分成两类：顺序反应和乒乓反应。顺序反应是指酶先后与两底物结合形成三元络合物，再依次释放出两个产物。顺序反应又可分为两种：若底物结合与产物释放都严格遵照某一顺序，则称为有序反应；若顺序随机，则称为随机反应。乒乓反应是指酶与第一个底物形成络合物，释放第一个产物后得到的酶中间体再与第二个底物络合，释放出第二个产物并重新得到游离的酶，整个过程就像打乒乓球一样，只会形成二元络合物而不存在三元络合物的形式。目前动力学研究的大部分双底物纳米酶都符合乒乓反应（图 2.9）。

$$N + S_1 \underset{k_{-1}}{\overset{k_1}{\rightleftharpoons}} NS_1 \overset{k_2}{\longrightarrow} N' + S_2 \underset{k_{-3}}{\overset{k_3}{\rightleftharpoons}} N'S_2 \overset{k_4}{\longrightarrow} N + P_2$$

图 2.9　纳米酶催化双底物反应的乒乓反应（k_1、k_{-1}、k_2、k_3、k_{-3}、k_4 为反应速率常数）

与单底物反应相似的双底物反应也符合稳态平衡假设：

① 双底物 S_1、S_2 的初始浓度都远大于纳米酶总浓度 $[N]_0$，反应初期可看作恒定不变；

② 反应初期生成产物 P_1、P_2 很少，其逆反应可以忽略不计；

③ 纳米酶中间体 N' 以及与底物的中间络合物 NS_1、$N'S_2$ 保持稳态平衡，浓度不变，即生成速率与消耗速率相等。

通过图 2.9 可以列出反应过程中纳米酶的总浓度为

$$[N]_0 = [N] + [NS_1] + [N'] + [N'S_2] \qquad (2.24)$$

并根据三条假设列出各形式纳米酶保持稳态平衡的反应速率方程：

$$k_{-1}[NS_1] + k_4[N'S_2] = k_1[N][S_1] \qquad (2.25a)$$

$$k_1[N][S_1] = (k_{-1} + k_2)[NS_1] \qquad (2.25b)$$

$$k_2[\text{NS}_1] + k_{-3}[\text{N}'\text{S}_2] = k_3[\text{N}'][\text{S}_2] \tag{2.25c}$$

$$k_3[\text{N}'][\text{S}_2] = (k_{-3} + k_4)[\text{N}'\text{S}_2] \tag{2.25d}$$

简化上述方程，可以求得各形式纳米酶的浓度：

$$[\text{N}] = \frac{(k_{-1} + k_2)k_4}{k_1 k_2 [\text{S}_1]}[\text{N}'\text{S}_2] \tag{2.26a}$$

$$[\text{NS}_1] = \frac{k_4}{k_2}[\text{N}'\text{S}_2] \tag{2.26b}$$

$$[\text{N}'] = \frac{k_{-3} + k_4}{k_3 [\text{S}_2]}[\text{N}'\text{S}_2] \tag{2.26c}$$

则总浓度为

$$[\text{N}]_0 = \left(\frac{k_{-1} + k_2}{k_1 k_2 [\text{S}_1]} + \frac{k_{-3} + k_4}{k_3 k_4 [\text{S}_2]} + \frac{k_2 + k_4}{k_2 k_4}\right) k_4 [\text{N}'\text{S}_2] \tag{2.27}$$

显然可知反应速率为

$$v_0 = k_2[\text{NS}_1] = k_4[\text{N}'\text{S}_2] \tag{2.28}$$

将 $[\text{N}]_0$ 代入可得

$$v_0 = \frac{[\text{N}]_0}{\dfrac{k_{-1} + k_2}{k_1 k_2 [\text{S}_1]} + \dfrac{k_{-3} + k_4}{k_3 k_4 [\text{S}_2]} + \dfrac{k_2 + k_4}{k_2 k_4}} \tag{2.29}$$

整理得

$$v_0 = \frac{\dfrac{k_2 k_4}{k_2 + k_4}[\text{N}]_0 [\text{S}_1][\text{S}_2]}{\dfrac{(k_{-1} + k_2)k_4}{(k_2 + k_4)k_1}[\text{S}_2] + \dfrac{(k_{-3} + k_4)k_2}{(k_2 + k_4)k_3}[\text{S}_1] + [\text{S}_1][\text{S}_2]} \tag{2.30}$$

由于 $k_{-1} \ll k_2$，$k_{-3} \ll k_4$，所以上式可进一步简化为

$$v_0 = \frac{\dfrac{k_2 k_4}{k_2 + k_4}[\text{N}]_0 [\text{S}_1][\text{S}_2]}{\dfrac{k_2 k_4}{(k_2 + k_4)k_1}[\text{S}_2] + \dfrac{k_2 k_4}{(k_2 + k_4)k_3}[\text{S}_1] + [\text{S}_1][\text{S}_2]} \tag{2.31}$$

令

$$k_{\text{cat}} = \frac{k_2 k_4}{k_2 + k_4} \tag{2.32a}$$

$$v_{\text{max}} = k_{\text{cat}}[\text{N}]_0 \tag{2.32b}$$

$$K_{\text{m}}\left(\text{S}_1\right) = \frac{k_{\text{cat}}}{k_1} \tag{2.32c}$$

$$K_{m}\left(S_{2}\right) = \frac{k_{cat}}{k_{3}} \tag{2.32d}$$

可得乒乓反应的动力学方程即双底物形式的米氏方程：

$$v_{0} = \frac{v_{max}[S_{1}][S_{2}]}{K_{m}(S_{1})[S_{2}] + K_{m}(S_{2})[S_{1}] + [S_{1}][S_{2}]} \tag{2.33}$$

将方程左右两边同时取倒数可得双倒数方程：

$$\frac{1}{v_{0}} = \frac{K_{m}(S_{1})}{v_{max}} \times \frac{1}{[S_{1}]} + \frac{K_{m}(S_{2})}{v_{max}} \times \frac{1}{[S_{2}]} + \frac{1}{v_{max}} \tag{2.34}$$

在测定双底物反应的动力学参数时，往往采取控制变量的方法，比如固定 $[S_{1}]$ 不变，将反应过程看作以 S_{2} 为底物的单底物反应，从而改变 $[S_{2}]$ 并测得 v_{0}，进而拟合米氏方程或双倒数作图。如图 2.10 所示，当 $[S_{1}]$ 改变时可以得到一系列平行的直线，它们的 K_{m} 和 v_{max} 随 $[S_{1}]$ 改变而各不相同，但是其斜率却固定不变，始终等于 $K_{m}(S_{2})/v_{max}$，这是判定某一双底物反应是否遵循乒乓机制的重要依据。

2.6.2.3　非米氏动力学

除了上述提到的米氏动力学，还有少数纳米酶遵循非米氏动力学[13]。这些纳米酶可能具有类似别构酶的协同效应，即前一底物分子与纳米酶的结合会影响活性中心对后续底物分子的亲和性，促进或抑制反应进行，其动力学方程又叫作 Hill 方程：

$$v_{0} = \frac{v_{max}[S]^{h}}{K_{0.5}^{h} + [S]^{h}} \tag{2.35}$$

式中，常数 $K_{0.5}$ 与 K_{m} 相似，都表示速率为 $v_{max}/2$ 时对应的底物浓度；常数 h 为 Hill 系数，代表底物协同的程度。若 $h=1$，此时的 Hill 方程就是米氏方程，说明纳米酶没有底物协同效应；若 $h > 1$，表明纳米酶具有正协同效应，对底物浓度的变化更加敏感，其动力学曲线为 S 形（图 2.11）；若 $h < 1$，则具有负协同效应，其动力学曲线为表观双曲线。

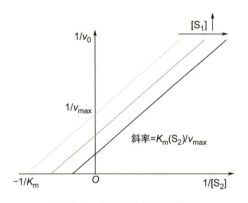

图 2.10　乒乓反应的双倒数图

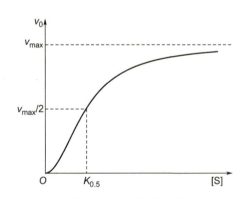

图 2.11　正协同别构曲线

2.6.2.4　级联反应

除了分析游离纳米酶的动力学，还要考虑利用纳米酶构建级联反应时整个体系的动力学。比如，利用 GOx 和类过氧化物酶纳米酶构建葡萄糖检测的级联体系，GOx 催化氧气氧化葡萄糖生成葡萄糖酸和 H_2O_2，类过氧化物酶纳米酶催化 H_2O_2 氧化 2,2-联氮-双 (3-乙基-苯并噻唑啉-6-磺酸)（ABTS）显色[14]。在这一体系中，纳米酶的催化反应速率远低于葡萄糖氧化酶，所以纳米酶催化作为限速步骤对体系的动力学起决定作用，需要提高其底物亲和性和反应速率。

2.7　纳米酶催化机理

在动力学分析的基础上结合第一性原理计算，可以确定纳米酶的催化机理即反应历程。比如目前研究的类过氧化物酶纳米酶大多遵循相似的催化机制，以催化 H_2O_2 氧化 3,3′,5,5′-四甲基联苯胺（TMB）为例，其过程包含三个步骤：首先一个 H_2O_2 分子吸附在纳米酶表面并解离成两个羟基形成中间体，然后这两个羟基中间体在质子的参与下依次氧化两个 TMB 分子[15]。类过氧化氢酶纳米酶催化 H_2O_2 分解生成水和氧气的步骤可能是，一个 H_2O_2 分子吸附到纳米酶表面，其被氧化释放一个氧分子的同时与纳米酶表面两个氢原子形成活性中间体，然后另一个 H_2O_2 分子被中间体还原生成两个水分子[16]；类氧化物酶纳米酶可能通过传递电子给氧分子活化得到超氧阴离子等中间体，进而氧化还原性底物[17]；类超氧化物歧化酶纳米酶可能通过将一个 $O_2^{\cdot-}$ 的电子转移给另一个 $O_2^{\cdot-}$，从而生成水和氧气[18]。此外，通过理论计算各步反应的能垒，可以确定反应动力学的决速步骤。虽然许多纳米酶具有一致的催化机理，但是它们的微观动力学却各不相同，对此进行研究有利于筛选和设计出高活性纳米酶，后续章节也将针对每一种纳米酶详细介绍其催化机理。

参考文献

[1]　Aebi, H. [13] Catalase in vitro. *Methods Enzymol.* **1984**, *105*, 121-126.

[2]　Veitch, N. C. Horseradish peroxidase: a modern view of a classic enzyme. *Phytochemistry* **2004**, *65*, 249-259.

[3]　Wang, J. Electrochemical glucose biosensors. *Chem. Rev.* **2008**, *108*, 814-825.

[4]　Wu, J.; Wang, X.; Wang, Q.; Lou, Z.; Li, S.; Zhu, Y.; Qin, L.; Wei, H. Nanomaterials with enzyme-like characteristics (nanozymes): next-generation artificial enzymes (Ⅱ). *Chem. Soc. Rev.* **2019**, *48*, 1004-1076.

[5]　Gao, L.; Zhuang, J.; Nie, L.; Zhang, J.; Zhang, Y.; Gu, N.; Wang, T.; Feng, J.; Yang, D.; Perrett, S.; Yan, X. Intrinsic peroxidase-like activity of ferromagnetic nanoparticles. *Nat. Nanotechnol.* **2007**, *2*, 577-583.

[6]　Fang, G.; Li, W.; Shen, X.; Perez-Aguilar, J. M.; Chong, Y.; Gao, X.; Chai, Z.; Chen, C.; Ge, C.;

Zhou, R. Differential Pd-nanocrystal facets demonstrate distinct antibacterial activity against Gram-positive and Gram-negative bacteria. *Nat. Commun.* **2018**, *9*, 129.

[7]   Zhang, Z.; Zhang, X.; Liu, B.; Liu, J. Molecular imprinting on inorganic nanozymes for hundred-fold enzyme specificity. *J. Am. Chem. Soc.* **2017**, *139*, 5412-5419.

[8]   Wang, X.; Gao, X. J.; Qin, L.; Wang, C.; Song, L.; Zhou, Y. N.; Zhu, G.; Cao, W.; Lin, S.; Zhou, L.; Wang, K.; Zhang, H.; Jin, Z.; Wang, P.; Gao, X.; Wei, H. e_g occupancy as an effective descriptor for the catalytic activity of perovskite oxide-based peroxidase mimics. *Nat. Commun.* **2019**, *10*, 704.

[9]   Wang, Q.; Li, C.; Wang, X.; Pu, J.; Zhang, S.; Liang, L.; Chen, L.; Liu, R.; Zuo, W.; Zhang, H.; Tao, Y.; Gao, X.; Wei, H. e_g occupancy as a predictive descriptor for spinel oxide nanozymes. *Nano Lett.* **2022**, *22*, 10003-10009.

[10] Gao, L.; Liang, M.; Wen, T.; Wei, H.; Zhang, Y.; Fan, K.; Jiang, B.; Qu, X.; Gu, N.; Pang, D.; Xu, H.; Yan, X. Standard vocabulary for nanozyme. *China Terminology* **2020**, *22*, 21-24.

[11] Zandieh, M.; Liu, J. Nanozyme catalytic turnover and self-limited reactions. *ACS Nano* **2021**, *15*, 15645-15655.

[12] Jiang, B.; Duan, D.; Gao, L.; Zhou, M.; Fan, K.; Tang, Y.; Xi, J.; Bi, Y.; Tong, Z.; Gao, G. F.; Xie, N.; Tang, A.; Nie, G.; Liang, M.; Yan, X. Standardized assays for determining the catalytic activity and kinetics of peroxidase-like nanozymes. *Nat. Protoc.* **2018**, *13*, 1506-1520.

[13] Ragg, R.; Natalio, F.; Tahir, M. N.; Janssen, H.; Kashyap, A.; Strand, D.; Strand, S.; Tremel, W. Molybdenum trioxide nanoparticles with intrinsic sulfite oxidase activity. *ACS Nano* **2014**, *8*, 5182-5189.

[14] Wei, H.; Wang, E. Fe_3O_4 magnetic nanoparticles as peroxidase mimetics and their applications in H_2O_2 and glucose detection. *Anal. Chem.* **2008**, *80*, 2250-2254.

[15] Shen, X.; Wang, Z.; Gao, X.; Zhao, Y. Density functional theory-based method to predict the activities of nanomaterials as peroxidase mimics. *ACS Catal.* **2020**, *10*, 12657-12665.

[16] Wang, Z.; Shen, X.; Gao, X.; Zhao, Y. Simultaneous enzyme mimicking and chemical reduction mechanisms for nanoceria as a bio-antioxidant: a catalytic model bridging computations and experiments for nanozymes. *Nanoscale* **2019**, *11*, 13289-13299.

[17] Cheng, H.; Lin, S.; Muhammad, F.; Lin, Y.; Wei, H. Rationally modulate the oxidase-like activity of nanoceria for self-regulated bioassays. *ACS Sens.* **2016**, *1*, 1336-1343.

[18] Gao, W.; He, J.; Chen, L.; Meng, X.; Ma, Y.; Cheng, L.; Tu, K.; Gao, X.; Liu, C.; Zhang, M.; Fan, K.; Pang, D.; Yan, X. Deciphering the catalytic mechanism of superoxide dismutase activity of carbon dot nanozyme. *Nat. Commun.* **2023**, *14*, 160.

NANOZYME

Ⅱ　典型纳米酶篇

第3章 氧化酶

氧化酶（oxidase）是指能催化物质被氧气氧化的酶。它可以在 O_2 存在时催化底物氧化，此时作为电子受体的 O_2 被还原成 H_2O 或 H_2O_2 或 $O_2^{\cdot-}$ 等形式。常见的氧化酶有葡萄糖氧化酶（glucose oxidase, GOx, EC 1.1.3.4）、还原型烟酰胺腺嘌呤二核苷酸磷酸氧化酶［NAD(P)H oxidase, NOX, EC 1.6.3.1, EC 1.6.3.2］❶、细胞色素c氧化酶（cytochrome c oxidase, CcO, EC 1.9.3.1）、漆酶（laccase, EC 1.10.3.2）和甲烷单加氧酶（methane monooxygenase, MMO, EC 1.14.13.25）等。

3.1 典型氧化酶

3.1.1 葡萄糖氧化酶

葡萄糖氧化酶是一种需氧脱氢酶。如图 3.1 所示，它可以在氧气存在的条件下，催化 β-D-葡萄糖氧化产生 D-葡萄糖酸-δ-内酯和 $H_2O_2$❷。1925 年 Müller 发现了葡萄糖氧化酶[1]。1939 年 Franke 和 Deffner[2]、1960 年 Kusai 等[3] 分别从黑曲霉和尼崎青霉菌中提纯出了葡萄糖氧化酶。1995 年 Federici 等[4] 使用青霉菌的突变株生产出葡萄糖氧化酶。葡萄糖氧化酶仅由真菌和昆虫产生，葡萄糖氧化酶的主要工业来源是曲霉菌属和青霉菌属。葡萄糖氧化酶在食品、纺织、生物医药等领域都有着广泛的应用。在食品行业，葡萄糖氧化酶可通过除去葡萄汁中的部分葡萄糖用于低酒精度数葡萄酒的生产❸[5]；在纺织领域，葡萄糖氧化酶可用于纺织品的漂白❹[6]；在生物医药领域，葡萄糖氧化酶可被添加到口腔护理产品中辅助抗菌❺[7]；同时，葡萄糖氧化酶也被广泛用于血糖仪，以检测糖尿病患者的血糖水平，进而预防和控制疾病[8]。

---

❶ NAD(P)H oxidase (H_2O_2-forming), EC 1.6.3.1; NAD(P)H oxidase (H_2O-forming), EC 1.6.3.2. NAD(P)H: nicotinamide adenine dinucleotide (phosphate) hydrogen.

❷ β-D-葡萄糖氧化的产物 D-葡萄糖酸-δ-内酯可被内酯酶水解生成 D-葡萄糖酸；产物 H_2O_2 可被过氧化氢酶分解为氧气和水。

❸ 葡萄糖氧化酶催化氧化葡萄汁中的部分葡萄糖，进而减少发酵后酒精的含量。

❹ 葡萄糖氧化酶催化氧化葡萄糖产生过氧化氢，用于漂白。

❺ 葡萄糖氧化酶可以催化氧化牙齿色斑上食物残留的葡萄糖，产生过氧化氢，抑制牙菌斑。

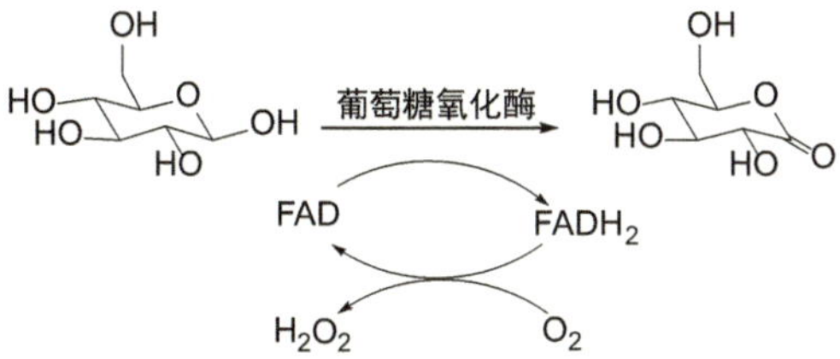

图 3.1　葡萄糖氧化酶的催化反应

FAD：flavin adenine dinucleotide，黄素腺嘌呤二核苷酸；
FADH$_2$：黄素腺嘌呤二核苷酸递氢体（还原型黄素二核苷酸）

3.1.2　NADPH 氧化酶

NADPH 氧化酶（NOX）是人体内广泛分布的一种膜蛋白，它能够通过 NADPH 提供的单电子将体内的分子氧还原成 $O_2^{\cdot-}$ 或 H_2O_2，它的唯一生理功能是产生 ROS。NOX 家族分为 NOX1、NOX2、NOX3、NOX4、NOX5 和两个双功能氧化酶 DUOX1[1]、DUOX2[2]。NOX1、NOX2、NOX3、NOX5 产生 $O_2^{\cdot-}$；NOX4、DUOX1、DUOX2 产生 H_2O_2。

NOX2 是 NOX 家族中最先被发现的酶。如图 3.2 所示，NOX2 由 2 个膜单元（p22^{phox} 和 gp91^{phox}）和 3 个细胞质单元（p40^{phox}、p47^{phox} 和 p67^{phox}）组成。p47^{phox} 是一种适配蛋白，它的主要功能是连接 p22^{phox} 和 p67^{phox}，并使它们的距离更近。p67^{phox} 包含着一个激活结构域，该结构域连接着 gp91^{phox} 和它自己的 NADPH 结合位点，电子可以从 NADPH 直接转移到催化亚单位的 FAD 中心。p67^{phox} 还含有 RAC[3] 结合域。RAC 是组成活性 NOX 的重要成分，与 p67^{phox} 作用后发挥了两种功能：一是使 p67^{phox} 与细胞膜的距离更近；二是使其发生构象转变。

NOX 催化产生的 ROS 参与到宿主防御、蛋白质的翻译后加工、细胞信号传导、基因表达的调节和细胞分化等生理过程。例如，在由病原微生物介导的呼吸爆发[4] 中，NOX 催化产生的 ROS 主要起到免疫防御作用，杀伤细胞内的病原体。NOX 功能的缺失会导致中性粒细胞和巨噬细胞功能紊乱，进而引发慢性肉芽肿病，无法根除细菌感染。除此之外，NOX 也参与了许多病理过程（如氧化应激、炎症反应、纤维化）和疾病过程（如肿瘤等）。以炎症和肿瘤为例，在炎症部位，中性粒细胞产生的过量 ROS，会导致血管内皮间隙开放，促进炎症细胞穿过内皮间隙转移到组织处，转移的炎症细胞在清除病原体或者异物的同时，也会对组织

---

[1] DUOX1：dual oxidase 1，双功能氧化酶 1。

[2] DUOX2：dual oxidase 2，双功能氧化酶 2。

[3] RAC：*ras*-related C3 botulinum toxin substrate 1，*ras* 相关的 C3 肉毒杆菌毒素底物 1。

[4] 呼吸爆发时，相关吞噬体能迅速产生 ROS 来破坏病原体。

产生损伤[9]。对于肿瘤，NOX 产生的 ROS 会导致 DNA 的损伤以及基因组的不稳定，进而引发肿瘤的产生。其次，肿瘤细胞中的 NOX 被过度激活，因而在肿瘤细胞内部会产生过量的 ROS，激活 NF-κB 信号转导，进而促进肿瘤的发生发展❶[10,11]。

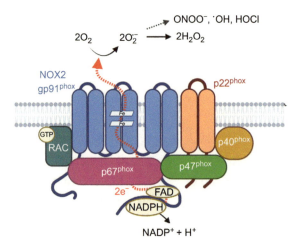

图 3.2　NOX2 的结构示意图[12]

3.1.3　细胞色素 c 氧化酶

细胞色素 c 氧化酶是真核生物线粒体内膜和需氧菌细胞膜电子传递链上的终端酶，是含血红素/铜终端氧化酶之一，它与 ATP 的合成有关，因此它在生物体的代谢过程中至关重要。1930 年，Keilin 在心肌提取物中首次发现细胞色素 c 氧化酶的活性[13]。1939 年，Keilin 和 Hartree 发现了细胞色素 $a_3$❷并且证明其与 Warburg 发现的呼吸酶为相同物质[14]。如式（3.1）所示，细胞色素 c 氧化酶可以将细胞色素 c 上的电子传递到氧分子上，催化氧分子还原成水分子。在反应过程中，形成水的质子来源于细菌或者线粒体内膜的内侧，而细胞色素 c 位于细胞内膜的外侧。细菌或者线粒体内膜的存在隔离了细胞色素 c 和质子，造成了质子电化学梯度的产生。在细胞色素 c 氧化酶中还存在着一种质子泵机制，即在传递电

---

❶ 在病理状态下，NOX 会过度激活，刺激体内 ROS 过量产生，机体抗氧化能力随之下降。NOX 催化产生的 ROS 可以导致 DNA 损伤和基因组的不稳定，引起肿瘤的发生与发展。但是，当 NOX 进一步过表达时，胞内 NADPH 会被加速消耗，且过量的 ROS 的产生会导致肿瘤细胞死亡。可见，ROS 有助于肿瘤的进展，但其过量累积也可能诱发细胞死亡，因而 ROS 的阈值决定细胞命运。因此，通过精准调控类 NOX 酶活性的纳米酶，可用于肿瘤治疗。

❷ 细胞色素 a 的一种，Keilin 和 Hartree（1939）认为其与细胞色素 c 氧化酶属于同一类物质。Cyt a 与 Cyt a_3 形成复合体 Cyt aa_3，其负责将电子从 Cyt c 传递给氧，故称为细胞色素 c 氧化酶。

子的同时，每个反应循环中会伴随着 4 个质子由膜内侧泵向外侧，因而会进一步加剧质子电化学梯度的产生。在生物体中，ATP 的合成就是由这种质子梯度推动的。细胞色素 c 氧化酶的功能异常会导致一些与能量代谢相关的疾病发生，例如老年性耳聋，它是由 CcO 亚基 3 减少以及 CcO❶ 活性减弱引起的[15]。除此之外，老年性黄斑变性发生的先决条件是视网膜色素上皮细胞中脂褐质的堆积。脂褐质中的亲脂阳离子物质 A2E❷ 可以与 CcO 上的阴离子结合，从而影响 CcO 的活性，使线粒体功能下降，同时使细胞色素 c 和凋亡诱导因子从线粒体迁移至细胞质和细胞核，引起细胞凋亡[16]。

$$4Cyt\ c\ (Fe^{2+}) + 8H^+_{(内源)} + O_2 = 4Cyt\ c\ (Fe^{3+}) + 4H^+_{(外源)} + 2H_2O \qquad (3.1)$$

3.1.4　漆酶

漆酶是一类单电子含铜多酚氧化还原酶，它包含三核铜簇位点，广泛存在于细菌、真菌、高等植物和昆虫体内，在白腐真菌中的分布最为广泛。漆酶可以利用环境中的氧分子作为电子受体，催化酚类、芳香类、胺类和脂肪族等化合物的单电子氧化形成相应的反应活性自由基或者醌类中间体，之后这些活性中间体会自发地偶联，生成高分子聚合产物，在该过程中仅生成唯一的副产物水。图 3.3 介绍了漆酶催化酚类的氧化机制。漆酶可以通过还原裂解双氧键催化 4 个底物分子的单电子转移形成氧化产物，在该过程中，1 个氧分子会被还原成 2 个水分子，4 个单电子底物分子会被氧化形成相应的反应活性中间自由体。漆酶含有 4 个铜离子（Cu^{2+}），即 1 个 T1 型铜离子（T1 Cu^{2+}）、1 个 T2 型铜离子（T2 Cu^{2+}）和 2 个 T3 型铜离子（T3 Cu^{2+}）❸[17]，这 3 种类型的 Cu^{2+} 呈现出三角形的排列方式，有利于双氧键合。在催化过程中，T1 型铜离子作为初级电子受体，可以从底物分子中获得

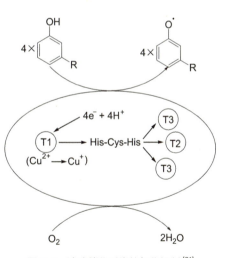

图 3.3　漆酶催化酚类的氧化机制[21]

---

❶ 细胞色素 c 氧化酶（简写为 CcO）英文名称：cytochrome c oxidase，故早期文献会使用 COX 缩写。现在 COX 多用于 cyclooxygenase（环氧合酶）的缩写。

❷ A2E: N-亚视黄基-N-视黄基乙醇胺（N-retinyl-N-retinylidene ethanolamine）。

❸ T1、T2 和 T3 中的 "T" 代表 "Type"。T1 铜离子在 600 nm 附近具有很强的吸收，这导致了铜氧化酶呈典型的蓝色。T2 铜离子在可见光区域仅表现出微弱的吸收，但具有电子顺磁共振特征信号，而 T3 位点的两个铜离子的特征是在大约 330 nm 处有吸收带。然而，由于桥接配体介导的反铁磁耦合，它们没有电子顺磁共振的特征信号。

电子并将其传递给氧分子，将氧分子还原成水。之后，电子可以通过 His-Cys-His 三肽序列转移到 T2 型铜离子和 T3 型铜离子组成的三核铜簇中心[18]。因为 T1 型铜离子位点的铜空腔结构比较宽，因此它可以容纳大量的底物分子，这使得 T1 型铜离子位点可以作为底物电子进入漆酶催化活性中心的重要窗口，用来调节底物反应速率和自身还原速率。漆酶在化妆品、医药制造和纺织等领域都具有广泛的应用。在医药制造工业中，漆酶介导低分子量酚类的氧化偶联反应可用于制备具有抗生素或抗菌性能的新型药剂，例如，漆酶可以催化长春质碱和文多灵的交叉偶联反应合成治疗急性白血病的长春新碱[19]。此外，漆酶催化的低分子量酚类氧化偶联反应可在纺织物表面合成新型的有色聚合染料[20]。

3.1.5　甲烷单加氧酶

甲烷单加氧酶（methane monooxygenase, MMO）是与甲烷营养细菌代谢相关的酶，可以同时活化分子氧和小分子烃。1955 年，Mason 等使用 $^{18}O_2$ 进行示踪，根据 ^{18}O 结合其氧化产物进而发现了 MMO[22]。如式（3.2），它可以断裂 C–H 键，将分子氧中的一个氧原子插入 C–H 中，而另一个氧原子则可以生成水。在所有的单加氧酶中，只有 MMO 可以催化甲烷有效地氧化生成甲醇。MMO 有两种类型，一种是分泌在周质空间中使用双核铁催化位点的可溶性酶（soluble methane monooxygenase, sMMO），另一种是活性依赖于铜的膜结合型或颗粒型酶（particulate methane monooxygenase, pMMO）[23,24]。两种类型的甲烷单加氧酶的结构都很复杂，有多个亚基和辅因子。它们在催化底物特异性上存在着差异，pMMO 只能氧化 C_1~C_4 的烃类和烯烃，sMMO 可以催化的底物包括 C_3~C_9 的烃类、烯烃、芳香族化合物和卤代烃。在应用方面，MMO 可以生物性转化大气中的温室气体甲烷，从而有助于缓解温室效应[25]；MMO 氧化甲烷后释放出的有机物可以作为污水脱氮过程中的电子供体，从而解决城市污水处理问题[26]。

$$CH_4 + NADH + H^+ + O_2 \longrightarrow CH_3OH + NAD^+ + H_2O \tag{3.2}$$

3.2　典型氧化酶的结构及其催化机制

3.2.1　葡萄糖氧化酶

3.2.1.1　结构

葡萄糖氧化酶的主要来源是黑曲霉，这里以源于黑曲霉的葡萄糖氧化酶为例，阐述其结构及催化机制。葡萄糖氧化×酶为同源二聚体，其单体由一个具有复杂拓扑结构的折叠域组成，大小为 60 Å × 52 Å × 37 Å。从图 3.4（a）、（b）可以看出，在葡萄糖氧化酶单体结构中存在两个结构域，每个结构域的中心都为 5 股 β 折叠，这两个结构域可以和 FAD 或者底物结合。FAD 结合的结构域以平行 β 折叠 A 为中心，如图 3.4（c）。第二个结构域以反平行 β 折叠 C 为中心，由 6 个 α 螺旋支撑，如图 3.4（d）所示[27]。

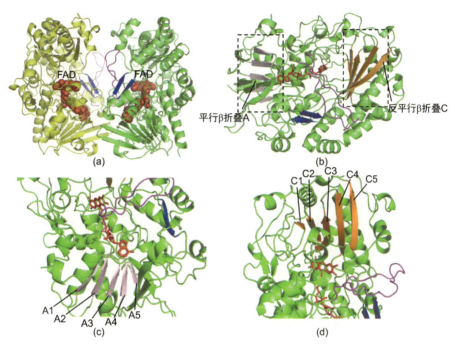

图 3.4　葡萄糖氧化酶（来源于黑曲霉）的结构（来源于 PDB 结构：1CF3）

（a）葡萄糖氧化酶二聚体的结构。绿色部分和黄色部分表示的是两个单体，红色的球状部分
表示的是黄素腺嘌呤二核苷酸（FAD）。（b）葡萄糖氧化酶单体的结构。其中粉色部分和橙色
部分代表的是中心 β 折叠，在图中分别标记为平行 β 折叠 A 和反平行 β 折叠 C。（c）位于葡萄糖
结构的拓扑中心的平行 β 折叠 A 结构，包括平行 β 折叠 A1、A2、A3、A4、A5。
（d）反平行 β 折叠 C 的结构，包括反平行 β 折叠 C1、C2、C3、C4、C5

3.2.1.2　催化位点

葡萄糖氧化酶的催化活性位点位于一个深的锥形腔的底部，其顶点位于中间黄素环的 N5 原子中心，锥底面由 His516、His559 上的 N 及水中的氧构成的圆所组成。如图 3.5（a）所示，在 N5 原子中心附近有三个氨基酸侧链：His516、His559 和 Glu412。其中，His559 和 Glu412 通过氢键结合，Glu412 由周围残基的侧链固定（Ala349、Phe351、Phe414、Trp426 和 Leu428）；His516 的侧链约束更小，构象更加灵活。在活性位点中心有一个水分子，该水分子的位置为 β-D-葡萄糖的 O1 羟基的可能位置。水分子与 His516 和 His559 形成氢键，FAD 与 N5 环的距离约为 3.3 Å[27,28]（注：β-D-葡萄糖以及 FAD 的结构式如图 3.6 所示）。

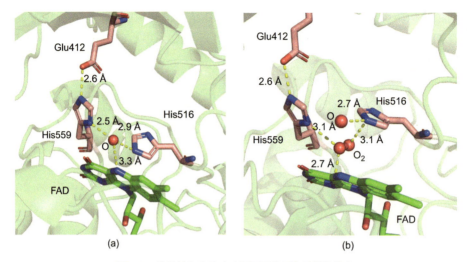

图 3.5　葡萄糖氧化酶（来源于黑曲霉）的催化位点

（a）无底物时，氧化型葡萄糖氧化酶的催化位点（来源于 PDB 结构：1CF3）。
洋红色部分表示的是与催化活性有关的残基 His559、His516 及 Glu412；绿色部分为 FAD
分子；红色球表示的中心水分子，用来代表底物存在时 β-D-葡萄糖 O1 羟基的位置。
（b）在工程化的葡萄糖氧化酶突变体中，氧气分子与活性位点相连（来源于 PDB 结构：5NIT）

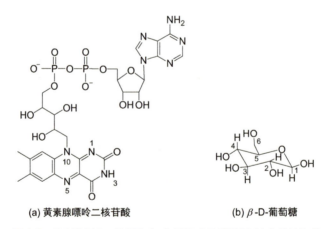

(a) 黄素腺嘌呤二核苷酸　　　　　(b) β-D-葡萄糖

图 3.6　黄素腺嘌呤二核苷酸（a）以及 β-D-葡萄糖（b）的结构式

3.2.1.3　催化机理

　　如图 3.7 所示，本文以 β-D-葡萄糖作为底物，以氧气作为电子受体来进行说明。

　　葡萄糖氧化酶的催化过程遵循乒乓机制，β-D-葡萄糖的氧化以及氧气的还原分两步进行。曾提出两种可能的机制来解释葡萄糖氧化酶与 β-D-葡萄糖的还原半反应，即：氢转移机制和去质子化后亲核进攻机制。因为未检测到以共价键结合的酶-葡萄糖复合物，所以还原半反应是去质子化后亲核进攻的可能性较低。而在氢转移

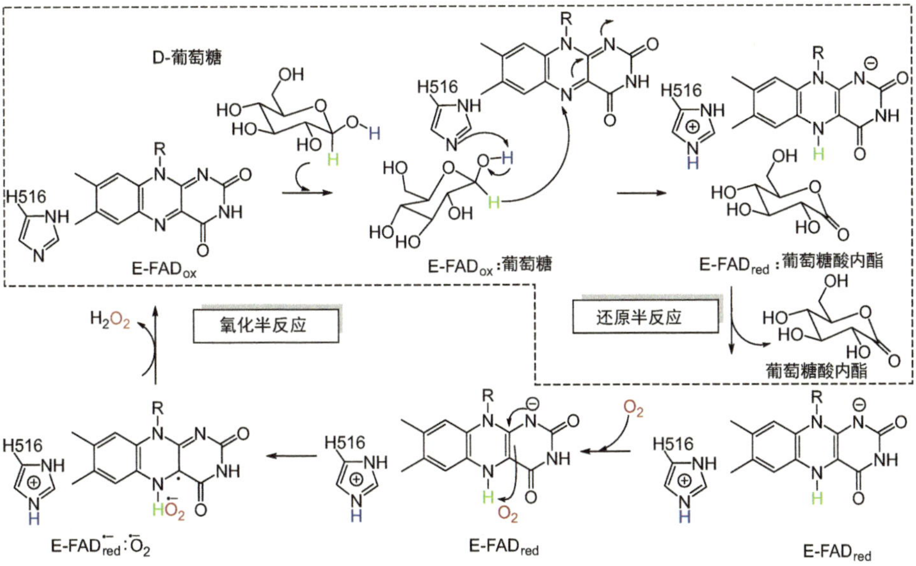

图 3.7　葡萄糖氧化酶的催化还原半反应及氧化半反应 [30]

机制中，葡萄糖氧化酶上的碱性基团（His516）催化氢原子从葡萄糖 C1 转移到黄素腺嘌呤二核苷酸 N5[29]。葡萄糖的结合取代了图 3.5（a）中的葡萄糖氧化酶活性位点中的水分子，水分子离开时从 His516 带走一个质子❶。当氢原子从葡萄糖 C1 转移到黄素腺嘌呤二核苷酸 N5 时，葡萄糖氧化酶上的 His516 会从葡萄糖 O1 羟基上夺取一个质子。氢原子转移到黄素腺嘌呤二核苷酸上后，其 N1 原子周围产生了负电荷，形成还原型的黄素腺嘌呤二核苷酸；而葡萄糖失去两个氢原子被氧化成葡萄糖-δ-内酯。在还原半反应后，酶以还原形式与葡萄糖-δ-内酯结合；之后，产物葡萄糖-δ-内酯被氧气或者水所取代，氧化半反应随之发生。如图 3.5（b）所示，在氧气结合时，His516 的构象会变为向活性位点打开的状态，此时，氧气分子会取代活性位点的水分子❷。在活性位点上，一个氧原子距离 N1 黄素环 2.7 Å，另一个氧原子距离 His516 环 3.1 Å。氧气分子所处的位置表明氧化半反应可能依赖于氧气分子和 His516 侧链 π 电子之间的轨道耦合 [28]。在氧化半反应中，电子的传递是逐步进行的。第一个电子传递步骤是从黄素腺嘌呤二核苷酸到氧气分子，形成了黄素半醌自由基和超氧阴离子，此时无质子转移，这一步也是反应的决速步骤。第二个电子传递步骤是从黄素半醌自由基到超氧阴离子，这一步涉及 2 个氢的转移。一个氢原子（H）来自黄素半醌自由基，另外一个氢为质子（H+）来自 His516；最终与超氧阴离子反应生成双氧水。

---

❶ 酶晶体是在 pH 5.1~6.9 条件下生长而得到的，因而在这种条件下两个组氨酸残基是以质子化形式存在。

❷ 若前一步该位点已被氧气占据，则该步骤不会发生。

3.2.2 甲烷单加氧酶

3.2.2.1 结构及活性中心

以来源于荚膜甲基球菌〔methylococcus capsulatus (Bath)〕的可溶性甲烷单加氧酶为例阐述 MMO 的结构。

可溶性甲烷单加氧酶是一种含氧的非血红素酶，由 3 个组分构成，分别是羟化酶（MMOH）、蛋白调节酶（MMOB）和还原酶（MMOR）。如图 3.8（a）所示，羟化酶是由 3 个亚基组成的二极体 $\alpha_2\beta_2\gamma_2$，它们的分子质量分别为 60 kDa、45 kDa、20 kDa。在每个 α 亚基中由羟基桥连接的非血红素双核铁中心，是酶的活性中心〔图 3.8（b）〕。在这个中心，甲烷和氧气相互作用形成甲醇。蛋白调节酶的分子质量为 16 kDa，主要作用是调节还原酶和羟化酶的电子传递过程，它的活性可以由其 N 端的水解进行调节。还原酶的分子质量为 39 kDa，它可以接受来自 NADH 的电子，通过 [2Fe-2S] 和 FAD 辅因子，将其传递给羟化酶的双铁核中心活性位点。

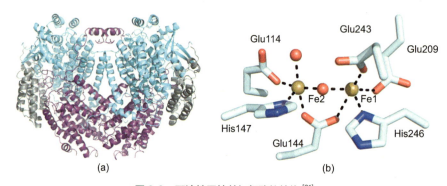

图 3.8 可溶性甲烷单加氧酶的结构 [31]

（a）羟化酶的整体结构，其中亚基 α、β 和 γ 分别为青色、紫色和灰色；（b）亚基 α 中的双核铁中心，棕色代表铁、红色代表氧、蓝色代表氮

3.2.2.2 催化机制

如图 3.9 所示，静息状态下，羟化酶的双核铁中心处于氧化态，即 2 个 3 价铁离子 $Fe^{III}Fe^{III}$，这两个 Fe^{III} 通过由一个羟基、一个谷氨酸和一个水分子的外源桥构成的三连桥彼此连接。在催化反应循环中，$Fe^{III}Fe^{III}$ 首先接受来自 NADH 的 2 个电子成为还原态 $Fe^{II}Fe^{II}$。MMOH 的还原形式与氧气迅速反应形成过氧中间体。根据光谱研究，在该化合物中，两个氧原子都与铁离子对称结合。过氧化物物种（MMOH-P）迅速转化为由反铁磁耦合的 $Fe^{IV}_2O_2$ "金刚石核心" 组成的化合物。该复合物被认为是反应性 MMOH 物种（MMOH-Q）[32]。中间体 MMOH-Q 会与底物分子 CH_4 结合，最终生成并释放出产物 CH_3OH 进而回到氧化态。目前只能获得 MMOH 还原形式和氧化形式的确切结构。其余中间体的确切结构仍然未知 [33]。

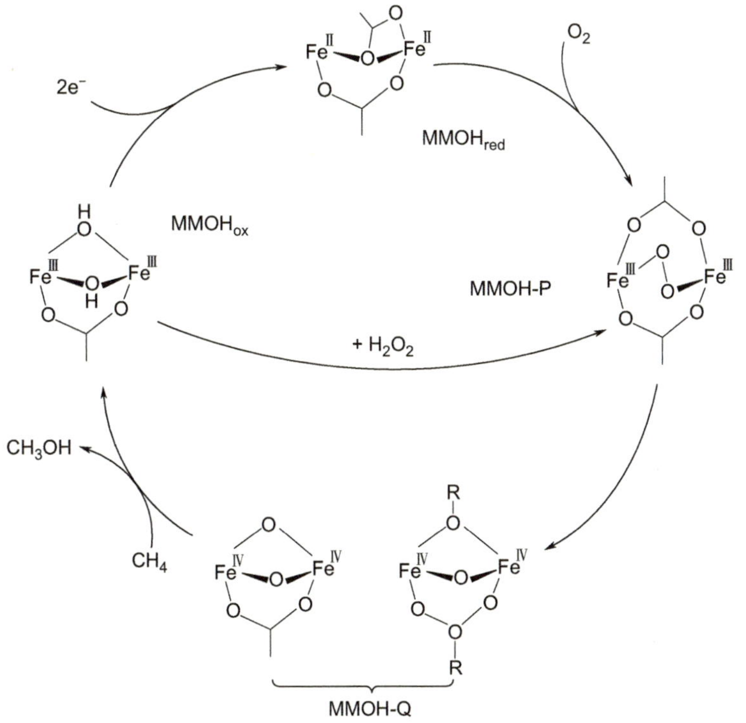

图 3.9 水溶性甲烷单加氧酶催化反应循环示意图 [32]

3.3 典型氧化酶模拟酶

前文介绍了几种典型的天然氧化酶，并阐明了其结构和活性位点。据此，可以通过设计与天然氧化酶类似的活性位点，进而获得具有氧化酶活性的模拟酶。本节将介绍几种典型的氧化酶模拟酶。

3.3.1 重新设计肌红蛋白来构造细胞色素 c 氧化酶模拟酶

细胞色素 c 氧化酶是一种膜蛋白，其含有血红素和铜等多种金属辅基。这些复杂的结构特征给阐释其结构与催化活性的关系带来了很大挑战。利用结构更为简单的蛋白质，通过理性设计来模拟复杂酶的结构和功能，则有助于揭示构效关系，也有望设计并创造出结构与功能新颖的酶。肌红蛋白具有分子量低、稳定性高、易工程化、易提纯等优点，被广泛用作框架蛋白来构造含血红素结构的模拟酶。基于对细胞色素 c 氧化酶结构中氧还原催化作用的研究，研究者通过在肌红蛋白中引入血红素-铜中心、引入酪氨酸及其衍生物、更换血红素种类等方式设计了催化性能可观的细胞色素 c 氧化酶模拟酶，进而从结构层面揭示了其催化机理 [34-37]。

如图 3.10（a）所示，在肌红蛋白血红素远端的组氨酸 His64 旁通过将 Leu29 和 Phe43 突变引入了两个新的组氨酸（His29、His43），以构造类似于细胞色素 c 氧化酶的铜结合位点[34]。随后，光谱和晶体学方法证明了铜结合位点的引入，这种被称为 CuBMb 的模拟酶拥有类似于细胞色素 c 氧化酶的催化功能，但其总催化氧还原速率低于天然酶。为了提高模拟酶的催化活性，在组氨酸附近引入了酪氨酸残基 Tyr65，进一步模仿细胞色素 c 氧化酶的催化活性中心 ［图 3.10（b）］。其电催化性能优于天然细胞色素 c 氧化酶，其氧还原速率比固定在电极上的细胞色素 c 氧化酶快一个数量级[38]。

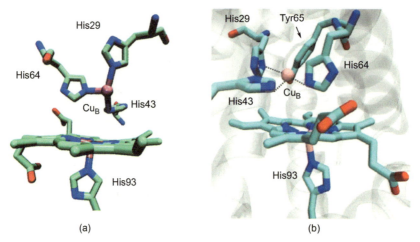

(a)　　　　　　　　　　　(b)

图 3.10　细胞色素 c 氧化酶模拟酶的活性位点结构（改编自文献 [34,38]）
（a）CuBMb 活性位点的模拟结构；（b）G65Y-CuBMb 活性位点的模拟结构

受到添加酪氨酸残基提升细胞色素 c 氧化酶模拟酶催化活性的启发，研究者开始探索通过引入非天然酪氨酸来对调控该模拟酶的氧还原活性[36]。如图 3.11 所示，通过对 33 位酪氨酸进行取代修饰，可以依次引入 3-氯酪氨酸（ClTyr）、3,5-二氟酪氨酸（F_2Tyr）和 2,3,5-三氟酪氨酸（F_3Tyr），它们的酸解离常数逐渐减小，还原电位逐渐增大。研究发现，细胞色素 c 氧化酶模拟酶的活性和转化频率与引入酪氨酸的酸解离常数成反比，与酪氨酸酚环增强的质子供体能力成正比。

细胞色素 c 氧化酶包含一个作为电子转移中心的低自旋配位血红素，以及一个发生氧结合、活化和还原的高自旋血红素-铜中心[39]。为了解血红素种类差异对细胞色素 c 氧化酶功能和稳定性的影响，需要替换不同类型的高自旋血红素并研究其酶活性。而细胞色素 c 氧化酶的小分子模拟酶合成模型可以排除低自旋血红素的影响，仅需要关注高自旋血红素-铜中心。早期合成的 CuBMb 模拟酶中血红素-铜中心包

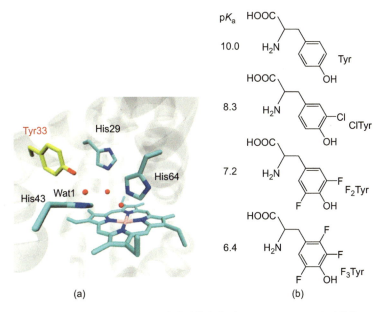

图 3.11 Phe33Tyr-Cu$_B$Mb 的模拟结构（a）以及 Tyr 和 Tyr 衍生物的
酸解离常数（pK_a）（b）（改编自文献 [36]）

含天然血红素 b，然而研究发现，天然细菌细胞色素 c 氧化酶所含的血红素 b 的酶
种类并不具备可观的催化活性 [40]。因此，研究者希望使用血红素 a/o❶ 代替血红素
b❷，来验证血红素种类是否和氧化酶性能有关 [37]。然而，直接用血红素 a 替换血红
素 b 会导致整体结构的蛋白质错误折叠。如图 3.12 所示，研究者讨论了血红素活性
位点的还原电位（$E^\ominus$）与氧化酶催化活性的关系，进而引入与血红素 b 非常相似的
血红素 a 模拟物 [41]。血红素 a 模拟物结构与血红素 b 相似，但在电子特性上类似于
血红素 a，因为其含有的吸电子基团的 $E^\ominus$ 更高。结果显示，血红素 a 模拟物的掺入
（具有一个或两个与卟啉中心偶联的甲酰基或乙酰基）提高了血红素的 $E^\ominus$，进而使
氧还原速率最高增加至 6 倍以上。这一结果表明，引入高 $E^\ominus$ 的血红素可以增加细胞
色素 c 氧化酶模拟酶的催化活性。

3.3.2　自组装的超分子漆酶模拟酶

　　在漆酶的催化过程中，Ⅰ 型铜离子首先接受来自底物的电子，然后将这些电子

---

　　❶ 血红素 a 和 o 是原型血红素 b 的化学修饰衍生物。血红素 o 和血红素 a 的结构很相似，只是在 8 位
没有发生侧链变化。血红素 o 仅在大肠杆菌中被发现，发挥着与血红素 a 在哺乳动物中氧化还原相似的
功能。

　　❷ A 型和 B 型氧化酶含有血红素 a 和 o，而 C 型氧化酶含有血红素 b。

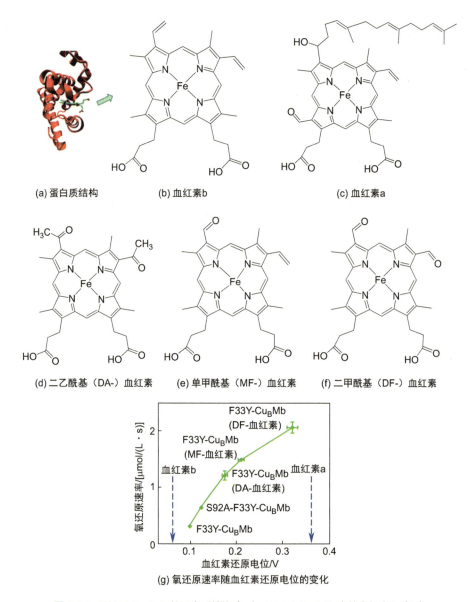

(a) 蛋白质结构　　　　(b) 血红素b　　　　(c) 血红素a

(d) 二乙酰基（DA-）血红素　　(e) 单甲酰基（MF-）血红素　　(f) 二甲酰基（DF-）血红素

(g) 氧还原速率随血红素还原电位的变化

图3.12　F33Y-Cu$_B$Mb 的蛋白质结构（a）；F33Y-Cu$_B$Mb 中的血红素 b（b）；
牛 CcO 催化位点中的血红素 a（c）；二乙酰血红素（d）；单甲酰血红素（e）；
二甲酰血红素（f）；F33Y-Cu$_B$Mb 变体的氧还原速率随血红素还原电位的变化（g）
蓝色虚线表示血红素 b 和血红素 a（改编自文献 [41]）

传递给三核铜簇。随后，三核铜簇结合并还原氧气，生成水分子。漆酶的催化效率
很大程度上取决于铜结合位点中铜离子及其配体在空间上的排布。在设计超分子漆
酶模拟物时，模仿天然漆酶中铜结合位点的化学结构至关重要（图3.13）。

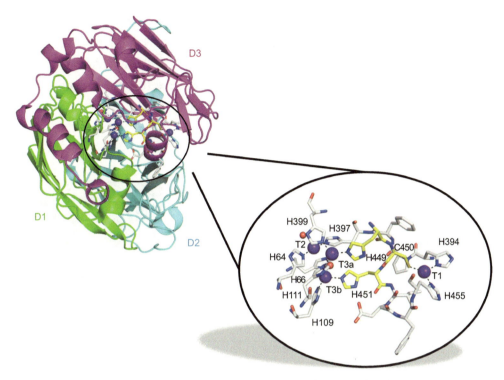

图 3.13　漆酶活性位点的常见结构和细节（引自文献 [42]）

三个铜氧还蛋白样结构域（D1、D2 和 D3）分别以绿色、青色和洋红色显示。
紫色球体代表铜离子，红色球体代表配位的水分子。从Ⅰ型铜离子到三核铜簇的
内部转移途径的残基呈黄色。黑色虚线表示催化铜的第一配位球中涉及的残基
及其相互作用。氨基酸残基：H—组氨酸；C—半胱氨酸；T—不同类型的 Cu

　　受天然漆酶中铜氧化还原中心的启发，研究者对铜基超分子自组装体系模拟漆
酶的活性进行了探索。较早的研究表明，使用筛选出的含有组氨酸残基的短肽（Ac-
IHIHIQI❶-CONH₂）与铜离子进行自组装可以形成配位情况类似于Ⅱ型位点的淀粉样
蛋白，它具备与漆酶类似的催化 2,6-二甲氧基苯酚（DMP）氧化二聚的能力 [43]。这
一发现表明了利用肽链和铜离子进行组合来模仿漆酶活性位点的可能性。此后，一
些研究者使用特定修饰的氨基酸和铜离子进行自组装来模拟漆酶活性位点结构。图
3.14（a）展示了一种基于组装主客体复合物的漆酶模拟策略。这种超分子方法是使
用芘基自组装修饰的氨基酸 /Cu²⁺复合物，形成了类似多铜氧化酶的活性位点。将 γ-
环糊精（γ-CD）作为催化反应的主体，因为它对带有芘基的铜活性中心和特定尺寸
的芳香族底物具备相似且较强的结合亲和力，即 γ-环糊精的腔体中可以同时容纳铜
活性中心和催化底物，使两者相互靠近并促进催化反应的发生，实现了天然漆酶不

---

❶ 一种七残基短肽，在其疏水核心中同时含有异亮氨酸和谷氨酰胺残基。

具备的底物尺寸选择性催化[44]。图 3.14（b）的模型模拟了 γ-环糊精容纳铜活性中心和底物 3,3′,5,5′-四甲基联苯胺（TMB）的情况，即 TMB 的一个氨基朝向氨基酸/Cu²⁺ 复合物的羰基，促进铜位点催化 TMB 氧化。另外，可以通过引入偶氮抑制剂，作为底物与 γ-环糊精结合的竞争客体，实现该漆酶模拟酶催化活性的动态调控。

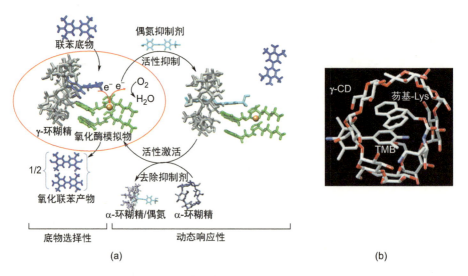

图 3.14　超分子主客体漆酶模拟物的示意图（a）和在单分子水平上构建的
γ-环糊精容纳铜活性中心和 TMB 底物的理论结构（b）（改编自文献 [44]）
图（b）为图（a）中红圈内的结构，C、N 和 O 原子分别以灰色、蓝色和红色表示

3.3.3　基于不同金属离子的儿茶酚氧化酶模拟酶

儿茶酚氧化酶是一种双酚氧化酶，和漆酶同属于多酚氧化酶。漆酶主要分布在微生物中，儿茶酚氧化酶主要分布在高等植物中。儿茶酚氧化酶是一种双铜酶，其活性位点由羟基桥接的二铜（Ⅱ）中心组成，其中每个铜（Ⅱ）中心由三个组氨酸氮原子协调[45]。天然儿茶酚氧化酶的结构具有良好的氧化还原电位，使得铜（Ⅱ）和铜（Ⅰ）易于进行价态切换，从而氧化儿茶酚为醌（图 3.15）。因此，研究者从铜基模型开始，设计了不同类型的配体体系，包括不同过渡金属的双核和单核小分子配合物，以调节儿茶酚氧化酶模拟酶的活性并更好地解析其结构性能关系。

铜是天然儿茶酚氧化酶的金属位点，研究者因此合成了多样的铜基模型，用于模拟儿茶酚氧化酶的催化活性。他们使用催化氧化二叔丁基邻苯二酚（DTBC）❶的

---

❶ DTBC 是研究儿茶酚（邻苯二酚）氧化酶活性的常见模型底物。通过观察 DTBC 氧化过程中的紫外-可见吸收光谱，可以看到 400 nm 附近吸收带特征峰呈现明显下降趋势。

能力作为评价儿茶酚氧化酶活性的标准，从
而测得了一些催化活性较好的模拟物，并对
其结构进行分析（图 3.16）。这些模型利用
苯氧基桥和芳香亚胺等为配体，增强了双核
铜离子之间的相互作用，保持铜中心的稳定
并促进电子转移。这种设计使得底物 DTBC
能够有效结合在铜中心，进而通过双电子还
原生成过氧化氢（H_2O_2）而非水，反映出其
在反应路径上的独特性。实验数据显示，采
用苯氧基桥的双核配合物显示出显著的催化
活性［k_{cat} = (1.08~3.24)×10^4 h^{-1}］[47]，表明它
们在模拟自然酶的过程中具有良好的催化性
能。此外，理想的铜（Ⅱ）模型配合物通常
表现为方形平面结构，以减少在铜（Ⅱ）与

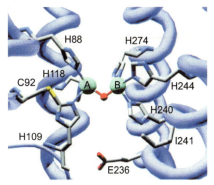

图 3.15　儿茶酚氧化酶的双核铜（Ⅱ）
中心结构（引自文献 [46]）

图中 A 和 B 代表二价铜离子，中间红色结构
代表羟基桥接结构，为保证结构简约，
图中氢原子未显示；氨基酸残基：
C—半胱氨酸；I—异亮氨酸；E—谷氨酸

铜（Ⅰ）之间转化时的几何变化，即能够保持两个铜（Ⅱ）中心和苯氧阴离子的稳
定性及其供体能力，这对于形成稳定氧化态和还原态的结构非常重要，从而获得更
好的催化活性（如图 3.17 L1~L29 所示）。

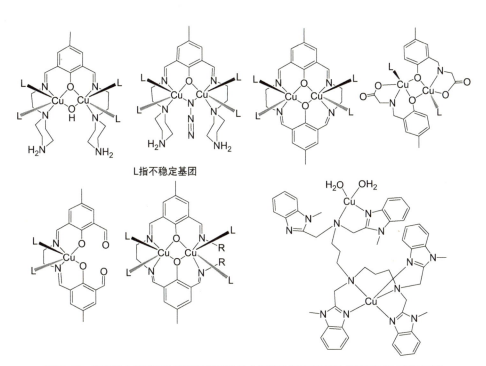

图 3.16　代表性儿茶酚氧化酶铜基模拟物的金属配位环境示意图（图引用自文献 [48]）

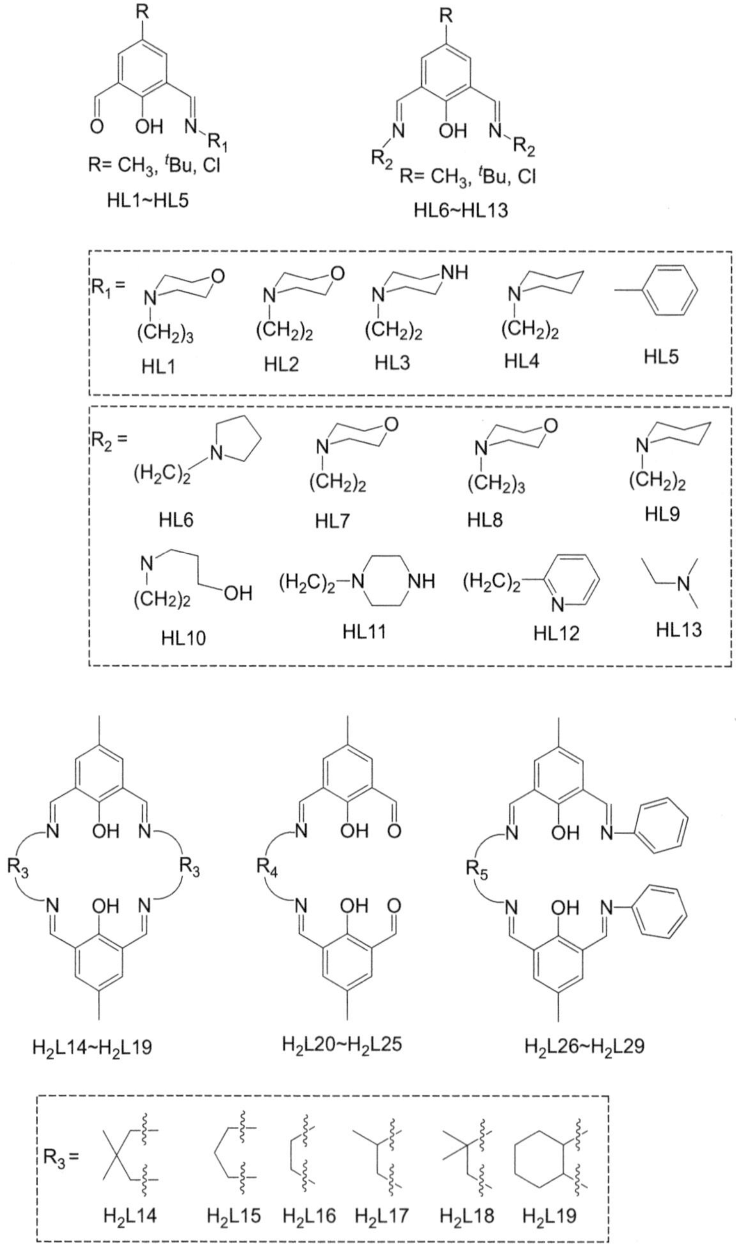

R= CH₃, ᵗBu, Cl

HL1~HL5

R= CH₃, ᵗBu, Cl

HL6~HL13

R₁ =

HL1   HL2   HL3   HL4   HL5

R₂ =

HL6   HL7   HL8   HL9

HL10   HL11   HL12   HL13

H₂L14~H₂L19   H₂L20~H₂L25   H₂L26~H₂L29

R₃ =

H₂L14   H₂L15   H₂L16   H₂L17   H₂L18   H₂L19

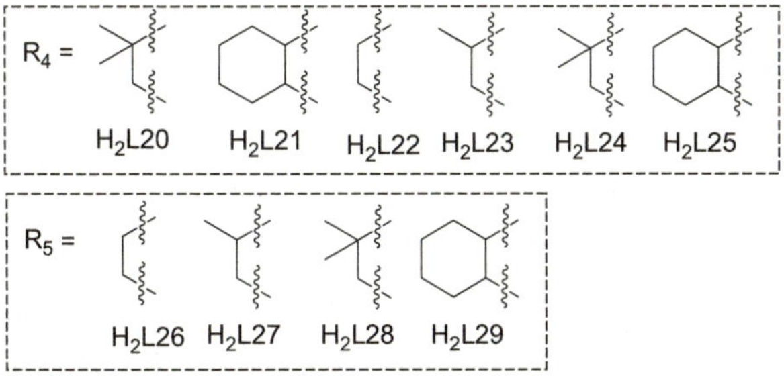

图 3.17　用于制备模拟酶的配体系统，其显示出对 DTBC 氧化的活性（引自文献 [48]）
H 和 H$_2$ 分别代表该结构需要连接一或两个基团来形成完整配体系统

研究者也探索了基于其他金属活性位点的儿茶酚氧化酶模拟物，例如钴、镍、锰等。现有的研究显示，锰可能是最佳的替代金属之一。首先被发现的是一种八配位的锰（Ⅱ）配合物，它能够在甲醇和氧气的环境下有效地将 DTBC 氧化为邻醌（DTBQ）[49]。随后，单核钴、镍和锰配合物的酶活性被进一步研究，结果表明，锰配合物对 DTBC 的氧化能力显著优于钴和镍 [50]。此外，含酚氧区室型配体 ❶（如图 3.17 中 L22~L25 所示）的锰配合物被证明是高效的儿茶酚氧化催化剂，其单核锰配合物的催化 TOF 达到 $10^4 \, h^{-1}$，显示出与双核铜配合物相当的催化效率。此现象可能归因于锰在反应中能够进行锰（Ⅳ）、锰（Ⅲ）、锰（Ⅱ）之间的转化，从而促进多电子转移。另外，一些催化机制的研究指出，活性中心锰催化 DTBC 氧化过程中，半醌超氧中间体的形成是关键步骤 [51]。这些研究为锰作为儿茶酚氧化催化剂的应用提供了新的视角，并揭示了其潜在的催化机制。

由于电子性质的不同，各种金属离子在相同的配体上会表现出不同的氧化还原性质。因此，如果要将金属中心的氧化还原电位保持在某个适于进行催化过程的范围内，配体需要随着金属离子的变化进行调整。小分子模拟酶对金属离子和配体之间不同组合的尝试可以为基于金属或金属氧化物纳米酶的设计提供指导。

3.4　典型氧化酶纳米酶

3.4.1　类甲烷单加氧酶纳米酶

前文已对 MMO 的结构、催化活性位点以及催化机理进行了详细的介绍，本小节则主要阐述研究人员如何利用纳米结构来设计构筑 MMO 模拟物。

---

❶ 酚氧区室型配体是一种特殊类型的配体，通常用于金属配合物的合成和研究。这类配体通常包含酚氧基（phenoxo）基团，可以与金属离子形成稳定的配合物。而"区室型"指的是这些配体结构中形成了不同的"隔间"，使得金属离子在配合物中处于不同的环境中。这种设计可以提高配合物的选择性和稳定性。

MMO 的催化活性位点通常为 2~3 个金属离子紧密排列而成的金属簇。经典的仿生金属簇模型有 $Fe^{II}Fe^{II}$、$Cu^{I}Cu^{I}$ 以及 $Cu^{I}Cu^{I}Cu^{I}$。在金属簇的设计中，使用多齿配体将所需数量的金属离子配位聚集在一起，通过氧气或双氧水的处理（通过氧气处理，可以模拟金属酶中的氧化还原活性，而利用双氧水处理则可以在金属中心引入过氧化物配体）来构筑更易于结合氧气的金属氧簇是一种重要的 MMO 模拟策略（图 3.18）[52]。然而，这种配位自组装的方法难以控制成核度（成核度，是指形成稳定团簇所需的最小原子或分子的数量），通常双核配合物是最终产物。此外，在催化过程中此类配位结构的稳定性较低，易于分解成低成核度的复合物，进而大大减弱其催化活性和选择性。若利用纳米结构的限域效应，将模拟 MMO 的多核金属簇固定在多孔纳米材料受限的空间结构内形成 MMO 纳米酶，则能有效克服上述难题。

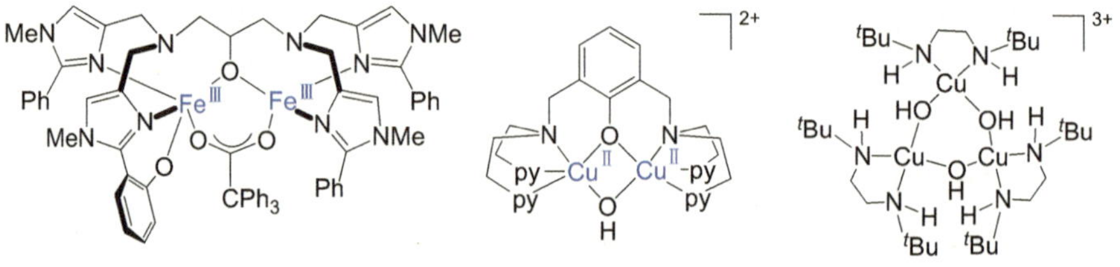

双核铁氧簇　　　　　双核铜氧簇　　　　　三核铜氧簇

图 3.18　多核金属氧簇（改编自文献 [52]）

MMO 纳米酶早在 20 世纪 90 年代就有报道。以 N_2O 为氧源，通过在沸石结构 ZSM-5 型内引入双核铁簇可构筑能够在室温下选择性催化氧化甲烷变成甲醇的 FeZSM-5 纳米酶[53]。该催化体系具有较低的反应温度和高选择性。这两点与 MMO 酶促反应的特征相似，因此被认为是第一例成功模拟 MMO 的类酶模拟物（图 3.19）。具体而言，FeZSM-5 纳米酶在与 N_2O 作用时会将后者分解，产生一种新形式的表面氧物种（称为 α-氧）。这种 α-氧的反应性非常高，能够插入甲烷相对惰性的 C–H 键中将其活化，进而在室温条件下催化甲烷氧化产生甲醇[54]。受此启发，MMO 纳米酶的构筑策略可以分为如下两种：一是确定一种纳米限域材料为模板，筛选、优化其内部不同类型催化活性位点（例如在沸石中引入 $[Cu_2O]^{2+}$ 等多核金属簇）[55]（图 3.18）；二是确定一种类型的催化活性位点，筛选、优化其外部不同类型的纳米限域材料（例如沸石、介孔硅[56]、MOF[57] 等）（图 3.20）。

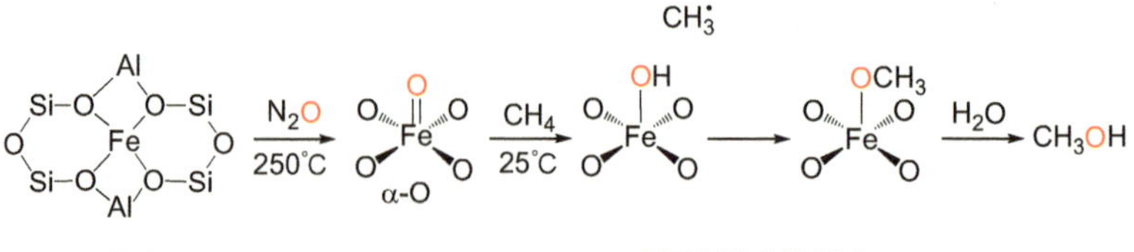

图 3.19　MMO 模拟酶在室温下催化氧化甲烷变为甲醇（改编自文献 [53]）

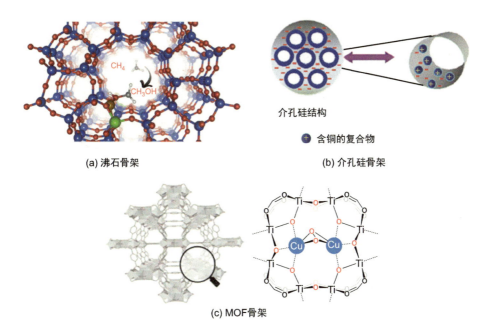

(a) 沸石骨架

介孔硅结构

● 含铜的复合物

(b) 介孔硅骨架

(c) MOF骨架

图 3.20 基于沸石骨架（a）、介孔硅骨架（b）以及 MOF 骨架（c）的类甲烷单加氧酶设计策略（改编自文献 [56,57,59]）

　　尽管对 MMO 模拟酶的研究已经开展了数十年，但是对其反应活性位点与催化活性机制的认知仍不清楚。这主要是因为该反应的活性中间体 ［α-Fe(Ⅱ) 和 α-氧］的原位表征较为困难，缺乏有效的光谱技术对反应过程中的活性位点进行实时监测。针对这一难题，目前一种有效的手段是利用生物无机化学中常用的位点选择性光谱法来解决 [58]。例如，使用磁性圆二色谱对反应过程进行监测，可表征出 α-Fe(Ⅱ) 是单核、高自旋、方形平面的 Fe(Ⅱ) 位点；而 α-氧是以单核、高自旋的 Fe(Ⅳ)═O 形式存在。图 3.21（a）使用库贝尔卡-蒙克理论（Kubelka-Munk，用于描述含有能散射和吸收入射光的微小粒子的系统的光学行为）对其进行表征，光谱显示出 Fe(Ⅱ)-β（BEA）沸石材料在 40000 cm^{-1}、15900 cm^{-1}、9000 cm^{-1} 和低于 5000 cm^{-1} 处具有特征吸收峰。当使用 N_2O 激活样品后，Fe(Ⅱ)-BEA 在 15900 cm^{-1} 处的吸收峰被 16900 cm^{-1} 处具有相似强度的新特征峰和约 5000 cm^{-1} 处的弱特征峰所取代 ［图 3.21（b）］。而将其在室温下与 CH_4 反应后，这些被活化后的新峰却消失了 ［图 3.21（c）］。研究认为这两处峰的变化可以归因于中间体 α-氧的参与，而反应前的 15900 cm^{-1} 谱带则归属于 α-Fe(Ⅱ)。此外，该研究还认为沸石结构之所以能为内部多核金属簇提供更强的反应性是源自其晶格强制的受限配位结构，并提出在金属酶模拟物研究的背景下，构筑 "嵌合" 状态的材料（空间结构＋活性位点）可能是调节多相催化剂活性的有效方法。

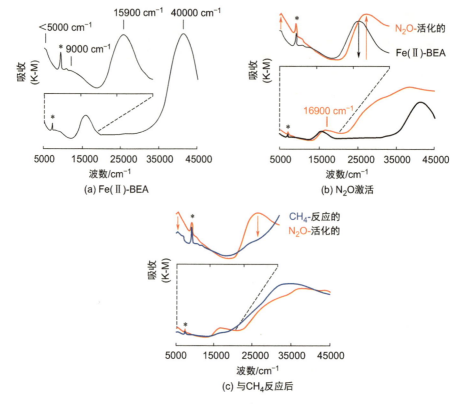

图 3.21 Kubelka-Munk 中 Fe(Ⅱ)-beta（BEA）沸石的紫外可见漫反射（UV-Vis DR）光谱
（改编自文献 [58]）

（a）Fe(Ⅱ)-β（BEA）沸石材料在 K-M 曲线中的特征峰；（b）使用 N₂O 激活样品后，
Fe(Ⅱ)-β（BEA）沸石材料在 K-M 曲线中的特征峰；（c）与 CH₄ 反应后，
被激活的 Fe(Ⅱ)-beta（BEA）沸石材料在 K-M 曲线中的特征峰

　　虽然这些铁-沸石体系的 MMO 纳米酶在过去几十年的研究中取得过重大的突破和显著的进展，但真正将其应用到实际工业生产中仍面临严峻的挑战[60]。如何能在热力学和动力学层面都使甲烷选择性氧化成甲醇而不是二氧化碳仍是该领域亟须面对和解决的瓶颈问题。

3.4.2　类细胞色素 c 氧化酶纳米酶

　　细胞色素 c 氧化酶（CcO）是一种细胞呼吸链的末端氧化酶，通过接受细胞色素 c（Cyt c）上的电子来催化氧分子经过四电子转移途径还原成水。该酶催化不仅完成了线粒体呼吸链的电子传递，还能保护生物体免受过氧化物造成的损害。尽管诸多纳米材料被报道具有氧化还原酶的功能，但对类 CcO 纳米酶的研究却相对较少。本小节将介绍近年来有关类 CcO 纳米酶的一些研究进展。

从反应类型上来看，类 CcO 纳米酶与绝大多数氧化型纳米酶的区别在于其底物的差异。大多数氧化型纳米酶的底物都是有机小分子（例如 TMB、OPD、ABTS 等），而 CcO 的底物则是作为生物大分子的 Cyt c。目前，一些研究报道了无机金属氧化物纳米材料可以模拟 CcO 的活性。例如，氧化亚铜纳米粒子（Cu_2O NPs）能在氧气的帮助下将 Cyt c 从其亚铁态转化为铁态，表现出类 CcO 活性 [图 3.22（a）][61]。并且这种活性依赖于溶液的 pH 值和颗粒的尺寸，即 pH 值越低，粒径越小，类 CcO 活性越高。此外，$CeVO_4$ 纳米材料在生理 pH 条件下也可将 Cyt c 催化，同时经过 "四电子" 还原将 O_2 变为水，表现出类 CcO 活性 [图 3.22（b）][62]。

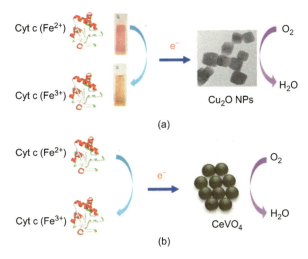

图 3.22　类 CcO 纳米酶 Cu_2O NPs（a）和类 CcO 纳米酶 $CeVO_4$（b）
模拟 CcO 活性（改编自文献 [61,62]）

除上述偶然发现的类 CcO 纳米酶之外，采用仿生策略设计合成具有类 CcO 活性的纳米酶更具应用潜力。例如，天然 CcO 金属辅因子由两个血红素蛋白（血红素 a、血红素 a_3）和两个铜中心（Cu_A、Cu_B）组成。血红素 a3 的活性中心是轴向组氨酸（H376）配位的血红素，通过与 Cu_B（Cu^I）的协同作用可激活并还原水中的氧[63]。鉴于单原子纳米材料 FeN_5 的活性中心是轴向 N 配位的类血红素结构，与血红素 a_3 的空间结构非常相似[64]，研究人员因此开发了类 CcO 的 FeN_5 单原子纳米酶（FeN_5 SAs）。通过模拟线粒体电子传输过程，FeN_5 SAs 表现出类 CcO 活性，可以完成从亚铁 Cyt c 到氧分子的电子传递（图 3.23）[65]。

总体来说，目前对类 CcO 纳米酶的研究仍处于初步阶段，相关纳米材料的种类、数量以及应用场景都相对较少。构筑更多的类 CcO 纳米酶，探究其催化机制，拓展其应用范围将是该类纳米酶未来的研究方向。

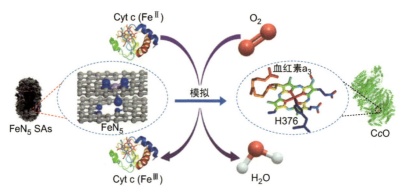

图 3.23 类 CcO 单原子纳米酶（FeN$_5$ SAs）（改编自文献 [65]）

3.4.3 类漆酶纳米酶

漆酶是一类含铜氧化酶，铜离子是其催化活性中心。在氧气存在下，漆酶能催化氧化多酚、多胺等底物，同时将氧气还原为水，在聚合物合成、抗癌药开发以及环境污染治理等领域中显示出重要的应用潜力[66]。然而，漆酶的生产主要依赖于发酵，长周期的发酵和较低的稳定性阻碍了其更广阔的应用发展。因此，开发易于合成、可大规模制备、具有良好稳定性的漆酶模拟物是十分必要的。基于前文对纳米酶的概念和优势进行的介绍，可设计开发具有类漆酶活性的纳米酶，本小节主要阐述近年来类漆酶纳米酶的研究进展。

仿生策略是制备类漆酶纳米酶的主要手段。漆酶的催化中心是金属铜，受此启发，研究人员以聚甲基丙烯酸钠盐（PMAA）和铜离子为前驱体，通过一锅法的水热合成即能大量制备类漆酶铜量子点（Cu CD）纳米酶[67]。然而，该铜量子点纳米酶并没有模拟漆酶复杂的配位环境。此外，研究表明有机配体（例如卟啉、酞菁和咪唑等）与铜离子形成的配合物往往只能包含一个或两个铜离子，难以模拟漆酶的4 个铜离子[68]。为此，构筑具有明确配位结构并且包含多个铜离子的纳米材料是设计类漆酶纳米酶更有效的手段。

研究发现，利用 MOF 结构中的金属节点和有机配体来构筑类漆酶纳米酶，不仅能够具有清晰明确的铜配位结构，同时还可以包含多个铜离子，是一种具有潜力的类漆酶纳米酶设计策略[69]。使用单磷酸鸟苷（GMP）作为 MOF 的有机配体，将其与 Cu^{2+} 配位自组装即可合成非晶态的多铜配位 MOF 纳米酶 Cu-GMP（图 3.24）。该 MOF 纳米酶具有类似漆酶的催化活性，不仅可以催化转化多种漆酶的底物（例如对苯二酚、萘酚、儿茶酚和肾上腺素），还能在极端环境下（例如极端 pH、温度、盐等）保持其催化活性。进一步研究表明该 Cu-GMP 纳米酶的活性主要源自鸟苷和铜离子的配位部分，而不是 GMP 中磷酸和铜的配位部分。与蛋白质漆酶相比，在相同的质量浓度下，Cu-GMP 纳米酶具有更高的 v_{max} 和相似的 K_m。

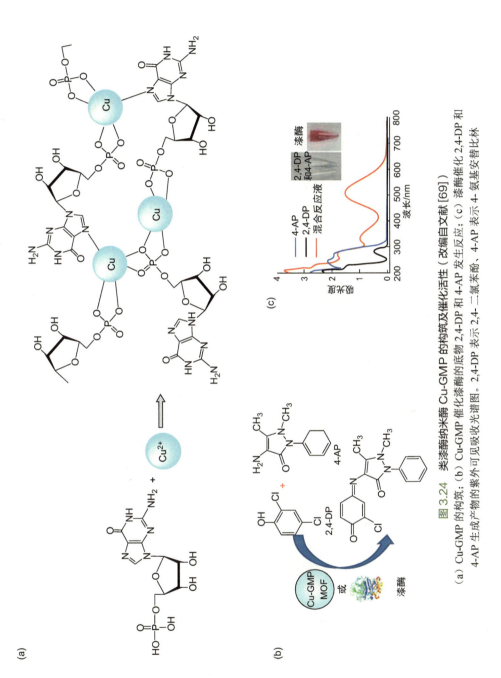

图 3.24　类漆酶纳米酶 Cu-GMP 的构筑及催化活性（改编自文献 [69]）

（a）Cu-GMP 的构筑；（b）Cu-GMP 催化漆酶催化 2,4-DP 和 4-AP 发生反应；（c）漆酶催化 2,4-DP 和 4-AP 生成产物的紫外可见吸收光谱图。2,4-DP 表示 2,4- 二氯苯酚，4-AP 表示 4- 氨基安替比林

3.4.4 类 NAD(P)H 氧化酶纳米酶

烟酰胺腺嘌呤二核苷酸磷酸氧化酶（nicotinamide adenine dinucleotide phosphate oxidase，NADPH 氧化酶，即 NOX）是生物体呼吸链中一种重要的氧化还原酶，对于维持哺乳动物吞噬细胞和血管细胞中活性氧（ROS）的健康水平至关重要。

采用仿生策略是构筑 NOX 纳米酶的重要手段之一。例如，天然 NOX 内部的血红素催化活性位点对其介导的单电子转移（从 NADPH 到氧气）过程起决定性作用。鉴于此，研究人员设计并合成具有类似血红素局部配位结构的 Fe-N 掺杂石墨烯（FeNGR）纳米片（图 3.25）[70]。该纳米酶具有嵌入式的单金属原子催化位点，催化 NADPH 向 NADP$^+$ 的转化率可达到 92.5%，并且有超氧化物的产生。基于所产生的超氧化物对免疫信号通路的激活作用，将 FeNGR 纳米酶掺入细胞膜内即可恢复 NOX 缺陷细胞的免疫活性，为 NOX 缺乏症的预防和治疗提供了启示。

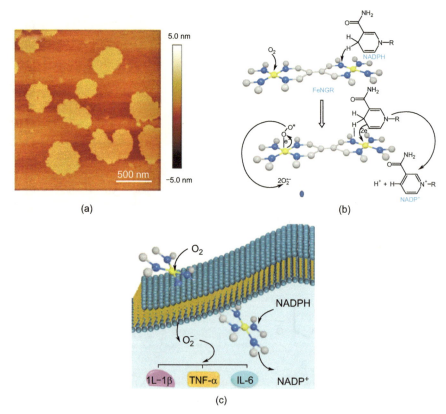

图 3.25　具有类 NOX 活性的 FeNGR 纳米酶（改编自文献 [70]）
（a）FeNGR 纳米酶的原子力显微镜图片；（b）FeNGR 纳米酶模拟 NOX 的催化机理；
（c）FeNGR 纳米酶修复 NOX 缺陷细胞的免疫活性示意图

尽管仿生策略已成功应用于 NOX 纳米酶的设计，但它面临着一个不可避免的挑战，即从头设计并合成新的纳米材料来模拟 NOX 的"精巧"活性中心非常困难。因此，与天然 NOX 活性中心相似的纳米材料在以往的报道中非常少见。通过模拟天然 NOX 的催化过程，能为构筑 NOX 纳米酶提供更灵活的策略。NOX 的催化过程具备两个特征：一是 NOX 的黄素辅酶催化 NADH 脱氢为 NAD^+ 并生成 $FADH_2$；二是所生成的 $FADH_2$ 将电子和质子转移到 O_2 以生成超氧化物和 H_2O_2。受此启发，研究人员对纳米材料筛选时发现钴纳米粒子广泛应用于 N-杂环的脱氢反应和加氢反应、醇类的选择性氧化反应以及费托合成，表明其具备脱氢的能力[71]。此外，使用纳米结构对钴纳米粒子进行包封能有效防止其聚集和浸出，可进一步提高其催化活性和稳定性。另一方面，使用含 Co 的催化剂能够选择性将 O_2 催化还原为 H_2O_2，表明其具备电子转移的能力[72]。因此，构筑兼具脱氢和电子转移的 Co 基纳米酶来模拟 NOX 是一种有效的设计合成策略。将 Co 分别负载于多孔碳上可得到 Co/C 纳米酶[73]。如图 3.26 所示，Co/C 纳米酶可以消耗癌细胞中的 NADH，诱导活性氧生成，导致线粒体内氧化磷酸化受损和线粒体膜电位降低，并抑制 ATP 产生，进而促进细胞凋亡。而 Co-MoS₂ 纳米酶在 pH 4.5 和 20~45 ℃温度范围内具有最佳的活性，并能在 5 个催化循环后保持活性不变。

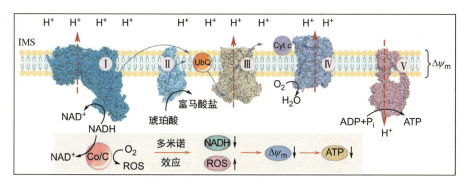

图 3.26　具有类 NOX 活性的 Co/C 纳米酶消耗细胞内的 NADH，诱导活性氧的生成进而促进细胞凋亡（改编自文献 [73]）

IMS 指膜间隙；Ⅰ、Ⅱ、Ⅲ、Ⅳ、Ⅴ 分别指膜上承担不同功能的复合物。具体而言，呼吸复合物Ⅰ催化 NADH 到泛醌的电子转移，并将 4 个 H^+ 从线粒体基质释放到 IMS。电子最终通过复合物Ⅲ和Ⅳ转移至 O_2，同时伴随另有 6 个 H^+ 从基质释放到 IMS。此外，琥珀酸也可以作为电子源的一部分，通过复合物Ⅱ参与电子传递链。电子传递链的主要功能是通过 H^+ 转移增加线粒体电位（$\Delta\psi_m$），为 ATP 的产生提供动力，这主要通过复合物Ⅴ实现

除了上述两种 NOX 纳米酶的设计策略之外，还可以利用具有光催化活性的纳米材料来模拟 NOX 的功能。例如硫化镉（CdS）纳米棒可以在生理条件下无须辅酶即可模拟 NOX 的功能[74]。如图 3.27 所示，在环境光的激发下，CdS 纳米酶被活化产生光生电子和光生空穴，光生空穴可氧化 NADH，光生电子可将氧气变成超氧

阴离子。所生成的超氧阴离子继续获得电子，能促进 NADH 的氧化，进一步生成 NAD$^+$。

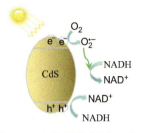

3.4.5 类葡萄糖氧化酶纳米酶

类葡萄糖氧化酶（GOx）纳米酶可以催化 O$_2$ 氧化葡萄糖，生成 H$_2$O$_2$ 和葡萄糖酸酯，在血糖检测、糖尿病伤口愈合、肿瘤治疗等方面的应用正不断深入拓展 [75-77]。

图 3.27　CdS 纳米酶的类 NOX 活性（改编自文献 [74]）

3.4.5.1　催化机制

金纳米粒子（Au NPs）是典型的类 GOx 纳米酶。早期研究发现，裸露的 Au NPs（平均直径 3~5 nm）能够在较为温和的条件下以及较广的 pH 范围内，高选择性地催化氧化葡萄糖，具有与天然酶相近的催化活性 [78-80]。动力学研究表明，该多相催化反应符合 Eley-Rideal 模型 ❶，且遵从两电子机制 [81]。在此基础上，提出该反应的分子机制如图 3.28 所示：OH$^-$ 夺走葡萄糖 C1 羟基质子，得到的葡萄糖阴离子吸附在 Au NPs 表面活性位点形成富电子体，亲核进攻 O$_2$ 分子 ❷，形成的 Au$^+$–O$_2^-$ 或 Au^{2+}–O$_2^{2-}$ 等过氧化物中间体作为桥梁将两电子从葡萄糖传递给 O$_2$，脱附得到葡萄糖酸和 H$_2$O$_2$[82-84]。

图 3.28　Au NPs 催化氧化葡萄糖的分子机制（改编自文献 [82]）

---

❶ 多相催化反应是不同相之间的界面发生的反应，包括三个步骤：底物吸附、表面反应和产物脱附。对于双分子反应，该过程主要涉及两种机制。在 Langmuir-Hinshelwood 机制中，双分子共同吸附在表面活性位点后再反应，反应速率随吸附分子覆盖率的增大先增大后减小；在 Eley-Rideal 机制中，单个分子吸附在活性位点后直接与另一底物分子反应，反应速率随覆盖率线性增大。

❷ 该亲核进攻能力可能受 Au NPs 电子特性的影响，裸露 Au NPs 的直径需要小于 10 nm，且尺寸越小活性越高。然而，当 Au NPs 沉积在不同载体上时，载体的作用可能会大于尺寸带来的影响，进而使催化活性呈现相反的变化。

近年来，随着纳米酶领域的发展，包括 Au 在内的贵金属纳米粒子的类 GOx 催化机制得到了更为系统性的探索。通过使用 2,2′-联氮-双-3-乙基苯并噻唑啉-6-磺酸 [2,2′-azino-bis(3-ethylbenzothiazoline-6-sulfonic acid)，ABTS] 阳离子自由基代替 O_2 作为电子受体，Au NPs 成功催化葡萄糖还原 $ABTS^{+·}$，证明了 Au NPs 催化氧化葡萄糖为脱氢氧化反应 ❶，与 GOx 一致；通过电化学测试，佐证了 Au NPs 表面发生了两电子转移，O_2 被还原为 H_2O_2 而非 H_2O[85]。在此基础上，推断 Au NPs 具有与 GOx 类似的催化机制（详见第 3.2.1 节），认为葡萄糖被活化后，其 C1 氢负离子转移至 Au NPs 表面，进而还原 O_2 生成 H_2O_2（图 3.29）。与之类似，Pt、Pd、Ru、Rh、Ir 等贵金属纳米粒子也被证明通过脱氢氧化的路径催化氧化葡萄糖，区别在于它们通过四电子转移将 O_2 还原成 H_2O。

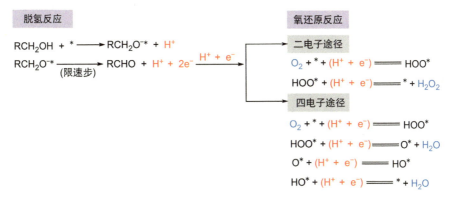

图 3.29　贵金属纳米粒子催化氧化葡萄糖的机制（改编自文献 [85]）
* 代表纳米粒子表面的活性位点

3.4.5.2　底物选择性

葡萄糖含有 4 个手性碳原子，为手性化合物。天然葡萄糖大多为 D-葡萄糖，其对映异构体 L-葡萄糖主要通过人工合成获得 ❷。然而，裸露 Au NPs 无法选择性催化氧化 D/L-葡萄糖。

配体修饰不仅能够提高纳米粒子的稳定性，调控其尺寸形状，还有助于实现对手性底物的选择性催化。手性苯丙氨酸（phenylalanine，Phe）修饰后的 Au 表面对手性葡萄糖具有不同的催化活性，其中 L-Phe-Au 对 D-葡萄糖有更高的转化率，D-Phe-

---

❶ 根据氧化方式不同，催化氧化反应可主要分为加氧氧化反应和脱氢氧化反应。在加氧氧化反应中，O_2 作为氧化剂，在还原性底物中加入 O 原子。在脱氢反应中，来自还原性底物的质子和电子转移给电子受体。

❷ 费歇尔投影式常用于简洁表示有机分子的手性结构。利用该平面分子式，根据距离最高氧化合价碳最远的手性碳上羟基的位置，可以人为规定该分子的构型。羟基在右侧为 D，在左侧则为 L。D/L 构型判定常用于氨基酸和糖。

Au 对 L-葡萄糖有更高的转化率，体现了配体修饰形成的手性表面对底物构型有较高的选择性[86]。使用密度泛函理论（density functional theory，DFT）研究 D/L-Phe 与 Au (111) 面的相互作用，以及 D/L-葡萄糖与 L-Phe 修饰的 Au (111) 面的相互作用。模拟结果显示，4 个相邻的 D/L-Phe 分子在 Au (111) 面可以通过苯环自组装形成风车图案，7 个相邻分子自组装形成花朵图案。不同的是，L-Phe-Au (111) 和 D-Phe-Au (111) 的苯环在风车图案中的旋转方向相反。如图 3.30 箭头所示，在 L-Phe-Au (111) 中，苯环沿着从氨基到与手性碳结合的 H 原子再到羧基的方向依次顺时针旋转 90°；在 D-Phe-Au (111) 中，苯环按照相同的方向则是逆时针旋转 90°。进一步计算发现，相比 L-葡萄糖，D-葡萄糖在 L-Phe-Au (111) 具有更大的吸附能；D/L-葡萄糖在 Au (111) 面的吸附能相同，且均明显高于 D/L-Phe 在 Au (111) 面的吸附能❶；Au (111) 面对 D/L-葡萄糖氧化几乎没有选择性[87]。因此，如图 3.31 所示，推断 L-Phe-Au (111) 对底物的立体选择性仅源自配体覆盖形成的手性表面对底物的选择性吸附。

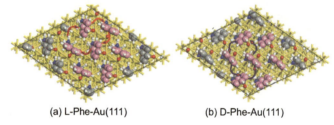

(a) L-Phe-Au(111)　　　　　　(b) D-Phe-Au(111)

图 3.30　D/L-Phe 在 Au (111) 面自组装形成手性排布[86]

蓝、红、白、灰球分别对应 N、O、H、C 原子；为清楚展示 D/L-Phe 自组装形成的图案，部分 C 原子表示为粉色

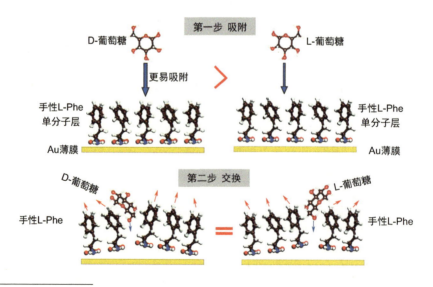

---

❶ 纳米粒子表面低亲和性（吸附能）的配体可以被高亲和性的配体取代。

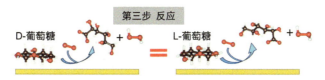

图 3.31 L-Phe-Au(111) 立体选择性催化氧化葡萄糖的机制（改编自文献 [87]）

蓝、红、白、灰球分别对应 N、O、H、C 原子

除了手性配体修饰，超分子自组装体的主客体相互作用也可用于识别手性底物。如图 3.32 所示，通过静电相互作用将聚阳离子-α-环糊精（6-Iz-α-CD）和 Au NPs 组成超分子催化体系可以识别 D/L-葡萄糖[88]。6-Iz-α-CD 构成的空腔对 D-葡萄糖的亲和性高于 L-葡萄糖，且 6-Iz-α-CD 中的咪唑基团使 Au 表面带正电，因此 6-Iz-α-CD 腔体与 D-葡萄糖的氧化产物有较强的键合，阻止了 D-葡萄糖酸的脱附，终止了 D-葡萄糖催化氧化进程。相反，腔体与 L-葡萄糖酸之间的亲和性较弱，没有明显的主客体相互作用，因此 L-葡萄糖的催化进程得以继续。

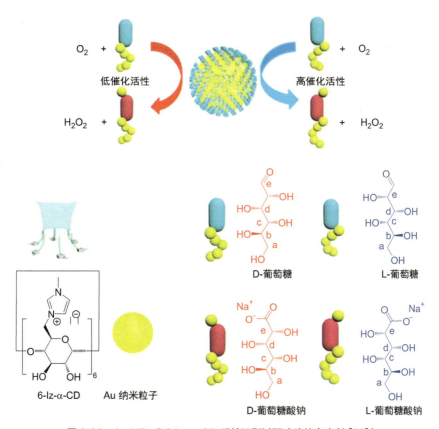

图 3.32 Au NPs@6-Iz-α-CD 手性识别过程（改编自文献 [88]）

3.4.6　其他类氧化酶纳米酶

亚硫酸盐氧化酶（sulfite oxidase，SuOx）是一种属于线粒体内膜的金属酶，几乎在所有呼吸氧气的生物体中都存在。它在硫代谢途径中起着关键作用，在将亚硫酸盐（SO_3^{2-}）氧化为硫酸盐（SO_4^{2-}）的过程中尤为重要。催化反应如下所示：

$$SO_3^{2-} + H_2O \longrightarrow SO_4^{2-} + 2H^+ + 2e^- \tag{3.3}$$

在该反应中，亚硫酸盐被氧化为硫酸盐，同时释放出质子。亚硫酸盐氧化酶含有两个重要的辅助因子：一个是含钼的辅酶，负责转移氧原子；另一个是含铁的辅酶，通常是 Cyt c，负责传递电子。

SuOx 的功能对于硫氨酸和半胱氨酸等含硫氨基酸的代谢至关重要。当 SuOx 活性不足或缺失时，引发 SuOx 缺乏症。这是一种罕见的遗传性疾病，能导致亚硫酸盐积累，引起严重的神经系统损伤和早期死亡。SuOx 也与其他疾病的发生有关，如心血管疾病和某些类型的癌症。因此，SuOx 不仅在基础生物化学过程中扮演重要角色，而且在临床医学和疾病研究中也具有重要意义。

研究表明三氧化钼（MoO_3）纳米粒子在生理条件下显示出类 SuOx 的活性[89]。使用功能化的配体（含有多巴胺和三苯基膦）对其进行修饰，可制备水溶性良好且具有线粒体靶向功能的 MoO_3 纳米酶。用该纳米酶对 SuOx 缺乏的细胞进行处理可恢复 SuOx 的活性，这一结果不仅证明了 MoO_3 纳米酶的类 SuOx 活性，还为 SuOx 缺乏症提供了一种潜在治疗方案（图 3.33）。

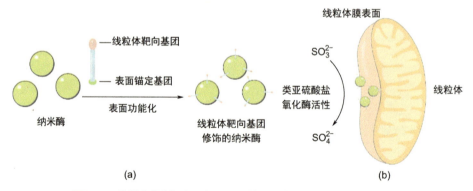

图 3.33　构筑线粒体靶向的类 SuOx 纳米酶（a）及其在细胞内展现的 SuOx 活性（b）（改编自文献[89]）

3.4.7　一般的类氧化酶纳米酶及催化机制

除了上述具有特定还原性底物的纳米酶，大部分具有类 OXD 活性的纳米酶并没有模拟某种特定的 OXD，其研究过程中往往选择 3,3′,5,5′-四甲基联苯胺（3,3′,5,5′-tetramethylbenzidine，TMB）等常见的显色底物用于活性检测和分析。根据材料不同，可将其分为贵金属、金属氧化物和其他材料。

3.4.7.1　贵金属

Pd、Pt、Ir、Ag 等贵金属纳米粒子往往展现出包括 OXD 在内的多种类酶活性，具有协同作用、自级联反应、环境响应等多种优势，其合金可以调整组分以调控催化活性。贵金属纳米粒子类 OXD 活性的可能机制包括两步。第一步，O_2 解离成 O 吸附原子。基态 O_2 吸附在金属表面后，π^* 反键轨道接收来自金属的自旋电子，键级降低，进而分解成单原子 O。第二步，O 吸附原子夺取还原性底物的 H。因此，金属表面吸附的 O_2 解离成单原子 O 的难易程度，即 O_2 分解反应能垒（E_{act}）和反应能（E_r），可用来预测贵金属基类 OXD 纳米酶的活性大小（图 3.34）[90]。使用 DFT 计算 O_2 在不同金属材料表面的 E_{act} 和 E_r 值以预测活性大小顺序，并实验测定进行验证，两者结果高度一致，有力验证了该催化机制 [90]。

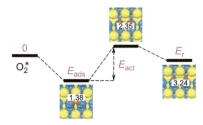

图 3.34　O_2 在 Au_2Pt_2 的 (111) 面分解活化（改编自文献 [90]）
黄、蓝、红球分别对应 Au、Pt、O 原子。图中标记了 O–O 原子距离，单位为 Å

3.4.7.2　金属氧化物

CeO_2、MnO_2、Cu_2O 等金属氧化物纳米粒子具有类 OXD 活性，可能源自材料中金属的混合价态以及氧空位。通过对动力学以及反应中间体的研究，推断 $O_2^{\cdot-}$ 为反应的重要中间体，CeO_2 纳米粒子类 OXD 活性的机制如下所示 [91]：

$$O_2 + Ce^{3+}(CeO_2) \longrightarrow O_2^{\cdot-} + Ce^{4+}(CeO_2) \tag{3.4}$$

$$O_2^{\cdot-} + TMB_{red} \longrightarrow H_2O + TMB_{ox} \tag{3.5}$$

$$CeO_2 + TMB_{red} \longrightarrow Ce_2O_3 + TMB_{ox} \tag{3.6}$$

$$Ce_2O_3 + O_2^{\cdot-} + 2H^+ \longrightarrow 2CeO_2 + H_2O \tag{3.7}$$

在酸性条件下，O_2 被吸附在 CeO_2 表面缺陷位点，O_2 被 Ce^{3+} 还原为 $O_2^{\cdot-}$［式 (3.4)］。材料表面 Ce^{4+} 被还原为 Ce^{3+} 同时氧化 TMB 生成 TMB_{ox}［式 (3.6)］，Ce^{3+} 再通过原位产生的 $O_2^{\cdot-}$ 重新氧化为 Ce^{4+}［式 (3.7)］。此外，$O_2^{\cdot-}$ 也可以直接氧化 TMB［式 (3.5)］。

3.4.7.3　其他材料

金属有机骨架（metal-organic framework，MOF）具有与天然金属酶类似的明确的金属有机配体配位结构，可用于探究结构与类 OXD 活性之间的关系。如图 3.35 所示，实验和 DFT 计算结果证明，MOF 材料 MIL-53(Fe)（MIL = materials of institute lavoisier）的类 OXD 活性与其配体取代基的 Hammett 常数（σ_m）❶ 相关，引入拉电子性能强的取代基（F、Cl、Br、NO_2）可以提高催化活性[92]。除了 MIL-53(Fe)，该现象也被证明适用于其他金属中心（Cr）和 MOF 类型（MIL-101）。因此，σ_m 可用作类 OXD 活性的描述符。

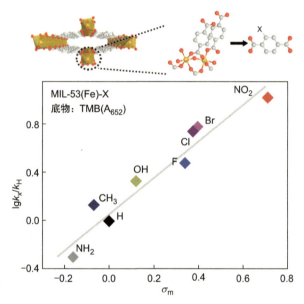

图 3.35　MIL-53(Fe)-X 与 TMB(A_{652}) 的反应引入不同取代基的 Hammett 结构 - 活性线性自由能关系（改编自文献 [92]）

参考文献

[1] Heller, A.; Ulstrup, J. Detlev Müller's discovery of glucose oxidase in 1925. *Anal. Chem.* **2021**, *93*, 7148-7149.

[2] Franke, W.; Deffner, M. Zur Kenntnis der sog. Glucose-oxydase. Ⅱ. *Justus Liebigs Ann. Chem.* **1939**, *541*, 117-150.

[3] Kusai, K.; Sekuzu, I.; Hagihara, B.; Okunuki, K.; Yamauchi, S.; Nakai, M. Crystallization of glucose oxidase from Penicillium amagasakiense. *Biochim. Biophys. Acta* **1960**, *40*, 555-557.

[4] Petruccioli, M.; Piccioni, P.; Federici, F.; Polsinelli, M. Glucose oxidase overproducing mutants of Penicillium variabile (P16). *FEMS Microbiol. Lett.* **1995**, *128*, 107-111.

---

❶ σ_m 表示芳香环间位或对位取代基对分子反应性的影响，正值为拉电子基，负值为推电子基。

[5]　Pickering, G. J.; Heatherbell, D. A.; Barnes, M. F. Optimising glucose conversion in the production of reduced alcohol wine using glucose oxidase. *Food Res. Int.* **1998**, *31*, 685-692.

[6]　Tzanov, T.; Costa, S. A.; Gübitz, G. M.; Cavaco-Paulo, A. Hydrogen peroxide generation with immobilized glucose oxidase for textile bleaching. *J. Biotechnol.* **2002**, *93*, 87-94.

[7]　Afseth, J.; Rølla, G. Clinical experiments with a toothpaste containing amyloglucosidase and glucose oxidase. *Caries Res.* **2009**, *17*, 472-475.

[8]　Heller, A.; Feldman, B. Electrochemical glucose sensors and their applications in diabetes management. *Chem. Rev.* **2008**, *108*, 2482-2505.

[9]　Acids, P. N.; Hilderbrand, S. A.; Weissleder, R.; Adegoke, O.; Forbes, P. B. C.; Amulic, B.; Cazalet, C.; Hayes, G. L.; Metzler, K. D.; Zychlinsky, A. Reactive oxygen species in inflammation and tissue injury. *Antioxid. Redox Signaling* **2014**, *20*, 1126-1150.

[10]　Meitzler; Jennifer; L; Antony; Smitha; Yongzhong; Juhasz; Agnes; Liu; Han. NADPH Oxidases: A perspective on reactive oxygen species production in tumor biology. *Antioxid. Redox Signaling* **2014**, *20*, 2873-2889.

[11]　Cheung, E. C.; Vousden, K. H. The role of ROS in tumour development and progression. *Nat. Rev. Cancer* **2022**, *22*, 280-297.

[12]　Bode, K.; Hauri-Hohl, M.; Jaquet, V.; Weyd, H. Unlocking the power of NOX_2: A comprehensive review on its role in immune regulation. *Redox Biol.* **2023**, *64*, 102795.

[13]　Keilin, D. Cytochrome and intracellular oxidase. *Proc. R. Soc. London, Ser. B* **1930**, *106*, 418-444.

[14]　David Keilin, E. F. H. Cytochrome and cytochrome oxidase. *Proc. R. Soc. London, Ser. B* **1939**, *127*, 167-191.

[15]　Zhong, Y.; Hu, Y.; Peng, W.; Sun, Y.; Yang, Y.; Zhao, X.; Huang, X.; Zhang, H.; Kong, W. Age-related decline of the cytochrome *c* oxidase subunit expression in the auditory cortex of the mimetic aging rat model associated with the common deletion. *Hear. Res.* **2012**, *294*, 40-48.

[16]　Suter, M.; Charlotte, R.; Grimm, C.; Wenzel, A.; Marja, J.; Esser, P.; Kociok, N.; Leist, M.; Richter, C. Age-related macular degeneration. The lipofuscin component *N*-retinyl-*N*-retinylidene ethanolamine detaches proapoptotic proteins from mitochondria and induces apoptosis in mammalian retinal pigment cells. *J. Biol. Chem.* **2001**, *275*, 39625-39630.

[17]　Piontek, K.; Antorini, M.; Choinowski, T. Crystal structure of a laccase from the fungus *Trametes versicolor* at 1.90-Å resolution containing a full complement of coppers. *J. Biol. Chem.* **2002**, *277*, 37663-37669.

[18]　Wang, J. H.; Feng, J. J.; Jia, W. T.; Chang, S.; Li, S. Z.; Li, Y. X. Lignin engineering through laccase modification: a promising field for energy plant improvement. *Biotechnol. Biofuels* **2015**, *8*, 145.

[19]　Sagui, F.; Cosimo, C.; Fontana, G.; Nicotra, S.; Danieli, B. Laccase-catalyzed coupling of

catharanthine and vindoline: an efficient approach to the bisindole alkaloid anhydrovinblastine. *Tetrahedron* **2009**, *65*, 312-317.

[20] Sener; Mehmet; Kylic; Sibel; Giacobbe; Simona; Guarino; Lucia; Piscitelli; Alessandra. Green routes towards industrial textile dyeing: A laccase based approach. *J. Mol. Catal. B: Enzym.* **2016**, *134*, 274-279.

[21] Baldrian, P. Fungal laccases -occurrence and properties. *FEMS Microbiol. Rev.* **2006**, *30*, 215-242.

[22] Mason, H. S.; Fowlks, W. L.; Peterson, E. Oxygen transfer and electron transfer by the phenolase complex1. *J. Am. Chem. Soc.* **1955**, *77*, 2914-2915.

[23] Tucci, F. J.; Rosenzweig, A. C. Direct methane oxidation by copper-and iron-dependent methane monooxygenases. *Chem. Rev.* **2024**, *124*, 1288-1320.

[24] Wang, V. C. C.; Maji, S.; Chen, P. R. Y.; Lee, H. K.; Yu, S. S. F.; Chan, S. I. Alkane oxidation: methane monooxygenases, related enzymes, and their biomimetics. *Chem. Rev.* **2017**, *117*, 8574-8621.

[25] Ha, D. V. D.; Bundervoet, B.; Verstraete, W.; Boon, N. A sustainable, carbon neutral methane oxidation by a partnership of methane oxidizing communities and microalgae. *Water Res.* **2011**, *45*, 2845-2854.

[26] Hatamoto, M.; Yamamoto, H.; Kindaichi, T.; Ozaki, N.; Ohashi, A. Biological oxidation of dissolved methane in effluents from anaerobic reactors using a down-flow hanging sponge reactor. *Water Res.* **2010**, *44*, 1409-1418.

[27] Wohlfahrt, G.; Witt, S.; Hendle, J.; Schomburg, D.; Kalisz, H. M.; Hecht, H. J. 1.8 and 1.9 Å resolution structures of the *Penicillium amagasakiense* and *Aspergillus niger* glucose oxidases as a basis for modelling substrate complexes. *Acta Crystallogr. D: Struct. Biol.* **1999**, *55*, 969-977.

[28] Petrovic, D.; Frank, D.; Kamerlin, S. C. L.; Hoffmann, K.; Strodel, B. Shuffling active site substate populations affects catalytic activity: The case of glucose oxidase. *ACS Catal.* **2017**, *7*, 6188-6197.

[29] Bright, H. J.; Appleby, M. The pH dependence of the individual steps in the glucose oxidase reaction. *J. Biol. Chem.* **1969**, *244*, 3625-3634.

[30] Sriwaiyaphram, K.; Punthong, P.; Sucharitakul, J.; Wongnate, T. Chapter Eight -Structure and function relationships of sugar oxidases and their potential use in biocatalysis. In *The Enzymes*; Chaiyen, P., Tamanoi, F., Eds.; Academic Press, **2020**, *47*, 193-230.

[31] Caldas Nogueira, M. L.; Pastore, A. J.; Davidson, V. L. Diversity of structures and functions of oxo-bridged non-heme diiron proteins. *Arch. Biochem. Biophys.* **2021**, *705*, 108917.

[32] Westerheide, L.; Pascaly, M.; Krebs, B. Methane monooxygenase and its related biomimetic models. *Curr. Opin. Chem. Biol.* **2000**, *4*, 235-241.

[33] Tinberg, C. E.; Lippard, S. J. Dioxygen Activation in Soluble Methane Monooxygenase. *Acc.*

Chem. Res. **2011**, *44*, 280-288.

[34] Sigman, J. A.; Kwok, B. C.; Lu, Y. From myoglobin to heme-copper oxidase: Design and engineering of a Cu$_B$ center into sperm whale myoglobin. *J. Am. Chem. Soc.* **2000**, *122*, 8192-8196.

[35] Miner, K. D.; Mukherjee, A.; Gao, Y.-G.; Null, E. L.; Petrik, I. D.; Zhao, X.; Yeung, N.; Robinson, H.; Lu, Y. A designed functional metalloenzyme that reduces O$_2$ to H$_2$O with over one thousand turnovers. *Angew. Chem. Int. Ed.* **2012**, *51*, 5589-5592.

[36] Yu, Y.; Lv, X.; Li, J.; Zhou, Q.; Cui, C.; Hosseinzadeh, P.; Mukherjee, A.; Nilges, M. J.; Wang, J.; Lu, Y. Defining the role of tyrosine and rational tuning of oxidase activity by genetic incorporation of unnatural tyrosine analogs. *J. Am. Chem. Soc.* **2015**, *137*, 4594-4597.

[37] Wang, N.; Zhao, X.; Lu, Y. Role of heme types in heme-copper oxidases: Effects of replacing a heme b with a heme o mimic in an engineered heme-copper center in myoglobin. *J. Am. Chem. Soc.* **2005**, *127*, 16541-16547.

[38] Mukherjee, S.; Mukherjee, A.; Bhagi-Damodaran, A.; Mukherjee, M.; Lu, Y.; Dey, A. A biosynthetic model of cytochrome *c* oxidase as an electrocatalyst for oxygen reduction. *Nat. Commun.* **2015**, *6*, 8467.

[39] Tsukihara, T.; Aoyama, H.; Yamashita, E.; Tomizaki, T.; Yamaguchi, H.; Shinzawa-Itoh, K.; Nakashima, R.; Yaono, R.; Yoshikawa, S. Structures of metal sites of oxidized bovine heart cytochrome c oxidase at 2.8 Å. *Science* **1995**, *269*, 1069-1074.

[40] Zickermann, I.; Tautu, O. S.; Link, T. A.; Korn, M.; Ludwig, B.; Richter, O.-M. H. Expression studies on the ba3 quinol oxidase from paracoccus denitrificans a bb3 variant is enzymatically inactive. *Eur. J. Biochem.* **1997**, *246*, 618-624.

[41] Bhagi-Damodaran, A.; Petrik, I. D.; Marshall, N. M.; Robinson, H.; Lu, Y. Systematic tuning of heme redox potentials and its effects on O$_2$ reduction rates in a designed oxidase in myoglobin. *J. Am. Chem. Soc.* **2014**, *136*, 11882-11885.

[42] Mate, D. M.; Alcalde, M. Laccase engineering: From rational design to directed evolution. *Biotechnol. Adv.* **2015**, *33*, 25-40.

[43] Makhlynets, O. V.; Gosavi, P. M.; Korendovych, I. V. Short self-assembling peptides able to bind to copper and activate oxygen. *Angew. Chem. Int. Ed.* **2016**, *55*, 9017-9020.

[44] Li, S.; Xie, Y.; Zhang, B.; Liu, Y.; Xu, S.; Wu, H.; Du, R.; Wang, Z.-G. A host-guest approach to engineering oxidase-mimetic assembly with substrate selectivity and dynamic catalysis. *ACS Appl. Mater. Interfaces* **2024**, *16*, 45319-45326.

[45] Koval, I. A.; Gamez, P.; Belle, C.; Selmeczi, K.; Reedijk, J. Synthetic models of the active site of catechol oxidase: mechanistic studies. *Chem. Soc. Rev.* **2006**, *35*, 814-840.

[46] Eicken, C.; Krebs, B.; Sacchettini, J. C. Catechol oxidase — structure and activity. *Curr. Opin. Struct. Biol.* **1999**, *9*, 677-683.

[47] Banu, K. S.; Chattopadhyay, T.; Banerjee, A.; Bhattacharya, S.; Suresh, E.; Nethaji, M.;

Zangrando, E.; Das, D. Catechol oxidase activity of a series of new dinuclear copper(Ⅱ) complexes with 3,5-DTBC and TCC as substrates: Syntheses, X-ray crystal structures, spectroscopic characterization of the adducts and kinetic studies. *Inorg. Chem.* **2008**, *47*, 7083-7093.

[48]　Dey, S. K.; Mukherjee, A. Catechol oxidase and phenoxazinone synthase: Biomimetic functional models and mechanistic studies. *Coord. Chem. Rev.* **2016**, *310*, 80-115.

[49]　Gultneh, Y.; Farooq, A.; Karlin, K. D.; Liu, S.; Zubiet, J. Structure and reactions of an eight-coordinate Mn(Ⅱ) complex: [Mn(TMPA)$_2$](ClO$_4$)$_2$ (TMPA=tris[(2-pyridyl)methyl]amine). *Inorg. Chim. Acta* **1993**, *211*, 171-175.

[50]　Kovala-Demertzi, D.; Hadjikakou, S. K.; A. Demertzis, M.; Deligiannakis, Y. Metal ion-drug interactions. Preparation and properties of manganese (Ⅱ), cobalt (Ⅱ) and nickel (Ⅱ) complexes of diclofenac with potentially interesting anti-inflammatory activity: Behavior in the oxidation of 3,5-di-tert-butyl-o-catechol. *J. Inorg. Biochem.* **1998**, *69*, 223-229.

[51]　Kaizer, J.; Baráth, G.; Csonka, R.; Speier, G.; Korecz, L.; Rockenbauer, A.; Párkányi, L. Catechol oxidase and phenoxazinone synthase activity of a manganese(Ⅱ) isoindoline complex. *J. Inorg. Biochem.* **2008**, *102*, 773-780.

[52]　Wang, V. C.; Maji, S.; Chen, P. P.; Lee, H. K.; Yu, S. S.; Chan, S. I. Alkane oxidation: Methane monooxygenases, related enzymes, and their biomimetics. *Chem. Rev.* **2017**, *117*, 8574-8621.

[53]　Panov, G. I.; Sobolev, V. I.; Dubkov, K. A.; Parmon, V. N.; Ovanesyan, N. S.; Shilov, A. E.; Shteinman, A. A. Iron complexes in zeolites as a new model of methane monooxygenase. *React. Kinet. Catal. Lett.* **1997**, *61*, 251-258.

[54]　Dubkov, K. A.; Sobolev, V. I.; Talsi, E. P.; Rodkin, M. A.; Watkins, N. H.; Shteinman, A. A.; Panov, G. I. Kinetic isotope effects and mechanism of biomimetic oxidation of methane and benzene on Fe ZSM-5 zeolite. *J. Mol. Catal. A: Chem.* **1997**, *123*, 155-161.

[55]　Smeets, P. J.; Hadt, R. G.; Woertink, J. S.; Vanelderen, P.; Schoonheydt, R. A.; Sels, B. F.; Solomon, E. I. Oxygen precursor to the reactive intermediate in methanol synthesis by Cu-ZSM-5. *J. Am. Chem. Soc.* **2010**, *132*, 14736-14738.

[56]　Liu, C. C.; Lin, T. S.; Chan, S. I.; Mou, C. Y. A room temperature catalyst for toluene aliphatic C-H bond oxidation: Tripodal tridentate copper complex immobilized in mesoporous silica. *J. Catal.* **2015**, *322*, 139-151.

[57]　Feng, X.; Song, Y.; Chen, J. S.; Xu, Z.; Dunn, S. J.; Lin, W. Rational construction of an artificial binuclear copper monooxygenase in a metal-organic framework. *J. Am. Chem. Soc.* **2021**, *143*, 1107-1118.

[58]　Snyder, B. E.; Vanelderen, P.; Bols, M. L.; Hallaert, S. D.; Bottger, L. H.; Ungur, L.; Pierloot, K.; Schoonheydt, R. A.; Sels, B. F.; Solomon, E. I. The active site of low-temperature methane hydroxylation in iron-containing zeolites. *Nature* **2016**, *536*, 317-321.

[59] Mahyuddin, M. H.; Staykov, A.; Shiota, Y.; Yoshizawa, K. Direct conversion of methane to methanol by metal-exchanged ZSM-5 zeolite (Metal = Fe, Co, Ni, Cu). *ACS Catal.* **2016**, *6*, 8321-8331.

[60] Labinger, J. A. Elusive active site in focus. *Nature* **2016**, *536*, 280-281.

[61] Chen, M.; Wang, Z.; Shu, J.; Jiang, X.; Wang, W.; Shi, Z. H.; Lin, Y. W. Mimicking a Natural Enzyme System: Cytochrome *c* Oxidase-like activity of Cu_2O nanoparticles by receiving electrons from cytochrome c. *Inorg. Chem.* **2017**, *56*, 9400-9403.

[62] Singh, N.; Mugesh, G. $CeVO_4$ nanozymes catalyze the reduction of dioxygen to water without releasing partially reduced oxygen species. *Angew. Chem. Int. Ed.* **2019**, *58*, 7797-7801.

[63] Yoshikawa, S.; Shimada, A. Reaction mechanism of cytochrome c oxidase. *Chem. Rev.* **2015**, *115*, 1936-1989.

[64] Huang, L.; Chen, J.; Gan, L.; Wang, J.; Dong, S. Single-atom nanozymes. *Sci. Adv.* **2019**, *5*, eaav5490.

[65] Zhang, H.; Huang, L.; Chen, J.; Liu, L.; Zhu, X.; Wu, W.; Dong, S. Bionic design of cytochrome c oxidase-like single-atom nanozymes for oxygen reduction reaction in enzymatic biofuel cells. *Nano Energy* **2021**, *83*, 105798.

[66] Jones, S. M.; Solomon, E. I. Electron transfer and reaction mechanism of laccases. *Cell. Mol. Life Sci.* **2015**, *72*, 869-883.

[67] Ren, X.; Liu, J.; Ren, J.; Tang, F.; Meng, X. One-pot synthesis of active copper-containing carbon dots with laccase-like activities. *Nanoscale* **2015**, *7*, 19641-19646.

[68] Nastri, F.; Chino, M.; Maglio, O.; Bhagi-Damodaran, A.; Lu, Y.; Lombardi, A. Design and engineering of artificial oxygen-activating metalloenzymes. *Chem. Soc. Rev.* **2016**, *45*, 5020-5054.

[69] Liang, H.; Lin, F.; Zhang, Z.; Liu, B.; Jiang, S.; Yuan, Q.; Liu, J. Multicopper laccase mimicking nanozymes with nucleotides as ligands. *ACS Appl. Mater. Interfaces* **2017**, *9*, 1352-1360.

[70] Wu, D.; Li, J.; Xu, S.; Xie, Q.; Pan, Y.; Liu, X.; Ma, R.; Zheng, H.; Gao, M.; Wang, W.; Li, J.; Cai, X.; Jaouen, F.; Li, R. Engineering Fe-N doped graphene to mimic biological functions of NADPH oxidase in cells. *J. Am. Chem. Soc.* **2020**, *142*, 19602-19610.

[71] Zhang, S.; Gan, J.; Xia, Z.; Chen, X.; Zou, Y.; Duan, X.; Qu, Y. Dual-active-sites design of Co@C catalysts for ultrahigh selective hydrogenation of N-heteroarenes. *Chem* **2020**, *6*, 2994-3006.

[72] Jung, E.; Shin, H.; Lee, B. H.; Efremov, V.; Lee, S.; Lee, H. S.; Kim, J.; Hooch Antink, W.; Park, S.; Lee, K. S.; Cho, S. P.; Yoo, J. S.; Sung, Y. E.; Hyeon, T. Atomic-level tuning of Co-N-C catalyst for high-performance electrochemical H_2O_2 production. *Nat. Mater.* **2020**, *19*, 436-442.

[73] Chen, J.; Zheng, X.; Zhang, J.; Ma, Q.; Zhao, Z.; Huang, L.; Wu, W.; Wang, Y.; Wang, J.;

Dong, S. Bubble-templated synthesis of nanocatalyst Co/C as NADH oxidase mimic. *Natl. Sci. Rev.* **2022**, *9*, 186.

[74]　Wang, H.; Chen, J.; Dong, Q.; Jia, X.; Li, D.; Wang, J.; Wang, E. Cadmium sulfide as bifunctional mimics of NADH oxidase and cytochrome c reductase takes effect at physiological pH. *Nano Res.* **2022**, *15*, 5256-5261.

[75]　Kim, H. Y.; Park, K. S.; Park, H. G. Glucose oxidase-like activity of cerium oxide nanoparticles: use for personal glucose meter-based label-free target DNA detection. *Theranostics* **2020**, *10*, 4507-4514.

[76]　Shang, L.; Yu, Y.; Jiang, Y.; Liu, X.; Sui, N.; Yang, D.; Zhu, Z. Ultrasound-augmented multienzyme-like nanozyme hydrogel spray for promoting diabetic wound healing. *ACS Nano* **2023**, *17*, 15962-15977.

[77]　Gao, S.; Lin, H.; Zhang, H.; Yao, H.; Chen, Y.; Shi, J. Nanocatalytic tumor therapy by biomimetic dual inorganic nanozyme-catalyzed cascade reaction. *Adv. Sci.* **2019**, *6*, 1801733.

[78]　Biella, S.; Prati, L.; Rossi, M. Selective oxidation of D-glucose on gold catalyst. *J. Catal.* **2002**, *206*, 242-247.

[79]　Comotti, M.; Della Pina, C.; Matarrese, R.; Rossi, M. The catalytic activity of "naked" gold particles. *Angew. Chem. Int. Ed.* **2004**, *43*, 5812-5815.

[80]　Comotti, M.; Pina, C. D.; Rossi, M. Mono-and bimetallic catalysts for glucose oxidation. *J. Mol. Catal. A: Chem.* **2006**, *251*, 89-92.

[81]　Beltrame, P.; Comotti, M.; Della Pina, C.; Rossi, M. Aerobic oxidation of glucose: II. Catalysis by colloidal gold. *Appl. Catal. A* **2006**, *297*, 1-7.

[82]　Comotti, M.; Della Pina, C.; Falletta, E.; Rossi, M. Aerobic oxidation of glucose with gold catalyst: hydrogen peroxide as intermediate and reagent. *Adv. Synth. Catal.* **2006**, *348*, 313-316.

[83]　Della Pina, C.; Falletta, E.; Prati, L.; Rossi, M. Selective oxidation using gold. *Chem. Soc. Rev.* **2008**, *37*, 2077-2095.

[84]　Pina, C. D.; Falletta, E.; Rossi, M. Update on selective oxidation using gold. *Chem. Soc. Rev.* **2012**, *41*, 350-369.

[85]　Chen, J.; Ma, Q.; Li, M.; Chao, D.; Huang, L.; Wu, W.; Fang, Y.; Dong, S. Glucose-oxidase like catalytic mechanism of noble metal nanozymes. *Nat. Commun.* **2021**, *12*, 3375.

[86]　Xu, L.; Sun, M.; Cheng, P.; Gao, R.; Wang, H.; Ma, W.; Shi, X.; Xu, C.; Kuang, H. 2D chiroptical nanostructures for high-performance photooxidants. *Adv. Funct. Mater.* **2018**, *28*, 1707237.

[87]　Cheng, P.; Wang, H.; Shi, X. The effect of phenylalanine ligands on the chiral-selective oxidation of glucose on Au(111). *Nanoscale* **2020**, *12*, 3050-3057.

[88]　Chen, L.; Chen, Y.; Zhang, Y.; Liu, Y. Photo-controllable catalysis and chiral monosaccharide recognition induced by cyclodextrin derivatives. *Angew. Chem. Int. Ed.* **2021**, *60*, 7654-7658.

[89]　Ragg, R.; Natalio, F.; Tahir, M. N.; Janssen, H.; Kashyap, A.; Strand, D.; Strand, S.; Tremel, W. Molybdenum trioxide nanoparticles with intrinsic sulfite oxidase activity. *ACS Nano* **2014**, *8*, 5182-5189.

[90]　Shen, X.; Liu, W.; Gao, X.; Lu, Z.; Wu, X.; Gao, X. Mechanisms of oxidase and superoxide dismutation-like activities of gold, silver, platinum, and palladium, and their alloys: A general way to the activation of molecular oxygen. *J. Am. Chem. Soc.* **2015**, *137*, 15882-15891.

[91]　Cheng, H.; Lin, S.; Muhammad, F.; Lin, Y.; Wei, H. Rationally modulate the oxidase-like activity of nanoceria for self-regulated bioassays. *ACS Sens.* **2016**, *1*, 1336-1343.

[92]　Wu, J.; Wang, Z.; Jin, X.; Zhang, S.; Li, T.; Zhang, Y.; Xing, H.; Yu, Y.; Zhang, H.; Gao, X.; Wei, H. Hammett relationship in oxidase-mimicking metal-organic frameworks revealed through a protein-engineering-inspired strategy. *Adv. Mater.* **2020**, *33*, e2005024.

第4章　过氧化物酶

过氧化氢（H_2O_2）作为一种生物活性分子参与机体的多种反应和生理过程。在低浓度时，H_2O_2作为一类信号分子参与调节炎症相关的过程。高浓度的H_2O_2则对机体有害，这是因为虽然H_2O_2本身的化学反应活性不高，但是在过渡金属铜或者铁离子的存在下会转变为更活泼的羟基自由基（·OH）。这些活性氧物质（ROS）被认为是造成氧化应激的主要因素[1]。H_2O_2在细胞内的浓度被几类酶所调控[2]。其中，十分重要的就是过氧化物酶。

过氧化物酶是一类以过氧化物为电子受体催化底物氧化的酶。过氧化氢酶是过氧化物酶的一种特例，其中还原剂是第二个过氧化氢分子，整个过程是歧化反应。

$$R'OOR + 2e^- + 2H^+ \xrightarrow{\text{过氧化物酶}} R'OH + ROH \tag{4.1}$$

$$2H_2O_2 \xrightarrow{\text{过氧化氢酶}} 2H_2O + O_2 \tag{4.2}$$

对于不同的过氧化物酶而言，底物常常是过氧化氢，也存在着以有机过氧化物为底物的酶。而对于反应中的电子供体而言，可供的选择十分广泛。底物的选取取决于酶本身的结构和活性位点。本章将从不同类型的过氧化物酶开始介绍，并选取其中具有代表性的过氧化物酶来阐述其反应机理；然后分别介绍能模拟过氧化物酶活性的传统模拟酶和纳米酶。

4.1　过氧化物酶的分类

过氧化物酶根据其活性位点组成的不同可以分为两大类，即血红素过氧化物酶（heme peroxidases）和非血红素过氧化物酶（non-heme peroxidases）。

血红素过氧化物酶构成了一个非常大的过氧化物酶群，几乎存在于所有生命体中，通常催化有机和无机底物的单电子和双电子氧化。氧化还原辅因子是血红素 b❶或由组氨酸（或半胱氨酸）共价连接的翻译后修饰的血红素。其大体可以分为 4 个超家族，分别为：过氧化物酶-过氧化氢酶超家族（peroxidase-catalase superfamily）、过氧化物酶-环氧合酶超家族（peroxidase-cyclooxygenase superfamily）、过氧化物

---

❶ 血红素 b 指血红素铁通过与氨基酸残基配位作用而连接到周围蛋白基质中。

酶-亚氯酸盐歧化酶超家族（peroxidase-chlorite dismutase superfamily）和过氧化物酶-过氧化酶超家族（peroxidase-peroxygenase superfamily）。这几类酶在进化过程中独立出现，它们在整体折叠、活性位点结构和酶活性方面均不同 [3]。

非血红素过氧化物酶由 4 个主要蛋白质家族组成：烷基过氧化物酶（alkylperoxidase）、卤素过氧化物酶（haloperoxidases）、锰过氧化氢酶（manganese catalases）和硫醇过氧化物酶（thiol peroxidase）。硫醇过氧化物酶又细分为谷胱甘肽过氧化物酶（glutathione peroxidase）和过氧化物还原酶（peroxiredoxins）。这些过氧化物酶的活性位点处大部分没有金属离子参与反应 ❶。

4.1.1　血红素过氧化物酶

4.1.1.1　过氧化物酶–过氧化氢酶超家族

过氧化物酶-过氧化氢酶超家族以前被称为"细菌、真菌和植物血红素过氧化物酶超家族"，是目前各种基因和蛋白质数据库中最丰富的过氧化物酶超家族。不仅在细菌、古生菌、真菌和植物的真核生物领域，而且在原核动物、色藻界也发现了许多这个超家族的成员。根据其分布和氨基酸串行同源性 ❷ 进一步细分为 3 类（Ⅰ~Ⅲ）❸[4]。

（1）Ⅰ类过氧化物酶家族

已在植物、真菌和原核生物中发现了Ⅰ类过氧化物酶家族。它们的结构中没有糖基化，也没有信号肽、钙离子或二硫键 [5]。可以分为以下几种：

抗坏血酸过氧化物酶（ascorbate peroxidase，APX）主要存在于含叶绿体的植物中。它们对电子供体抗坏血酸表现出特别强的特异性［催化过程见公式（4.3）］。在高等植物中，APX 常常存在于细胞溶质、过氧化物酶体和叶绿体中，根据其在细胞中的分布可以进一步地区分为胞质 APX（cytosolic APX，cAPX）、线粒体膜 APX（mitochondrial membrane-bound APX，mitAPX）、微体膜 APX（microbody membrane-bound APX，mAPX）、基质 APX（stromal APX，sAPX）、类囊体膜 APX（thylakoid membrane-bound APX，tAPX），后两者存在于叶绿体中 [6]。

$$\text{L-抗坏血酸 + 过氧化氢} \xrightarrow{\text{APX}} \text{脱氢抗坏血酸 + 水} \tag{4.3}$$

过氧化氢酶-过氧化酶（catalase-peroxidase，CP）主要存在于原核生物中，

---

❶ 极个别会有锰离子或钒离子的参与。

❷ 氨基酸串行是指 amino acid sequence，指氨基酸在蛋白质分子中的排列顺序或序列。氨基酸串行同源性（amino acid sequence homology）用于描述不同生物体或不同蛋白质之间的氨基酸序列相似性，暗示具有共同的祖先或来源，并在进化过程中可能经历了一定的保留和变化。

❸ Ⅰ类家族是仅包含细胞内原核和真核非糖基化血红素过氧化物酶，没有二硫桥和 Ca²⁺ 结合；Ⅱ类家族是真菌分泌性的糖基化过氧化物酶，具有四个保守的二硫键和结合的 Ca²⁺；Ⅲ类家族是植物分泌性过氧化物酶，同样具有四个保守的二硫键和结合的 Ca²⁺。

少量存在于一些真菌和原生生物中。它们是一类具有双重催化活性的融合蛋白，既有过氧化氢酶活性又有过氧化物酶活性。在细菌中，CP 充当着细菌抗氧化系统关键组成部分（作为细菌感知活性氧 OxyR 调节子❶所控制的部分），缓解细菌呼吸作用以及环境诱发的氧化损伤。CP 的催化反应类似于单纯的过氧化氢酶的催化过程：

$$基态酶\,(卟啉 - Fe^{III}) + H_2O_2 \longrightarrow 化合物\,I\,(卟啉^{+\cdot} - Fe^{IV} = O) + H_2O \quad (4.4)$$

$$化合物\,I\,(卟啉^{+\cdot} - Fe^{IV} = O) + H_2O_2 \longrightarrow 基态酶\,(卟啉 - Fe^{III}) + H_2O + O_2 \quad (4.5)$$

此外，CP 可以使用一些有机物作为电子供体，通过两次单电子转移将化合物 I 还原至初始态。

$$化合物\,I\,(卟啉^{+\cdot} - Fe^{IV} = O) + 2AH_2 \longrightarrow 基态酶\,(卟啉 - Fe^{III}) + 2AH + H_2O$$
$$(4.6)$$

细胞色素 c 过氧化物酶（cytochrome c peroxidase，CcP）：CcP 存在于含线粒体生物中，参与消除机体由线粒体呼吸作用中细胞色素 c 的氧化产生的 H_2O_2。

$$H_2O_2 + 2\,还原型细胞色素\,c\,(Fe^{2+}) + 2H^+ \xrightarrow{CcP} 2H_2O + 2\,氧化型细胞色素\,c\,(Fe^{3+})$$
$$(4.7)$$

APX-CcP：APX-CcP 可以识别抗坏血酸和细胞色素 c，即同时具有 APX 和 CcP 的活性。它们主要存在于含有线粒体和叶绿体的单细胞生物中。由于这类生物中（例如锥形虫）缺乏过氧化氢酶和硒依赖的谷胱甘肽过氧化物酶，APX-CcP 这类杂交酶的抗氧化能力对于其抵御 ROS 显得尤为重要 [7]。

（2）II 类过氧化物酶家族

II 类过氧化物酶家族是糖基化的分泌性真菌过氧化物酶，包含钙离子和二硫键以及将蛋白质引导至内质网进行分泌的肽信号。目前的主要研究聚焦于该类过氧化物酶对于木质素的生物降解。木质素是地球上第二丰富的有机化合物，其生物降解速度很慢。某些真菌能够广泛分解木材的所有重要结构成分，包括纤维素和木质素 [8]。

木质素过氧化物酶（lignin peroxidase，LiP）：LiP 可以直接催化解聚木质素。在 H_2O_2 存在的情况下，可以氧化降解芳香环多聚体。其活性中心含有血红素。

锰依赖性过氧化物酶（manganese peroxidase，MnP）：是另一种来源于白腐真菌并参与木质素降解的细胞外血红素酶。在 MnP 中，Mn^{2+} 作为电子供体转变为 Mn^{3+} 而后从酶表面扩散并参与解聚木质素。

多功能过氧化物酶（versatile peroxidase，VP）：兼具有 LiP 和 MnP 催化特性的

---

❶ OxyR 的缩写代表 "oxygen regulatory protein"，即"氧调节蛋白"。调节子（regulator）通常指的是一种分子，它可以调控基因的表达。细菌感知活性氧 OxyR 调节子是指一种在细菌中起着重要调控活性氧应激响应的蛋白质。OxyR 是一种重要的转录因子，它在细菌感知到氧气和其他氧化剂的存在时被激活，从而调节一系列基因的表达，以应对氧化应激条件。OxyR 调节子是 OxyR 蛋白的一部分，当 OxyR 感知到氧化应激时，它会发生构象变化，从而激活 OxyR，使其能够结合到特定的 DNA 区域，启动或抑制与氧化应激响应相关的基因的转录，以帮助细菌适应氧化应激条件。

多功能过氧化物酶。

（3）Ⅲ类过氧化物酶家族

Ⅲ类过氧化物酶家族又称为分泌型植物过氧化物酶，这类酶仅存在于植物中，但是种类最多。它们在植物中形成大型多基因家族。尽管它们的一级序列在某些点上与Ⅰ类和Ⅱ类不同，但它们的三维结构与Ⅱ类非常相似，并且它们还含有钙离子、二硫键和用于分泌的 N 端信号肽。Ⅲ类过氧化物酶还能够进行与过氧化反应不同的第二个催化反应，即羟基化反应。在羟基化反应中，过氧化物酶通过 Fe^{2+}将超氧阴离子（$O_2^{\cdot-}$）转变成 $\cdot OH$。通过这两种催化反应，Ⅲ类过氧化物酶参与植物从发芽到衰老的许多过程。例如，生长素代谢、细胞的伸长、细胞壁成分的交联，以及对病原体侵染的预防保护。代表性的酶如辣根过氧化物酶（horseradish peroxidase，HRP）[9]。

4.1.1.2　过氧化物酶-环氧合酶超家族

过氧化物酶-环氧合酶超家族的成员广泛分布于自然界的生命体内❶。与过氧化物酶-过氧化氢酶超家族相比，过氧化物酶-环氧合酶超家族的成员是多结构域蛋白，其中一个血红素过氧化物酶结构域主要是 α 螺旋（中央含血红素的核心由 5个 α 螺旋组成）。此外，这个超家族的独特之处在于其拥有经过后修饰的血红素基团。血红素通过由保守的 Asp 和 Glu 残基形成的两个酯键与蛋白质共价结合（如图 4.1 所示）。由于这些修饰，血红素被扭曲，导致这些过氧化物酶表现出独特的光谱和氧化还原特性。这个超家族中包括髓过氧化物酶（myeloperoxidase，MPO）、

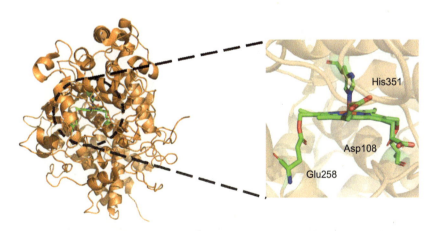

图 4.1　牛乳过氧化物酶在 2.3 Å 分辨率下的结构示意图（PDB：3BXI）
右侧放大图展示了血红素通过由保守的 Asp 和 Glu 残基形成的两个酯键与蛋白质共价结合

---

❶ 过氧化物酶-环氧合酶超家族的旧命名为动物血红素依赖性过氧化物酶。该命名具有误导性，但仍然存在于某些公共数据库中。

乳过氧化物酶（lactoperoxidase，LPO）、嗜酸性粒细胞过氧化物酶（eosinophil peroxidase，EPO）和甲状腺过氧化物酶（thyroid peroxidase，TPO）等[10]。

4.1.1.3　过氧化物酶-亚氯酸盐歧化酶超家族

过氧化物酶-亚氯酸盐歧化酶超家族包括三个不同蛋白质家族（三个蛋白质家族具有共同的折叠，尽管其总体序列同一性较低）❶。它们可能在铁依赖性代谢中具有重要的功能。染料脱色过氧化物酶（DyP）[11]与亚氯酸盐歧化酶（Cld）[12]是其中两个代表性的酶。

DyP 是含血红素 b 的过氧化物酶，其不仅拥有血红素空腔结构，而且含有组氨酸作为近端配体。然而，其与两个主要的血红素过氧化物酶超家族（即过氧化物酶-过氧化氢酶和过氧化物酶-环氧合酶超家族）没有同源性。DyP 的底物十分广泛。最初，发现它们可以降解蒽醌衍生物，进而衍生出了染料脱色过氧化物酶的名称。后来，发现 DyP 能够与人工电子供体作用，例如非酚类木质素模型化合、偶氮染料等。

Cld 是 1996 年被发现的一种含血红素 b 的酶。它以特定的方式与亚氯酸盐相互作用 ❷[12]，可以有效地将亚氯酸盐分解为氯化物（Cl⁻）和分子氧（O₂）。这种生成氧气的反应是一种独特的生化反应，除此之外，至今自然界发现的只有植物或蓝藻光合作用、亚硝酸盐驱动的厌氧甲烷氧化反应 [13] 以及某些 ROS（如 H_2O_2）降解过程可以产生氧气。

4.1.1.4　过氧化物酶-过氧化酶超家族

这个血红素过氧化物酶超家族是独一无二的，因为它的成员除了典型的过氧化物酶活性外，还可以有效地将过氧化物衍生的氧结合到底物分子中，见式（4.8）。此外，它们的近端血红素配体是半胱氨酸而不是组氨酸（如图 4.2 所示）。

$$H_2O_2 + RH \xrightarrow{\text{过氧化酶}} H_2O + ROH \tag{4.8}$$

4.1.2　非血红素过氧化物酶

4.1.2.1　烷基过氧化物酶

四种不同亚单位 AhpC、AhpD、AhpE、AhpF 可以组成不同烷基过氧化物酶

---

❶ 亚氯酸盐歧化酶家族（family of Clds）、染料脱色过氧化物酶家族（family of DyP-type peroxidases）和类 Cld 家族（family of Cld-like proteins）。

❷ 亚氯酸盐阴离子与 Cld 中的血红素铁结合后，含 Fe(Ⅲ) 的卟啉结构被氧化为化合物Ⅰ，同时亚氯酸盐被还原为次氯酸盐。完全保守且可移动的精氨酸的胍基将瞬时形成的次氯酸盐保留在反应球中以便进行后续的重排。最后，次氯酸盐氯原子和氧代铁（Ⅳ）物质之间发生亲核 O–O 连接反应，形成 Fe(Ⅲ)–OOCl（过氧次氯酸盐），最终脱去形成的氯化物以及分子氧。

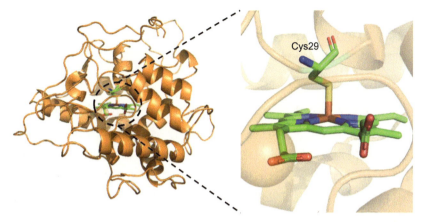

图 4.2　氯过氧化物酶血红素近端配体是半胱氨酸

氯过氧化物酶（chloroperoxidase；PDB：1CPO）是一种多功能的含血红素酶，从属于过氧化物酶-过氧化酶超家族，除了催化卤化反应外，还具有过氧化物酶、过氧化氢酶和细胞色素 P450 类似的活性

（alkylperoxidase，Ahp）❶，这为细菌细胞提供重要的抗氧化防御❷。图 4.3 展示了来源于结核分枝杆菌的具有催化活性的 AhpD 三聚体结构，该结构呈对称三叶草排列。每个亚基都由一个全螺旋多肽折叠而成，其中两个催化巯基 Cys130 和 Cys133 位于三聚体的中央空腔附近。该结构支持烷基过氧化物酶活性的机制：其中 Cys133 通过 His137 和水分子的中继作用被远处的 Glu118 去质子化；然后 Cys133 与过氧化物反应生成次磺酸，随后与 Cys130 形成二硫键；催化循环最后涉及二硫键的断裂以实现活性位点的再生❸[14]。

依据序列相似性和结构域组织，烷

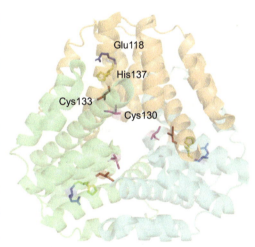

图 4.3　AhpD 形成全螺旋三聚体

粉色和红色部分分别标识了位于中央开口附近的可能参与反应的 Cys130 与 Cys133 残基，黄色部分标识了 His137，蓝色部分标识了 Glu118（PDB：1GU9）

---

❶ 具体的组成在不同的物种中各不相同，例如大肠杆菌中的 Ahp 由 AhpC 和 AhpF 组成，AhpC 用于主要的催化反应，而 AhpF 则用于还原 AhpC 的活性位点；结核杆菌中没有编码 AhpF 的基因，其功能被 AhpD 所替代，且其本身也具有催化活性。

❷ 细菌中的 AhpC 和 AhpE 催化 H_2O_2、$ONOO^-$ 的还原；AhpF 是一种具有氧化还原酶活性的蛋白，可将氧化的 AhpC 还原为还原形式。在一些不含 AhpF 的细菌中，AhpD 起到与 AhpF 类似的作用。同时也有研究表明 AhpD 本身具有烷基氢过氧化物酶的活性。

❸ 使用还原蛋白使位点再生，常见的有鼠伤寒沙门氏菌中的 AhpF 或者硫氧还蛋白 Trx。

基过氧化物酶可分为四个从属家族：羧基黏糠酸内酯脱羧酶（carboxymuconolactone decarboxylase，CMD）、水解酶-CMD融合酶（hydrolase-CMD fusion）、双CMD（double CMD）和其他烷基过氧化物酶。

4.1.2.2　卤素过氧化物酶

卤素过氧化物酶催化卤阴离子 X^-（X可以是Cl、Br或I）在过氧化氢存在下氧化转化为次卤酸根 XO^-（X可以是Cl、Br或I）或有机卤素化合物。根据卤素过氧化物酶能氧化的电负性最强的卤化物对其命名；氯过氧化物酶可以催化氯化物以及溴化物和碘化物的氧化，溴过氧化物酶与溴化物和碘化物反应，而碘过氧化物酶对碘化物具有特异性。卤素过氧化物酶在高温、氧化条件下和有机溶剂存在时均有高的稳定性，因此被用于卤化具有商业和制药意义的有机化合物，卤素过氧化物酶已成为工业生物转化的重要催化剂❶。一些卤素过氧化物酶❷催化活性中心不含血红素，而是将钒酸根离子作为其催化活性中心，这可归因于反应中存在的高浓度强氧化性的次卤酸根使得血红素结构易被破坏降解 [15]。

$$X^- + H_2O_2 \xrightarrow{\text{卤素过氧化物酶}} XO^- + H_2O \qquad (4.9)$$

4.1.2.3　锰过氧化氢酶

非血红素过氧化氢酶不像含血红素的过氧化氢酶那样普遍。它们仅在细菌中被发现 [16]。锰过氧化氢酶在活性位点使用两个锰离子代替血红素铁。它们有时被称为赝过氧化氢酶（pseudocatalase）❸，其构成一个次要的过氧化氢酶家族且具有相对较小的亚基（28~36 kDa）。锰过氧化氢酶能够催化以下反应：

$$H_2O_2 + Mn^{2+}Mn^{2+} + 2H^+ \longrightarrow Mn^{3+}Mn^{3+} + 2H_2O \qquad (4.10)$$

$$H_2O_2 + Mn^{3+}Mn^{3+} \longrightarrow Mn^{2+}Mn^{2+} + 2H^+ + O_2 \qquad (4.11)$$

4.1.2.4　硫醇过氧化物酶家族

硫醇过氧化物酶家族不含血红素。典型的酶有谷胱甘肽过氧化物酶（glutathione peroxidases, GPx）和过氧化物还原酶（peroxiredoxins，Prx）。这两类酶虽然一级序列完全不同，但在过氧化物还原的第一步过程中都催化半胱氨酸形成亚磺酸。

---

❶ 卤素修饰的有机分子对于化学反应或生命代谢十分重要，它们既可以用于调节载体分子的生物活性，也可以用于作为形成新化学键的反应中间体。天然的卤化物囊括了肽、聚酮化合物、吲哚、萜烯、乙酰基、苯酚以及挥发性卤代烃（例如溴仿、氯仿和二溴甲烷）等。这些卤化物具有包括抗癌、抗真菌、抗菌、抗病毒和抗炎等生物活性。

❷ 这类钒依赖型卤素过氧化物酶在三种卤素过氧化物酶中均有发现，例如来自弯孢霉（*Curvularia*）的氯过氧化物酶、来自泡叶藻（*Ascophyllum nodosum*）的溴过氧化物酶、来自海带藻（*Laminaria digitata*）的碘过氧化物酶。

❸ 一般而言，过氧化氢酶具有heme结构且活性可以被 CN^- 或者 N_3^- 所毒化；此处的赝过氧化氢酶是基于此给出的一种称呼。

（1）谷胱甘肽过氧化物酶

谷胱甘肽过氧化物酶包含多个同工酶家族，使用还原型谷胱甘肽（GSH）把 H_2O_2 或有机氢过氧化物还原成水或相应的醇：

$$2还原型谷胱甘肽 + H_2O_2 \longrightarrow 氧化型谷胱甘肽 + 2H_2O \qquad (4.12)$$

$$2还原型谷胱甘肽 + 过氧化脂质 \longrightarrow 氧化型谷胱甘肽 + 脂质 + 2H_2O \qquad (4.13)$$

其中一些同工酶含有硒代半胱氨酸，具有硒依赖性谷胱甘肽过氧化物酶活性。动物谷胱甘肽过氧化物酶家族的特征是存在一个保守基序，其中包含一个完全保守的半胱氨酸或硒代半胱氨酸残基。它的再生几乎完全依赖于 GSH（见后文图 4.8）。非动物的谷胱甘肽过氧化物酶至少含有两个保守的半胱氨酸，它们形成的二硫键由硫氧还蛋白而非 GSH 还原再生（如图 4.4 所示）。

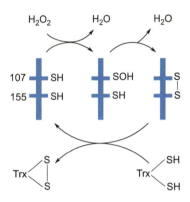

图 4.4　来自甘蓝型油菜的谷胱甘肽过氧化物酶利用硫氧还蛋白再生示意图（GenBank™ 登录号 AF411209）[17]

在哺乳动物组织中，有四种主要的硒依赖性 GPx 同工酶：第一种是存在于红细胞、肝、肺和肾中的经典 GPx-1；第二种是肠道肠上皮细胞中的 GPx-2；第三种是血浆中的 GPx-3，它存在于不同的器官组织中❶；第四种是广泛分布于不同组织磷脂中的 PHGPx-4，可以保护细胞膜免受氧化损伤[18]。

植物中也存在谷胱甘肽过氧化物酶，在盐胁迫、机械刺激以及病原体感染等不良环境的刺激下，其相关基因的转录或翻译水平会增加，从而使得酶含量增加。

（2）过氧化物还原酶

过氧化物还原酶（Prx）是普遍存在的一类过氧化物酶，它依赖于活性位点半胱氨酸 Cys 残基来催化清除过氧化物。对于所有类型的 Prx 而言，其催化循环的第一步包括将过氧化半胱氨酸氧化为次磺酸衍生物。在单半胱氨酸 Prx 中，氧化形式通过还原底物直接还原为硫醇。在双半胱氨酸 Prx 中，第二个半胱氨酸残基与过氧化半胱氨酸残基中的次磺酸桥接形成二硫键，该二硫键又被硫氧还蛋白或者硫氧还蛋白还原酶以 NADPH 为辅因子进行还原再生。这类高度保守的半胱氨酸依赖性过氧化物酶可减少过氧化氢、过氧化脂质和过氧亚硝酸盐的水平，进而保护细胞免受氧化损伤[19,20]。

4.2　典型过氧化物酶的催化机制

下面分别以血红素过氧化物酶家族中的辣根过氧化物酶和非血红素过氧化物酶

---

❶ 例如肾、肺、附睾、输精管、胎盘、精囊、心脏和肌肉等。

家族中的谷胱甘肽过氧化物酶为例，对相应的催化反应机理进行阐述。

4.2.1 辣根过氧化物酶

辣根过氧化物酶是植物辣根根部的一类金属酶。自1810年辣根过氧化物酶被发现以来，科学家着力于探究其催化反应机理[21]。

辣根过氧化物酶C❶中含有两种金属离子，一种是血红素基团中的铁离子，另一种是结构中的两个钙离子。血红素基团具有平面结构，铁原子由4个吡咯分子紧紧地固定在卟啉环的中间［图4.5（a）］。铁原子在血红素基平面上下方各有一个开放键合位点。血红素的一侧有一个组氨酸氮与血红素中心Fe进行配位［图4.5（b）］，其从属于近端组氨酸残基（His170）。在基态下，在血红素Fe平面的另一侧存在着远端的第二个组氨酸残基（His42）。在His42与血红素之间存在空位。该空位在基态时被水分子占据，水分子的氧与血红素中心的Fe配位；该空位在催化反应过程

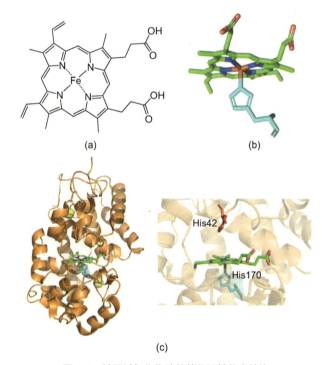

(a)　　　　　　　　　　　　(b)

(c)

图4.5　辣根过氧化物酶的催化活性位点结构

（a）铁血红素基团的结构；（b）与近端组氨酸残基相互作用的血红素b基团；
（c）亚铁辣根过氧化物酶C1A❷的结构（PDB：1H58），黄色球状为钙离子；
右侧为活性位点的放大图，呈现以Fe为中心的八面体结构形式

---

❶ 辣根过氧化物酶C是HRP的一类同工酶，其在植物根部相同酶类的占比最高。同工酶指结构不同但催化反应相同的一类酶。

❷ 辣根过氧化物酶C1A是HRP的一种同工酶。

中对过氧化氢开放，过氧化氢占据该空位且其氧原子将与血红素的 Fe 结合。在酶反应过程中，血红素中的 4 个氮原子、近端组氨酸的 1 个氮原子和过氧化氢的 1 个氧原子与血红素中的铁原子键合形成六配位的八面体构型。其他小分子也可以结合到远端部位，形成相同的八面体构型。这种铁原子远端组成八面体的第六个配位点被认为是酶的活性位点。

图 4.5（b）、（c）显示了辣根过氧化物酶的三维结构。铁血红素位于酶中心的螺旋区域内，其中铁原子为橘红色球体。远端区域和近端区域存在两个钙原子（黄色球体）。血红素基团和钙原子对酶的正常工作至关重要，失去任意一个都会导致结构的不稳定。

含血红素的氧化还原酶参与了多种多样的化学反应，但这些酶催化的所有生物氧化反应都涉及非常相似的高氧化态中间体，其反应性受蛋白的微环境所调控。辣根过氧化物酶催化过程中涉及的三种状态如图 4.6 所示。

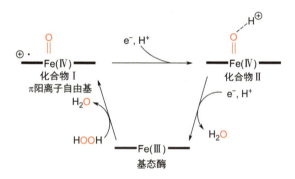

图 4.6　辣根过氧化物酶的三种氧化态

在早期的光谱学研究中已经发现中间体化合物 I 的生成。在由基态向中间体 I 转变过程中，过氧化物夺去铁中一个电子以生成高价铁，同时从卟啉中夺去第二个电子以生成卟啉 π 阳离子自由基 ❶。基态酶为棕红色，中间体 I 呈现绿色，两者具有不同的光谱特征（即特征的吸收峰形及最大吸收峰位置）。后续通过对磁化率和穆斯堡尔谱的研究，确证铁和卟啉均被氧化。在第二步中，底物分子将一个电子传递给化合物 I 还原其卟啉 π-阳离子基团，生成红色化合物 II。在最后一步中，第二个底物将 $Fe(IV)$ 还原为 $Fe(III)$[21]。通常情况下，参与反应的底物分子是芳香胺或者酚类物质。

再深入理解辣根过氧化物酶的催化机制，需要获取氧化还原过程中间体的详细结构。但是在常规晶体学数据收集过程中，辐照的 X 射线会在样品中释放电子，这部分电子会被酶有效地引导至氧化的活性位点，进而会改变活性位点的氧化还原状态。为了探究真实的反应中间体结构，科学家进行了多重努力。

---

❶ 在一些过氧化物酶参与的反应中，化合物 I 中的氨基酸侧链而不是卟啉环被氧化。最早和最著名的例子是细胞色素 c 过氧化物酶，它在反应中形成色氨酸阳离子自由基。

为了最大限度地减少上述副反应，科学家采用了基于不同剂量 X 射线的多晶体数据收集策略，然后在类似于化学计量氧化还原滴定的实验中，使用单晶显微分光光度术将测得的结构跃迁与测得的电子跃迁相关联。进而获得了关于 X 射线驱动的结合双氧物种 ❶ 在活性位点催化转化为两个水分子的过程 [22]。

图 4.7（a）显示了三价铁血红素形式的结构。其中，三价铁为高自旋五配位的状态。来自结晶溶液的乙酸根离子在血红素平面上方。在无乙酸盐的酶结构中，两个溶剂分子占据了乙酸盐的氧位置。乙酸盐可以从晶体中洗掉，并且不存在于中间体的结构中［图 4.7（b）、（c）］。

图 4.7（b）显示了化合物 I 的结构。其中三价铁失去一个电子，卟啉环失去第二个电子，得到氧代铁基物质和卟啉 π-阳离子基团。化合物 I 是通过 HRP 的晶体与过氧乙酸反应制备的。过氧乙酸可将 HRP 中的血红素氧化为化合物 I，但不能与其进一步反应；因此实际上可以实现晶体中血红素向化合物 I 的完全转化。该结构中铁-氧键的键长为 1.7 Å，这与扩展 X 射线吸收精细结构（extended X-ray absorption fine structure, EXAFS）测量值（1.64 Å）非常吻合。所得到的精细结构结果表明铁上结合氧原子的占有率至少为 85%。该值基于以下假设：共价连接的氧原子的 B 因子与中间体附近的氧原子的 B 因子没有显著差异（B 因子可以表示蛋白不同部分的相对振动，也被称为温度因子）。氧代铁基氧与 Arg38 的 Nε 原子（2.9 Å）和水分子（2.7 Å）形成氢键。该水分子还与 His42（2.8 Å）和 Arg38（2.9 Å）形成氢键，占据最初形成的水的位置。值得一提的是，远端 His42 残基是必需的酸碱催化剂，可将过氧化物 O1 质子转移至 O2 氧，从而促进 O–O 键的异裂解，进而形成化合物 I（未在图中展示）。

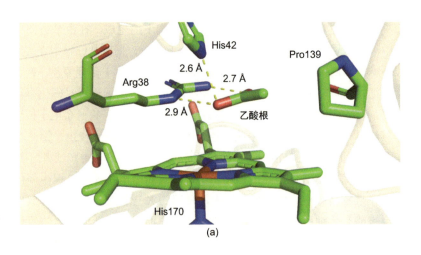

(a)

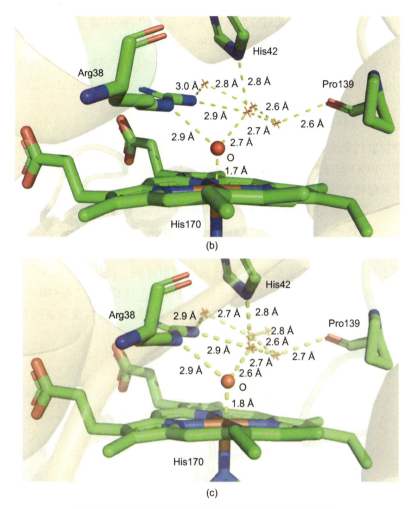

图 4.7　辣根过氧化物酶的三种氧化态的高分辨精细结构

（a）三价铁血红素状态，其中乙酸根为晶体生长时引入的溶质分子（PDB：1H5A）；（b）80% 纯度化合物 Ⅰ 的结构（PDB：1HCH）；（c）80% 纯度化合物 Ⅱ 的结构（PDB：1H55）。图中标识了氨基酸简称；黄色虚线代表氢键作用，近旁的数字代表组成氢键两原子之间的距离（单位为 Å）；绿色代表碳原子，蓝色代表氮原子，红色代表氧原子；结构中橘色的 * 代表溶液中的水分子

图 4.7（c）显示了化合物 Ⅱ 的结构。化合物 Ⅱ 的铁氧占据率接近 100%。在化合物 Ⅰ 或 Ⅱ 中，His42 与铁氧之间没有直接氢键。化合物 Ⅱ 的氧代铁基氧与 Arg38 的 Nε 原子（2.9 Å）以及与 His42（2.8 Å）和 Arg38（2.9 Å）氢键结合的水分子（2.6 Å）形成氢键。HRP 的活性位点稳定了化合物 Ⅰ 中血红素上的净正电荷；但在化合物 Ⅱ 中，该 π-阳离子基团不再存在。在化合物 Ⅱ 中，一个质子被认为已经移动到氧代铁基氧上；这可能是质子通过中间的水分子从 His42 移动到氧代铁基氧上，从而导致了反应中第二个产物水的形成。化合物 Ⅱ 中的铁-氧键比化合物 Ⅰ 中的铁-

氧键长 0.14 Å，为 1.8 Å（EXAFS 为 1.93 Å）。较长的 Fe–O 键支持在去除化合物 II 中的 π-阳离子自由基后质子迁移到铁氧的论点。

随着科学技术的进步，越来越多的技术手段被开发以用于研究反应中间体，其中，辣根过氧化物酶反应中间体高分辨结构的探究为研究其他酶的催化过程提供了范例。

4.2.2　谷胱甘肽过氧化物酶

谷胱甘肽过氧化物酶（GPx）是一种抗氧化酶，通过利用辅助因子硫醇等催化过氧化物（ROOH）的还原来保护生物免受氧化应激。这里我们以动物体内的 GPx 为例阐述其催化过程。

含 Se 的 GPx 的催化机制涉及硒醇（E-SeH）的初始氧化以产生相应的次硒酸（E-SeOH）。由此产生的 E-SeOH 与 GSH 反应生成硒基硫化物（E-SeSG）。然后第二个 GSH 分子进攻 E-SeSG 的硫中心以再生酶的活性形式（E-SeH）（图 4.8，循环 1）。在整个过程中，两个当量的 GSH 被氧化成相应的二硫化物（GSSG），而过氧化氢被还原成水。当过氧化氢浓度高于硫醇浓度时，次硒酸（E-SeOH）中的硒中心可能会进一步被氧化生成亚硒酸（E-SeO₂H），后续的过程需要更多的 GSH 分子参与还原活性硒中心（图 4.8，循环 2）[23]。

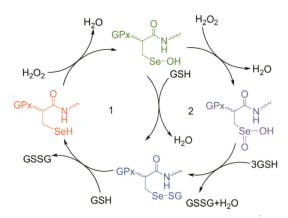

图 4.8　谷胱甘肽过氧化物酶抗氧化活性的机理图

为了探究 GPx 具体的活性来源，科学家进行了不懈的努力。起初，通过对牛源 GPx-1 的 X 射线晶体分析发现，该酶保留活性位点硒代半胱氨酸（Sec）被过度氧化为亚硒酸的形式结晶。在这种非生理氧化状态下，亚硒酸的一个氧与色氨酸（Trp）的亚氨基氮和谷氨酰胺（Gln）的酰胺氮形成氢键［如图 4.9（a）所示］[24]。因此容易推测这些残基很可能与基态酶中的硒或硫存在相互作用。这种假设在后续的研究中被证明：通过位点突变替换出 GPx-4 酶中相应位点的 Trp 和 Gln 会使其催化效率大幅下降。类似地，在人重组 GPx-4 中同样存在相应的结构［图 4.9（b）］。Gln81 的酰胺氮由于空间旋转位置不同，离催化位点硫太远，无法参与氢键的形成；

但是它的羰基氧可以与 Trp136 的亚氨基氮形成氢键，进而参与激活 Cys。通过对大量数据的分析，科学家进一步认识到在催化过程中，硒代半胱氨酸／半胱氨酸残基的硒／硫中心通过非共价相互作用与另外两个氨基酸残基 Trp 和 Gln 形成"催化三联体"。这些相互作用会激活 Sec 进而有效消除过氧化物。然而，这些氨基酸残基并不是完全保守的。一些实验中发现这些氨基酸突变并不会导致活性的急剧下降，即残基 Trp 和 Gln 可能不是影响催化效率的唯一因素 [25]。

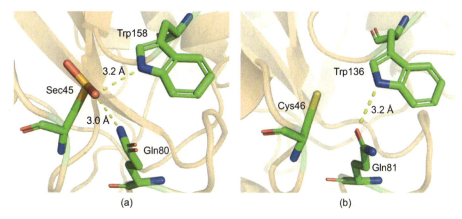

图 4.9　GPx 家族中活性位点的微环境

（a）在牛 GPx-1 中发现的 Sec、Trp 和 Gln 的"催化三联体"，其中 Sec 过氧化为亚硒酸（PDB：1GP1）；（b）在人源还原型 GPx-4 U46C 中看到的催化三联体（PDB：2OBI，该酶中的 Sec 位点突变为 Cys）

在寻找与活性位点协调的严格保守氨基酸的功能作用时，果蝇 GPx 中的 Asn137（天冬酰胺）作为一个额外且可能最相关的残基出现。用 His 或 Ala（丙氨酸）代替 Asn137 会使催化速率数量级下降。Asn137 属于高度保守的氢键氨基酸链，其甲酰胺的 N 可与活性位点的 Se/S 相互作用。基于 Asn137 的位置及其功能保守性可推断出：过氧化物还原的催化单元不是三联体，而是四联体 [26]。虽然四联体各个残基间的相互作用尚不完全清楚，但已证实四联体在结构上也是保守的（见图 4.10）。

在解析了 GPx 的催化位点结构后，科学家利用其晶体学数据结合分子动力学技术对催化位点处的情况进行模拟和分析。这里以 GSH 和 H_2O_2 为例进行阐述。

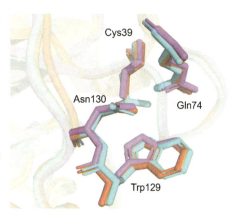

图 4.10　已知 GPx 结构的"催化四联体"（由保守的 Asn 补充的三联体）的叠加

不同的残基颜色：青色代表牛 GPx-1 酶（PDB：1GP1）、红色代表人 GPx-5 酶（PDB：2I3Y）、橘黄色代表人 GPx-1（PDB：2F8A）、淡紫色代表布氏锥虫 GPx（PDB：2VUP）。氨基酸序号以布氏锥虫 GPx 为准进行编号

GPx 家族中主要的供体底物是硫氧还蛋白或具有 CXXC 基序的相关蛋白质，而不是 GSH。用于命名该家族的术语谷胱甘肽过氧化物酶之所以被创造出来，是因为发现的该家族第一个成员 GPx-1，确实是一种高度特异性的谷胱甘肽过氧化物酶。早期的特异性研究表明，GSH 是唯一一种天然存在且可有效还原 GPx-1 的低分子量硫醇，其两个羧基以某种方式与酶的正电荷区域相结合。通过对 GPx-1 的 X 射线晶体结构分析，可以初步确定结合残基为活性位点侧翼的精氨酸（Arg）。通过模拟 GSH 与亚硒酸形式下的牛 GPx-1、中间体与基态的结合情况，可更详细了解催化还原部分底物相互作用进而可揭示牛 GPx-1/GSH 相互作用的可能情况 [27]：在复合物中，GSH 的甘氨酸羧基与 Arg57 结合，而 Glu 的 γ-羧基与 Arg103 和相邻亚基的 Lys 91'❶ 发生静电相互作用，从而迫使 GSH 的硫醇朝向活性位点的 SeO⁻；在中间体 G 中，基本保留了第一个 GSH 的方向；第二个 GSH 分子与 [G·GSH] 的结合中涉及 Arg184 和与相邻亚基的几个残基的氢键相互作用。涉及的残基在所有 GPx-1 型酶中严格保守。综上，在每个还原步骤中精氨酸和赖氨酸提供了一种静电结构，该结构将供体底物 GSH 逐步引向催化中心（如图 4.11 所示）。

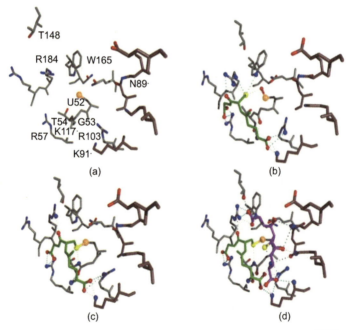

图 4.11 分子动力学模拟 GSH 与酶的相互作用（引自文献 [25]）[25,27]
（a）基态的游离酶，显示与 GSH 结合有关的残基；（b）次硒酸形式的酶与第一个 GSH（绿色）分子的络合，底物的巯基主要通过静电力以与酶的次硒酸基团反应的方式取向活性位点；（c）中间体 G，此时呈现硒谷硫酰化后的酶的结构；（d）[G·GSH] 复合物，展示了第二个 GSH 分子（洋红色）与中间体 G 的相互作用。图中 U 指代 Sec，即硒代半胱氨酸；图中虚线代表氢键或离子相互作用

❶ 编号后面的 " ′ " 在原文献中代表相邻亚基的氨基酸残基。

同样，科学家对于第二种底物 H_2O_2 的可能作用形式进行了探索。在最初的模拟计算中，硒醇或硫醇是未解离的，这显然无法与 H_2O_2 发生反应。而在天然酶中，硒醇或硫醇总是表现为解离形式。当在 DFT 计算结构中至少添加一个水分子时，活性位点模型中产生了可解离的硒代半胱氨酸或半胱氨酸（如图 4.12 所示）。硒醇或硫醇解离出的质子通过水迁移到保守 Trp 的吲哚氮上，进而保留在反应中心。有研究者可能会认为质子的这种行为是一种计算假象，因为没有提供反应中心外的任何质子受体。然而，反应的下一步揭示了质子的这种高度不稳定结合可能反映了一些真实的情况。如果现在将 H_2O_2 添加到模型的两性离子形式 B 中，所得复合物 C

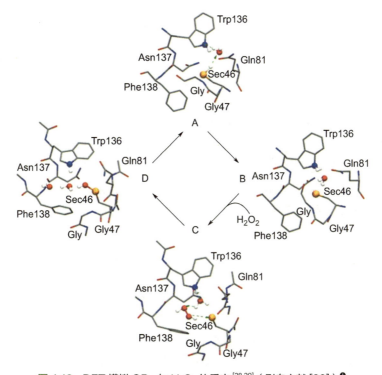

图 4.12　DFT 模拟 GPx 与 H_2O_2 的反应[28,29]（引自文献 [28]）❶

结构 A 显示了计算中使用的起始状态，此时活性位点 Sec 仍然是未解离的。根据 DFT 计算，Sec 的质子通过水移动到 Trp 残基的吲哚氮上，产生两性离子形式 B。当 H_2O_2 以合适的方向结合到 B 中时（见 C），产物立即形成（D）。为了清楚起见，省略了不参与反应的氢原子。A 和 C 中的质子穿梭用绿色虚线箭头表示

---

❶ 在基于人 GPx-4 酶进行 DFT 计算时，将 GPx 活性位点整体简化为 7 个氨基酸的组合，其中 4 个组成了催化四联体（Trp136、Asn137、Gln81、Sec46）。为了符合已建立的 X 射线衍射的结构，添加了保守的 Phe138 和 Gly47 以及第二个 Gly，用于模拟 Gly47 与下游非保守氨基酸残基形成的肽键。通过对添加的残基进行筛选，最终优化产生了与晶体学数据完美匹配的活性位点模型。

立即衰变并立即形成产物，即水和次硒酸（D）。复合物的快速衰变是由对 O–O 键的协同双重进攻引起的：解离质子后的硒醇或硫醇的亲核进攻和错位质子（即迁移到 Trp 吲哚氮上的质子）对相邻氧原子的亲电进攻。先前迁移走的质子再次由水介导穿梭回来，参与形成理想的离去基团（水分子）[28]。

4.3 典型过氧化物酶模拟酶

前文介绍了天然过氧化物酶的分类和催化机制，据此可设计具有类似结构或功能的小分子、高分子等来模拟过氧化物酶的活性。对应于上文提到的催化机制，本节介绍过氧化物酶的模拟酶。

4.3.1 含类似血红素位点的模拟酶

血红素是一种天然存在的金属卟啉，是一种常见的含血红素酶辅基。因此具有不同配体结构和中心金属离子的卟啉或类卟啉被用来模拟过氧化物酶活性。

早期的过氧化物模拟酶基于简单的金属配合物或修饰的血红素衍生物。从血红蛋白中释放的血红素不溶于中性水溶液或通常的有机溶剂，因此科学家将血红素连接到聚乙二醇上以提升其溶解度，并在水和有机溶剂中都展现了过氧化物酶活性。在三氯乙烷中的酶活性比在水中的更高［速率常数分别为 $2.3×10^3$ L/(mol·s) 和 $3×10$ L/(mol·s)］。科学家通过合成不同金属的卟啉分子用于模拟过氧化物酶，并将其应用于酚的氧化、叔胺的脱烷基化等天然酶适用的场景中。此外，可以在多肽上共价结合血红素以模拟过氧化物酶的功能，例如胺的脱甲基化以及硫化物的氧化 [30]。

通过对肽基模拟酶进行设计可有效调控其酶活性。类肽或多聚 N 取代的甘氨酸因具有可定制的侧链和更高的稳定性而被较广泛研究。通过自组装，可以将设计的类肽与血红素共组装成结晶管状过氧化物模拟酶（如图 4.13 所示）。这些过氧化物模拟酶的活性位点的化学组成和催化特性可以通过改变拟肽的末端配体和侧链基团进行调节。含有 N-(2-羧乙基) 甘氨酸末端配体和吡啶基侧链的类肽模拟酶显示出

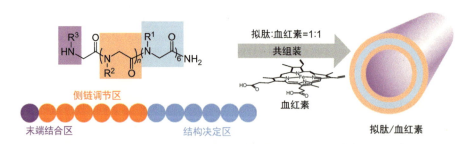

图 4.13 血红素与拟肽共组装来模拟过氧化物酶 [31]

最高的催化活性，TMB 氧化的 V_{max}/K_m 值可以达到 $5.81×10^{-3}$ s^{-1}。动力学分析表明催化反应遵循乒乓机制，其中 H_2O_2 和还原底物依次与金属中心结合。这种基于拟肽的模拟酶在温和条件下，有效地催化了 H_2O_2 氧化生物质底物木质素的解聚 [31]。

除血红素及其衍生物外，金属配位的其他大环配体也被用于模拟过氧化物酶。Fe^{III}-TAMLs 分子（TAML 代表 tetraamido macrocyclic ligand，结构如图 4.14 所示）是可以媲美天然酶催化活性的一类分子。

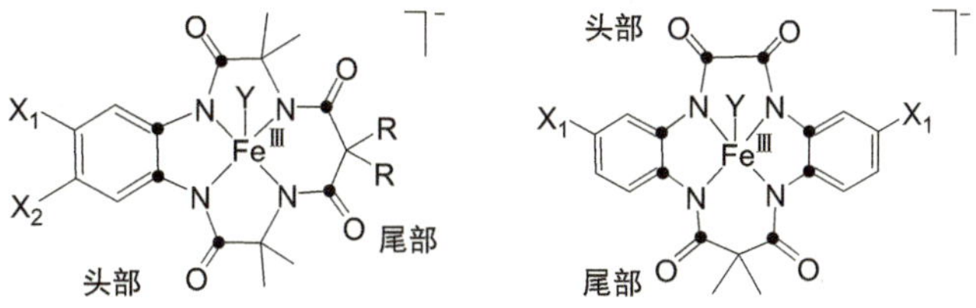

1a $X_1 = X_2 = H, R = CH_3$
1b $X_1 = X_2 = Cl, R = F$
1c $X_1 = NO_2, X_2 = H, R = F$

2a $X_1 = H$
2b $X_1 = NO_2$

图 4.14　Fe^{III}-TAMLs 分子示意图（改编自文献 [32]）
左边为第一代分子，右边为第二代分子；Y 代表在水溶液体系作用的水分子

在第一代 Fe^{III}-TAMLs 中，将氟引入分子尾部（如图 4.14，**1b**, **1c**）不仅可以产生更高的类过氧化物酶活性，而且改善了其在介质（溶剂）中的稳定性。为实践绿色化学的理念，需要设计无氟 Fe^{III}-TAMLs。第一代 Fe^{III}-TAMLs 中 F 原子的超高电负性（χ）使铁原子极化进而提高反应性。在第二代分子中，通过将分子 **1b**、**1c** 的尾部 F 原子更换为甲基，并通过将分子 **1** 的两个酰胺的 α-碳由 sp^3 杂化（$\chi = 2.5$）替换为 sp^2 杂化（$\chi = 2.75$）结构来抵消去除第一代分子中 F 原子带来的电负性改变效应。此外，在第二代分子头部引入草酰二胺结构，这两个吸电子羰基一定程度上也补偿了去除 F 原子的效应。**2a** 分子在水中稳定性差，将 X_1 设计为 NO_2 基团则可以提高其水溶液中的稳定性（**2b**）。第二代 Fe^{III}-TAMLs 分子（**2b**）展现出比一代分子（**1a**）高 5 倍的催化活性，并可以高效地催化过氧化氢氧化降解染料分子 [32]。

4.3.2　可识别底物的硫属模拟酶

天然 GPx 酶催化过程中，底物分子可以在氨基酸残基的辅助下朝向含 Se 或 S 的活性位点，进而发生氧化还原反应。科学家基于此设计了一些含硫属元素（以 Se、Te 为主）的分子用于 GPx 活性的模拟。

环糊精（cyclodextrin, CD）是天然存在的环状低聚糖，由 6~8 个 α-1,4-连接的 α-D-吡喃葡萄糖苷单元组成（见图 4.15）。环糊精具有尺寸确定的空腔，可以通过疏水相互作用和氢键选择性地识别客体分子。电喷雾质谱和串联质谱分析结果显示，CD 本身可以与 GSH 结合形成分子内复合物。这促进了 CD 衍生的硒酶模拟物的发展。

第一个基于环糊精的硒模拟酶是通过将二硒化物基团连接到 β-CD 的主面上制备的。由于其对底物 GSH 有明显增强的结合能力，故该模拟酶表现出较强的 GPx 酶活性（图 4.15，分子 3）。后续发现与 β-CD 次级面结合的二硒化物基团的模拟酶活性更高，这可能是由于底物 GSH 优先结合到 β-CD 的次级面（图 4.15，分子 4）。受硒代-环糊精模拟酶的启发，碲-环糊精模拟酶被合成出来（图 4.15，分子 5、6）。正如预期的那样，与硒相比，碲具有更敏感的氧化还原特性，这赋予了模拟酶更高的催化活性 [33]。

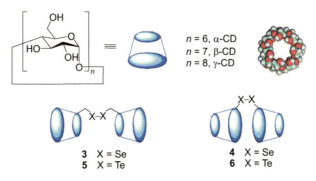

图 4.15　环糊精及其硫族衍生物用于模拟 GPx（改编自文献 [33]）

为了探究 CD 基模拟酶对于底物选择性的机制，科学家利用不同的硫醇底物来研究存在不同的 ROOH 时的催化活性。结果表明，CD 空腔的疏水相互作用赋予了 CD 基模拟酶对 ROOH 和硫醇底物的选择性，且模拟酶与硫醇底物优先结合。例如，当使用芳香底物 ArSH（3-羧基-4-硝基苯硫酚）代替 GSH 作为硫醇底物时，分子 6 表现出高底物特异性和显著的催化效率。分子 6 催化 ArSH 还原过氧化异丙基苯的效率比 GPx 模拟物二苯基二硒化物高 20 万倍。通过分子模拟推测，与天然酶类似，β-CD 周边环境的相互作用使得底物很容易进入空腔中，底物进入后 β-CD 的空腔将 ArSH 的硫醇根离子定向到亲核攻击的活性位点，进而形成对催化有利朝向的络合物 [34]。

除环糊精外，具有三维拓扑结构的树枝状大分子和超支化聚合物是另一类可以容纳大范围疏水性客体分子的主体分子（图 4.16 所示）。通过调整树枝状聚合物的微环境，并将硒 / 碲基团引入树枝状聚合物的核心充当活性位点，可合成高活性的 GPx 模拟酶。树枝状支架越大，疏水微环境的影响越大，催化活性越高。超支化聚合物同样如此。

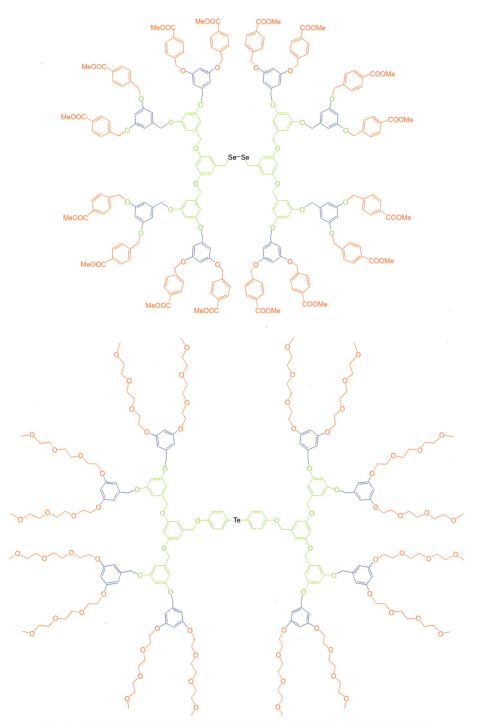

图 4.16　基于树枝状聚合物和超支化聚合物的硒／碲模拟酶的结构（改编自文献 [33]）

4.4　典型过氧化物酶纳米酶

　　类过氧化物酶纳米酶催化双底物反应，它能够在第一底物氢受体（如 H_2O_2）存在时，催化氢受体将第二反应底物氢供体氧化[35-38]。2007 年，阎锡蕴及其合作者报道了四氧化三铁磁性纳米粒子具有类过氧化物酶活性，并从酶学的角度系统地研究了磁性纳米粒子的催化活性和催化机制[39]。除了四氧化三铁磁性纳米粒子之外，多种类型的纳米材料均具有类过氧化物酶活性，比如普鲁士蓝纳米材料、碳纳米管、石墨烯与五氧化二钒纳米材料等[35-37]。

　　由于具有类过氧化物酶活性的纳米酶兼具类酶催化活性和纳米材料的特点，因此一方面可以将天然酶的相关酶动力学研究应用于纳米酶之中，另一方面也可以将纳米材料中的多相催化理论应用于纳米酶的机制研究之中。在本节中，将以一般过氧化物酶为例，介绍类过氧化物酶的主要类型、催化机制、多相催化理论在类过氧化物酶中的具体应用、酶动力学研究、酶活性测量的方法以及类过氧化物酶的催化特异性。另外，下面将介绍两种特殊的类过氧化物酶，即类谷胱甘肽过氧化物酶和类卤素过氧化物酶。

4.4.1　一般类过氧化物酶

4.4.1.1　几种典型的类过氧化物酶

　　① 金属氧化物基纳米酶　自四氧化三铁磁性纳米粒子的类过氧化物酶活性发现以来，多种金属氧化物如五氧化二钒、四氧化三钴、氧化镍、氧化铜、钙钛矿氧化物和二氧化铈等也被发现具有类过氧化物酶的活性[35,36]。其中研究较多的是四氧化三铁纳米材料，其相关的催化机制、酶动力学等均有较多的研究。

　　② 金属基纳米酶　金属及其合金纳米材料具有优异的类过氧化物酶活性[35,36]。另外，这些纳米材料通常具有过氧化物酶、过氧化氢酶及超氧化物歧化酶等多种酶的活性。例如，金纳米材料具有过氧化物酶、葡萄糖氧化酶等类酶活性；铂纳米粒子则具有过氧化物酶、过氧化氢酶、氧化酶、超氧化物歧化酶等多种天然酶的活性。

　　③ 碳基纳米酶　碳基纳米材料如富勒烯及其衍生物、氧化石墨烯和碳纳米管等，因其独特的理化性质已经被应用到多个领域。人们发现这些碳基纳米材料还具有多种类酶催化活性。富勒烯及其衍生物是最先被用作模拟天然酶的纳米材料。在20 世纪 90 年代早期，人们首先发现富勒烯衍生物具有类核酸酶的活性[40]，随之人们陆续发现了富勒烯及其衍生物具有类超氧化物歧化酶、类过氧化物酶等活性[36]。除了富勒烯及其衍生物以外，石墨烯及其衍生物以及碳纳米管、碳纳米角均被发现具有类过氧化物酶的活性[35,36]。

　　④ 其他类型纳米酶　其他一些纳米材料，如金属有机骨架材料、金属硫化物、单原子纳米材料以及普鲁士蓝等纳米材料也被发现具有很好的模拟酶活性。分散在

二维表面的单原子，不仅有高的原子利用率，而且具有优异的底物传质效率，因而具有很好的类过氧化物酶活性；另外，单原子纳米酶具有明确的配位结构，特别适合于催化机制的研究[41]。普鲁士蓝是一类应用较广的类过氧化物酶。研究者使用普鲁士蓝作为"人工过氧化物酶"来替代天然的辣根过氧化物酶用于构建电化学葡萄糖生物传感器[42]。使用氧化还原电位理论可以解释为什么普鲁士蓝能够模拟过氧化物酶。普鲁士蓝可以被 H_2O_2 氧化形成柏林绿或普鲁士黄，随后柏林绿或普鲁士黄能够被过氧化物酶底物 3,3′,5,5′-四甲基联苯胺（TMB）还原以完成整个催化循环[43]。由于普鲁士蓝的氧化还原电位介于 TMB 和 H_2O_2 之间，因而从热力学的角度来看，整个过程是容易实现的。

4.4.1.2 催化机制

研究者利用密度泛函理论计算对类过氧化物酶的催化机制进行了研究[44]。以四氧化三铁为模型，以 H_2O_2 和 TMB 分别作为氢受体和氢供体，研究了类过氧化物酶的反应路径和可能的中间态和过渡态结构。过氧化物酶或者类过氧化物酶能够催化 H_2O_2 氧化 TMB 生成氧化产物 oxTMB 的反应式如图 4.17 所示[44]。

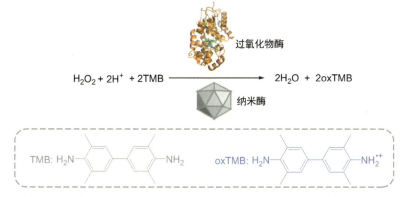

图 4.17 以 H_2O_2 和 TMB 分别作为氢受体和氢供体，过氧化物酶 / 纳米酶催化反应式（改编自文献 [44]）

Fe_3O_4 在模拟类过氧化物酶催化反应时，共经历三个反应步骤［图 4.18 及反应式（4.14）～式（4.16）］。如图 4.18 所示，氢受体 H_2O_2 首先在 Fe_3O_4 的固体表面进行吸附。随后会在 Fe_3O_4 的作用下发生分解反应，生成双 OH 的吸附结构。氢供体 TMB 在第 2 步和第 3 步中分别发生两步的质子转移，被两个 OH 基团氧化。由于第 1 步本质上是 H_2O_2 的还原反应，当类过氧化物酶固体表面的还原性越强时，H_2O_2 发生解离反应生成两个 OH 基团所需要的能量越低；而第 2 步和第 3 步是氢原子从氢供体 TMB 上转移到 OH 基团上的质子耦合电子转移反应，固体表面的还原性越强，则该步骤需要的能量越高。该催化机制不仅适用于 Fe_3O_4，也适用于其他纳米酶。

第 1 步 $\qquad$ $H_2O_2 \xrightarrow{E_{b,1}} 2OH^* \quad (E_{r,1})$ $\qquad$ (4.14)

第 2 步 $\qquad$ $OH^*_{1st} + TMB + H^+ \xrightarrow{E_{b,2}} oxTMB + H_2O \quad (E_{r,2})$ $\qquad$ (4.15)

第 3 步 $\qquad$ $OH^*_{2nd} + TMB + H^+ \xrightarrow{E_{b,3}} oxTMB + H_2O \quad (E_{r,3})$ $\qquad$ (4.16)

式中，星号表示类过氧化物酶表面的吸附物质；OH_{1st} 和 OH_{2nd} 分别表示步骤 2 和 3 中的羟基吸附物；E_b 和 E_r 分别是反应的活化能垒和反应能。

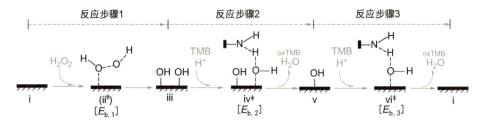

图 4.18 四氧化三铁类过氧化物酶催化反应机制（改编自文献 [44]）

以上是类过氧化物酶催化反应的普适性机制。随着研究的深入，对于特定的纳米酶，研究者发现了适用于这些纳米酶的特殊机制。如研究者以 Fe_3O_4 纳米酶为例，提出了内部原子介导电子转移和离子迁移的纳米酶"自耗性"催化机制（图 4.19）[45]。如图 4.19 所示，首先，Fe_3O_4 纳米酶表面的 Fe^{2+} 与 H_2O_2 发生类芬顿（Fenton）反应，H_2O_2 获得 Fe^{2+} 的电子而解离成 $\cdot OH$ 进而氧化类过氧化物酶的底物，Fe^{2+} 被氧化成 Fe^{3+}；随后，与表面被氧化成 Fe^{3+} 相邻的内部的 Fe^{2+} 通过 Fe^{2+}–O–Fe^{3+} 链将电子传递给表面的 Fe^{3+}，使其再生形成 Fe^{2+}，使表面的催化反应能够持续进行；然后，随着内部的 Fe^{2+} 被氧化，为了保持电荷平衡，晶格内部多余的 Fe^{3+} 将向表面迁移，并留下阳离子空位；随着反应的持续进行，Fe_3O_4 纳米颗粒会发生自外向内的氧化，最后发生相变，形成 γ-Fe_2O_3。该催化机制在 $LiFePO_4$ 纳米酶上也得到了验证[45]。

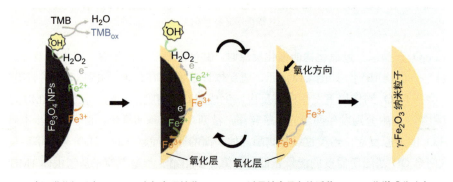

(a) 表面类芬顿反应　　(b) 内部电子转移　　(c) 过量铁离子向外迁移　　(d) 化学成分改变

图 4.19 Fe_3O_4 纳米酶类过氧化物酶活性催化机制示意图（改编自文献 [45]）

4.4.1.3　多相催化理论在类过氧化物酶中的应用

由多相催化理论可知，速率决定步骤指整个化学反应中最慢的基元步骤，它决定了整个反应过程的速率。又由阿伦尼乌斯方程可以知道，在温度确定的时候，一个基元反应的速率主要取决于活化能垒 [式（4.17）]。因此，纳米酶的类过氧化物酶活性取决于速率决定步骤的能垒。对于一个类过氧化物酶而言，通过计算不同基元反应所涉及的过渡态、过渡态的吸附能（E_{ads}）、活化能以及基元反应的反应能，即可获得在某个特定纳米酶表面所发生的过氧化物酶反应的速率决定步骤，并且能够预测其催化反应动力学。

$$k = Ae^{\frac{-E_a}{RT}} \tag{4.17}$$

式中，A 为指前因子，与 k 同量纲；E_a 为活化能，J/mol；T 为热力学温度，K；R 为摩尔气体常数，8.314 J/(mol·K)。

那么，哪一个基元反应是过氧化物酶反应的决速步骤（速率决定步骤）呢？是什么因素决定了基元反应的能垒呢？根据 4.4.1.2 的论述，过氧化物酶反应的决速步骤取决于纳米酶的表面性质。如果表面的还原性很弱，也即对于 H_2O_2 或者 OH 的吸附很弱的话，则反应的第 2 步和第 3 步很容易进行，第 1 步的 H_2O_2 分解是速率决定步骤。如果表面的还原性比较强，也即对于 H_2O_2 或者 OH 的吸附很强的话，则第 1 步的 H_2O_2 分解很容易进行，所以速率决定步骤只可能是第 2 步或者第 3 步；而第 2 步和第 3 步是相同的反应，第 3 步发生时要比第 2 步的能垒更高，因而当表面还原性很强时，速率决定步骤是第 3 步。因此，根据以上论述，读者也许会提出这样一个设想：是否当纳米酶的表面对于 H_2O_2 或者 OH 的吸附既不是太强也不是太弱，比较适中时，反应步骤 1~3 都能够很好地进行；太强的话，则第 2 步和第 3 步很难发生；而太弱的话则第 1 步很难进行。事实上，在多相催化里存在类似的理论，被称为 Sabatier 催化原理。该原理指出催化剂与底物（或产物）的相互作用既不能太强也不能太弱，当二者相互作用适中时可以获得活性最高的催化剂。Sabatier 催化原理同样适用于类过氧化物酶的反应。下面就通过基本物理化学原理的推导来证明该原理在类过氧化物酶反应中的应用。模拟过氧化物酶的整体反应过程如下：

$$H_2O_2 + 2TMB + 2H^+ \longrightarrow 2oxTMB + 2H_2O \quad (C) \tag{4.18}$$

式中，C 是类过氧化物酶催化反应的反应能。

该类过氧化物酶的反应由三个基元反应步骤组成（反应步骤 1~3）。三个基元反应的反应能（E_r）分别为 $E_{r,1}$、$E_{r,2}$ 和 $E_{r,3}$。有如下的关系式：

$$C = E_{r,1} + E_{r,2} + E_{r,3} \tag{4.19}$$

由于第 2 步和第 3 步是两个相同的反应步骤，都是氢原子从 TMB 到 OH 基团的质子耦合电子转移，这两个步骤的反应能 E_r 遵循线性关系。因此，有如下的关系式：

$$E_{r,2} = cE_{r,3} \tag{4.20}$$

将关系式（4.20）代入式（4.19）中可以得到，

$$C = E_{r,1} + cE_{r,3} + E_{r,3} \tag{4.21}$$

$$E_{r,3} = \frac{C - E_{r,1}}{1+c} \tag{4.22}$$

根据阿伦尼乌斯公式，类过氧物反应的催化活性受速率决定步骤的能垒控制。如前所述，反应第1步和第3步是类过氧物酶催化反应可能的速率决定步骤。根据多相催化中的 Brønsted-Evans-Polanyi（BEP）线性标度关系，一个基元反应的能垒和反应能呈正相关。因此，第1步和第3步的能垒（E_b）如下：

$$E_{b,1} = a_1 E_{r,1} + b_1 \tag{4.23}$$

$$E_{b,3} = a_3 E_{r,3} + b_3 \tag{4.24}$$

将关系式（4.22）代入式（4.24），可以得到以下结果：

$$E_{b,3} = \frac{-a_3}{1+c} E_{r,1} + \frac{a_3 C}{1+c} + b_3 \tag{4.25}$$

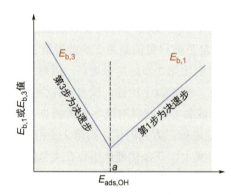

图 4.20 OH 吸附能（$E_{ads,OH}$）与类过氧物酶活性之间的倒火山型曲线

因此，根据上面式（4.23）和式（4.25）的推导，无论是第1步还是第3步，它们的 E_b 值都与 $E_{r,1}$ 线性相关。另外，根据 BEP 线性标度关系，$E_{ads,OH}$ 与 $E_{r,1}$ 之间具有线性关系。因此，当以 $E_{ads,OH}$ 作为横坐标时，其与 $E_{b,1}$ 或 $E_{b,3}$ 之间存在线性关系。$E_{b,1}$ 和 $E_{b,3}$ 的值与反应的速率成反比，也即与催化反应的活性成反比。以 $E_{ads,OH}$ 作为横坐标，以 $E_{b,1}$ 或 $E_{b,3}$ 作为纵坐标，可以获得如图 4.20 所示的倒火山型曲线。$E_{b,1}$ 和 $E_{b,3}$ 的线在某一点处（图中的 a 点）相交。当 $E_{ads,OH}$ 低于 a 时，$E_{b,3}$ 高于 $E_{b,1}$，反应第3步所需要克服的能垒更高，因此速率决定步为反应第3步，$E_{b,3}$ 决定了整体的反应速率。当 $E_{ads,OH}$ 高于 a 点时，速率决定步为反应第1步，$E_{b,1}$ 决定了类过氧物酶反应的活性。

除了上面论述的 OH 吸附能可以指示纳米酶活性之外，对于特定类型的纳米酶，可以寻找易于实验测量的特定物理化学参数（即描述符），用来衡量纳米酶与底物的吸附强度，这些描述符与其类酶活性之间同样呈现火山型构效关系。比如对于具有 BO_6 八面体配位结构的 ABO_3（其中 A 是稀土或碱土金属，B 是过渡金属）型钙钛矿金属氧化物来说，其 e_g 轨道上的电子数与其催化活性之间具有火山型构效关系[46]。那么如何通过多相催化理论去理解这一关系呢？对于钙钛矿氧化物中的过渡金属离子而言，若是自由离子的话，其 d 轨道在空间有 5 种取向，即d_{xy}、d_{yz}、d_{xz}、$d_{x^2-y^2}$、d_{z^2}，其中d_{xy}、d_{yz}、d_{xz}沿着x、y、z轴的夹角平分线进行伸展，而$d_{x^2-y^2}$轨道沿着x和y轴伸展，d_{z^2}沿着z轴伸展。在自由离子中，这些轨道的能量是相等的。根据晶体场理论，对于处于八面体场的金属离子 B 而言，其 d 轨道在八面体配位场的作用下，发生分裂：d_{xy}、d_{yz}、d_{xz}形成三重简并轨道，比未分裂的能量更低，该轨道被称为t_{2g}轨道；而$d_{x^2-y^2}$、d_{z^2}形成二重简并轨道，比未分裂时的能量要高，被称为e_g轨道（图 4.21）。过渡金属离子 d 轨道上的电子会排布在简并轨道之上。根据上面的推导可知，OH 的吸附强度直接影响了类过氧化物酶的催化活性。而对于钙钛矿氧化物来说，其对于 OH 的吸附强度取决于其与 OH 相互作用强弱。钙钛矿氧化物的固体表面在吸附 OH 时，主要是过渡金属离子的e_g轨道与 O 的 2p 轨道发生交叠。当e_g轨道上的电子数量增加时，则会导致e_g轨道与 OH 中 O 的 2p 轨道交叠程度逐渐变少，进而导致ABO_3对于 OH 的吸附逐渐变弱。因而e_g轨道上的电子数目直接影响了钙钛矿氧化物对于 OH 的吸附强弱，进而影响催化活性；e_g轨道上的电子数目较少，使得对于 OH 的吸附较强，速率决定步骤是图 4.18 中的反应步骤 3；e_g轨道上的电子数目较多，使得对于 OH 的吸附较弱，速率决定步骤是图 4.18 中的反应步骤 1；因而若以e_g电子数目作为横坐标，以催化活性作为纵坐标，也能绘制出一个火山型的图。

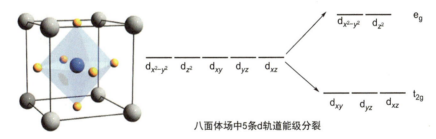

八面体场中 5 条 d 轨道能级分裂

图 4.21　钙钛矿金属氧化物中位于正八面体配位场中的中心金属离子 d 轨道能级分裂图

如对于$LaCrO_3$中Cr^{3+}的 d 轨道上有 3 个电子，根据能量最低原理和洪特规则，3 个电子排布在 3 个t_{2g}轨道上，且自旋方向相同（图 4.22）。$LaNiO_3$中的Ni^{3+}的 d 轨道上有 7 个电子，其中 6 个电子两两成对排布在 3 个t_{2g}轨道上，而 1 个电子排布在e_g轨道上（图 4.22）。$LaFeO_3$中Fe^{3+}的 d 轨道上有 5 个电子，这 5 个电子是全部排布在t_{2g}轨道上还是分别排布在t_{2g}和e_g轨道上，需要考虑两个因素，其一是洪特规则：电子倾向于保持成单，为了使得电子在同一轨道上需要足够大的能量克服由于电子之间产生的斥力作用，这个能量称为电子成对能；其二是电子选择排布在e_g而非t_{2g}的轨道上需要克服电子跃迁所需要的能量，该能量称为分裂能；Fe^{3+}中的电子排布取决于这两个能量的大小。对于$LaFeO_3$中的Fe^{3+}而言，其分裂能小于电子成对能，因此其电子在t_{2g}和e_g轨道上排布，3 个电子分别排布在 3 个t_{2g}轨道上，

2 个电子分别排布在 2 个 e_g 轨道上（图 4.22）。因此对于 OH 的吸附能，$LaCrO_3 >$ $LaNiO_3 > LaFeO_3$。对于 $LaCrO_3$，由于其对含氧中间体的吸附很强，其速率决定步骤是反应步骤 3；对于 $LaFeO_3$，由于其对含氧中间体的吸附非常弱，其速率决定步骤是反应第 1 步；对于 e_g 轨道上的电子数为 1 的 $LaNiO_3$ 而言，其对于含氧中间体的吸附既不太强也不太弱，类过氧化物酶活性最强（图 4.22）[46]。

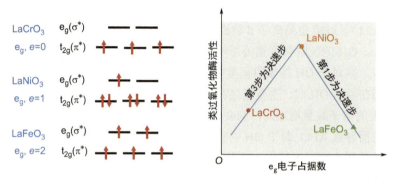

图 4.22　钙钛矿金属氧化物中心金属离子 e_g 电子占据数与其类过氧化物酶之间的关系

4.4.1.4　催化动力学和酶活性测量

发现纳米材料具有类过氧化物酶活性之后，如何定量地来表征其类过氧化物酶活性呢？对于天然酶而言，可以用酶动力学参数来表征酶的催化活性及其与底物的结合能力，那么纳米酶是否也可以使用酶动力学参数来表征其活性呢？本小节将根据第 2 章描述的纳米酶催化动力学的推导过程，介绍如何使用实验数据进行类过氧化物酶动力学方程的拟合，并获得酶动力学参数。

酶催化动力学理论主要基于鲍林（Pauling）的过渡态理论，其中，酶首先与底物结合形成酶-底物复合物，作为反应中间体，然后分解为最终产物。通常，第一步是酶 E 与特定底物 S 结合在一起。然后，酶 E 与底物 S 反应，形成酶催化反应的中间体 ES。结合的底物 S 在酶的催化下转化为产物 P，形成酶和产物的复合物，然后分解并将产物 P 释放到溶液中完成整个反应。根据过渡态理论和稳态平衡假设，可推导出米氏方程的表达式（推导过程见第 2 章）：

$$v_0 = \frac{v_{max}[S]}{K_m + [S]} \tag{4.26}$$

K_m 表示当初始反应速率达到最大速率 v_{max} 的一半时所对应的底物浓度。因而，K_m 反映了酶与底物的亲和性。K_m 越小说明越容易使得酶饱和，也就意味着底物与酶的亲和力越强。

米氏方程可以进一步转换为线性的"Lineweaver-Burk"方程，如下所示：

$$\frac{1}{v_0} = \frac{K_m}{v_{max}} \times \frac{1}{[S]} + \frac{1}{v_{max}} \tag{4.27}$$

对米氏方程取倒数即可得到该方程，它绘制了 $1/v_0$ 与 $1/[S]$ 的线性关系图，使研究人员能够从实验图中快速获得酶的动力学参数。其在 y 轴的截距为 v_{max} 的倒数，斜率为 K_m 与 v_{max} 的比值，在 x 轴的截距的绝对值为 K_m 的倒数。

"Michaelis-Menten" 动力学方程在酶学中非常重要，许多酶（包括过氧化物酶）的实验数据与该模型非常匹配。因此，相应的动力学参数 K_m 和 k_{cat} 可用于表征酶的催化性能并直接比较不同酶催化的活性。与天然酶一样，纳米酶的催化机理符合乒乓机制，其催化动力学曲线遵循 Michaelis-Menten（米氏）方程。

类过氧化物酶具有两个底物，分别为氢供体和氢受体。如第 2 章所述，米氏方程是针对单底物推导出来的。因而测量其动力学曲线时需固定其中一种底物的浓度不变，改变另外一种底物的浓度，来研究其中一个底物浓度随反应速率变化的曲线。如以 H_2O_2 为氢受体，以 TMB 为氢供体时，当将 TMB 固定在某一浓度不变时，改变 H_2O_2 的浓度，即可以获得在不同的 H_2O_2 浓度下产物的生成速率。这个初始阶段的产物生成速率即为初始反应速率 v_0。而将 H_2O_2 的浓度固定，改变 TMB 的浓度，即可以得到在不同 TMB 浓度下产物的生成速率（即初始反应速率 v_0）。其中产物的生成速率可以通过紫外-可见分光光度计测量。通过对上述测量的底物浓度 [S]-初始反应速率 v_0 使用 Origin 或 Matlab 等软件进行数据拟合，即可以知道类过氧化物酶是否满足米氏方程，并能够获得其各项动力学参数。此外，也可以将 $1/v_0$ 与 $1/[S]$ 使用线性的 "Lineweaver-Burk" 方程进行拟合，也可以获得相应的类过氧化物酶动力学参数。如与辣根过氧化物酶类似，四氧化铁纳米酶的类过氧化物酶催化动力学也遵循米氏动力学 [39]。目前发现的绝大部分纳米酶都遵循米氏催化动力学，这些纳米酶的催化性能可以用 K_m、v_{max} 和 k_{cat} 来表征。

除了像天然酶一样使用催化动力学参数来表征纳米酶的活性之外，研究者根据纳米酶自身的特点建立了纳米酶活性测量的标准，并定义了纳米酶的催化活力单位和纳米酶的比活性 [47]。一个催化活力单位的定义为：某一纳米酶的含量下，在 37 ℃下每分钟催化产生 1 mmol 产物。根据朗伯-比尔定律，对于某一特定含量下的纳米酶而言，其在特定时间内（Δt，以分钟为单位）催化产生的产物的浓度 c 可以通过计算公式求得：

$$c = \frac{\Delta A}{\varepsilon \times l} \tag{4.28}$$

则反应生成的产物的物质的量为：

$$n = cV = \frac{\Delta A \times V}{\varepsilon \times l} \tag{4.29}$$

则当使用催化活力单位来表征纳米酶的催化活性时，

$$b(\text{纳米酶}) = \frac{n}{\Delta t} = \frac{\Delta A \times V}{\varepsilon \times l} \times \frac{1}{\Delta t} \tag{4.30}$$

式中，b 为以催化活力单位表示的纳米酶的催化活性，U；V 为反应液的总体积，μL；ε 为底物或者产物的摩尔吸光系数，在 652 nm 处对于 oxTMB 为 39000 L/(mol·cm)［另外两种常用底物：oxOPD（2,3-二氨基吩嗪）的 $\varepsilon_{417} = 16700$ L/(mol·cm)，oxABTS（ABTS 自由基）的 $\varepsilon_{420} = 36000$ L/(mol·cm)］；l 为光线在比色皿中传播的路径长度，cm；ΔA 为在 Δt 时间内的吸光度值的变化。

纳米酶的比活性定义为单位质量下的纳米酶的催化活力单位值。则有，

$$a(纳米酶) = \frac{b(纳米酶)}{m} \tag{4.31}$$

式中，m 为所使用的纳米酶质量，mg；a 为纳米酶的比活性（specific activity），U/mg。

对于一个特定的纳米酶，为了计算其比活性，可以使用不同质量的纳米酶，分别求出所对应的催化活力单位；之后，以纳米酶的质量作为横坐标，以每个质量下获得的活力单位作为纵坐标，进行线性拟合，则得到的斜率值即为该纳米酶的比活性。

纳米酶的比活性除了受到催化活性位点的本征活性影响之外，其表面暴露的活性位点的数目也会影响纳米酶的比活性。对于纳米粒子而言，其表面的活性位点数目很难进行实验测量。而对于同一类型的纳米酶（如均为氧化物且形貌类似），其比表面积的大小与纳米酶暴露的活性位点数目成正比。因而对于同一类型的纳米酶，在比较其本征活性时，为了公平比较，还需要定义 Brunauer-Emmett-Teller（BET）比表面积归一化的比活性：

$$n(纳米酶) = \frac{a(纳米酶)}{S} \tag{4.32}$$

式中，S 为 BET 表面积，m²/g；n（纳米酶）为 BET 表面积归一化的纳米酶的比活性，U/m²。

4.4.1.5　类过氧化物酶的催化特异性

催化特异性是天然酶的一个重要特征。纳米酶的催化特异性仍然无法与天然酶相比，现有纳米酶一般具有多酶活性，无法特异性催化过氧化物酶反应。缺乏特异性极大地限制了类过氧化物酶的应用。例如，同时具有类过氧化物酶和类氧化酶活性的纳米酶用于 H_2O_2 检测时，即使没有 H_2O_2 也会产生很强的背景信号，极大地影响了检测灵敏度。研究者试图开发出能够特异性催化过氧化物酶反应的纳米酶。对于碳基纳米酶，研究者发现与非掺杂的碳纳米材料相比，氮掺杂纳米材料的类过氧化物酶催化活性大大增强[48]。氮掺杂还原型氧化石墨烯的活性相比未掺杂的石墨烯，其类过氧化物酶活性增强 105 倍；氮掺杂介孔纳米碳的类过氧化物酶活性增强 60 倍。而其他类酶催化活性如氧化酶、过氧化氢酶和超氧化物歧化酶没有明显的增

强。实验结果说明氮掺杂的碳基纳米材料能特异性提高类过氧化物酶的催化活性。通过模拟计算阐释了氮掺杂还原型氧化石墨烯能特异性提高类过氧化物酶催化活性的本质原因。其本质是氮的掺杂能选择性活化 H_2O_2，而不能有效活化 O_2 和 $O_2^{\cdot-}$，并在氮原子的邻位生成具有较好稳定性的氧自由基，进而激活过氧化物酶的底物，特异性地催化类过氧化物酶反应[48]。

4.4.2　谷胱甘肽过氧化物酶

天然的谷胱甘肽过氧化物酶含有 Se 元素，受此启发，研究者尝试使用含有 Se 元素的纳米材料来模拟谷胱甘肽过氧化物酶的催化反应。这些含 Se 元素的纳米酶如硒纳米粒子、含 Se 的金属有机骨架材料被发现能够像天然酶一样，催化谷胱甘肽（GSH）变为氧化型谷胱甘肽（GSSG），并能够使 H_2O_2 还原成 H_2O 分子[49,50]。除了硒基类谷胱甘肽过氧化物酶之外，五氧化二钒纳米线、钒基金属有机骨架材料、四氧化三锰纳米粒子等也具有类谷胱甘肽过氧化物酶活性[51-53]。如图 4.23 所示，五氧化二钒纳米线能够催化 GSH 变为 GSSG，并能够使 H_2O_2 还原成 H_2O 分子[51]。谷胱甘肽还原酶可以催化还原型烟酰胺腺嘌呤二核苷酸磷酸（NADPH）还原 GSSG 的反应。因此，将谷胱甘肽过氧化物酶的反应与谷胱甘肽还原酶的反应相耦合，通过吸收光谱检测单位时间内 NADPH 的消耗量就可以定量地测定纳米酶的类谷胱甘肽过氧化物酶活性（图 4.23）。

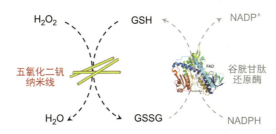

图 4.23　五氧化二钒纳米线模拟谷胱甘肽过氧化物酶的催化过程

五氧化二钒纳米酶的催化机制如图 4.24 所示。五氧化二钒纳米线的 {010} 面上的钒位点可以作为催化活性中心来吸附和还原 H_2O_2，并生成过氧化物钒中间体 **1**。随后，GS⁻通过对络合物 **1** 的过氧化物键亲核进攻而生成不稳定的亚磺酸盐中间体 **2**。该中间体可进而水解生成谷胱甘肽次磺酸 **3** 和二羟基中间体 **4**。最后，中间体 **4** 能够与 H_2O_2 反应生成复合物 **1**，完成整个催化循环。该催化机制与天然谷胱甘肽过氧化物酶的催化机制类似。由于类谷胱甘肽过氧化物酶活性的纳米酶能够将细胞内的 H_2O_2 分解为 H_2O，因而可以对细胞和动物体内的活性氧物质进行有效调控，使得细胞膜的结构及功能免受氧化损伤[51]。

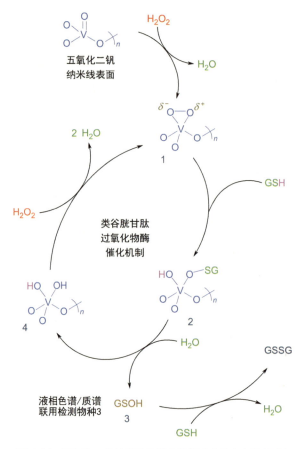

图 4.24　五氧化二钒纳米酶的催化机制（改编自文献 [51]）

4.4.3　类卤素过氧化物酶

　　一些天然的卤素过氧化物酶以钒酸根离子作为其催化中心。受到天然的卤素过氧化物酶含有 V 元素的启发，研究者首先尝试使用含有 V 元素的纳米材料来模拟卤素过氧化物酶的催化反应。如五氧化二钒纳米粒子和五氧化二钒纳米线能够催化过氧化氢将卤化物 X^-（X 可以是 Cl、Br 或 I）氧化转化为次卤酸根 XO^-[54,55]。除了五氧化二钒以外，二氧化铈和含有铈元素的金属有机骨架材料（Ce-MOF-808）也具备卤素过氧化物酶活性[56,57]。卤素过氧化物酶可以通过催化细菌群体感应分子的氧化溴化，表现出很好的抗菌和抗生物膜活性，有望作为船体的表面涂层实现抗生物污染性能，进而应用于海洋环境中。

　　如图 4.25 所示，以五氧化二钒纳米线为例，介绍类卤素过氧化物酶的催化机制[55]。五氧化二钒纳米线上的钒位点可以作为催化活性中心来吸附和还原 H_2O_2，并生成钒过氧化物中间体。随后，卤化物进攻钒过氧化物中间体并生成次卤酸根。

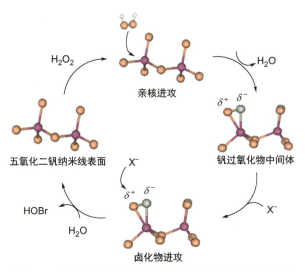

图 4.25 类卤素过氧化物酶的催化机制（改编自文献 [55]）

参考文献

[1] Halliwell, B.; Clement, M. V.; Long, L. H. Hydrogen peroxide in the human body. *FEBS Lett.* **2000**, *486*, 10-13.

[2] Bindoli, A.; Rigobello, M. P. Peroxidase biochemistry and redox signaling. In *Encyclopedia of Biological Chemistry (Second Edition)*. Waltham: Academic Press, **2013**, 407-412.

[3] Zamocky, M.; Hofbauer, S.; Schaffner, I.; Gasselhuber, B.; Nicolussi, A.; Soudi, M.; Pirker, K. F.; Furamuller, P. G.; Obinger, C. Independent evolution of four heme peroxidase superfamilies. *Arch. Biochem. Biophys.* **2015**, *574*, 108-119.

[4] Passardi, F.; Zamocky, M.; Favet, J.; Jakopitsch, C.; Penel, C.; Obinger, C.; Dunand, C. Phylogenetic distribution of catalase-peroxidases: Are there patches of order in chaos? *Gene* **2007**, *397*, 101-113.

[5] Zamocky, M. Phylogenetic relationships in class I of the superfamily of bacterial, fungal, and plant peroxidases. *Eur. J. Biochem.* **2004**, *271*, 3297-3309.

[6] Shigeoka, S.; Ishikawa, T.; Tamoi, M.; Miyagawa, Y.; Takeda, T.; Yabuta, Y.; Yoshimura, K. Regulation and function of ascorbate peroxidase isoenzymes. *J. Exp. Bot.* **2002**, *53*, 1305-1319.

[7] Zamocky, M.; Furtmuller, P. G.; Obinger, C. Evolution of structure and function of Class I peroxidases. *Arch. Biochem. Biophys.* **2010**, *500*, 45-57.

[8] Morgenstern, I.; Klopman, S.; Hibbett, D. S. Molecular evolution and diversity of lignin degrading heme peroxidases in the agaricomycetes. *J. Mol. Evol.* **2008**, *66*, 243-257.

[9] Passardi, F.; Longet, D.; Penel, C.; Dunand, C. The class Ⅲ peroxidase multigenic in land plants family in rice and its evolution. *Phytochemistry* **2004**, *65*, 1879-1893.

[10] Zamocky, M.; Jakopitsch, C.; Furtmuller, P. G.; Dunand, C.; Obinger, C. The peroxidase-

cyclooxygenase superfamily: reconstructed evolution of critical enzymes of the innate immune system. *Proteins Struct. Funct. Bioinf.* **2008**, *72*, 589-605.

[11] Zubieta, C.; Joseph, R.; Krishna, S. S.; McMullan, D.; Kapoor, M.; Axelrod, H. L.; Miller, M. D.; Abdubek, P.; Acosta, C.; Astakhova, T.; Carlton, D.; Chiu, H. J.; Clayton, T.; Deller, M. C.; Duan, L.; Elias, Y.; Elsliger, M. A.; Feuerhelm, J.; Grzechnik, S. K.; Hale, J.; Han, G. W.; Jaroszewski, L.; Jin, K. K.; Klock, H. E.; Knuth, M. W.; Kozbial, P.; Kumar, A.; Marciano, D.; Morse, A. T.; Murphy, K. D.; Nigoghossian, E.; Okach, L.; Oommachen, S.; Reyes, R.; Rife, C. L.; Schimmel, P.; Trout, C. V.; van den Bedem, H.; Weekes, D.; White, A.; Xu, Q. P.; Hodgson, K. O.; Wooley, J.; Deacon, A. M.; Godzik, A.; Lesley, S. A.; Wilson, I. A. Identification and structural characterization of heme binding in a novel dye-decolorizing peroxidase, TyrA. *Proteins Struct. Funct. Bioinf.* **2007**, *69*, 234-243.

[12] Schaffner, I.; Hofbauer, S.; Krutzler, M.; Pirker, K. F.; Furtmuller, P. G.; Obinger, C. Mechanism of chlorite degradation to chloride and dioxygen by the enzyme chlorite dismutase. *Arch. Biochem. Biophys.* **2015**, *574*, 18-26.

[13] Ettwig, K. F.; Butler, M. K.; Le Paslier, D.; Pelletier, E.; Mangenot, S.; Kuypers, M. M. M.; Schreiber, F.; Dutilh, B. E.; Zedelius, J.; de Beer, D.; Gloerich, J.; Wessels, H. J. C. T.; van Alen, T.; Luesken, F.; Wu, M. L.; van de Pas-Schoonen, K. T.; den Camp, H. J. M. O.; Janssen-Megens, E. M.; Francoijs, K. J.; Stunnenberg, H.; Weissenbach, J.; Jetten, M. S. M.; Strous, M. Nitrite-driven anaerobic methane oxidation by oxygenic bacteria. *Nature* **2010**, *464*, 543-548.

[14] Nunn, C. M.; Djordjevic, S.; Hillas, P. J.; Nishida, C. R.; Ortiz de Montellano, P. R. The crystal structure of Mycobacterium tuberculosis alkylhydroperoxidase AhpD, a potential target for antitubercular drug design. *J. Biol. Chem.* **2002**, *277*, 20033-20040.

[15] Weyand, M.; Hecht, H. J.; Kiess, M.; Liaud, M. F.; Vilter, H.; Schomburg, D. X-ray structure determination of a vanadium-dependent haloperoxidase from Ascophyllum nodosum at 2.0 angstrom resolution. *J. Mol. Biol.* **1999**, *293*, 595-611.

[16] Kono, Y.; Fridovich, I. Isolation and characterization of the pseudocatalase of lactobacillus plantarum. *J. Biol. Chem.* **1983**, *258*, 6015-6019.

[17] Herbette, S.; Roeckel-Drevet, P.; Drevet, J. R. Seleno-independent glutathione peroxidases-more than simple antioxidant scavengers. *FEBS J* **2007**, *274*, 2163-2180.

[18] Brigelius-Flohe, R.; Maiorino, M. Glutathione peroxidases. *Biochim. Biophys. Acta* **2013**, *1830*, 3289-3303.

[19] Soito, L.; Williamson, C.; Knutson, S. T.; Fetrow, J. S.; Poole, L. B.; Nelson, K. J. PREX: PeroxiRedoxin classification indEX, a database of subfamily assignments across the diverse peroxiredoxin family. *Nucleic Acids Res.* **2011**, *39*, D332-337.

[20] Perkins, A.; Nelson, K. J.; Parsonage, D.; Poole, L. B.; Karplus, P. A. Peroxiredoxins: Guardians against oxidative stress and modulators of peroxide signaling. *Trends Biochem. Sci* **2015**, *40*, 435-445.

[21] Poulos, T. L. Heme enzyme structure and function. *Chem. Rev.* **2014**, *114*, 3919-3962.

[22] Berglund, G. I.; Carlsson, G. H.; Smith, A. T.; Szoke, H.; Henriksen, A.; Hajdu, J. The catalytic pathway of horseradish peroxidase at high resolution. *Nature* **2002**, *417*, 463-468.

[23] Bhabak, K. P.; Mugesh, G. Functional mimics of glutathione peroxidase: Bioinspired synthetic antioxidants. *Acc. Chem. Res.* **2010**, *43*, 1408-1419.

[24] Otto E.; Rudolf L.; W., A. The refined structure of the selenoenzyme glutathione peroxidase at 0.2 nm resolution. *Eur. J. Biochem.* **1983**, *133*, 51-69.

[25] Toppo, S.; Flohe, L.; Ursini, F.; Vanin, S.; Maiorino, M. Catalytic mechanisms and specificities of glutathione peroxidases: variations of a basic scheme. *Biochim. Biophys. Acta* **2009**, *1790*, 1486-1500.

[26] Tosatto, S. C.; Bosello, V.; Fogolari, F.; Mauri, P.; Roveri, A.; Toppo, S.; Flohe, L.; Ursini, F.; Maiorino, M. The catalytic site of glutathione peroxidases. *Antioxid. Redox Signaling* **2008**, *10*, 1515-1526.

[27] Aumann, K. D.; Bedorf, N.; Brigelius-Flohe, R.; Schomburg, D.; Flohe, L. Glutathione peroxidase revisited-simulation of the catalytic cycle by computer-assisted molecular modelling. *Biomed. Environ. Sci.* **1997**, *10*, 136-155.

[28] Flohe, L.; Toppo, S.; Orian, L. The glutathione peroxidase family: Discoveries and mechanism. *Free Radical Biol. Med.* **2022**, *187*, 113-122.

[29] Orian, L.; Mauri, P.; Roveri, A.; Toppo, S.; Benazzi, L.; Bosello-Travain, V.; De Palma, A.; Maiorino, M.; Miotto, G.; Zaccarin, M.; Polimeno, A.; Flohe, L.; Ursini, F. Selenocysteine oxidation in glutathione peroxidase catalysis: an MS-supported quantum mechanics study. *Free Radical Biol. Med.* **2015**, *87*, 1-14.

[30] Meunier, B. *Models of heme peroxidases and catalases*; Imperial College Press: London, **2000**.

[31] Jian, T.; Zhou, Y.; Wang, P.; Yang, W.; Mu, P.; Zhang, X.; Zhang, X.; Chen, C. L. Highly stable and tunable peptoid/hemin enzymatic mimetics with natural peroxidase-like activities. *Nat. Commun.* **2022**, *13*, 3025.

[32] Ellis, W. C.; Tran, C. T.; Denardo, M. A.; Fischer, A.; Ryabov, A. D.; Collins, T. J. Design of more powerful iron-TAML peroxidase enzyme mimics. *J. Am. Chem. Soc.* **2009**, *131*, 18052-18053.

[33] Huang, X.; Liu, X.; Luo, Q.; Liu, J.; Shen, J. Artificial selenoenzymes: designed and redesigned. *Chem. Soc. Rev.* **2011**, *40*, 1171-1184.

[34] Dong, Z.; Liu, J.; Mao, S.; Huang, X.; Yang, B.; Ren, X.; Luo, G.; Shen, J. Aryl thiol substrate 3-carboxy-4-nitrobenzenethiol strongly stimulating thiol peroxidase activity of glutathione peroxidase mimic 2, 2′-ditellurobis(2-deoxy-β-cyclodextrin). *J. Am. Chem. Soc.* **2004**, *126*, 16395-16404.

[35] Wei, H.; Wang, E. Nanomaterials with enzyme-like characteristics (nanozymes): next-generation artificial enzymes. *Chem. Soc. Rev.* **2013**, *42*, 6060-6093.

[36] Wu, J.; Wang, X.; Wang, Q.; Lou, Z.; Li, S.; Zhu, Y.; Qin, L.; Wei, H. Nanomaterials with enzyme-like characteristics (nanozymes): next-generation artificial enzymes (II). *Chem. Soc. Rev.* **2019**, *48*, 1004-1076.

[37] Huang, Y.; Ren, J.; Qu, X. Nanozymes: Classification, catalytic mechanisms, activity regulation, and applications. *Chem. Rev.* **2019**, *119*, 4357-4412.

[38] 范克龙；高利增；魏辉；江冰；王大吉；张若飞；贺久洋；孟祥芹；王卓然；樊慧真；温涛；段德民；陈雷；姜伟；芦宇；蒋冰；魏咏华；李唯；袁野；董海姣；张鹭；洪超仪；张紫霞；程苗苗；耿欣；侯桐阳；侯亚楠；李建茹；汤国恒；赵越；赵菡卿；张帅；谢佳颖；周子君；任劲松；黄兴禄；高兴发；梁敏敏；张宇；许海燕；曲晓刚；阎锡蕴. 纳米酶. *化学进展* **2023**, *35*, 1-87.

[39] Gao, L.; Zhuang, J.; Nie, L.; Zhang, J.; Zhang, Y.; Gu, N.; Wang, T.; Feng, J.; Yang, D.; Perrett, S.; Yan, X. Intrinsic peroxidase-like activity of ferromagnetic nanoparticles. *Nat. Nanotechnol.* **2007**, *2*, 577-583.

[40] Tokuyama, H.; Yamago, S.; Nakamura, E.; Shiraki, T.; Sugiura, Y. Photoinduced biochemical activity of fullerene carboxylic acid. *J. Am. Chem. Soc.* **1993**, *115*, 7918-7919.

[41] Lin, S.; Wei, H. Design of high performance nanozymes: a single-atom strategy. *Sci. China Life Sci.* **2019**, *62*, 710-712.

[42] Karyakin, A. A.; Gitelmacher, O. V.; Karyakina, E. E. Prussian blue-based first-generation biosensor. A sensitive amperometric electrode for glucose. *Anal. Chem.* **1995**, *67*, 2419-2423.

[43] Zhang, W.; Hu, S.; Yin, J. J.; He, W.; Lu, W.; Ma, M.; Gu, N.; Zhang, Y. Prussian blue nanoparticles as multienzyme mimetics and reactive oxygen species scavengers. *J. Am. Chem. Soc.* **2016**, *138*, 5860-5865.

[44] Shen, X.; Wang, Z.; Gao, X.; Zhao, Y. Density functional theory-based method to predict the activities of nanomaterials as peroxidase mimics. *ACS Catal.* **2020**, *10*, 12657-12665.

[45] Dong, H.; Du, W.; Dong, J.; Che, R.; Kong, F.; Cheng, W.; Ma, M.; Gu, N.; Zhang, Y. Depletable peroxidase-like activity of Fe_3O_4 nanozymes accompanied with separate migration of electrons and iron ions. *Nat. Commun.* **2022**, *13*, 5365.

[46] Wang, X.; Gao, X. J.; Qin, L.; Wang, C.; Song, L.; Zhou, Y.-N.; Zhu, G.; Cao, W.; Lin, S.; Zhou, L.; Wang, K.; Zhang, H.; Jin, Z.; Wang, P.; Gao, X.; Wei, H. e_g occupancy as an effective descriptor for the catalytic activity of perovskite oxide-based peroxidase mimics. *Nat. Commun.* **2019**, *10*, 704.

[47] Jiang, B.; Duan, D.; Gao, L.; Zhou, M.; Fan, K.; Tang, Y.; Xi, J.; Bi, Y.; Tong, Z.; Gao, G. F.; Xie, N.; Tango, A.; Nie, G.; Liang, M.; Yan, X. Standardized assays for determining the catalytic activity and kinetics of peroxidase-like nanozymes. *Nat. Protoc.* **2018**, *13*, 1506-1520.

[48] Hu, Y.; Gao, X. J.; Zhu, Y.; Muhammad, F.; Tan, S.; Cao, W.; Lin, S.; Jin, Z.; Gao, X.; Wei, H. Nitrogen-doped carbon nanomaterials as highly active and specific peroxidase mimics. *Chem. Mater.* **2018**, *30*, 6431-6439.

[49] Huang, Y.; Liu, Z.; Liu, C.; Zhang, Y.; Ren, J.; Qu, X. Selenium-based nanozyme as biomimetic antioxidant machinery. *Chem. Eur. J.* **2018**, *24*, 10224-10230.

[50] Tian, R.; Ma, H.; Ye, W.; Li, Y.; Wang, S.; Zhang, Z.; Liu, S.; Zang, M.; Hou, J.; Xu, J.; Luo, Q.; Sun, H.; Bai, F.; Yang, Y.; Liu, J. Se-containing MOF coated dual-Fe-atom nanozymes with multi-enzyme cascade activities protect against cerebral ischemic reperfusion injury. *Adv. Funct. Mater.* **2022**, *32*, 2204025.

[51] Vernekar, A. A.; Sinha, D.; Srivastava, S.; Paramasivam, P. U.; D'Silva, P.; Mugesh, G. An antioxidant nanozyme that uncovers the cytoprotective potential of vanadia nanowires. *Nat. Commun.* **2014**, *5*, 5301.

[52] Singh, N.; Savanur, M. A.; Srivastava, S.; D'Silva, P.; Mugesh, G. A redox modulatory Mn_3O_4 nanozyme with multi-enzyme activity provides efficient cytoprotection to human cells in a Parkinson's disease model. *Angew. Chem. Int. Ed.* **2017**, *56*, 14267-14271.

[53] Wu, J.; Yu, Y.; Cheng, Y.; Cheng, C.; Zhang, Y.; Jiang, B.; Zhao, X.; Miao, L.; Wei, H. Ligand-dependent activity engineering of glutathione peroxidase-mimicking MIL-47(V) metal-organic framework nanozyme for therapy. *Angew. Chem. Int. Ed.* **2021**, *60*, 1227-1234.

[54] Andre, R.; Natalio, F.; Humanes, M.; Leppin, J.; Heinze, K.; Wever, R.; Schroeder, H. C.; Mueller, W. E. G.; Tremel, W. V_2O_5 nanowires with an intrinsic peroxidase-like activity. *Adv. Funct. Mater.* **2011**, *21*, 501-509.

[55] Natalio, F.; Andre, R.; Hartog, A. F.; Stoll, B.; Jochum, K. P.; Wever, R.; Tremel, W. Vanadium pentoxide nanoparticles mimic vanadium haloperoxidases and thwart biofilm formation. *Nat. Nanotechnol.* **2012**, *7*, 530-535.

[56] Herget, K.; Hubach, P.; Pusch, S.; Deglmann, P.; Goetz, H.; Gorelik, T. E.; Gural'skiy, I. y. A.; Pfitzner, F.; Link, T.; Schenk, S.; Panthoefer, M.; Ksenofontov, V.; Kolb, U.; Opatz, T.; Andre, R.; Tremel, W. Haloperoxidase mimicry by CeO_{2-x} nanorods combats biofouling. *Adv. Mater.* **2017**, *29*, 1603823.

[57] Zhou, Z.; Li, S.; Wei, G.; Liu, W.; Zhang, Y.; Zhu, C.; Liu, S.; Li, T.; Wei, H. Cerium-based metal-organic framework with intrinsic haloperoxidase-like activity for antibiofilm formation. *Adv. Funct. Mater.* **2022**, *32*, 2206294.

第5章 过氧化氢酶

过氧化氢酶（catalase, CAT）是指能催化过氧化氢（H_2O_2）分解为氧气和水的酶。CAT 的发现可以追溯到 19 世纪初法国科学家路易·雅克·特纳（Louis Jacques Thénard）的研究工作[1]。1900 年，德国科学家奥斯卡·勒夫（Oscar Loew）首次提出将促使 H_2O_2 分解为氧气和水的酶命名为 "catalase"，并发现这种酶广泛存在于动物和植物中[2]。随后，分离与纯化 CAT 引起了研究者们的广泛兴趣。1937 年，美国科学家詹姆斯·B·萨姆纳（James B. Sumner）将来自牛肝中的 CAT 结晶，成功分离出 CAT 并在次年获得了 CAT 的分子量[3]。1969 年，美国科学家解出了牛源 CAT 的氨基酸序列[4]。而后，在 1981 年，美国研究者们最终实现了对其三维结构的成功解析[5]。

H_2O_2 是一种重要的代谢产物，其过量的产生和积累都会对机体造成损伤。为了避免由此引起的损伤，细胞主要使用 CAT 来催化 H_2O_2 分解❶，使其快速转化为水和氧气 [式（5.1）]。CAT 的催化效率非常高并且具有一定程度的耐碱和耐热特性，在实际生产应用中，CAT 可以在 pH 6~8、温度 20~55 ℃的条件下保持其催化活性。迄今为止，几乎所有能呼吸的生物机体中都有 CAT 的存在。CAT 在动物的肝脏和红细胞中分布浓度较高，在植物的叶绿体、线粒体和内质网中分布浓度较高。此外，在绝大多数的需氧微生物和部分的厌氧微生物内也都有 CAT 的存在。

$$2H_2O_2 \xrightarrow{\text{过氧化氢酶}} 2H_2O + O_2 \qquad (5.1)$$

CAT 在生命体内十分重要，CAT 性能的缺失会导致过氧化物酶体异常和过氧化物酶缺乏症[6]，进而可能导致肾上腺脑白质营养不良、脑肝肾综合征（Zellweger 病）、婴儿型雷弗素姆病等严重威胁机体健康的疾病[7]。此外，CAT 因其高效的催化活力和相对稳定的结构被广泛应用于很多领域。在食品工业中，CAT 不仅可以去除牛奶制品中的 H_2O_2[8]，还可以防止食品包装内食物的氧化[9]。在纺织工业中，

---

❶ 过氧化氢酶和谷胱甘肽过氧化物酶（GPx）都是细胞内清除双氧水的重要酶，但它们在效率和催化机制上有所不同。过氧化氢酶是一种非常高效的酶，能够在 1 s 内分解数百万分子的双氧水。它的反应速度非常快，可以迅速将较高浓度的双氧水分解成水和氧气，从而保护细胞免受损伤。GPx 使用谷胱甘肽（GSH）来还原双氧水为水，同时将 GSH 转化为其氧化形式。GPx 对双氧水的清除速度通常比过氧化氢酶慢，但它在低浓度双氧水的清除中发挥着重要作用。特别是在抗氧化防御中，GPx 与其他抗氧化系统协同工作，保护细胞免受氧化应激的伤害。

CAT 可用于清除纺织物上的 H_2O_2[10]。在生物医学研究中，CAT 既能通过其清除活性氧的功能来治疗氧化应激相关的疾病 [11]，又能凭借其产生氧气的功能辅助光动力疗法杀伤肿瘤 [12]。

本章节主要阐述过氧化氢酶的分类及其相应的催化机制。

5.1　过氧化氢酶的分类

根据过氧化氢酶的结构特征和催化机制，可以将其分为三种类型：单功能 CAT、双功能 CAT 和含锰的 CAT。

单功能 CAT 仅能催化过氧化氢分解为水和氧气，不能催化过氧化氢与其他底物的反应。其结构特征为同源四聚体，通常由 4 个完全相同的肽链亚基组成，每个亚基含有超过 500 个氨基酸残基，并且每个亚基的活性位点都含有一个血红素（heme）辅基，分子质量为 200~300 kDa[13]。双功能 CAT 既能催化过氧化氢分解为水和氧气，也能催化过氧化氢与其他底物的反应。即在生理条件下，双功能 CAT 除了拥有正常的过氧化氢酶活性之外，还表现出过氧化物酶（peroxidase，POD）的活性 [14]。含锰的 CAT 不含血红素，迄今为止只在细菌中被发现 [15]。

5.1.1　单功能过氧化氢酶

单功能过氧化氢酶是最常见的过氧化氢酶，以血红素作为其催化活性中心，通过与过氧化氢相互作用，催化其分解（图 5.1）。这类酶在很多生物体中广泛存在，对于清除细胞内产生的过氧化氢分子，维持细胞内氧化还原平衡和减轻氧化损伤至关重要。

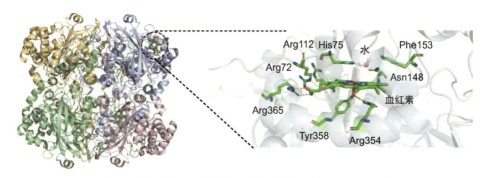

图 5.1　单功能 CAT 的结构和催化活性中心（PDB：1DGF）

单功能过氧化氢酶通常包括 4 个亚基，其中两个亚基相互交织组成的二聚体具有对称性。每一个亚基又可以分为 4 个结构域 [16]，即：

① N-末端臂［图 5.2（a）］　N-末端臂与自身所在的亚基肽链几乎没有相互作

用，但它与四聚体的另外三个亚基相互交织在一起。这种非共价的相互交织作用使过氧化氢酶的结构更加稳定。没有 N-末端臂，酶的亚基就无法组装成四聚体的结构。

② β 桶状结构域 ［图 5.2（b）］ 这个结构域是酶中最保守的部分，它由八股反平行的 β 折叠组成称为 β 桶的结构，在其每个 β 折叠之间的转角处有六个 α 螺旋结构插入其中，形成蛋白质的疏水性核心。这种结构在蛋白质中很常见，为酶的三维空间结构提供了必要的支撑。

③ α 螺旋结构域 ［图 5.2（c）］ 这个结构域由 α 螺旋结构组成，它对于烟酰胺腺嘌呤二核苷酸磷酸（nicotinamide adenine dinucleotide phosphate，NADPH）的结合至关重要。NADPH 是单功能过氧化氢酶所需的辅酶，每个四聚体分子都含有 4 个紧密结合的 NADPH。这些 NADPH 并不直接辅助过氧化氢酶催化 H_2O_2 变为氧气和水，而是保护过氧化氢酶免受 H_2O_2 引起的酶活力丧失[17]。

④ 环绕环（wrapping loop）［图 5.2（d）］ 环绕环含有一个酪氨酸残基，它与血红素结合。血红素辅基是过氧化氢酶的重要组成部分，它参与了催化反应。通过这些结构域的组合和相互作用，过氧化氢酶能够有效地催化过氧化氢分解为水和氧气的反应。这个过程需要远端组氨酸的参与来催化过氧化氢的降解，同时还需要环绕环中的酪氨酸和 α 螺旋结构域中的 NADPH 来提供辅助功能。整个结构的稳定性和活性则依赖于 β 桶结构域提供的蛋白质骨架和疏水性核心。

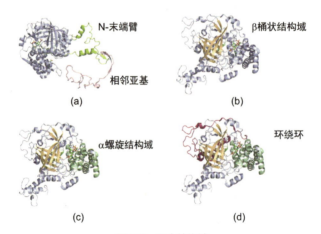

图 5.2 四个结构域

（a）单功能 CAT 的 N-末端臂（浅绿色高亮部位）；（b）单功能 CAT 的 β 桶状结构域（金黄色高亮部位）；（c）单功能 CAT 的 α 螺旋结构域（深绿色高亮部位）；（d）单功能 CAT 的环绕环（红色高亮部位）（PDB：1DGF）

在催化过程中，为了使铁离子配位和氢键的形成具有良好的几何结构，需要拉伸过氧键，促使过氧化氢向断裂的过渡态转变。CAT 利用两种不对称的相互作用来激活对称的过氧键，使其发生断裂。过氧化物可以在疏水通道的底部形成一个铁配位复合物，其中一个氧原子与 His75 和 Asn148 形成氢键，另一个直接与金属配位。金属配位打开了通道，并可能促进第二个过氧化物与活性位点进行结合。过氧化物裂解形成化合物 I 时，可能伴随着对 Arg354 的中和，Arg354 的中和既可以减少与卟啉 π 阳离子自由基的静电排斥，又可以减少已经电子不足的 Tyr358-$Fe^{4+} = O$ 系统的极化。化合物 I 的氧化还原电位通过 Phe153 和 Phe161 芳香堆叠以及与 Arg72、Arg112 和 Arg365 形成盐桥的血红素羧酸根自由基来进一步调节（图 5.3）。在催化循环中，过氧化氢酶通过氧化第二个过氧化氢分子返回到静息酶状态。

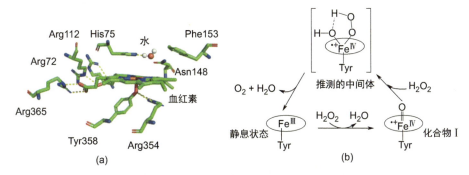

图 5.3　单功能 CAT 的活性位点（a）、单功能 CAT 催化循环示意图（b）（改编自文献 [16]）

5.1.2　双功能过氧化氢酶

由于 CAT 中血红素辅基具有多种催化活性（例如，POD 的催化活性中心也是血红素），故双功能 CAT 是指既有分解过氧化氢的活性又具有其他催化活性的酶。CAT-POD 是一类典型的双功能 CAT。它们广泛分布在细菌、真菌、植物以及动物等中。在细菌中，双功能 CAT 主要存在于厌氧菌和嗜热菌等特殊环境中。在植物中，双功能 CAT 主要存在于叶绿体和线粒体等细胞器中。在动物中，双功能 CAT 主要存在于肝脏、肺和肾等组织中。

第一个源自大肠杆菌的双功能 CAT-POD 于 1979 年被纯化和表征，其编码基因 katG 的序列于 1988 年被鉴定。与单功能 CAT 相比，CAT-POD 的血红素活性位点被深埋在蛋白骨架中，这使得其底物结合位点的解释变得复杂[18]。如图 5.4 所示，CAT-POD 是一个二聚体，每个亚基含有一个被修饰的血红素辅基和一个金属离子（可能为钠离子）。被修饰的血红素辅基可以与两个水分子形成氢键，这些水分子与活性位点残基 Trp111 和 His112 接触，进而发挥血红素的催化作用。此外，亚基侧面有一个明显的大裂缝，可能是潜在的底物结合位点，有利于电子传递到活性位点血红素辅基上。

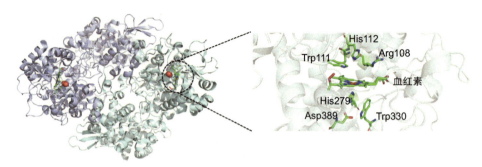

图 5.4 双功能 CAT-POD 的结构和催化活性中心（PDB：5L05）

尽管 CAT-POD 相较于单功能 CAT 具有不同的序列和结构，但因为二者均以血红素为催化活性位点，因此二者的催化过氧化氢分解反应是相同的。值得一提的是，CAT-POD 在适当的有机电子供体和低水平的 H_2O_2 存在下，会通过两个单电子转移的过氧化反应将高价态的铁氧中心还原为静息态，使其过氧化反应能够变得显著。

5.1.3　含锰的过氧化氢酶

含锰的过氧化氢酶（Mn-CAT）是一类不含血红素辅基也能够催化过氧化氢分解的酶。通过对嗜热链球菌来源[19]和植物乳杆菌来源[20]的 CAT 进行晶体结构解析，揭示了两种非血红素 CAT 的催化中心为两个锰原子组成的团簇。这两种 Mn-CAT 单体的四螺旋束结构高度保守，只有 C-末端有所不同。如图 5.5 所示，Mn-CAT 亚基间广泛的相互接触使其结构稳定。每个亚基都包含一个二锰簇活性位点［锰离子通过谷氨酸羧酸盐（Glu35 和 Glu148）和两个溶剂氧连接］，其底物通道由有序排列的带电荷残基组成。此外，植物乳杆菌过氧化氢酶的活性位点区域还包括两个残基（Arg147 和 Glu178）[20]。

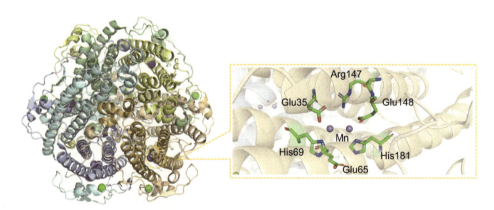

图 5.5　Mn-CAT 的结构和催化活性中心，淡紫色圆点表示 Mn 原子（PDB：1JKU）

与含血红素的 CAT 类似，Mn-CAT 所催化的反应分为两个阶段。二锰簇的氧化态在 2,2（Mn^{II}-Mn^{II}）或 3,3（Mn^{III}-Mn^{III}）状态下同样稳定，导致酶主要以这两种状态的混合物形式存在。因此，氧化和还原阶段之间没有先后顺序，取决于酶的静息状态，任何一个阶段都可能先发生。如果遇到 2,2 状态，H_2O_2 是氧化剂［式（5.2）］；如果遇到 3,3 状态，H_2O_2 是还原剂［式（5.3）］。

$$H_2O_2 + Mn^{II}\text{-}Mn^{II}(2H^+) \longrightarrow Mn^{III}\text{-}Mn^{III} + 2H_2O \tag{5.2}$$

$$H_2O_2 + Mn^{III}\text{-}Mn^{III} \longrightarrow Mn^{II}\text{-}Mn^{II}(2H^+) + O_2 \tag{5.3}$$

5.2　典型过氧化氢酶模拟酶

构筑 CAT 模拟酶的经典策略是设计合成具有氧化还原活性的金属配合物，其催化活性中心通常为能变价的金属元素，如锰元素（Mn）或铁元素（Fe）[21]。尽管许多简单的金属配合物都易于同 H_2O_2 反应，但其结构稳定性较差且反应速率较低，因此很难成为 CAT 的理想模拟物。理想的 CAT 模拟酶不仅需要具有相应的催化活性，还需要稳定的结构和较低的生物毒性。本节将介绍一些典型的类 CAT 模拟酶，其中包括基于小分子的 CAT 模拟物和基于多肽的 CAT 模拟物（图 5.6）。

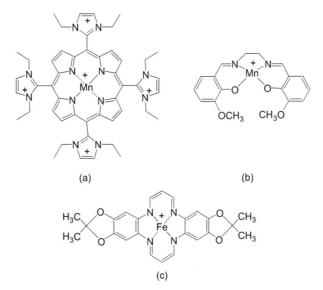

图 5.6　金属卟啉类（a）、Salen 类（b）、其他金属配合物类（c）CAT 模拟酶
（改编自文献 [22-24]）

小分子基 CAT 模拟物包括金属卟啉类、含锰的席夫碱类（Mn-Salen）等 [25,26]。金属卟啉类 CAT 模拟物通常含有由四个氮轴向配体配位的 Mn 金属中心［图 5.6（a）］，其结构和催化机制类似于 CAT 和过氧化物酶中的血红素辅基 [22]。这种共轭

环结构的金属中心具有可逆的单电子转移能力，进而能够发生氧化还原反应歧化过氧化氢产生水和氧气，表现出类 CAT 活性。大量的体内和体外实验均表明金属卟啉类 CAT 模拟物可有效改善氧化应激相关的疾病 [27]。另一类小分子基 CAT 模拟物是含 Mn^{3+} 的 Salen 金属配合物。Salen 是一类由水杨醛和乙二胺缩合而成的螯合配体 [图 5.6 (b)]。与卟啉环相比，Salen 还具有 O 原子的配位能力，即卟啉环的中心金属仅能与 N 原子配位，而 Salen 的中心金属可同时与 O 和 N 原子配位 [25]。这种四轴向配体对中心 Mn 的配位可导致其产生不同的价态，进而具有类 CAT 催化活性。目前，Mn-Salen 已在大量动物模型中被证明是一种优异的类 CAT 模拟酶 [23]。此外，一种含金属 Fe 的十四元大环螯合物被证明也具有类 CAT 活性 [图 5.6 (c)]，在体外细胞水平实验上显示出高效的 H_2O_2 清除能力 [24]。

相较于小分子而言，多肽具有更为优异的生物相容性和水溶性。因此，以多肽为配体，构筑金属-多肽配合物用于模拟 CAT 的催化活性具有不错的前景。然而，成功设计和构建的基于金属-多肽配合物的 CAT 模拟物并不多见。这是因为在生理环境下，多肽对不同金属离子的亲和力差异较大。例如，多肽对 Mn^{2+} 的亲和力通常比对 Cu^{2+} 的亲和力低 8~9 个数量级。尽管铜离子与多肽的亲和力强，但以铜离子作为催化活性中心构筑的 CAT 模拟物却远少于以锰离子为催化中心所构筑的 CAT 模拟物。为此，研究人员将一系列铜基配合物构建成库，并对其类 CAT 活性进行筛选，成功合成双核铜-多肽新型 CAT 模拟物（图 5.7）。该双核铜复合物在溶液和细胞中均表现出优异的类 CAT 活性 [28]。

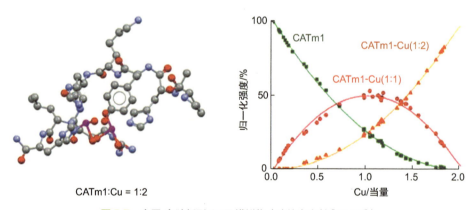

CATm1:Cu = 1:2

图 5.7　金属-多肽新型 CAT 模拟物（改编自文献 [28,29]）

5.3　典型类过氧化氢酶纳米酶

作为类氧化还原酶纳米酶中重要的组成部分，类 CAT 纳米酶能催化过氧化氢分解为水和氧气，有效地调节细胞内的氧化应激水平，减轻活性氧 ROS 介导的疾病。此外，相对于天然酶和传统模拟酶，类 CAT 纳米酶具有成本低、稳定性高、易于表面修饰和结构活性可调等独特的优势，因此在疾病治疗和生物传感等方面得到了广泛的关注和研究[30]。

金属、金属氧化物、金属有机骨架（MOF）、碳等纳米材料被用于模拟 CAT。本节将对几种典型的类 CAT 纳米酶进行简要介绍，并对它们模拟 CAT 活性的催化机制进行阐述。

5.3.1　金属基类过氧化氢酶纳米酶

Au、Ag、Pt 和 Pd 等金属纳米粒子及其纳米复合物具有类 CAT 活性，其中铂纳米粒子表现出最为显著的类 CAT 活性（图 5.8）[31-33]。金属基纳米酶通常在较高的 pH 下（中性和碱性）表现出更好的类 CAT 活性。例如，Au@Pd 的类 CAT 活性在 pH 为 4.5、7.4、9.0 和 11.0 时逐渐增加[30,31]，这归因于碱性条件下 H_2O_2 在纳米酶表面的类酸解离，其具体过程将在后文进一步说明。

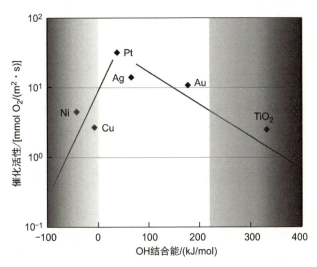

图 5.8　在金属表面催化 H_2O_2 分解的反应性火山型曲线（改编自文献 [33]）
横坐标为 OH 基团在不同表面上的结合能，其中 Pt 占据火山型顶点

5.3.2　金属氧化物基类过氧化氢酶纳米酶

许多金属氧化物具有类 CAT 活性，例如 CeO_2、Mn_3O_4、Co_3O_4 和氧化铁（包括 $\gamma\text{-}Fe_2O_3$ 和 Fe_3O_4）。CeO_2 是一种典型的过氧化氢酶模拟物，其类 CAT 活性很大程度上取决于 Ce 的氧化还原状态，更高的 Ce^{4+}/Ce^{3+} 比率有利于 CeO_2 的类 CAT 活性[34]。此外，CeO_2 的类 CAT 活性在中性或碱性条件下更加显著，显示了其类 CAT 活性的 pH 依赖性。与 CeO_2 类似，氧化铁和 Co_3O_4 也表现出类 CAT 活性的 pH 依赖性，在

中性和碱性介质中，它们表现出更高的类 CAT 活性。此外，金属氧化物的形貌也是影响其 CAT 活性的重要原因之一，这归因于更多的活性位点暴露，例如 Co_3O_4 纳米片相比于 Co_3O_4 纳米棒和纳米立方体显示出较好的类 CAT 活性[35]；与其他形貌相比，纳米花状的 Mn_3O_4 显示出最好的类 CAT 活性[36]。除上述金属氧化物外，RuO_2、CoO、Cu_xO、IrO_x、VO_x❶和 $LiMn_2O_4$ 等许多金属氧化物也具有类 CAT 活性。

5.3.3 金属有机框架基类过氧化氢酶纳米酶

许多 MOF 材料及其复合物和衍生物具有类 CAT 活性。例如普鲁士蓝（Prussian blue, PB）纳米粒子[37]和锰卟啉 [Mn-TCPP，通过将 Mn 引入四 (4-羧基苯基) 卟啉结构中而得] 等[38]。普鲁士蓝纳米粒子在中性和碱性条件下表现出类 CAT 活性，这是由于在此条件下 O_2/H_2O_2 的氧化还原电位很低（0.695 V），H_2O_2 很容易在 PB 的帮助下被氧化为 O_2。此外，可以利用 MOF 与类 CAT 纳米酶或天然 CAT 集成形成复合材料构筑具有类 CAT 活性的级联纳米酶。例如 Pt@PCN-222-Mn[39]，其通过在由锆氧簇和卟啉通过自组装形成 PCN-222 的 MOF 中引入具有类 SOD 活性的锰卟啉结构和类 CAT 活性的 Pt 纳米粒子，成功合成了一种集成的高效清除 ROS 的级联纳米酶。

5.3.4 碳基类过氧化氢酶纳米酶

氮掺杂碳纳米球在中性 pH 下展现出良好的类 CAT 活性[40]；Fe 单原子[41,42]、Co 单原子[43,44]和 Cu 单原子[45]等单原子材料也具有类 CAT 活性。

5.4 类过氧化氢酶纳米酶的催化机制

H_2O_2 中有两种化学键，即 H–O 键和 O–O 键，一般来说，根据 H_2O_2 中化学键断裂方式的不同，纳米酶有两种可能的途径来模拟 CAT 的催化过程，即异裂途径和均裂途径。异裂催化途径中 H_2O_2 优先断裂 H–O 键，产生 H^* 和 HOO^* 吸附物种 [类酸解离❷，见式（5.4），*表示吸附状态]；而对于均裂催化途径则优先断裂 O–O 键，产生两个 HO^* 吸附物种，并进一步解离为 H_2O^* 和 O^* 吸附物种 [类碱解离❸，见式（5.5）][30,31]。此外，还提出了双过氧化氢缔合机理[46]❹以及氧化还原反应机理[37,47]。

$$H_2O_2^* \rightleftharpoons H^* + HO_2^*$$ (5.4)

---

❶ x 表示该金属氧化物为非化学计量比。
❷ 类似于水溶液中酸解离出氢离子。
❸ 类似于水溶液中碱解离出氢氧根离子。
❹ 两分子 H_2O_2 同时吸附在纳米酶表面。

$$H_2O_2^* \rightleftharpoons 2HO^* \rightleftharpoons H_2O^* + O^* \tag{5.5}$$

5.4.1　金属基纳米酶模拟 CAT 过程的异裂路径

对于金属基类 CAT 纳米酶，在酸性和碱性条件下，H^+ 和 OH^- 会分别预先吸附在金属纳米粒子表面。理论计算证明了预吸附的 H^+ 对 H_2O_2 的分解影响很小，其在中性和酸性条件下会优先进行类碱解离［均裂途径，式（5.5）］，产生 OH^* 吸附物种，并随后产生 H_2O^* 和 O^* 吸附物种［中性条件下，如图 5.9（a）］或 H_2O^* 和 OH^*［酸性条件下，如图 5.9（b）］吸附物种，生成的 O^* 具有高度氧化性，很容易从有机底物中提取氢原子，因此金属纳米酶在较低的 pH 条件下更容易表现类 POD 活性而不是表现类 CAT 活性。与质子预吸附不同，预吸附的 OH 基团对 H_2O_2 在金属表面的分解有很大影响，会增强 H_2O_2 的吸附。如图 5.9（c），在预吸附 OH 基团的情况下，H_2O_2 更容易发生类酸解离［式（5.4）］，呈现异裂路径。类酸解离产生的 H^* 会被转移给预先吸附的 OH^* 产生 H_2O^* 和 HO_2^*［式（5.6）］，H_2O 随之解吸附，生成的 HO_2 随后将质子传递给另一个 $H_2O_2^*$［式（5.7）］，H_2O 和 O_2 随之解吸附。式（5.6）和式（5.7）这两步都能迅速发生，H_2O_2 分别作为还原剂和氧化剂，并形成一个循环，最终生成水和氧气，因此在碱性条件下表现出类 CAT 活性[31]。

$$H_2O_2^* + OH^* \rightleftharpoons H_2O^* + HO_2^* \tag{5.6}$$
$$H_2O_2^* + HO_2^* \rightleftharpoons H_2O^* + OH^* + O_2^* \tag{5.7}$$

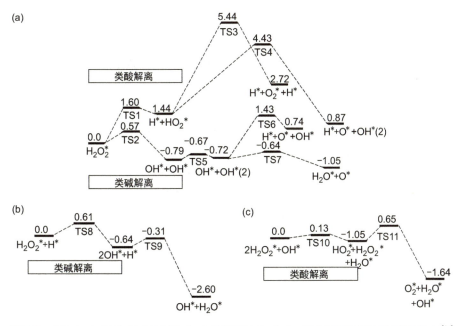

图 5.9　中性（a）、酸性（b）和碱性（c）条件下 H_2O_2 在 Au(111) 表面分解的反应能量分布[31]
TS 表示反应过程中涉及的过渡态

5.4.2 氧化铈纳米酶模拟 CAT 过程的异裂路径和非催化化学还原途径

CeO_2 的类 CAT 催化活性遵循异裂途径机制，优先断裂 H–O 键。如图 5.10 所示，Ce^{4+} 是启动类 CAT 催化反应的位点，最先吸附和活化 H_2O_2，因此更高的 Ce^{4+}/Ce^{3+} 的比例会对 CeO_2 的类 CAT 活性更有利。之后吸附的 H_2O_2 发生异裂，产生 H^* 和 HOO^*，之后进一步产生 H^* 和 OO^*，OO^* 随之解吸附为 O_2 完成氧化半反应，该过程还伴随着 Ce^{4+} 被还原为 Ce^{3+}，如图 5.10 路径（i）。之后新形成的 Ce^{3+} 又可以再吸附和活化 H_2O_2 完成还原半反应生成两分子 H_2O，如图 5.10 路径（ii）[47-49]。需要指出，表面缺陷（氧空位）对 CeO_2 的类 CAT 催化活性和催化机制有重要的影响，氧空位存在时，CeO_2 可以通过两种等价的空位填充机制通过非催化的化学还原反应消除 H_2O_2，这一过程将在第 12 章 CeO_2 的多酶活性部分进行详细讨论。

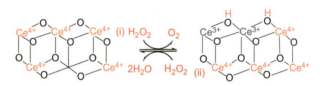

图 5.10　CeO_2 类 CAT 活性的催化机制 [47]

5.4.3 氧化铁纳米酶模拟 CAT 过程的异裂途径

氧化铁纳米粒子类酶活性的关键是纳米酶表面 Fe^{2+}/Fe^{3+} 的转化，其类 CAT 催化活性主要是基于 Fe^{2+} 诱导的类芬顿反应（这一点与其类 POD 活性来源一致），首先产生高活性的 $^·OH$ [式（5.8）~式（5.10）]，$^·OH$ 碱性条件下与 $HO_2^·$ 迅速反应生成 H_2O 和 O_2 [式（5.11）][50]。可以看到，式（5.8）、式（5.9）的这一过程是符合异裂催化途径的 [类酸解离，式（5.4）]，DFT 计算也表明 Fe_3O_4 在模拟 CAT 过程中类酸解离机制是更有利的 [51]。

$$Fe^{3+} + H_2O_2 \longrightarrow FeOOH^{2+} + H^+ \tag{5.8}$$

$$FeOOH^{2+} \longrightarrow Fe^{2+} + HO_2^· \tag{5.9}$$

$$Fe^{2+} + H_2O_2 \longrightarrow Fe^{3+} + OH^- + {}^·OH \tag{5.10}$$

$${}^·OH + HO_2^· \longrightarrow H_2O + O_2\uparrow \tag{5.11}$$

5.4.4 四氧化三钴纳米酶模拟 CAT 过程的氧化还原途径和双过氧化氢缔合途径

Co^{3+}/Co^{2+} 的高氧化还原电位使得 Co_3O_4 可以起到电子转移介质的作用，促进两个 H_2O_2 之间的电子转移，加速 H_2O_2 的分解（图 5.11）。这一机制明显不同于氧化铁。高 pH 下，H_2O_2/O_2 的氧化还原电位很低（0.200 V），加之 OH⁻ 的促进作用，H_2O_2 极容易被 Co^{3+} 氧化生成 H_2O 和 O_2，Co^{3+} 获得电子后还原为 Co^{2+}［式（5.12）和图 5.11 中反应（i）］，之后 Co^{2+} 将电子转移给另一分子的 H_2O_2 而回到 Co^{3+}［式（5.13）和图 5.11 中反应（ii）］并形成一个循环，因此 Co_3O_4 在碱性条件下显示出类 CAT 活性[49,52,53]。结合微观动力学模型的 DFT 计算提出了 3 种 Co_3O_4 的类 CAT 活性机理：类碱解离机理（均裂途径）、类酸解离机理（异裂途径）和双过氧化氢缔合机理。值得注意的是，双过氧化氢缔合机理也可归属于均裂途径，两分子 H_2O_2 吸附后，其中一分子 H_2O_2 会均裂，在纳米酶表面形成 $H_2O_2^*$ 和两分子 HO^*，之后进一步生成 HO^*、HOO^* 和 H_2O^*（随之解吸附），HO^*、HOO^* 在纳米酶表面进一步生成 O_2^*，之后解吸附为 O_2 从而完成一个循环[30]。与单一吸附的 H_2O_2 相比，相邻 H_2O_2 分子的共吸附使 O—O 和 O—H 解离，能垒显著降低[46]，因此双过氧化氢缔合机理是更为有利的。

$$2Co^{3+} + H_2O_2 + 2OH^- \longrightarrow 2Co^{2+} + 2H_2O + O_2\uparrow \qquad （5.12）$$

$$2Co^{2+} + H_2O_2 \longrightarrow 2Co^{3+} + 2OH^- \qquad （5.13）$$

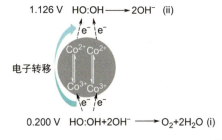

图 5.11　Co_3O_4 可能的类 CAT 活性反应机理[53]

　　与纯的贵金属 Pd 的异裂途径不同，二氧化钛修饰的 Pd 纳米片（Pd@TiO$_2$）遵循均裂途径机制来模拟 CAT 过程，这主要是由于 Pd@TiO$_2$ 可以提供更多的电子以促进 O—O 键的断裂[54]。具体而言，H_2O_2 分子最初吸附在 Pd(111) 的顶部，并均裂形成两分子 HO^*，其经历过渡态以产生 H_2O^* 和 O^*，随后，H_2O 解吸，另一分子 H_2O_2 被激活，形成 HO^* 和 HOO^*，之后发生氢转移形成 H_2O 和 O_2[30,54]。Pd@TiO$_2$ 具有与纯的金属 Pd 相比更高的类 CAT 活性，这主要是由于 Pd@TiO$_2$ 中存在的空穴有助于 H_2O_2 的解离，晶格缺陷能提供更多的活性位点，以及 Pd 和 TiO$_2$ 之间强的电子相互作用[30,54]。

　　类 CAT 纳米酶的催化机制可能不尽相同，许多纳米酶的类 CAT 机制也尚不清楚，但上述机制可以被合理地借鉴或扩展到其他具有类 CAT 活性的纳米材料，以深入地理解纳米材料类 CAT 的过程，更好地设计和应用类 CAT 纳米酶。

参考文献

[1] Glorieux, C.; Calderon, P. B. Catalase, a remarkable enzyme: targeting the oldest antioxidant enzyme to find a new cancer treatment approach. *Biol. Chem.* **2017**, *398*, 1095-1108.

[2] Loew, O. A new enzyme of general occurrence in organisms. *Science* **1900**, *11*, 701-702.

[3] Sumner, J. B.; Dounce, A. L. Crystalline catalase. *Science* **1937**, *85*, 366-367.

[4] Schroeder, W. A.; Shelton, J. R.; Shelton, J. B.; Robberson, B.; Apell, G. The amino acid sequence of bovine liver catalase: a preliminary report. *Arch. Biochem. Biophys.* **1969**, *131*, 653-655.

[5] Murthy, M. R.; Reid, T. J., 3rd; Sicignano, A.; Tanaka, N.; Rossmann, M. G. Structure of beef liver catalase. *J. Mol. Biol.* **1981**, *152*, 465-499.

[6] Islinger, M.; Voelkl, A.; Fahimi, H. D.; Schrader, M. The peroxisome: an update on mysteries 2.0. *Histochem. Cell Biol.* **2018**, *150*, 443-471.

[7] Jo, D. S.; Park, N. Y.; Cho, D. H. Peroxisome quality control and dysregulated lipid metabolism in neurodegenerative diseases. *Exp. Mol. Med.* **2020**, *52*, 1486-1495.

[8] Tarhan, L. Use of immobilized catalase to remove H_2O_2 used in the sterilization of milk. *Process Biochem.* **1995**, *30*, 623-628.

[9] Kaushal, J.; Mehandia, S.; Singh, G.; Raina, A.; Arya, S. K. Catalase enzyme: Application in bioremediation and food industry. *Biocatal. Agric. Biotechnol.* **2018**, *16*, 192-199.

[10] Konczewicz, W.; Kozłowski, R.: Enzymatic treatment of natural fibres. In *Handbook of Natural Fibres*. Elsevier, **2012**, 168-184.

[11] Nelson, S. K.; Bose, S. K.; Grunwald, G. K.; Myhill, P.; McCord, J. M. The induction of human superoxide dismutase and catalase in vivo: A fundamentally new approach to antioxidant therapy. *Free Radical Biol. Med.* **2006**, *40*, 341-347.

[12] Phua, S. Z. F.; Yang, G.; Lim, W. Q.; Verma, A.; Chen, H.; Thanabalu, T.; Zhao, Y. Catalase-integrated hyaluronic acid as nanocarriers for enhanced photodynamic therapy in solid tumor. *ACS Nano* **2019**, *13*, 4742-4751.

[13] Zamocky, M.; Koller, F. Understanding the structure and function of catalases: clues from molecular evolution and in vitro mutagenesis. *Prog. Biophys. Mol. Biol.* **1999**, *72*, 19-66.

[14] Loewen, P. C.; Switala, J. Multiple catalases in Bacillus subtilis. *J. Bacteriol.* **1987**, *169*, 3601-3607.

[15] Chelikani, P.; Fita, I.; Loewen, P. C. Diversity of structures and properties among catalases. *Cell. Mol. Life Sci.* **2004**, *61*, 192-208.

[16] Putnam, C. D.; Arvai, A. S.; Bourne, Y.; Tainer, J. A. Active and inhibited human catalase structures: Ligand and NADPH binding and catalytic mechanism. *J. Mol. Biol.* **2000**, *296*, 295-309.

[17] Kirkman, H. N.; Gaetani, G. F. Catalase: a tetrameric enzyme with four tightly bound molecules of NADPH. *Proc. Natl. Acad. Sci. U.S.A.* **1984**, *81*, 4343-4347.

[18] Carpena, X.; Loprasert, S.; Mongkolsuk, S.; Switala, J.; Loewen, P. C.; Fita, I. Catalase-peroxidase KatG of Burkholderia pseudomallei at 1.7 Å resolution. *J. Mol. Biol.* **2003**, *327*, 475-489.

[19] Antonyuk, S.; Melik-Adamyan, V.; Popov, A.; Lamzin, V.; Hempstead, P.; Harrison, P.; Artymyuk, P.; Barynin, V. Three-dimensional structure of the enzyme dimanganese catalase from Thermus thermophilus at 1 Å resolution. *Crystallogr. Rep.* **2000**, *45*, 105-116.

[20] Barynin, V. V.; Whittaker, M. M.; Antonyuk, S. V.; Lamzin, V. S.; Harrison, P. M.; Artymiuk, P. J.; Whittaker, J. W. Crystal structure of manganese catalase from lactobacillus plantarum. *Structure* **2001**, *9*, 725-738.

[21] Day, B. J. Catalase and glutathione peroxidase mimics. *Biochem. Pharmacol.* **2009**, *77*, 285-296.

[22] Day, B. J.; Fridovich, I.; Crapo, J. D. Manganic porphyrins possess catalase activity and protect endothelial cells against hydrogen peroxide-mediated injury. *Arch. Biochem. Biophys.* **1997**, *347*, 256-262.

[23] Doctrow, S. R.; Huffman, K.; Marcus, C. B.; Tocco, G.; Malfroy, E.; Adinolfi, C. A.; Kruk, H.; Baker, K.; Lazarowych, N.; Mascarenhas, J.; Malfroyt, B. Salen-manganese complexes as catalytic scavengers of hydrogen peroxide and cytoprotective agents: structure-activity relationship studies. *J. Med. Chem.* **2002**, *45*, 4549-4558.

[24] Sicking, W.; Korth, H. G.; Jansen, G.; de Groot, H.; Sustmann, R. Hydrogen peroxide decomposition by a non-heme iron(Ⅲ) catalase mimic: A DFT study. *Chem. Eur. J.* **2007**, *13*, 4230-4245.

[25] Signorella, S.; Palopoli, C.; Ledesma, G. Rationally designed mimics of antioxidant manganoenzymes: Role of structural features in the quest for catalysts with catalase and superoxide dismutase activity. *Coord. Chem. Rev.* **2018**, *365*, 75-102.

[26] Melov, S.; Ravenscroft, J.; Malik, S.; Gill, M. S.; Walker, D. W.; Clayton, P. E.; Wallace, D. C.; Malfroy, B.; Doctrow, S. R.; Lithgow, G. J. Extension of life-span with superoxide dismutase/catalase mimetics. *Science* **2000**, *289*, 1567-1569.

[27] Day, B. J. Catalytic antioxidants: a radical approach to new therapeutics. *Drug Discovery Today* **2004**, *9*, 557-566.

[28] Coulibaly, K.; Thauvin, M.; Melenbacher, A.; Testard, C.; Trigoni, E.; Vincent, A.; Stillman, M. J.; Vriz, S.; Policar, C.; Delsuc, N. A di-copper peptidyl complex mimics the activity of catalase, a key antioxidant metalloenzyme. *Inorg. Chem.* **2021**, *60*, 9309-9319.

[29] Asadollahi, K.; kazemein Jasemi, N. S.; Riazi, G. H.; Katuli, F. H.; Yazdani, F.; Sartipnia, N.; Moosavi, M. A.; Rahimi, A.; Falahati, M. A bio-mimetic zinc/tau protein as an artificial catalase. *Int. J. Biol. Macromol.* **2016**, *92*, 1307-1312.

[30] Xu, D.; Wu, L.; Yao, H.; Zhao, L. Catalase-like nanozymes: Classification, catalytic mechanisms, and their applications. *Small* **2022**, *18*, 2203400.

[31] Li, J.; Liu, W.; Wu, X.; Gao, X. Mechanism of pH-switchable peroxidase and catalase-like

activities of gold, silver, platinum and palladium. *Biomaterials* **2015**, *48*, 37-44.

[32] Pedone, D.; Moglianetti, M.; De Luca, E.; Bardi, G.; Pompa, P. P. Platinum nanoparticles in nanobiomedicine. *Chem. Soc. Rev.* **2017**, *46*, 4951-4975.

[33] Laursen, A. B.; Man, I. C.; Trinhammer, O. L.; Rossmeisl, J.; Dahl, S. The sabatier principle illustrated by catalytic H_2O_2 decomposition on metal surfaces. *J. Chem. Educ.* **2011**, *88*, 1711-1715.

[34] Pirmohamed, T.; Dowding, J. M.; Singh, S.; Wasserman, B.; Heckert, E.; Karakoti, A. S.; King, J. E. S.; Seal, S.; Self, W. T. Nanoceria exhibit redox state-dependent catalase mimetic activity. *Chem. Commun.* **2010**, *46*, 2736-2738.

[35] Mu, J.; Zhang, L.; Zhao, G.; Wang, Y. The crystal plane effect on the peroxidase-like catalytic properties of Co_3O_4 nanomaterials. *Phys. Chem. Chem. Phys.* **2014**, *16*, 15709-15716.

[36] Singh, N.; Savanur, M. A.; Srivastava, S.; D′Silva, P.; Mugesh, G. A redox modulatory Mn_3O_4 nanozyme with multi-enzyme activity provides efficient cytoprotection to human cells in a Parkinson′s disease model. *Angew. Chem. Int. Ed.* **2017**, *56*, 14267-14271.

[37] Zhang, W.; Hu, S.; Yin, J. J.; He, W.; Lu, W.; Ma, M.; Gu, N.; Zhang, Y. Prussian blue nanoparticles as multienzyme mimetics and reactive oxygen species scavengers. *J. Am. Chem. Soc.* **2016**, *138*, 5860-5865.

[38] Li, K.; Yang, J.; Gu, J. Spatially organized functional bioreactors in nanoscale mesoporous MOFs for cascade scavenging of intracellular ROS. *Chem. Mater.* **2021**, *33*, 2198-2205.

[39] Liu, Y.; Cheng, Y.; Zhang, H.; Zhou, M.; Yu, Y.; Lin, S.; Jiang, B.; Zhao, X.; Miao, L.; Wei, C. W.; Liu, Q.; Lin, Y. W.; Du, Y.; Butch, C. J.; Wei, H. Integrated cascade nanozyme catalyzes in vivo ROS scavenging for anti-inflammatory therapy. *Sci. Adv.* **2020**, *6*, eabb2695.

[40] Fan, K.; Xi, J.; Fan, L.; Wang, P.; Zhu, C.; Tang, Y.; Xu, X.; Liang, M.; Jiang, B.; Yan, X.; Gao, L. In vivo guiding nitrogen-doped carbon nanozyme for tumor catalytic therapy. *Nat. Commun.* **2018**, *9*, 1440.

[41] Ma, W.; Mao, J.; Yang, X.; Pan, C.; Chen, W.; Wang, M.; Yu, P.; Mao, L.; Li, Y. A single-atom $Fe-N_4$ catalytic site mimicking bifunctional antioxidative enzymes for oxidative stress cytoprotection. *Chem. Commun.* **2019**, *55*, 159-162.

[42] Zhang, R.; Xue, B.; Tao, Y.; Zhao, H.; Zhang, Z.; Wang, X.; Zhou, X.; Jiang, B.; Yang, Z.; Yan, X.; Fan, K. Edge-site engineering of defective $Fe-N_4$ nanozymes with boosted catalase-like performance for retinal vasculopathies. *Adv. Mater.* **2022**, *34*, 2205324.

[43] Cai, S.; Liu, J.; Ding, J.; Fu, Z.; Li, H.; Xiong, Y.; Lian, Z.; Yang, R.; Chen, C. Tumor-microenvironment-responsive cascade reactions by a cobalt-single-atom nanozyme for synergistic nanocatalytic chemotherapy. *Angew. Chem. Int. Ed.* **2022**, *61*, e202204502.

[44] Chen, Y.; Jiang, B.; Hao, H.; Li, H.; Qiu, C.; Liang, X.; Qu, Q.; Zhang, Z.; Gao, R.; Duan, D.; Ji, S.; Wang, D.; Liang, M. Atomic-level regulation of cobalt single-atom nanozymes: Engineering high-efficiency catalase mimics. *Angew. Chem. Int. Ed.* **2023**, *62*, e202301879.

[45] Wu, L.; Lin, H.; Cao, X.; Tong, Q.; Yang, F.; Miao, Y.; Ye, D.; Fan, Q. Bioorthogonal

Cu single-atom nanozyme for synergistic nanocatalytic therapy, photothermal therapy, cuproptosis and immunotherapy. *Angew. Chem. Int. Ed.* **2024**, *63*, e202405937.

[46] Guo, S.; Han, Y.; Guo, L. Mechanistic study of catalase- and superoxide dismutation-mimic activities of cobalt oxide nanozyme from first-principles microkinetic modeling. *Catal. Surv. Asia* **2020**, *24*, 70-85.

[47] Wang, Z.; Shen, X.; Gao, X.; Zhao, Y. Simultaneous enzyme mimicking and chemical reduction mechanisms for nanoceria as a bio-antioxidant: a catalytic model bridging computations and experiments for nanozymes. *Nanoscale* **2019**, *11*, 13289-13299.

[48] Celardo, I.; Pedersen, J. Z.; Traversa, E.; Ghibelli, L. Pharmacological potential of cerium oxide nanoparticles. *Nanoscale* **2011**, *3*, 1411-1420.

[49] Shen, X.; Wang, Z.; Gao, X. J.; Gao, X. Reaction mechanisms and kinetics of nanozymes: Insights from theory and computation. *Adv. Mater.* **2024**, *36*, 2211151.

[50] Chen, Z.; Yin, J. J.; Zhou, Y. T.; Zhang, Y.; Song, L.; Song, M.; Hu, S.; Gu, N. Dual enzyme-like activities of iron oxide nanoparticles and their implication for diminishing cytotoxicity. *ACS Nano* **2012**, *6*, 4001-4012.

[51] Guo, S.; Guo, L. Unraveling the multi-enzyme-like activities of iron oxide nanozyme via a first-principles microkinetic study. *J. Phys. Chem. C* **2019**, *123*, 30318-30334.

[52] Dong, J.; Song, L.; Yin, J.-J.; He, W.; Wu, Y.; Gu, N.; Zhang, Y. Co_3O_4 nanoparticles with multi-enzyme activities and their application in immunohistochemical assay. *ACS Appl. Mater. Interfaces* **2014**, *6*, 1959-1970.

[53] Mu, J.; Zhang, L.; Zhao, M.; Wang, Y. Catalase mimic property of Co_3O_4 nanomaterials with different morphology and its application as a calcium sensor. *ACS Appl. Mater. Interfaces* **2014**, *6*, 7090-7098.

[54] Wang, C.; Li, Y.; Yang, W.; Zhou, L.; Wei, S. Nanozyme with robust catalase activity by multiple mechanisms and its application for hypoxic tumor treatment. *Adv. Healthcare Mater.* **2021**, *10*, 2100601.

第6章　超氧化物歧化酶

活性氧物种（reactive oxygen species，ROS）[❶]包括超氧阴离子（$O_2^{\cdot-}$）、羟基自由基（$\cdot OH$）、单线态氧（$^1O_2$）和过氧化氢（hydrogen peroxide，H_2O_2）等，这些源自氧的自由基是生命系统中一类重要的自由基物种。ROS 的过度产生会破坏抗氧化系统的防御机制，打破氧化还原平衡，影响生命反应，造成细胞和组织损伤。研究表明，过量的 ROS 引发的氧化还原平衡失调是导致炎症[1]、癌症[2]、心血管疾病[3]、神经损伤和脑病变[4]、衰老[5]等产生和发展的重要原因。

$O_2^{\cdot-}$ 由线粒体代谢过程产生，是一系列 ROS 的前体[6]，同时也是一种活泼的亲核物质，广泛参与了基因调控[7]、蛋白质合成等关键生命过程，在免疫调节[8]中也起到重要作用。超氧化物歧化酶（superoxide dismutase，SOD）是一类广泛存在于生物体内的金属酶，通过催化 $O_2^{\cdot-}$ 发生歧化反应从而降低超氧化物水平，是生物体内抗氧化防线的重要组成部分[9]。天然 SOD 在多种炎症性疾病和损伤的治疗中都有良好的效果，且已经有一些 SOD 药物通过临床试验并投入市场；同时，SOD 在食品和保健品工业中也展现出一定的应用潜力。

所有 SOD 的催化反应均遵循乒乓机理，伴随着金属中心和 $O_2^{\cdot-}$ 的氧化还原反应，作用过程可用下述两步概括[10]：

$$Ez_{ox} + O_2^{\cdot-} \longrightarrow Ez_{red} + O_2 \tag{6.1}$$

$$Ez_{red} + O_2^{\cdot-} + 2H^+ \longrightarrow Ez_{ox} + H_2O_2 \tag{6.2}$$

式中，Ez 代表可变价金属离子；下角标 ox 和 red 分别代表氧化态和还原态。

在 SOD 反应中需要经历 $O_2^{\cdot-}$ 的氧化还原过程。为了能够执行反应的步骤，SOD 的氧化还原电位总是位于氧的单电子氧化还原电位（$-0.18\sim0.91$ V）之间，以保证两个半反应在热力学上的自发性[11]。

本章将介绍几种典型的 SOD 并阐述相应的催化反应机理；然后分别介绍能模拟 SOD 活性的传统模拟酶和纳米酶。

---

❶ ROS 是一类含氧原子并且携带或易形成自由基的物质，具有很高的化学反应活性。ROS 在生物体内对心血管、神经、免疫系统活动有调节作用，也参与了包括癌症、神经退行性疾病和炎症在内的多种病理过程。

6.1 超氧化物歧化酶的分类及其催化机制

依据金属中心的不同，生物系统内已进化出四类不同的 SOD，分别是 CuZnSOD、MnSOD、FeSOD 以及 NiSOD。虽然彼此拥有不同的结构和活性位点，但它们都具有可变价的金属中心离子，以及快速和特异性结合 $O_2^{\cdot-}$ 的能力。

6.1.1 CuZnSOD

CuZnSOD 是最早被发现的 SOD，1969 年在牛血红蛋白相关研究中被首次报道[12]。CuZnSOD 存在于大多数哺乳动物、植物和部分细菌中。

CuZnSOD 是一种同型二聚体酶，总分子质量为 32 kDa。如图 6.1 所示，CuZnSOD 由两个亚基组成，每个亚基具有两个功能性环状结构，被称为"锌环"和"静电环"。锌环包括了结合在 Zn 上的四个氨基酸残基和一个半胱氨酸残基 Cys57，该残基与 Cys146 形成的二硫键提高了酶结构的热稳定性；静电环则通过广域的静电场将带负电的超氧化物有序引导至活性位点附近。两个环状结构紧密地包裹着由 Cu 和 Zn 共同构成的活性中心。在活性中心内，Cu 与 Zn 通过 His63 的咪唑桥连接，二者距离非常近。Cu^{2+} 被 His46、His48 和 His120 三个组氨酸的咪唑氮配位，Zn^{2+} 则由三个组氨酸 His71、His63、His80 和一个天冬氨酸 Asp83 残基配位。在静电环上，有一个参与催化过程的重要氨基酸 Arg143，它带正电荷，通过 Gly61 的氢键连接到 His48 上。

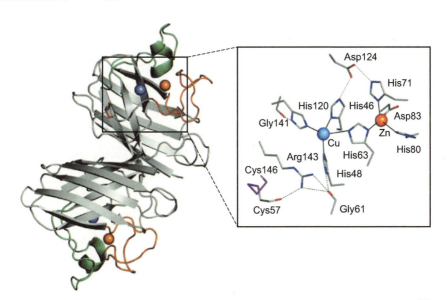

图 6.1 人 CuZnSOD 的示意图（PDB：1PU0），其中活性位点的结构为还原态结构[13]

在左半部分的整体结构示意图中，橙色结构为锌环，绿色结构为静电环，红色结构为 Cys57 和 Cys146 形成的二硫键。在右半部分的活性中心示意图中，红色为氢键，紫色为二硫键

CuZnSOD 活性中心的结构与其状态有关。如图 6.2（a）所示，当 Cu 处于氧化态（Cu²⁺）时，His63 通过咪唑基团桥连 Cu 和 Zn，同时 Cu 位点上轴向结合一个水分子，使其形成一个近似四面锥体的构型；当 Cu 处于还原态（Cu⁺）时［图 6.2（b）］，Cu 与 His63 之间的咪唑桥断开，并释放水分子，形成平面三角构型。而在此过程中，Zn 中心的配位和结构基本不变。Zn 中心的存在使 Cu 中心的配位结构更加稳定 ❶，允许结合的过氧化物快速解离，同时使 CuZnSOD 的活性在 pH 5.0~9.5 范围内保持相对稳定。

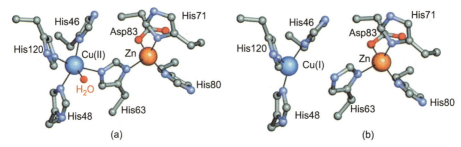

图 6.2　CuZnSOD 活性中心处于氧化态（a）和还原态（b）时的构象 [13]
红色小球分别代表水分子上的氧原子（Cu 侧）和天冬氨酸上的羧基氧原子（Zn 侧）

CuZnSOD 的反应遵循两个连续单电子转移步骤（Cu²⁺/⁺ 分别接收和给出电子），并伴随着质子转移。整体反应如下所示：

$$Cu^{2+}Zn + O_2^{\bullet-} \longrightarrow Cu^+Zn + O_2 \qquad (6.3)$$

$$Cu^+Zn + O_2^{\bullet-} + 2H^+ \longrightarrow Cu^{2+}Zn + H_2O_2 \qquad (6.4)$$

如图 6.3 所示，在第 1 步，带正电的 Arg143 通过静电吸引作用将第一个 $O_2^{\bullet-}$ 引入活性中心，与 Cu²⁺ 和 Arg143 配位。在第 2 步，Cu²⁺ 被 $O_2^{\bullet-}$ 还原，生成 Cu⁺ 和 O₂，该 O₂ 随即从活性中心逸出，而连接到 His63 的咪唑由于质子化而使桥联结构断开。在第 3 步，第二个 $O_2^{\bullet-}$ 与精氨酸残基和 Cu⁺ 配位，由于 $O_2^{\bullet-}$ 的负电性，溶液中靠近它的水分子会产生质子。在第 4 步，$O_2^{\bullet-}$ 获得了 Cu⁺ 提供的电子，同时由于连接 His63 的质子化的咪唑和水分子提供两份质子，从而生成 H₂O₂ 并从酶上释放，Cu²⁺ 与 His63 的咪唑桥重新连接，酶还原到初始状态。

影响 CuZnSOD 催化活性的主要因素包括：Zn 对于活性中心结构的稳定作用和带正电的精氨酸残基对底物的静电引导作用。研究证明，中和 Arg143 残基的正电荷会使 CuZnSOD 的催化活性大幅下降 [14]，而中和活性位点周围谷氨酸的负电荷则

❶ CuZnSOD 的蛋白质结构中，两个亚基分别可以结合两个金属离子。研究人员发现 Zn²⁺ 能稳定蛋白质的结构，如果失去 Zn²⁺ 会使 CuZnSOD 的结构不稳定，其催化活性易受到例如 pH 等环境因素的影响。

116

会提高 CuZnSOD 的催化活性 [15]❶。另外，CuZnSOD 具有过氧化物酶活性，反应过程中产生的 H_2O_2 可能氧化咪唑配体，导致酶结构的破坏和酶活性丧失 [16]。

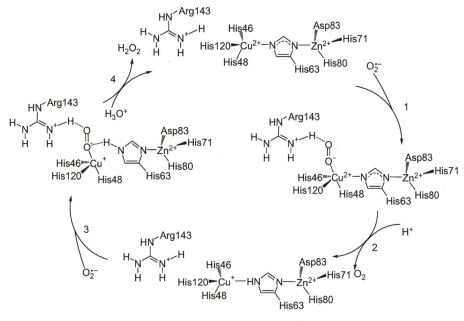

图 6.3　CuZnSOD 的反应机理

6.1.2　MnSOD

　　MnSOD 在 1970 年被首次发现 [17]，通常分布在原核细胞和真核细胞的线粒体基质中。

　　MnSOD 通常以二聚体或四聚体形式存在。原核生物（如细菌）的 MnSOD 是二聚体形式，而真核细胞中的 MnSOD 通常是以四聚体形式存在。以人 MnSOD 为例，每个亚基中有一个 Mn 活性中心，与三个组氨酸残基（His74、His26、His163）、一个天冬氨酸残基（Asp159）和一个 H_2O/OH^- 溶剂配体形成五配位。His74、His163 和 Asp159 与 Mn 活性中心构成平面，而水分子和 His26 则垂直于该平面，整体呈现三角双锥结构。该结构非常稳定，在反应过程中几乎不会变化。如图 6.4 中的虚线连接结构所示，围绕着 Mn 活性中心和水分子的氨基酸形成了一个高度保守的氢键网络，其作用可能是为 $O_2^{\cdot-}$ 还原成 H_2O_2 的过程提供质子，并保持 MnSOD 的结构稳定性和催化活性。

---

　　❶ 活性位点附近的 Glu132 和 Glu133 与其他氨基酸共同形成了静电网络，中和负电荷会促进静电网络引导的离子扩散速度，提高催化反应速率。

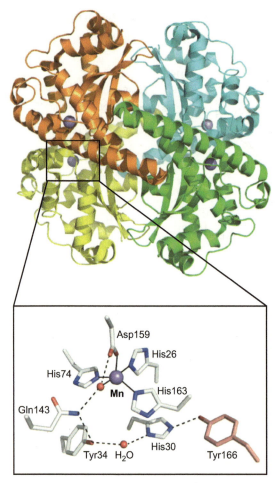

图 6.4　MnSOD 的示意图（PDB：1N0J）

氢键网络在图中以虚线连接，从 Mn 结合的水分子起始，经过 Gln143、Tyr34、Tyr34 和
His30 之间的水分子、His30，最后到达 Tyr166（粉红色）

与其他 SOD 一样，MnSOD 的催化机理涉及 Mn^{3+}/Mn^{2+} 的变化。与其他 SOD
不同的是，MnSOD 在低浓度和高浓度 $O_2^{\cdot-}$ 环境下呈现不同的催化曲线[18,19]。如图
6.5 所示，在 $O_2^{\cdot-}$ 浓度较低（低于 MnSOD 浓度的 5 倍）时，MnSOD 清除 $O_2^{\cdot-}$ 的吸
光度变化与 NiSOD 一致，吸光度变化由快到慢，这表明反应速度与 $O_2^{\cdot-}$ 的浓度有
关，符合 1 级反应 ❶。但 $O_2^{\cdot-}$ 较高时，MnSOD 清除 $O_2^{\cdot-}$ 的吸光度会先快速降低然后
趋于线性，此时反应速度与 $O_2^{\cdot-}$ 浓度无关，符合 0 级反应 ❷。另一项特征是，MnSOD
的反应速率在低温下反而加快，这与一般酶在适宜温度下催化的特征不符。

---

❶ 1 级反应是指反应速率与反应物浓度的 1 次幂成正比的化学反应。

❷ 0 级反应是指反应速率与反应物浓度的 0 次幂成正比，即与反应物浓度无关的化学反应。

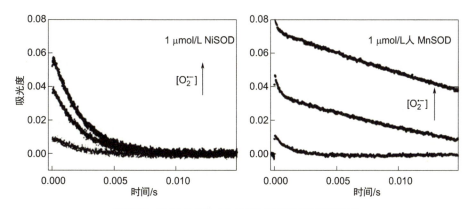

图 6.5 NiSOD 和人 MnSOD 催化时吸光度的变化

吸光度随着 $O_2^{\cdot-}$ 浓度升高而升高

为了解释这种独特的现象，目前的研究将 MnSOD 的反应过程分为内球反应和外球反应两种。在常温下，MnSOD 的反应主要为内球反应 ❶：

$$[HO^- \text{-} Mn^{3+}]^+ + O_2^{\cdot-} \longrightarrow [HO^- \text{-} Mn^{3+}O_2] \tag{6.5}$$

$$[HO^- \text{-} Mn^{3+}O_2] + H^+ \longrightarrow [H_2O \text{-} Mn^{2+}]^+ + O_2 \tag{6.6}$$

$$[H_2O \text{-} Mn^{2+}]^+ + O_2^{\cdot-} \longrightarrow [H_2O \text{-} Mn^{2+}O_2] \tag{6.7}$$

$$[H_2O \text{-} Mn^{2+}O_2] + H^+ \longrightarrow [HO^- \text{-} Mn^{3+}]^+ + H_2O_2 \tag{6.8}$$

如图 6.6（a）所示，第 1 步中，第一个 $O_2^{\cdot-}$ 与 Mn^{3+} 中心直接配位，形成被称为"抑制复合物"的金属过氧基配合物中间体，该中间体的特征是 Mn 中心六配位的八面体结构［如图 6.6（a）中的第 1 步和第 3 步形成的结构］[20]。接着在第 2 步中，两者发生电子转移，Mn^{3+} 还原为 Mn^{2+}，同时释放出一分子 O_2。此时，羟基形式的溶剂配体从溶液中获取一个质子，转换为水分子形式。在第 3 步中，第二个 $O_2^{\cdot-}$ 与 Mn^{2+} 结合形成抑制复合物，由于 $O_2^{\cdot-}$ 的电负性，溶液中靠近它的水分子产生质子。在第 4 步中，Mn^{2+} 把一个电子传递给 $O_2^{\cdot-}$，溶液中的水分子提供一个质子，溶剂配体也将第 2 步中获取的质子供给还原后的 $O_2^{\cdot-}$，形成 H_2O_2 后释放，MnSOD 恢复到初始状态。在底物浓度适宜时，抑制复合物存在的时间几乎可忽略不计，反应可以简化为两步：

$$[HO^- \text{-} Mn^{3+}]^+ + O_2^{\cdot-} + H^+ \longrightarrow [H_2O \text{-} Mn^{2+}]^+ + O_2 \tag{6.9}$$

$$[H_2O \text{-} Mn^{2+}]^+ + O_2^{\cdot-} + H^+ \longrightarrow [HO^- \text{-} Mn^{3+}]^+ + H_2O_2 \tag{6.10}$$

而在底物浓度较高时，由于式（6.6）和式（6.8）的反应速度慢于式（6.5）和式（6.7），更多的 MnSOD 形成了抑制复合物结构，因此降低了 MnSOD 的内球反

---

❶ 以下公式由于 Mn 形成的配合物中始终有一个带负电的羧基，所以整体电荷会降低一价。

应催化效率 ❶。

　　除了底物浓度较高的情况，在温度很低时，由于 Mn 活性中心整体收缩，Tyr34
上连接的水分子会作为第六配位与 Mn 结合，也会形成抑制复合物阻止 $O_2^{\cdot-}$ 的进入。
在形成抑制复合物的情况下，MnSOD 会在活性中心外部完成歧化反应，这被称为
外球反应 [21]，如图 6.6（b）所示。在这个反应中，Mn 中心虽然价态发生了变化，
但 $O_2^{\cdot-}$ 并没有接触到 Mn 中心，反应中所需的质子可能由 Tyr34 及连接在 Mn 中心
的溶剂配体通过氢键网络提供。

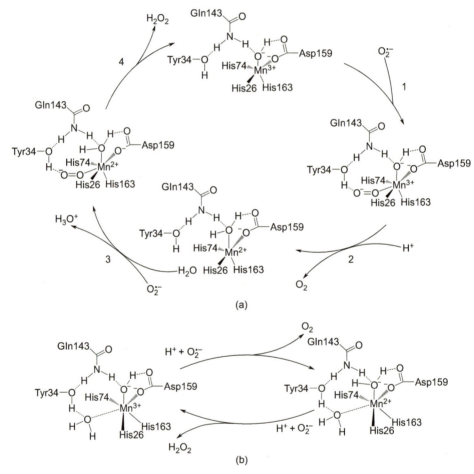

图 6.6　人 MnSOD 的反应机理 [22]
（a）内球反应；（b）外球反应

---

　　❶ 抑制复合物准确地说是 MnSOD 的六配位状态，如果这个状态顺利转换到下一步就会继续进行内球
反应，反之则一边进行外球反应一边等待六配位状态顺利转换，因此内球反应与外球反应是一种此消彼
长的竞争反应，可以算作是同时进行的过程。

总而言之，MnSOD 反应总是形成"抑制复合物"。在 MnSOD 的反应过程中，抑制复合物会阻碍内球反应的快速进行，使通过氢键网络的外球反应占据上风。由于 Tyr34 扮演了类似活性中心入口的作用，这种特性被称为 MnSOD 的"门控效应"。通过抑制复合物，MnSOD 可以微调催化反应中内外球反应的比例，进而获得最佳催化速度。

6.1.3　FeSOD

FeSOD 于 1973 年在大肠杆菌中被首次发现[23]，在原核生物、真核生物和古细菌❶中均有分布。FeSOD 通常为二聚体，每个亚基含有一个 Fe 活性中心。如图 6.7 所示，FeSOD 的配位结构与 MnSOD 类似，含三个组氨酸残基（His73、His160、His26）、一个天冬氨酸残基（Asp156）及一个 H_2O/OH^- 溶剂配体。His73、His160 和 Asp156 与铁活性中心构成平面，而水分子和 His26 则垂直于该平面，整体呈现三角双锥结构。与其他 SOD 不同的是，Fe^{3+}/Fe^{2+} 本身具有合适的氧化还原电位，因此不需要过多的结构优化即可催化反应。

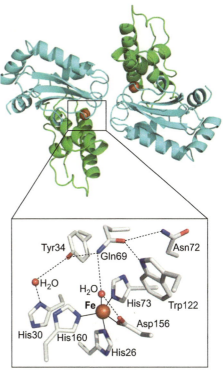

图 6.7　FeSOD 的示意图（PDB：1ISA）
氢键网络在图中以虚线连接，从 Fe 结合水起始，经过 Gln69、Tyr34、Tyr34 和 His30 之间的水分子、His30、到达 His160

FeSOD 催化反应的过程遵循两个连续单电子转移步骤，在两个半反应中都获得了质子：

$$[HO^- \text{-} Fe^{3+}]^+ + O_2^{\cdot -} + H^+ \longrightarrow [H_2O\text{-}Fe^{2+}]^+ + O_2 \tag{6.11}$$

$$[H_2O\text{-}Fe^{2+}]^+ + O_2^{\cdot -} + H^+ \longrightarrow [HO\text{-}Fe^{3+}]^+ + H_2O_2 \tag{6.12}$$

如图 6.8 所示，在第 1 步中，第一个 $O_2^{\cdot -}$ 与 Fe^{3+} 中心直接配位。紧接着在第 2 步中迅速发生电子转移，Fe^{3+} 还原为 Fe^{2+}，同时释放出一分子 O_2。此时，羟基形式的溶剂配体从溶液中获取一个质子，转换为水分子形式。在第 3 步中，第二个 $O_2^{\cdot -}$ 与远端酪氨酸残基 Tyr34 以及溶剂配体结合，由于 $O_2^{\cdot -}$ 的负电性，溶液中靠近它的水分子产生质子。在第 4 步中，Fe^{2+} 把一个电子沿着氢键传递给 $O_2^{\cdot -}$，使其价态变

---

❶ 古细菌具有原核生物的大多数特征，但在组蛋白、RNA聚合酶和蛋氨酸起始翻译等特点上与真核生物更接近，所以目前一般被认为是第三界。

得更负。最后在第 5 步中，溶液中的水分子提供一个质子，溶剂配体也将第 2 步中获取的质子供给还原后的 $O_2^{·-}$，形成 H_2O_2 后释放，FeSOD 恢复到初始状态。在整个过程中，水环境是反应最终完成的关键因素，水分子起到了质子中继的作用。

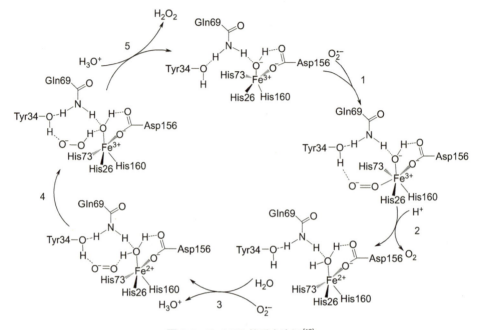

图 6.8　FeSOD 的反应途径 [13]

在 FeSOD 被发现的初期，人们就意识到它与 MnSOD 的相似性：Mn 和 Fe 在元素周期表上是相邻的，具有相似的电子结构和半径；而 MnSOD 和 FeSOD 具有相似的二级和三级结构，以及活性中心周围相似的氨基酸配体 [24]。MnSOD 与 FeSOD 相似的结构让研究者产生了极大的兴趣。研究表明，MnSOD 和 FeSOD 中的金属中心可能是在对应的蛋白质结构形成后，通过亲和作用结合到蛋白质中，因此可以进行某种程度上的替换。例如，在 Fe 浓度更高的环境中，大肠杆菌细胞中的 MnSOD 会有部分为 Fe 中心而不是 Mn 中心。

虽然 MnSOD 和 FeSOD 的蛋白质结构非常类似，在大肠杆菌中也出现了中心替换为 Fe 的 MnSOD，但实际上，不管是大肠杆菌里天然形成的替换 SOD，还是实验室中将两种已成熟的 SOD 的金属中心对调，产生的新 SOD 都没有催化活性。这可能是因为 Mn 和 Fe 调整氧化还原电位所需的配体额外电荷不同：由于 Mn 调整氧化还原电位需要更多的配体额外电荷，对调会使两种 SOD 的氧化还原电位都偏离适宜的区间 [25,26]。进一步的研究表明，多出的配体额外电荷可能来自金属活性中心连接的溶剂配体，且受到溶剂配体质子化的影响，与溶剂配体连接的谷氨酰胺（在 FeSOD 中是 Gln69，在 MnSOD 中是 Gln143）在两种 SOD 及其变体中的空

间位置和取向不同 ❶，因此在 MnSOD 中，Gln143 与 Mn 形成的氢键比 FeSOD 中 Fe 与 Gln69 形成的更强，这导致 MnSOD 中的溶剂配体更难质子化，进一步地，更难质子化的溶剂配体提供了更多的电子，使 Mn 中心能稳定在 +3 价态。至此，两种 SOD 在金属中心周围的蛋白质结构已经产生了较大差异，无法在简单的金属中心对调后仍然保持活性。

6.1.4　NiSOD

　　NiSOD 常见于细菌和藻类中而非人体，相比于其他 SOD 发现较晚，NiSOD 直到 1996 年才被发现 [27]。NiSOD 与其他 SOD 不同源，其蛋白质结构和反应机理也与其他 SOD 有很大区别。

　　如图 6.9 所示，NiSOD 的蛋白质结构为约 80 kDa 的同型六聚体，由六个 13.4 kDa 的单体组成，这些单体分为两个大组相互交叉，围绕成一个空心球体，球体内部包含了大量水和共结晶离子，这种中空结构在其他 SOD 中是不存在的；每个单体内部又分为 4 个反平行的螺旋束，Ni 活性中心位于每个单体 N 端，形成被称为"镍结合钩"的弯钩状结构（图 6.10）。这个弯钩状结构一般由 N 端前 6 个氨基酸残基构成，Ni 活性中心上结合了一个组氨酸的 N 端胺和咪唑氮，一个半胱氨酸（Cys2）的 N 端胺，两个半胱氨酸（Cys2 和 Cys6）的侧链硫。

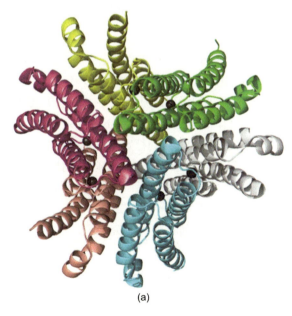

(a)

图 6.9

---

❶ 在 FeSOD 中是 Gln69 的氨基参与形成氢键，而在 MnSOD 中是 Gln143 的酰胺参与形成氢键。

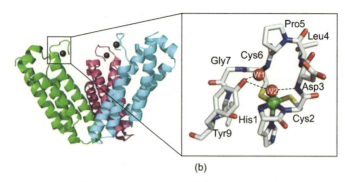

(b)

图 6.9　NiSOD 的示意图（PDB：1T6U）

在（b）图中，镍结合钩的前六个氨基酸序列从 Ni（绿色）开始，
为 His-Cys-Asp-Leu-Pro-Cys，W 代表水分子

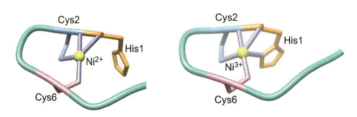

图 6.10　镍结合钩在反应过程中的结构变化（简化图）

其中 His1 为橙色，Cys2 为蓝色，Cys6 为粉色。在还原态（左侧）时，Ni^{2+} 为四配位
平面结构；而在氧化态（右侧）时，Ni^{3+} 与 His1 配位，形成五配位四棱锥结构

与其他 SOD 不同，NiSOD 具有 2 个富电子的半胱氨酸残基[28]，这种容易被氧化损伤的结构在 SOD 中是非常少见且不合理的，但却对 NiSOD 的活性起到了关键作用。Ni^{3+}/Ni^{2+} 在中性环境的氧化还原电位（+2.26 V）实际高于适合歧化反应发生的氧化还原电位区间[29]。而通过 S—Ni 键，Ni 中心的配体场由正方形平面转换为正方形锥体几何结构，使 Ni^{2+} 的配体场稳定能增大；半胱氨酸残基提供的电子将 Ni^{3+}/Ni^{2+} 的氧化还原电位降低至可催化超氧化物歧化的区间。而活性位点通道周围还包含 3 个带正电的赖氨酸残基，保证了 NiSOD 在整体负电荷的情况下仍能有效吸附 $O_2^{\cdot-}$。

暂时缺少 NiSOD 相关中间产物的研究报道，通过 DFT 计算推测出 NiSOD 的可能反应，分为两个半反应[30]：

$$Ni^{2+} + O_2^{\cdot-} + 2H^+ \longrightarrow Ni^{3+} + H_2O_2 \tag{6.13}$$

$$Ni^{3+} + O_2^{\cdot-} \longrightarrow Ni^{2+} + O_2 \tag{6.14}$$

如图 6.11 所示，在第 1 步中，Ni^{2+} 与 $O_2^{\cdot-}$ 配位。在第 2 步中，Ni^{2+} 发生氧化反应变为 Ni^{3+}，Ni^{3+} 与 His1 的咪唑氮配位，形成五配位结构；而连接在 Ni 上的 $O_2^{\cdot-}$ 被还原，从 Cys 和 His1 的 N 上获取质子生成 H_2O_2 逸出。在第 3 步中，Ni^{3+} 再次

与 $O_2^{\cdot-}$ 配位。在第 4 步中，连接在 Ni^{3+} 上的 $O_2^{\cdot-}$ 被氧化生成 O_2 逸出，产生的质子一个转移到了 Cys 上，另一个使 His 与 Ni^{3+} 的配位键断开，Ni^{3+} 还原到 Ni^{2+}。两个半胱氨酸残基 Cys2 和 Cys6 中的一个可能作为质子中继结构提供了质子，用于生成 H_2O_2，为过渡两个半反应起到重要作用。研究一般认为参与质子化的是 Cys2 残基，但也有 DFT 计算表明，若 Cys6 参与质子化则反应能更低 [31]。

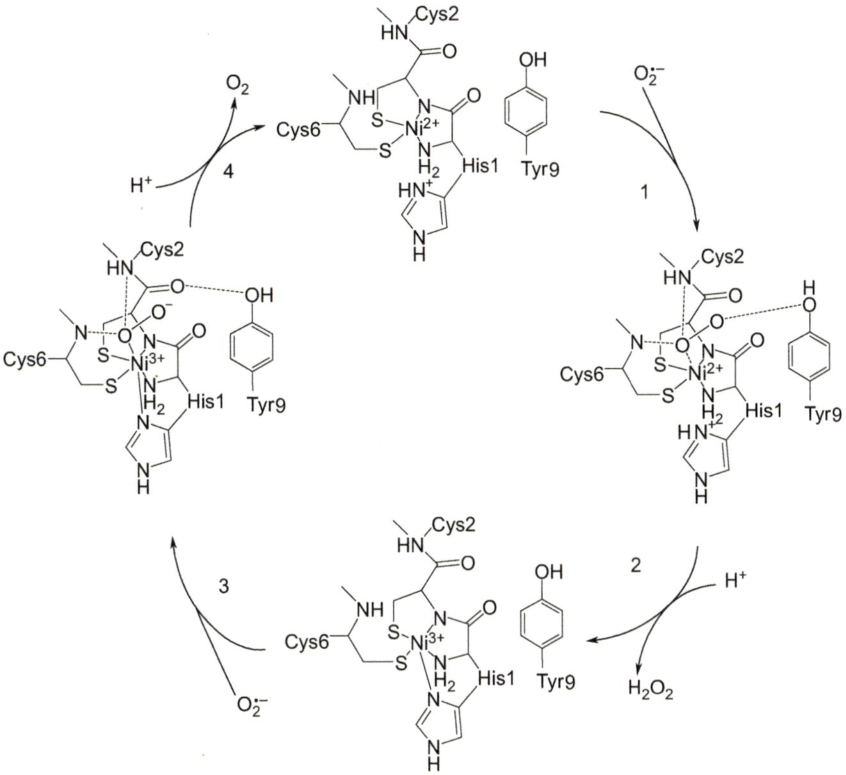

图 6.11　NiSOD 的可能反应途径（以 Cys2 作为质子载体）

6.2　典型超氧化物歧化酶模拟酶

6.2.1　氮氧化物

用于 SOD 模拟的氮氧化物通常是指一类含有氮自由基 $N-O^{\cdot}$ 的化合物，包括哌啶、吡咯啉、吡咯烷、噁唑烷、咪唑啉和咪唑烷等，一些常见的氮氧化物结构如图 6.12。该类氮氧化物通常具有一个环状结构，且邻近氮的碳原子无法提供额外氢原子。

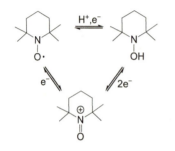

图 6.12　一些常见的氮氧化物结构

图 6.13　氮氧化物 2,2,6,6- 四甲基哌啶氧化物（TEMPO）的三种氧化态

氮氧化物可以还原为羟胺或氧化为氧铵盐，且这两种形式之间可以相互转换，因此氮氧化物通过类似 SOD 的催化机理清除 $O_2^{\cdot-}$，如图 6.13 所示[32]。

除催化清除 $O_2^{\cdot-}$ 外，氮氧化物具有类 CAT 活性，可以清除 H_2O_2 并保护细胞[33]。氮氧化物还可以还原高价金属以解除其毒性，捕获自由基以终止链式反应等[34]。

氮氧化物的 $O_2^{\cdot-}$ 清除能力已被应用于缓解多种细胞氧化损伤及其引起的急性症状，如氮氧化物可以缓解因使用阿霉素诱导心肌细胞氧化应激导致的心脏毒性[35-38]。氮氧化物也被用于多种氧化应激相关疾病的治疗，如癌症、心血管疾病、炎性疾病、神经退行性疾病等[39,40]。同时，氮氧化物也是一种促氧化剂，一些研究发现氮氧化物会导致 DNA 断裂和细胞死亡[41,42]。

6.2.2　金属配合物

受天然 SOD 中氧化还原活性金属中心和围绕着金属中心配位结构的启发，人们尝试利用结构相似的金属配合物来模拟 SOD。

6.2.2.1　金属卟啉化合物

生物体内已存在一种容易获取且适合作为研究的特殊配体——卟啉化合物，它分布于血红素、肌红蛋白等多种生物分子中，为人工金属卟啉类化合物的设计提供了参考。1979 年，一些研究人员首次尝试将金属与卟啉结合，用于模拟 SOD[43]。目前，已有多种 Mn 卟啉、Cu 卟啉、Fe 卟啉等用于模拟 SOD 催化活性并用于疾病治疗[44]。

金属卟啉化合物催化歧化 $O_2^{\cdot-}$ 反应的过程与天然 SOD 相似，通过金属中心进行两步氧化还原反应。如 FeTM-4-PyP[5+] 的反应过程[43]：

$$M^{III}P^{5+} + O_2^{\cdot-} + H^+ \rightleftharpoons M^{II}P^{4+} + O_2 \qquad (6.15)$$

$$M^{II}P^{4+} + O_2^{\cdot-} + 2H^+ \rightleftharpoons H_2O_2 + M^{III}P^{5+} \qquad (6.16)$$

卟啉化合物模拟 SOD 的设计主要从热力学上考虑实现 SOD 反应的可行性。在天然酶中已经提到，反应的热力学可行性可以转化为具体的氧化还原电位数值。通过金属中心附近引入吸电子和给电子基团，可以调节金属中心的电荷分布，进一步影响其氧还原电位。Mn^{3+}/Mn^{2+} 天然具有接近天然 SOD 的氧化还原电位，这使得 Mn 卟啉受到了最广泛的研究，Fe 卟啉、Cu 卟啉次之，而 Co 卟啉和 Ni 卟啉由于活性较低而鲜有报道。一些对 Mn 卟啉 SOD 模拟物的研究表明，氧化还原电位接近天然 MnSOD 的 Mn 卟啉，其 k_{cat} 值也与天然 MnSOD 接近[45,46]。基于上述研究，研究人员认为卟啉金属中心氧化还原电位与催化活性存在类似火山型曲线的关系（图 6.14），这为后来该领域发展提供了进一步理论指导，也影响了其他金属中心模拟 SOD 的领域，如单原子催化剂等。

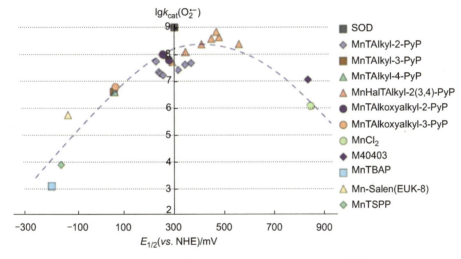

图 6.14　一些锰卟啉的氧化还原电位与 $\lg k_{cat}$ 的关系[46]

卟啉配体与三价金属离子 Mn^{3+} 和 Fe^{3+} 具有强烈的结合作用，因此 Mn、Fe 卟啉在强酸环境下也能保持结构完整。但卟啉配体与二价金属离子的结合相对不稳定，催化 SOD 反应时，可能由于金属中心发生还原反应而释放一些二价金属离子，即 Mn^{2+} 和 Fe^{2+}，在存在 H_2O_2 时，将发生具有细胞毒性的类芬顿反应[47]。而在已有的 Cu 卟啉中，金属中心通常为 Cu^{2+}。通常认为，Fe^{2+} 和 Cu^{2+} 的类芬顿反应毒性较高，而 Mn^{2+} 与 H_2O_2 在热力学上不倾向于反应，且 Mn^{2+} 本身具有一定的抗氧化能力，因此 Mn 卟啉被认为有更好的生物安全性。

金属卟啉化合物作为 SOD 模拟物的优势主要体现在：①较好的稳定性；②结构可以改变和设计；③分子量低，容易穿透生物膜；④卟啉具有特殊的光物理特性，可以吸收光能激发产生氧自由基，可作为一种光敏剂在模拟 SOD 的同时提供光动力治疗[48]。金属卟啉化合物已经被用于多种疾病的治疗，如阿尔茨海默病、缺血性损伤、肌萎缩侧索硬化症等[49-51]。

6.2.2.2　金属大环多胺配合物

通过计算机辅助模拟的方式，研究者合成了一系列金属大环多胺配合物。以大环多胺类锰配合物 M40403 为例，该配合物具有五元螯合环结构（five-membered chelate rings），且 Mn 与 N 形成五配位（图 6.15）。该类模拟物在静息时的 Mn 中心为二价还原态，且氧化还原电位较高，因此不容易受其他单电子氧化物（如 NO、O_2）干扰，对 $O_2^{\cdot-}$ 有较高选择性。除用于炎症治疗，因其高选择性，该类大环多胺配合物也可用作细胞内 $O_2^{\cdot-}$ 的灵敏探针[52]。

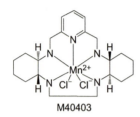
M40403

图 6.15　M40403 的结构

6.2.2.3　金属-席夫碱配合物

席夫碱（Schiff base）是由羰基（醛基）化合物和伯胺通过缩水形成的含烷亚氨基（RC=N）的有机化合物。席夫碱的亚氨基氮原子具有孤对电子，易于和各种金属离子配位。

研究者已经设计了多种金属-席夫碱配合物，其中较有代表性的是 Mn-Salen 配合物及其衍生的配合物家族。Salen 是 *N*,*N*-双（亚水杨基）乙二胺及其衍生物的缩写，它由二胺与两当量水杨醛的缩合反应制成（图 6.16）。许多 Mn-Salen 配合物都显示出类 SOD 和 CAT 活性，已被证实能缓解氧化应激所致的损伤而发挥保护作用。

图 6.16　Salen 配体的合成过程

6.2.3　大分子与超分子

卟啉类化合物、金属-席夫碱配合物等小分子虽然能很好地模拟 SOD 的活性中心，但其无法模拟蛋白质结构对 SOD 整体活性的调控，且容易受环境影响而分解，或与螯合剂作用后失活。超分子化学的发展，使酶模拟物从活性中心模拟逐步拓宽至对酶的整体结构进行模拟，通过引入大分子（超分子）可以完善 SOD 模拟物的周围结构，提高 SOD 模拟物的仿生性、稳定性和催化活性[53]。

6.2.3.1　天然化合物和大分子

许多天然化合物和大分子，如多酚类化合物、蛋白质、多肽和多糖等，已被证明具有类 SOD 活性，可以单独作为 SOD 模拟物或与卟啉类化合物等小分子结合构造类 SOD 系统。

（1）多酚类化合物

多酚类化合物是指含多个酚羟基的一类化合物，主要存在于植物中。多酚化合物可以结合 ROS 形成苯酚自由基，并进一步氧化形成邻苯醌结构，以清除过量的ROS。多酚化合物能与多种金属离子作用产生稳定的配合物，可制备金属-酚醛网络、配合物、水凝胶等[54]。其中，多酚类化合物与过渡金属络合形成的多酚-金属配合物具有增强的类 SOD 活性，如类黄酮-金属配合物，被用于神经退行性疾病的治疗[55]。

（2）蛋白质

一些蛋白质已被证实具有按计量比清除或催化歧化 $O_2^{\cdot-}$ 的效应，如卵转铁蛋白和金属硫蛋白等通过自由基敏感的含硫键清除 $O_2^{\cdot-}$，纤维蛋白和白蛋白通过氨基酸主链消耗 $O_2^{\cdot-}$，朊病毒蛋白则可以通过结合铜原子获得类似 Cu-ZnSOD 的催化活性[56-60]。通过将多种蛋白质，如白蛋白、血红蛋白等与 SOD 或小分子模拟物结合，可以保护催化中心和优化周围的电子环境，进一步提高其 SOD 催化活性和生物环境中的稳定性，而与抗氧化酶的结合也能同时保护一些易被氧化的蛋白质[61,62]。

（3）多糖

多糖类物质在生物体内起到重要作用，一些研究证明多糖可以提高抗氧化酶的活性[63]，且多糖类物质对病原体的黏附能有效抵抗感染。

目前对多糖 SOD 模拟物的研究集中在环糊精-小分子活性物质结合体上。环糊精是一类环状低聚糖的总称，一般由 D-吡喃葡萄糖单元以 1,4-糖苷键结合形成大环化合物[64]。其圆桶状结构以及内部疏水、外部亲水的特性与天然酶结合口袋类似，因此适合作为构建模拟酶的载体。许多小分子与环糊精相结合后表现出良好的类SOD 活性，如金属配合物[65,66]、金属卟啉[67,68]、氮氧化物[69] 等。除环糊精外，右旋糖酐、羧甲基纤维素、壳聚糖及其衍生物等也被用于 SOD 模拟物的构建[53]。

6.2.3.2　组装体

胶束、脂质体等组装体系能够模拟生物酶中复杂的蛋白质结构，因此也被用于构建 SOD 模拟酶。

（1）胶束

胶束体系通常由表面活性剂构成，具有亲水外壳和疏水内部，能够模拟非均相反应环境。通过将胶束体系与天然 SOD 或模拟 SOD 活性中心的小分子结合，可以提高 SOD 的蛋白质稳定性。在 20 世纪人们已经发现，利用 PEG 胶束修饰 SOD 可以提高其在血液中的半衰期[70]。此外，胶束中引入抗氧化组分可以协同 SOD 模拟物以实现对活性氧物种更佳的消除效果[71]。

（2）脂质体

脂质体是一类由单层或多层磷脂双分子层构成的球形囊泡，其结构与细胞膜具有高度相似性。由于其可调节的大小、外部亲水和内部疏水、良好的生物相容性和膜相互作用，适合作为多种催化中心的载体和稳定骨架[72]。卟啉-脂质体复合物和金属离子改性脂质体均能模拟 SOD 的催化活性，如亲脂性锰卟啉 Mn-HPyP 修饰的脂质体同时具有 SOD 和 POD 催化活性，可以一定程度上实现 ROS 的级联清除[73]。脂质体容易修饰的特性也为 SOD 模拟物的设计提供了更多可能，比如 pH 敏感脂质体可以在特定 pH 下选择性释放封装的小分子并对环境中的 $O_2^{\cdot-}$ 进行清除（图 6.17）。

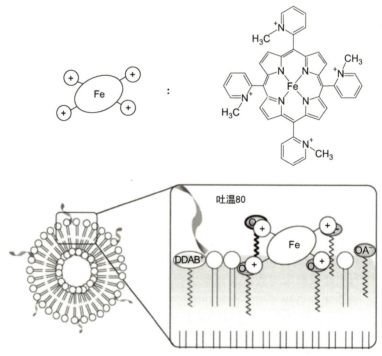

图 6.17　脂质体固定的 pH 敏感型铁卟啉结构[74]

6.3　类超氧化物歧化酶纳米酶

自富勒烯被发现具备模拟 SOD 催化活性的能力以来，众多纳米材料也被发现具有类似的催化活性，这些材料包括碳材料、贵金属、金属化合物和金属有机骨架等。在本节中，将按照材料类型介绍具有类 SOD 活性的纳米酶，并详细阐述它们的催化机制。

6.3.1　碳基类 SOD 纳米酶

碳纳米材料因其独特的电子与几何结构、良好的生物相容性、可调控的表面理化性质以及优异的电子传输性能，在类 SOD 纳米酶研究中受到广泛关注。

6.3.1.1　富勒烯及衍生物

富勒烯是由全碳原子组成的中空分子。C_{60} 是其中最具代表性的富勒烯分子，其环向的应力会导致部分原子发生锥化，从而使其 s 轨道的能级上升，呈现出优异的类金属电子传导能力，并使得 C_{60} 及其衍生物对包括氧自由基在内的富电子试剂有较强的反应性 [75,76]。早期的研究发现 C_{60} 具有自由基清除能力，并因这种特性而被称为"自由基海绵"[77]。由于 C_{60} 自身的疏水性较强，因此在研究其类酶催化活性时，通常会关注具有亲水性的 C_{60} 衍生物。❶

早期研究发现，多羟基化 C_{60} [即 $C_{60}(OH)_{12}$ 和 $C_{60}(OH)_n O_m$，$n = 18\sim20$，$m = 3\sim7$ 个半酮基] 具有类 SOD 活性，可以清除自由基。进一步研究发现，具有 C_3 对称性的 C_{60} 的丙二酸衍生物 [$C_{60}[C(COOH)_2]_3$，C_{60}-C_3，图 6.18（a）] 表现出更好的类 SOD 酶催化活性，并提出了其可能的催化机制 [图 6.18（b）]：①首先，由于静电作用，$O_2^{\cdot-}$ 会靠近 C_{60}-C_3 表面的缺电子区域 [图 6.18（b）右，白色/红色区域]，并通过溶液中水分子的 H 与表面的羧基形成氢键，来稳定 $O_2^{\cdot-}$；② $O_2^{\cdot-}$ 从水中获得质子形成 $HO_2^{\cdot}$ 基团，并吸附在 C_{60}-C_3 表面上；③第二个 $O_2^{\cdot-}$ 到达并与最初的 $O_2^{\cdot-}$ 结合；④在羧基或水分子的协助下，发生歧化反应 [78]。❷

除 C_{60} 及其衍生物外，其他富勒烯如 C_{70}、C_{82} 及其衍生物等也被发现具备 SOD 活性 [79,80]。对于 C_{60}-C_3 及其他羧酸衍生物，影响其 SOD 活性的因素不仅包括表面羧基的数目，还与羧基在 C_{60} 表面的分布直接相关，这种分布会导致分子偶极矩发生变化，从而进一步影响其活性，一定范围内分子的 SOD 活性与其偶极矩呈正相关 [76]。影响 C_{60} 单加合物 SOD 活性的因素还包括它们的还原电位、电荷和分子结构等属性，这些影响因素作用机制较为复杂，不能一概而论 [81]。

---

❶ 虽然亲水性富勒烯被广泛用于模拟 SOD，若采用增溶策略对未修饰的 C_{60} 进行处理（如溶解于橄榄油中），则会使其具有良好的生物相容性和分散性，可用于生物医学等领域。

❷ 图 6.18（b）中，$O_2^{\cdot-}$ 与水分子直接形成氢键；$O_2^{\cdot-}$ 也可以与表面羧基直接形成氢键。无法确定是由于 C_{60}-$C_3^{\cdot-}$ 的寿命较短还是并未产生而导致未能检测到其存在，因此不能排除 C_{60}-C_3 与 $O_2^{\cdot-}$ 之间发生电子转移而生成 C_{60}-$C_3^{\cdot-}$ 中间体的可能性。

(a)

$$2\ O_2^{\bullet-}\ +\ 2\ H_2O \longrightarrow \quad \cdots \quad \longrightarrow H_2O_2 + O_2 + 2\ OH^-$$

$C_{60}\text{-}C_3$

(b)

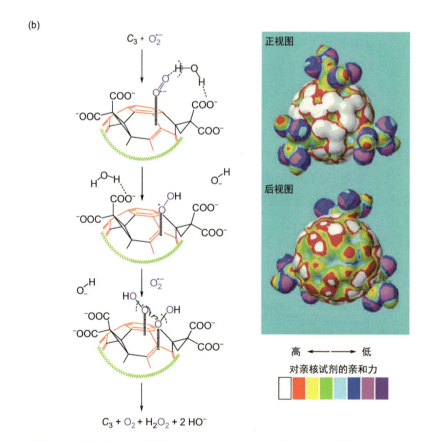

图 6.18 富勒烯及其衍生物型 SOD 纳米酶 $C_{60}\text{-}C_3$ 的结构（a）与其催化机制（b）

（改编自文献 [78]）

　　研究者合成了 20 多种含不同衍生官能团的富勒烯，包括衍生官能团数目与位置的不同、衍生部分的亲脂性不同、电荷的数量和类型的不同（图 6.19）。进而用黄嘌呤 / 黄嘌呤氧化酶法系统地测定了它们的类 SOD 催化活性（图 6.20）[79]。总结出了以下结论。①富勒烯 π 系统的破坏导致超氧化物清除能力降低，因此 SOD 模拟酶活性的顺序如下：单加合物＞双加合物或三加合物。②对于不同区域的双加合物（如 C_{60}-16），SOD 模拟酶活性随富勒烯表面上衍生部分的距离减小而增加。这是因为衍生官能团距离越远，对 π 系统的畸变越明显，从而导致对消除超氧阴离子的活性下降。③若 $O_2^{\cdot-}$ 与富勒烯主要通过静电作用相互吸引，则带正电荷的富勒烯比带负电荷（或中性）的富勒烯对 $O_2^{\cdot-}$ 的亲和力更高，因此在模拟 SOD 活性方面会更为有效。然而，研究结果表明，带负电荷的衍生化富勒烯比带正电荷（或者中性）的衍生化富勒烯类 SOD 活性更高。这一方面可能归结于"黄嘌呤 / 黄嘌呤氧化酶 / 细胞色素 c 法"，因为细胞色素 c 带正电，会与带正电的富勒烯产生排斥作用；另一方面则可能因为衍生化的部分不仅在电荷上而且在所有结构上（例如 C_{60}-3 与 C_{60}-6）都互不相同。此外，还原电位也与富勒烯的 SOD 模拟活性密切相关。④在这些衍生物中，C_{60}-C_3 依然有着优异的类 SOD 活性。这些结果表明，可以通过修饰合适的官能团来调节富勒烯的类 SOD 活性。

　　也可以通过将金属原子封装在其球体内来调节富勒烯的类 SOD 活性。这种包封产生的富勒烯被称为内面金属富勒烯。由于 C_{60} 的内部空间限制，通常将较高分子量的富勒烯用于金属原子包封，最常用的是 C_{82}。由于金属原子与"富勒烯笼"之间的相互作用，被包封的金属原子并不位于"富勒烯笼"的中心；相反，它非常靠近"富勒烯笼"（图 6.21）[80]。对于 C_{82}-22［$Gd@C_{82}(OH)_{22}$］，C_{82}-23［$C_{82}(OH)_{22}$］和 C_{60}-24（$C_{60}[C(COOH)_2]_2$），它们的类 SOD 活性遵循 C_{82}-22 ＞ C_{82}-23 ＞ C_{60}-24 的顺序。这种催化活性差异可以归因于如下几个因素。①富勒烯的电子亲和力越大，其清除超氧阴离子的效率越高。在这三种富勒烯中，C_{82}-22 的电子亲和力最大（约为 3.3 eV），这使其具有最高的催化活性。②尽管衍生化使富勒烯溶于水，但它们仍可能自组装成较大的纳米粒子。因此，组装体的尺寸也会影响其催化活性。对于所研究的三种富勒烯，C_{82}-22 组装体的尺寸最小，这也可能有助于提升其催化活性❶。

6.3.1.2　碳点

　　碳点（carbon dot），也称为碳量子点，是具有荧光性质碳纳米粒子，核心多为结晶或非晶的球形碳 [82,83]。与 C_{60} 及其衍生物不同，碳点没有固定的分子结构，且采用不同方法制备的碳点纳米酶的电子构型不尽相同，这可能会影响其类 SOD 活性，进而导致其活性并不完全一致。

---

❶ 内表面金属富勒烯的催化活性可通过表面修饰进一步调控。

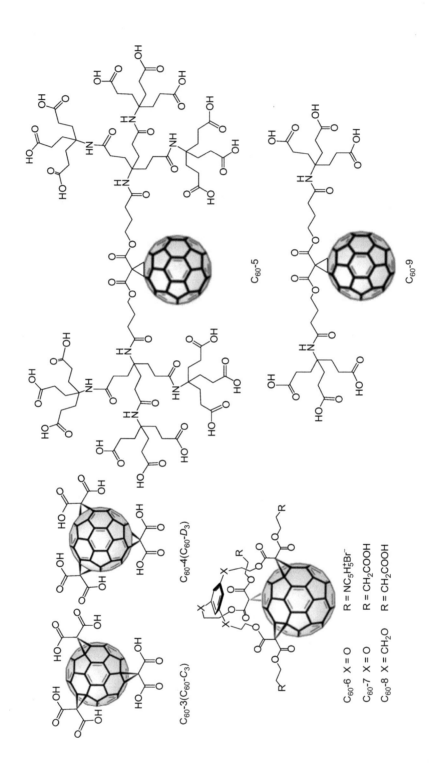

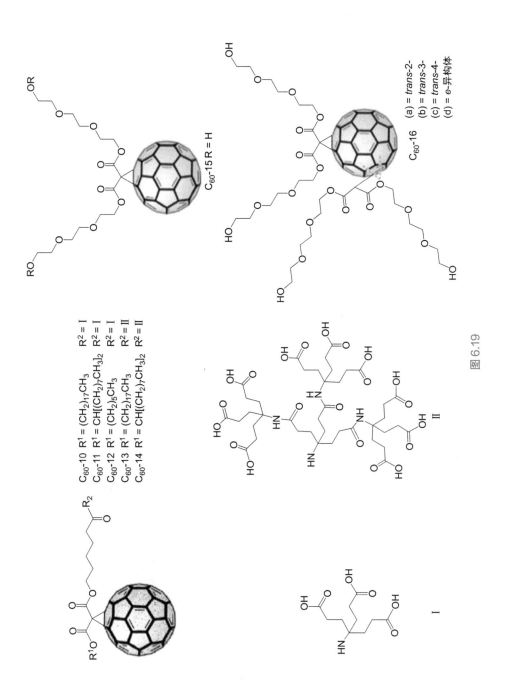

图 6.19

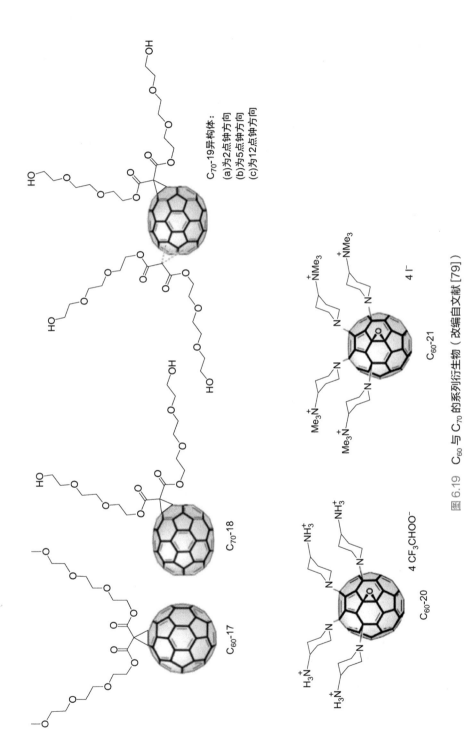

图 6.19　C$_{60}$ 与 C$_{70}$ 的系列衍生物（改编自文献 [79]）

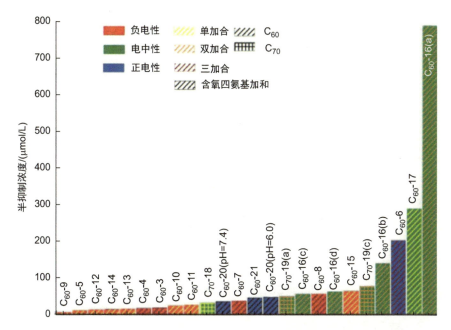

图 6.20　黄嘌呤 / 黄嘌呤氧化酶法测定富勒烯衍生物对超氧化物消除活性的 IC$_{50}$ 值（改编自文献 [79]）

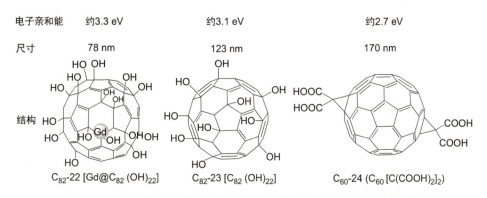

图 6.21　三种富勒烯的结构、电子亲和力和组装后的尺寸（改编自文献 [80]）

利用自上而下策略❶，通过氧化处理块体碳材料可以得到表面基团明确的碳点型类 SOD 纳米酶。这些纳米酶的催化机制在前两步与 C$_{60}$ 相类似，即碳点表面的羟基和羧基通过氢键与 O$_2^{\cdot-}$ 结合。然后，与 π-体系共轭的羰基从 O$_2^{\cdot-}$ 夺取一个电子，产生 O$_2$ 和还原型碳点。之后还原型碳点会被另一个 O$_2^{\cdot-}$ 氧化回到初始状态，同时生成 H$_2$O$_2$（图 6.22）[84]。对于采用自下而上策略❷，通过谷胱甘肽和叶酸在甲醇中热解得到的碳点型类 SOD 纳米酶，此催化机理同样适用 [85]。

---

❶ 自上而下策略是指一种从宏观块体材料出发制备纳米材料的方法。

❷ 自下而上策略是指一种从分子、原子或离子出发，通过一定的物理或化学方法组装形成纳米材料的方法。

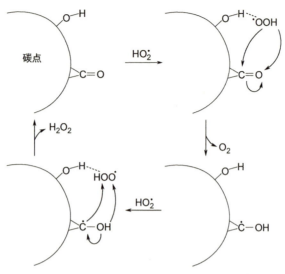

图 6.22　碳点型类 SOD 纳米酶的催化机制（改编自文献 [84]）

6.3.1.3　掺杂型碳纳米材料

碳基材料的异质掺杂可以调节其电子结构、改善电子传输性能、改变化学反应活性。在碳基材料中进行某些金属（Fe、Co、Cu 等）或非金属元素（N、S、Se 等）的掺杂可提高其类 SOD 活性 [86-91]。

碳基单原子催化剂是一种以单个金属原子为活性中心的材料。其高比表面积和高活性位点的暴露性使其能够实现高效的底物吸附和反应催化。此外，对于单原子型纳米酶，因其与天然酶结构的相似性，可以通过调整金属活性中心的类型和配位环境来实现对特定反应的选择性和特异性 [92]。

借助于单原子催化剂的优势，通过精确调控原子结构和电子配位环境，可以得到以石墨烯为基底的 Cu 单原子纳米酶。在这种结构中，1 个 Cu 原子与 4 个 N 原子、1 个 Cl 原子形成精确配位，构成扭曲的平面方形结构。这种几何结构和配位环境可模拟天然 SOD 酶的活性中心来进行催化反应。理论计算结果表明，石墨烯作为碳基底可以容纳 Cu 与 N 和 Cl 的配位产生的衬底应变，并促进 Cu 与配位原子之间的电子传输（图 6.23）。此外，也可以有效调整 Cu 原子的 d 轨道电子状态以使吸附过程中 Cu 和自由基中间体之间的 p 轨道重叠，从而提高吸附能力和酶活性。与传统碳基材料相比，这种仿生掺杂策略为高效设计高活性类 SOD 纳米酶提供了思路 [88]。

6.3.1.4　其他碳基纳米材料

除上述碳基类 SOD 纳米酶外，碳纳米管 [93]、亲水碳簇 [94] 等其他碳基纳米材料也被证实具有类 SOD 活性。随着研究的不断深入，未来会有更多具有类酶活性的碳基纳米材料被发现与设计。

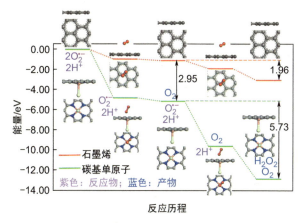

图 6.23 单原子型碳基 SOD 纳米酶（改编自文献 [88]）

6.3.2 贵金属纳米材料

Ru、Rh、Pd、Ag、Au 等贵金属及其组成的合金纳米粒子或团簇均具有类 SOD 活性，且其活性与作用的晶面相关 [95-97]，例如 Pd 基 SOD 纳米酶的（111）晶面比（100）晶面更利于催化反应发生 [98]。

$$O_2^{\bullet-} + H_2O \longrightarrow HO_2^{\bullet} + OH^- \qquad (6.17)$$

$$2HO_2^{\bullet} \longrightarrow H_2O_2^* + O_2^* \qquad (6.18)$$

在 Au 和 Pt 贵金属型 SOD 纳米酶（111）晶面上的催化过程如下：$O_2^{\bullet-}$ 会从水中捕获质子形成 $HO_2^{\bullet}$ [式（6.17）]，$HO_2^{\bullet}$ 吸附于金属表面后发生原子重排，生成 O_2 和 H_2O_2 [式（6.18）]。由于 $HO_2^{\bullet}$ 在贵金属表面易于吸附，式（6.17）的平衡向右移动，加速 $O_2^{\bullet-}$ 的质子化过程；同时两个 $HO_2^{\bullet}$ 在 Au(111) 和 Pt(111) 面上重排 [式（6.18）] 的反应能垒较低，分别为 0.22 eV 和 0.54 eV（图 6.24），因此较易进行。这解释了 Au 和 Pt 具有优异的类 SOD 活性的原因 [99]。

6.3.3 金属化合物纳米材料

得益于其较高的生物相容性和易于调控的晶格结构，金属化合物纳米酶被广泛用于模拟 SOD 活性。其中氧化铈（CeO_2）纳米材料是被研究和应用最为广泛的类 SOD 纳米酶，除对其进行详细说明外，本节还介绍其他经典的金属化合物，例如钒（V）、锰（Mn）、钴（Co）、镍（Ni）、铜（Cu）和钼（Mo）等金属元素的氧化物、氢氧化物、硫化物、氮化物或其他化合物 [100-106]。

6.3.3.1 氧化铈

由于 CeO_2 表面存在可通过氧化还原反应相互转化的 Ce^{3+} 和 Ce^{4+}，因此早期的研究将其类比于天然 SOD 酶，并认为其遵循与 SOD 酶类似的催化机制 [107]。然而，

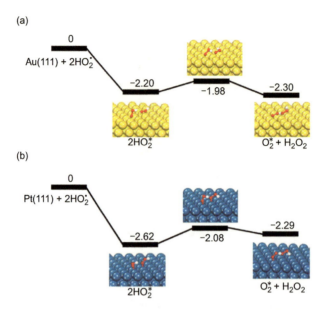

图6.24 两个 $HO_2^{\cdot}$ 在 Au(111)（a）和 Pt(111)（b）上的重排势能面图（改编自文献[99]）

$O_2/O_2^{\cdot-}$ 的还原电位 $\varphi(O_2/O_2^{\cdot-})$ 为 -0.16 eV，高于 CeO_2 的导带底能级（-0.5 eV），表明 $O_2^{\cdot-}$ 与 CeO_2 之间直接电子转移在热力学上是不可行的。由于 $\varphi(H^+/H_2O_2)$ 的值更正，H_2O_2 与 CeO_2 直接发生电子转移的可能性甚至更小，因此不能将反应机理解释为耦合电子转移过程，需要充分考虑反应物和 CeO_2 之间的原子重排机制[108]。

如图6.25所示，由于氧空位（oxygen vacancies，O_v）的存在，其具体的催化过程为 $HO_2^{\cdot}$ 的催化重排，与前文所述的贵金属型 SOD 纳米酶一致，且催化重排[式（6.19）]为该催化过程的决速步。理论计算结果表明，由 O_v 所导致的表面缺陷态（surface defect state，SDS）在催化中必不可少。通过对比含有两个吸附的 H 原子形成的两个 SDSs 的 H_2-CeO_2 与不含 SDS 的无缺陷 CeO_2，结果表明前者更容易克服决速步的能垒。

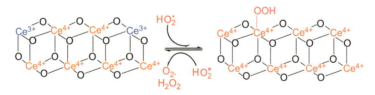

图6.25 CeO_2 类 SOD 纳米酶的催化机理（改编自文献[108]）

值得注意的是，除了催化路径外，CeO_2 表面的 O_v 还会通过非催化的化学还原来消耗 $O_2^{\cdot-}$。如式（6.19）所示，在这个化学还原过程中，两个 $HO_2^{\cdot}$（即 $2O_2^{\cdot-} + 2H^+$）会首先吸附在 O_v 上，通过分子内的 H 转移形成 H_2O 和 O_2，留下一个

氧原子来填充 O_v 形成 O_f❶，这个 H 转移过程的能垒很低，较易发生。该反应不可逆地填充了 O_v，还会减少伴随的 SDS，最终降低 CeO_2 的类 SOD 活性。

$$O_v + 2O_2^{\cdot-} + 2H^+ \longrightarrow O_f + O_2 + H_2O \tag{6.19}$$

6.3.3.2　其他金属化合物

其他金属化合物型 SOD 纳米酶的活性与天然 SOD 类似，与其中金属离子在不同价态 $[M^{n+}/M^{(n+1)+}]$ 之间的相互转化密切相关，如 Mn^{2+}/Mn^{3+}、Co^{2+}/Co^{3+}、Cu^+/Cu^{2+} 等，下面列举两例来进行阐述其催化机制。

硫代磷酸锰（$MnPS_3$）的类 SOD 催化过程如图 6.26 所示，该过程与前文所述天然 MnSOD 酶较为相似，$O_2^{\cdot-}$ 首先与锰的活性位点结合，形成 $Mn(III)PS_3$-OO^*（②，图 6.26），在将电子传递给 $Mn(III)$ 之后，以氧气的形式释放。随后，第二个 $O_2^{\cdot-}$ 会吸附在还原型的 $Mn(II)PS_3$ 上形成 $Mn(II)PS_3$-OO^*（③，图 6.26），再经过质子化释放 H_2O_2，$Mn(II)PS_3$ 会被重新氧化回初始状态（①，图 6.26）[109]。

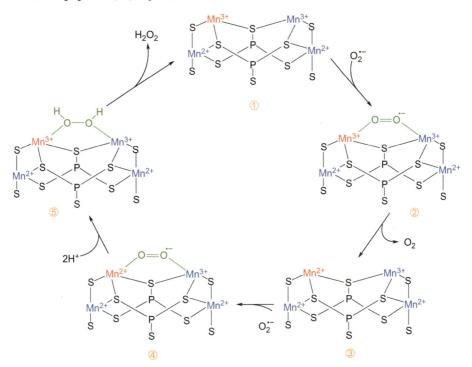

图 6.26　$MnPS_3$ 型 SOD 纳米酶的催化流程示意图（改编自文献 [109]）

其中红色位置代表活性位点

在二维金属碳化物（MXene）V_2C 中，$\varphi(V^{4+}/V^{5+})$ 为 -0.11 V，位于 SOD 反应的两个半反应的还原电位 $\varphi(O_2/O_2^{\cdot-})$（$-0.16$ V）与 $\varphi(H^+/H_2O_2)$（0.94 V）之间，故其

---

❶ O_f：被氧原子填充的 O_v。

催化过程在热力学上是可行的。在其催化过程中，经过 V^{4+}/V^{5+} 之间的电子传递，可完成 SOD 催化过程[105]。

6.3.4　金属有机骨架

金属有机骨架（MOF）是一类由金属离子和有机配体通过配位键自组装形成的晶体材料，具有特定的孔隙结构、高比表面积、易于修饰、功能可调节以及含有丰富的不饱和中心等特点。包括普鲁士蓝（Prussian blue，PB）[110]、多孔配位网络-222(Mn)〔porous coordination network-222，PCN-222(Mn)〕[111] 和 MOF-818[112,113] 等在内的诸多 MOF 均被发现具有类 SOD 活性。MOF 的类酶催化活性可能源于其中的金属节点或是有机配体的电子传递功能[114]。如图 6.27 所示，在依据双金属仿生策略设计的 MOF-818 中，Cu 和 Zr 通过配体 4-吡唑羧酸（1*H*-pyrazole-4-carboxylic acid，H_2PyC）桥接并成对排列，形成类似于天然 CuZn-SOD 酶的双金属活性中心结构[113]。

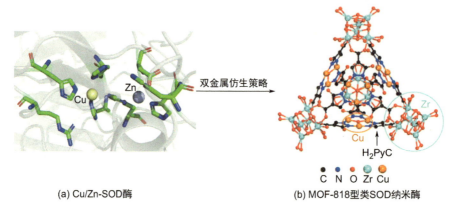

(a) Cu/Zn-SOD酶　　　　　　　　(b) MOF-818型类SOD纳米酶

图 6.27　双金属仿生策略（改编自文献 [113]）
Cu/Zn-SOD 酶活性位点中 PDB：1SPD。其中 C，绿色；
N，蓝色；O，红色；Cu，淡黄色；Zn，灰蓝色

6.4　类超氧化物歧化酶纳米酶的催化机制

本节从理论上介绍基于能级和吸附能的双重判据来判断类 SOD 纳米酶能否持续高效地清除 $O_2^{\cdot-}$。

6.4.1　能级判据

在天然 SOD 酶催化反应过程中，其金属催化中心的氧化还原电对 M^{n+1}/M^n 介导了 $O_2^{\cdot-}$ 的歧化反应。如图 6.28（a）所示，从热力学角度来看，要求参与反应电对的还原电位处于 $O_2^{\cdot-}$ 的两个歧化半反应电位 $\varphi(O_2/O_2^{\cdot-})$（−0.16 V）与 $\varphi(H^+/$

H_2O_2）（0.94 V）之间。而基于电子能带理论，类 SOD 纳米酶则是由其前线分子轨道（frontier molecular orbital，FMO）介导的，当纳米材料的中间前线分子轨道（intermediate FMO，iFMO）能级位于两个半反应的还原电位之间时，反应在热力学上才是可行的，即类 SOD 纳米酶必须至少拥有一条 iFMO。需要指出的是纳米材料的 iFMO 可以是价带顶、导带底或缺陷态 ❶。

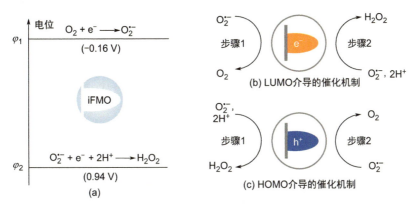

图 6.28　类 SOD 纳米酶催化的能级判据（改编自文献 [115]）

当 iFMO 是空轨道时，为最低空轨道（the lowest unoccupied molecular orbital，LUMO）所介导的机制 [图 6.28（b）]：纳米材料首先从 $O_2^{\cdot-}$ 获得电子形成 O_2，随后将电子传递给另外一分子 $O_2^{\cdot-}$ 形成 H_2O_2，完成催化循环。当 iFMO 是电子占据轨道时，催化遵循最高占据轨道（the highest occupied molecular orbital，HOMO）所介导的机制 [图 6.28（c）]：纳米材料首先传递电子给 $O_2^{\cdot-}$ 形成 H_2O_2，然后再从另一 $O_2^{\cdot-}$ 处得到电子形成 O_2，完成催化循环。对于费米能级位于 SOD 活性范围，或者 HOMO 和 LUMO 同时位于 SOD 活性范围之间的纳米材料，两种催化过程都可发生。

6.4.2　吸附能判据

如图 6.29（a）所示，与天然 SOD 酶的特异性不同，纳米材料表面上 $O_2^{\cdot-}$ 可能发生的过程至少有 5 种，其中包含 1 个主反应和 4 个竞争性副反应，不同反应产物达到热力学平衡时符合统计规律 [式（6.20）]。式中将模拟 SOD 催化的反应标记为主反应 1，其余竞争性副反应标记为 i（$i = 2 \sim 4$）。在 SOD 型纳米酶催化过程中，需要达到热力学平衡时，主反应所占分数 x_1 应不低于 0.5 才能确保材料表现出 SOD 活性。当 pH = 7 时，通过研究反应能与吸附能之间的关系，则可简化为：$E_{ads,OH} >$ –2.7 eV 和 $E_{ads,H} >$ –3.4 eV，其中 $E_{ads,OH}$ 和 $E_{ads,H}$ 分别为氢氧和氢在纳米材料表面的吸附能 [图 6.29（b）]。

---

❶ 价带顶：费米能级以下，价带能量最高的地方；导带底：费米能级以上，导带能量最低的地方。

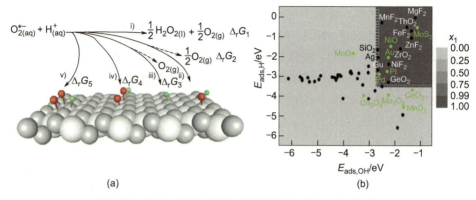

图 6.29　SOD 纳米酶催化的吸附能判据（改编自文献 [115]）

$$x_1 = \frac{e^{\frac{\Delta_r G_1}{RT}}}{\sum\limits_{i=1}^{5} e^{\frac{\Delta_r G_i}{RT}}} \qquad (6.20)$$

式中，x_1 为通过反应 1（主反应）发生转化的 $O_2^{\cdot-}$ 比例；e 为自然对数的底数；R 为摩尔气体常数；$\Delta_r G_i$ 为 i（$i=2\sim4$）反应的吉布斯自由能变化。

通过能级判据和吸附能判据，可以解释已发现的具有类 SOD 活性的纳米材料的催化能力。下面举例来具体说明这两条判据的应用：如以不同取代基的对苯二甲酸为配体制备了 MIL-53(Fe)-X（X = NH$_2$、CH$_3$、H、HO、F、Cl、Br 或 NO$_2$），研究其类 SOD 活性与还原电位的关系。实验测量表明：MIL-53(Fe)-X 的还原电位 φ[MIL-53(Fe)-X] 为 0.28 V（X = NH$_2$）和 0.31 V（X = NO$_2$），两者均落在 $\varphi(O_2/O_2^{\cdot-})$（−0.16 V）与 $\varphi(H^+/H_2O_2)$（0.94 V）之间，符合能级判据。同时，它们的 $E_{ads,H}$ 均在 −2.7 eV 和 −2.9 eV 之间，且 $E_{ads,OH}$ 均在 −2.3 eV 和 −2.5 eV 之间，刚好也位于理论提出的 SOD 活性范围内，符合吸附能判据。而 MIL-47(V)-X 的还原电位和吸附能均不在 SOD 活性范围内，实验证明其 SOD 活性较弱，符合这两条判据。

拓展阅读

Sheng, Y.; Abreu, I. A.; Cabelli, D. E.; Maroney, M. J.; Miller, A.-F.; Teixeira, M.; Valentine, J. S. Superoxide dismutases and superoxide reductases. *Chem. Rev.* **2014**, 114 (7), 3854-3918.

参考文献

[1]　Zuo, L.; Otenbaker, N. P.; Rose, B. A.; Salisbury, K. S. Molecular mechanisms of reactive oxygen species-related pulmonary inflammation and asthma. *Mol. Immunol.* **2013**, *56*, 57-63.

[2]　Cheung, E. C.; Vousden, K. H. The role of ROS in tumour development and progression. *Nat.*

Rev. Cancer **2022**, *22*, 280-297.

[3]　Zuo, L.; Rose, B. A.; Roberts, W. J.; He, F.; Banes-Berceli, A. K. Molecular characterization of reactive oxygen species in systemic and pulmonary hypertension. *Am. J. Hypertens.* **2014**, *27*, 643-650.

[4]　Lee Mosley, R.; Benner, E. J.; Kadiu, I.; Thomas, M.; Boska, M. D.; Hasan, K.; Laurie, C.; Gendelman, H. E. Neuroinflammation, oxidative stress, and the pathogenesis of Parkinson's disease. *Clini. Neurosci. Res.* **2006**, *6*, 261-281.

[5]　Stadtman, E. R. Protein Oxidation and Aging. *Science* **1992**, *257*, 1220-1224.

[6]　Koppenol, W. H.; Butler, J. Mechanism of reactions involving singlet oxygen and the superoxide anion. *FEBS Lett.* **1977**, *83*, 1-6.

[7]　Allen, R. G.; Tresini, M. Oxidative stress and gene regulation. *Free Radical Biol. Med.* **2000**, *28*, 463-499.

[8]　Tschopp, J. Mitochondria: Sovereign of inflammation? *Eur. J. Immunol.* **2011**, *41*, 1196-1202.

[9]　Sheng, Y.; Abreu, I. A.; Cabelli, D. E.; Maroney, M. J.; Miller, A. F.; Teixeira, M.; Valentine, J. S. Superoxide Dismutases and Superoxide Reductases. *Chem. Rev.* **2014**, *114*, 3854-3918.

[10]　Abreu, I. A.; Cabelli, D. E. Superoxide dismutases: A review of the metal-associated mechanistic variations. *Biochim. Biophys. Acta, Proteins Proteomics* **2010**, *1804*, 263-274.

[11]　Koppenol, W. H.; Stanbury, D. M.; Bounds, P. L. Electrode potentials of partially reduced oxygen species, from dioxygen to water. *Free Radical Biol. Med.* **2010**, *49*, 317-322.

[12]　McCord, J. M.; Fridovich, I. Superoxide dismutase: An enzymic function for erythrocuprein (hemocuprein). *J. Biol. Chem.* **1969**, *244*, 6049-6055.

[13]　Valentine, J. S.; Doucette, P. A.; Zittin Potter, S. Copper-zinc superoxide dismutase and amyotrophic lateral sclerosis. *Annu. Rev. Biochem.* **2005**, *74*, 563-593.

[14]　Fisher, C. L.; Cabelli, D. E.; Tainer, J. A.; Hallewell, R. A.; Getzoff, E. D. The role of arginine 143 in the electrostatics and mechanism of Cu, Zn superoxide dismutase: Computational and experimental evaluation by mutational analysis. *Proteins Struct. Funct. Bioinf.* **1994**, *19*, 24-34.

[15]　Getzoff, E. D.; Cabelli, D. E.; Fisher, C. L.; Parge, H. E.; Viezzoli, M. S.; Banci, L.; Hallewell, R. A. Faster superoxide dismutase mutants designed by enhancing electrostatic guidance. *Nature* **1992**, *358*, 347-351.

[16]　Bray, R. C.; Cockle, S. A.; Fielden, E. M.; Roberts, P. B.; Rotilio, G.; Calabrese, L. Reduction and inactivation of superoxide dismutase by hydrogen peroxide. *Biochem. J.* **1974**, *139*, 43-48.

[17]　Keele, B. B.; McCord, J. M.; Fridovich, I. Superoxide dismutase from escherichia coli B: A new manganese-containing enzyme. *J. Biol. Chem.* **1970**, *245*, 6176-6181.

[18]　McAdam, M. E.; Fox, R. A.; Lavelle, F.; Fielden, E. M. A pulse-radiolysis study of the manganese-containing superoxide dismutase from Bacillus stearothermophilus. A kinetic model for the enzyme action. *Biochem. J.* **1977**, *165*, 71-79.

[19] Pick, M.; Rabani, J.; Yost, F.; Fridovich, I. Catalytic mechanism of the manganese-containing superoxide dismutase of Escherichia coli studied by pulse radiolysis. *J. Am. Chem. Soc.* **1974**, *96*, 7329-7333.

[20] Bull, C.; Niederhoffer, E. C.; Yoshida, T.; Fee, J. A. Kinetic studies of superoxide dismutases: properties of the manganese-containing protein from Thermus thermophilus. *J. Am. Chem. Soc.* **1991**, *113*, 4069-4076.

[21] Zhang, X.; Zhang, D.; Xiang, L.; Wang, Q. MnSOD functions as a thermoreceptor activated by low temperature. *J. Inorg. Biochem.* **2022**, *229*, 111745.

[22] Lah, M. S.; Dixon, M. M.; Pattridge, K. A.; Stallings, W. C.; Fee, J. A.; Ludwig, M. L. Structure-function in Escherichia coli iron superoxide dismutase: Comparisons with the manganese enzyme from Thermus thermophilus. *Biochemistry* **1995**, *34*, 1646-1660.

[23] Yost, F. J.; Fridovich, I. An iron-containing superoxide dismutase from escherichia coli. *J. Biol. Chem.* **1973**, *248*, 4905-4908.

[24] Stallings, W. C.; Pattridge, K. A.; Strong, R. K.; Ludwig, M. L. Manganese and iron superoxide dismutases are structural homologs. *J. Biol. Chem.* **1984**, *259*, 10695-10699.

[25] Vance, C. K.; Miller, A. F. A Simple proposal that can explain the inactivity of metal-substituted superoxide dismutases. *J. Am. Chem. Soc.* **1998**, *120*, 461-467.

[26] Vance, C. K.; Miller, A. F. Novel insights into the basis for escherichia coli superoxide dismutase's metal ion specificity from Mn-substituted FeSOD and its very high E_m. *Biochemistry* **2001**, *40*, 13079-13087.

[27] Youn, H. D.; Kim Ej Fau - Roe, J. H.; Roe Jh Fau - Hah, Y. C.; Hah Yc Fau - Kang, S. O.; Kang, S. O. A novel nickel-containing superoxide dismutase from Streptomyces spp. *Biochem. J.* **1996**, *318*, 889-896.

[28] Maroney, M. J. Structure/function relationships in nickel metallobiochemistry. *Curr. Opin. Chem. Biol.* **1999**, *3*, 188-199.

[29] Zilbermann, I.; Maimon, E.; Cohen, H.; Meyerstein, D. Redox chemistry of nickel complexes in aqueous solutions. *Chem. Rev.* **2005**, *105*, 2609-2626.

[30] Pelmenschikov, V.; Siegbahn, P. E. M. Nickel superoxide dismutase reaction mechanism studied by hybrid density functional methods. *J. Am. Chem. Soc.* **2006**, *128*, 7466-7475.

[31] Prabhakar, R.; Morokuma, K.; Musaev, D. G. A DFT study of the mechanism of Ni superoxide dismutase (NiSOD): Role of the active site cysteine-6 residue in the oxidative half-reaction. *J. Comput. Chem.* **2006**, *27*, 1438-1445.

[32] Krishna, M. C.; Grahame, D. A.; Samuni, A.; Mitchell, J. B.; Russo, A. Oxoammonium cation intermediate in the nitroxide-catalyzed dismutation of superoxide. *Proc. Natl. Acad. Sci. U.S.A.* **1992**, *89*, 5537-5541.

[33] Krishna, M. C.; DeGraff, W.; Hankovszky, O. H.; Sár, C. P.; Kálai, T.; Jekő, J.; Russo, A.; Mitchell, J. B.; Hideg, K. Studies of structure-activity relationship of nitroxide free radicals and their precursors as modifiers against oxidative damage. *J. Med. Chem.* **1998**, *41*, 3477-

3492.

[34] Barton, D. H. R.; Le Gloahec, V. N.; Smith, J. Study of a new reaction: trapping of peroxyl radicals by TEMPO. *Tetrahedron Lett.* **1998**, *39*, 7483-7486.

[35] Samuni, A.; Winkelsberg, D.; Pinson, A.; Hahn, S. M.; Mitchell, J. B.; Russo, A. Nitroxide stable radicals protect beating cardiomyocytes against oxidative damage. *J. Clin. Invest.* **1991**, *87*, 1526-1530.

[36] Hahn, S. M.; DeLuca A. M.; Coffin, D.; Krishna, C. M.; Mitchell, J. B. In vivo radioprotection and effects on blood pressure of the stable free radical nitroxides. *Int. J. Radiat. Oncol. Biol. Phys.* **1998**, *42*, 839-842.

[37] Dhanasekaran, A.; Kotamraju, S.; Karunakaran, C.; Kalivendi, S. V.; Thomas, S.; Joseph, J.; Kalyanaraman, B. Mitochondria superoxide dismutase mimetic inhibits peroxide-induced oxidative damage and apoptosis: Role of mitochondrial superoxide. *Free Radical Biol. Med.* **2005**, *39*, 567-583.

[38] Monti, E.; Cova, D.; Guido, E.; Morelli, R.; Oliva, C. Protective effect of the nitroxide tempol against the cardiotoxicity of adriamycin. *Free Radical Biol. Med.* **1996**, *21*, 463-470.

[39] Soule, B. P.; Hyodo F.; Matsumoto, K.-I.; Simone, N. L.; Cook, J. A.; Krishna, M. C.; Mitchell, J. B. Therapeutic and clinical applications of nitroxide compounds. *Antioxid. Redox Signaling* **2007**, *9*, 1731-1743.

[40] Floyd, R. A.; Kopke R, D.; Choi, C, H; Foster, S. B.; Doblas, S.; Towner, R. A. Nitrones as therapeutics. *Free Radical Biol. Med.* **2008**, *45*, 1361-1374.

[41] Gariboldi, M. B.; Rimoldi, V.; Supino, R.; Favini, E.; Monti, E. The nitroxide tempol induces oxidative stress, p21$^{WAF1/CIP1}$, and cell death in HL60 cells. *Free Radical Biol. Med.* **2000**, *29*, 633-641.

[42] Yamamoto, K.; Kawanishi, S. Site-specific DNA damage induced by hydrazine in the presence of manganese and copper ions. The role of hydroxyl radical and hydrogen atom. *J. Biol. Chem.* **1991**, *266*, 1509-1515.

[43] Pasternack, R. F.; Halliwell, B. Superoxide dismutase activities of an iron porphyrin and other iron complexes. *J. Am. Chem. Soc.* **1979**, *101*, 1026-1031.

[44] Batinić-Haberle, I.; Rebouças, J. S.; Spasojević, I. Superoxide dismutase mimics: chemistry, pharmacology, and therapeutic potential. *Antioxid. Redox Signaling* **2010**, *13*, 877-918.

[45] Batinić-Haberle, I.; Spasojević, I.; Hambright, P.; Benov, L.; Crumbliss, A. L.; Fridovich, I. Relationship among redox potentials, proton dissociation constants of pyrrolic nitrogens, and in vivo and in vitro superoxide dismutating activities of manganese(Ⅲ) and iron(Ⅲ) water-soluble porphyrins. *Inorg. Chem.* **1999**, *38*, 4011-4022.

[46] Leon, B.; Jiuyang, H.; Minmin, L.; Wolfgang, T. Functional superoxide dismutase mimics become diverse: from simple compounds on prebiotic earth to nanozymes. *Prog. Biochem. Biophys.* **2018**, *45*, 148-169.

[47] Tovmasyan, A.; Sheng, H.; Weitner, T.; Arulpragasam, A.; Lu, M.; Warner, D. S.; Vujaskovic,

Z.; Spasojevic, I.; Batinic-Haberle, I. Design, mechanism of action, bioavailability and therapeutic effects of Mn porphyrin-based redox modulators. *Med. Prin. Pract.* **2012**, *22*, 103-130.

[48] Josefsen, L. B.; Boyle, R. W. Unique diagnostic and therapeutic roles of porphyrins and phthalocyanines in photodynamic therapy, imaging and theranostics. *Theranostics* **2012**, *2*, 916-966.

[49] Spasojević, I.; Chen, Y.; Noel, T. J.; Yu, Y.; Cole, M. P.; Zhang, L.; Zhao, Y.; St. Clair, D. K.; Batinić-Haberle, I. Mn porphyrin-based superoxide dismutase (SOD) mimic, $Mn^{III}TE-2-PyP^{5+}$, targets mouse heart mitochondria. *Free Radical Biol. Med.* **2007**, *42*, 1193-1200.

[50] Pucheu, S.; Boucher, F.; Sulpice, T.; Tresallet, N.; Bonhomme, Y.; Malfroy, B.; de Leiris, J. EUK-8 a synthetic catalytic scavenger of reactive oxygen species protects isolated iron-overloaded rat heart from functional and structural damage induced by ischemia/reperfusion. *Cardiovasc. Drugs Ther.* **1996**, *10*, 331-339.

[51] Jung, C.; Rong, Y.; Doctrow, S.; Baudry, M.; Malfroy, B.; Xu, Z. Synthetic superoxide dismutase/catalase mimetics reduce oxidative stress and prolong survival in a mouse amyotrophic lateral sclerosis model. *Neurosci. Lett.* **2001**, *304*, 157-160.

[52] Salvemini, D.; Riley, D. P.; Cuzzocrea, S. Sod mimetics are coming of age. *Nat. Rev. Drug Discovery* **2002**, *1*, 367-374.

[53] Pei, F.; He, Y. F.; Li, X. X.; Wang, R. M.; Li, G.; Zhao, T. T. SOD mimics based on macromolecules. *Prog. Chem.* **2013**, *25*, 340-349.

[54] Geng, H.; Zhong, Q. Z.; Li, J.; Lin, Z.; Cui, J.; Caruso, F.; Hao, J. Metal ion-directed functional metal-phenolic materials. *Chem. Rev.* **2022**, *122*, 11432-11473.

[55] Rodríguez-Arce, E.; Saldías, M. Antioxidant properties of flavonoid metal complexes and their potential inclusion in the development of novel strategies for the treatment against neurodegenerative diseases. *Biomed. Pharmacother.* **2021**, *143*, 112236.

[56] Ibrahim, H. R.; Hoq, M. I.; Aoki, T. Ovotransferrin possesses SOD-like superoxide anion scavenging activity that is promoted by copper and manganese binding. *Int. J. Biol. Macromol.* **2007**, *41*, 631-640.

[57] Achard-Joris, M.; Moreau, J. L.; Lucas, M.; Baudrimont, M.; Mesmer-Dudons, N.; Gonzalez, P.; Boudou, A.; Bourdineaud, J.-P. Role of metallothioneins in superoxide radical generation during copper redox cycling: Defining the fundamental function of metallothioneins. *Biochimie* **2007**, *89*, 1474-1488.

[58] Olinescu, R. M.; Kummerow, F. A. Fibrinogen is an efficient antioxidant. *J. Nutr. Biochem.* **2001**, *12*, 162-169.

[59] Hulea, S. A.; Wasowicz, E.; Kummerow, F. A. Inhibition of metal-catalyzed oxidation of low-density lipoprotein by free and albumin-bound bilirubin. *Biochim. Biophys. Acta, Lipids Lipid Metab.* **1995**, *1259*, 29-38.

[60] Brown, D. R.; Wong, B. S.; Hafiz, F.; Clive, C.; Haswell, S. J.; Jones, I. M. Normal prion

protein has an activity like that of superoxide dismutase. *Biochem. J.* **1999**, *344*, 1-5.

[61] Oliveri, V.; Vecchio, G. A novel artificial superoxide dismutase: Non-covalent conjugation of albumin with a Mn^Ⅲ salophen type complex. *Eur. J. Med. Chem.* **2011**, *46*, 961-965.

[62] D'Agnillo, F.; Chang, T. M. S. Polyhemoglobin-superoxide dismutase-catalase as a blood substitute with antioxidant properties. *Nat. Biotechnol.* **1998**, *16*, 667-671.

[63] Hong, Y. K.; Wu, H. T.; Ma, T.; Liu, W. J.; He, X. J. Effects of glycyrrhiza glabra polysaccharides on immune and antioxidant activities in high-fat mice. *Int. J. Biol. Macromol.* **2009**, *45*, 61-64.

[64] Prochowicz, D.; Kornowicz, A.; Lewiński, J. Interactions of native cyclodextrins with metal ions and inorganic nanoparticles: fertile landscape for chemistry and materials science. *Chem. Rev.* **2017**, *117*, 13461-13501.

[65] Fu, H.; Zhou, Y. H.; Chen, W. L.; Deqing, Z. G.; Tong, M. L.; Ji, L. N.; Mao, Z. W. Complexation, structure, and superoxide dismutase activity of the imidazolate-bridged dinuclear copper moiety with β-cyclodextrin and its guanidinium-containing derivative. *J. Am. Chem. Soc.* **2006**, *128*, 4924-4925.

[66] Puglisi, A.; Tabbì, G.; Vecchio, G. Bioconjugates of cyclodextrins of manganese salen-type ligand with superoxide dismutase activity. *J. Inorg. Biochem.* **2004**, *98*, 969-976.

[67] Oliveri, V.; Puglisi, A.; Vecchio, G. New conjugates of β-cyclodextrin with manganese(ⅲ) salophen and porphyrin complexes as antioxidant systems. *Dalton Trans.* **2011**, *40*, 2913-2919.

[68] Yu, S.; Huang, X.; Miao, L.; Zhu, J.; Yin, Y.; Luo, Q.; Xu, J.; Shen, J.; Liu, J. A supramolecular bifunctional artificial enzyme with superoxide dismutase and glutathione peroxidase activities. *Bioorg. Chem.* **2010**, *38*, 159-164.

[69] Zhang, Q.; Tao, H.; Lin, Y.; Hu, Y.; An, H.; Zhang, D.; Feng, S.; Hu, H.; Wang, R.; Li, X.; Zhang, J. A superoxide dismutase/catalase mimetic nanomedicine for targeted therapy of inflammatory bowel disease. *Biomaterials* **2016**, *105*, 206-221.

[70] Nakaoka, R.; Tabata, Y.; Yamaoka, T.; Ikada, Y. Prolongation of the serum half-life period of superoxide dismutase by poly(ethylene glycol) modification. *J. Controlled Release* **1997**, *46*, 253-261.

[71] Alford, A.; Kozlovskaya, V.; Xue, B.; Gupta, N.; Higgins, W.; Pham-Hua, D.; He, L. L.; Urban, V. S.; Tse, H. M.; Kharlampieva, E. Manganoporphyrin-Polyphenol Multilayer Capsules as Radical and Reactive Oxygen Species (ROS) Scavengers. *Chem. Mater.* **2018**, *30*, 344-357.

[72] Akbarzadeh, A.; Rezaei-Sadabady, R.; Davaran, S.; Joo, S. W.; Zarghami, N.; Hanifehpour, Y.; Samiei, M.; Kouhi, M.; Nejati-Koshki, K. Liposome: classification, preparation, and applications. *Nanoscale Res. Lett.* **2013**, *8*, 102.

[73] Umakoshi, H.; Morimoto, K.; Ohama, Y.; Nagami, H.; Shimanouchi, T.; Kuboi, R. Liposome modified with Mn-porphyrin complex can simultaneously induce antioxidative enzyme-like

activity of both superoxide dismutase and peroxidase. *Langmuir* **2008**, *24*, 4451-4455.

[74] Kawakami, H.; Hiraka, K.; Tamai, M.; Horiuchi, A.; Ogata, A.; Hatsugai, T.; Yamaguchi, A.; Oyaizu, K.; Yuasa, M. pH-sensitive liposome retaining Fe-porphyrin as SOD mimic for novel anticancer drug delivery system. *Polym. Adv. Technol.* **2007**, *18*, 82-87.

[75] Sola, M.; Mestres, J.; Duran, M. Molecular size and pyramidalization: two keys for understanding the reactivity of fullerenes. *J. Phys. Chem.* **1995**, *99*, 10752-10758.

[76] Ali, S. S.; Hardt, J. I.; Dugan, L. L. SOD Activity of carboxyfullerenes predicts their neuroprotective efficacy: a structure-activity study. *Nanomed. Nanotechnol. Biol. Med.* **2008**, *4*, 283-294.

[77] Krusic, P. J.; Wasserman, E.; Keizer, P. N.; Morton, J. R.; Preston, K. F. Radical reactions of C_{60}. *Science* **1991**, *254*, 1183-1185.

[78] Ali, S. S.; Hardt, J. I.; Quick, K. L.; Kim-Han, J. S.; Erlanger, B. F.; Huang, T. T.; Epstein, C. J.; Dugan, L. L. A biologically effective fullerene (C_{60}) derivative with superoxide dismutase mimetic properties. *Free Radical Biol. Med.* **2004**, *37*, 1191-1202.

[79] Witte, P.; Beuerle, F.; Hartnagel, U.; Lebovitz, R.; Savouchkina, A.; Sali, S.; Guldi, D.; Chronakis, N.; Hirsch, A. Water solubility, antioxidant activity and cytochrome C binding of four families of exohedral adducts of C_{60} and C_{70}. *Org. Biomol. Chem.* **2007**, *5*, 3599-3613.

[80] Yin, J. J.; Lao, F.; Fu, P. P.; Wamer, W. G.; Zhao, Y.; Wang, P. C.; Qiu, Y.; Sun, B.; Xing, G.; Dong, J.; Liang, X. J.; Chen, C. The scavenging of reactive oxygen species and the potential for cell protection by functionalized fullerene materials. *Biomaterials* **2009**, *30*, 611-621.

[81] Liu, G. F.; Filipovic, M.; Ivanovic-Burmazovic, I.; Beuerle, F.; Witte, P.; Hirsch, A. High catalytic activity of dendritic C60 monoadducts in metal-free superoxide dismutation. *Angew. Chem. Int. Ed.* **2008**, *47*, 3991-3994.

[82] Lopez-Cantu, D. O.; González-González, R. B.; Melchor-Martínez, E. M.; Martínez, S. A. H.; Araújo, R. G.; Parra-Arroyo, L.; Sosa-Hernández, J. E.; Parra-Saldívar, R.; Iqbal, H. M. N. Enzyme-mimicking capacities of carbon-dots nanozymes: Properties, catalytic mechanism, and applications - A review. *Int. J. Biol. Macromol.* **2022**, *194*, 676-687.

[83] Sun, Y. P.; Zhou, B.; Lin, Y.; Wang, W.; Fernando, K. A. S.; Pathak, P.; Meziani, M. J.; Harruff, B. A.; Wang, X.; Wang, H. F.; Luo, P. J. G.; Yang, H.; Kose, M. E.; Chen, B. L.; Veca, L. M.; Xie, S. Y. Quantum-sized carbon dots for bright and colorful photoluminescence. *J. Am. Chem. Soc.* **2006**, *128*, 7756-7757.

[84] Gao, W.; He, J.; Chen, L.; Meng, X.; Ma, Y.; Cheng, L.; Tu, K.; Gao, X.; Liu, C.; Zhang, M.; Fan, K.; Pang, D. W.; Yan, X. Deciphering the catalytic mechanism of superoxide dismutase activity of carbon dot nanozyme. *Nat. Commun.* **2023**, *14*, 160.

[85] Liu, C.; Fan, W.; Cheng, W. X.; Gu, Y.; Chen, Y.; Zhou, W.; Yu, X. F.; Chen, M.; Zhu, M.; Fan, K.; Luo, Q. Y. Red emissive carbon dot superoxide dismutase nanozyme for bioimaging and ameliorating acute lung injury. *Adv. Funct. Mater.* **2023**, *33*, 2213856.

[86] Ma, W.; Mao, J.; Yang, X.; Pan, C.; Chen, W.; Wang, M.; Yu, P.; Mao, L.; Li, Y. A single-

atom Fe-N$_4$ catalytic site mimicking bifunctional antioxidative enzymes for oxidative stress cytoprotection. *Chem. Commun.* **2018**, *55*, 159-162.

[87]　Cao, F.; Zhang, L.; You, Y.; Zheng, L.; Ren, J.; Qu, X. An enzyme-mimicking single-atom catalyst as an efficient multiple reactive oxygen and nitrogen species scavenger for sepsis management. *Angew. Chem. Int. Ed.* **2020**, *59*, 5108-5115.

[88]　Zhong, J.; Yang, X.; Gao, S.; Luo, J.; Xiang, J.; Li, G.; Liang, Y.; Tang, L.; Qian, C.; Zhou, J.; Zheng, L.; Zhang, K.; Zhao, J. Geometric and electronic structure-matched superoxide dismutase-like and catalase-like sequential single-atom nanozymes for osteoarthritis recession. *Adv. Funct. Mater.* **2022**, *33*, 2209399.

[89]　Fan, K.; Xi, J.; Fan, L.; Wang, P.; Zhu, C.; Tang, Y.; Xu, X.; Liang, M.; Jiang, B.; Yan, X.; Gao, L. In vivo guiding nitrogen-doped carbon nanozyme for tumor catalytic therapy. *Nat. Commun.* **2018**, *9*, 1440.

[90]　Zhang, W. D.; Chavez, J.; Zeng, Z.; Bloom, B.; Sheardy, A.; Ji, Z. W.; Yin, Z. Y.; Waldeck, D. H.; Jia, Z. Q.; Wei, J. J. Antioxidant capacity of nitrogen and sulfur codoped carbon nanodots. *ACS Appl. Nano Mater.* **2018**, *1*, 2699-2708.

[91]　Li, F.; Li, T.; Sun, C.; Xia, J.; Jiao, Y.; Xu, H. Selenium-doped carbon quantum dots for free-radical scavenging. *Angew. Chem. Int. Ed.* **2017**, *56*, 9910-9914.

[92]　Lin, S.; Wei, H. Design of high performance nanozymes: a single-atom strategy. *Sci. China-Life Sci.* **2019**, *62*, 710-712.

[93]　Fenoglio, I.; Tomatis, M.; Lison, D.; Muller, J.; Fonseca, A.; Nagy, J. B.; Fubini, B. Reactivity of carbon nanotubes: free radical generation or scavenging activity? *Free Radical Biol. Med.* **2006**, *40*, 1227-1233.

[94]　Samuel, E. L.; Marcano, D. C.; Berka, V.; Bitner, B. R.; Wu, G.; Potter, A.; Fabian, R. H.; Pautler, R. G.; Kent, T. A.; Tsai, A. L.; Tour, J. M. Highly efficient conversion of superoxide to oxygen using hydrophilic carbon clusters. *Proc. Natl. Acad. Sci. U.S.A.* **2015**, *112*, 2343-2348.

[95]　He, W.; Zhou, Y. T.; Wamer, W. G.; Hu, X.; Wu, X.; Zheng, Z.; Boudreau, M. D.; Yin, J. J. Intrinsic catalytic activity of Au nanoparticles with respect to hydrogen peroxide decomposition and superoxide scavenging. *Biomaterials* **2013**, *34*, 765-773.

[96]　Miao, Z. H.; Jiang, S. S.; Ding, M. L.; Sun, S. Y.; Ma, Y.; Younis, M. R.; He, G.; Wang, J. G.; Lin, J.; Cao, Z.; Huang, P.; Zha, Z. B. Ultrasmall rhodium nanozyme with RONS scavenging and photothermal activities for anti-inflammation and antitumor theranostics of colon diseases. *Nano Lett.* **2020**, *20*, 3079-3089.

[97]　Wang, J. Y.; Mu, X.; Li, Y.; Xu, F.; Long, W.; Yang, J.; Bian, P.; Chen, J.; Ouyang, L.; Liu, H.; Jing, Y.; Wang, J.; Liu, L.; Dai, H.; Sun, Y.; Liu, C.; Zhang, X. D. Hollow PtPdRh nanocubes with enhanced catalytic activities for in vivo clearance of radiation-induced ROS via surface-mediated bond breaking. *Small* **2018**, *14*, 1703736.

[98]　Ge, C.; Fang, G.; Shen, X.; Chong, Y.; Wamer, W. G.; Gao, X.; Chai, Z.; Chen, C.; Yin,

J. J. Facet energy versus enzyme-like activities: The unexpected protection of palladium nanocrystals against oxidative damage. *ACS Nano* **2016**, *10*, 10436-10445.

[99] Shen, X.; Liu, W.; Gao, X.; Lu, Z.; Wu, X.; Gao, X. Mechanisms of oxidase and superoxide dismutation-like activities of gold, silver, platinum, and palladium, and their alloys: A general way to the activation of molecular oxygen. *J. Am. Chem. Soc.* **2015**, *137*, 15882-15891.

[100] Dong, J.; Song, L.; Yin, J. J.; He, W.; Wu, Y.; Gu, N.; Zhang, Y. Co₃O₄ nanoparticles with multi-enzyme activities and their application in immunohistochemical assay. *ACS Appl. Mater. Interfaces* **2014**, *6*, 1959-1970.

[101] Mu, J.; Zhao, X.; Li, J.; Yang, E. C.; Zhao, X. J. Novel hierarchical NiO nanoflowers exhibiting intrinsic superoxide dismutase-like activity. *J. Mater. Chem. B* **2016**, *4*, 5217-5221.

[102] Liu, T.; Xiao, B.; Xiang, F.; Tan, J.; Chen, Z.; Zhang, X.; Wu, C.; Mao, Z.; Luo, G.; Chen, X.; Deng, J. Ultrasmall copper-based nanoparticles for reactive oxygen species scavenging and alleviation of inflammation related diseases. *Nat. Commun.* **2020**, *11*, 2788.

[103] Singh, N.; Savanur, M. A.; Srivastava, S.; D'Silva, P.; Mugesh, G. A redox modulatory Mn₃O₄ nanozyme with multi-enzyme activity provides efficient cytoprotection to human cells in a parkinson's disease model. *Angew. Chem., Int. Ed.* **2017**, *56*, 14267-14271.

[104] Yao, J.; Cheng, Y.; Zhou, M.; Zhao, S.; Lin, S.; Wang, X.; Wu, J.; Li, S.; Wei, H. ROS scavenging Mn₃O₄ nanozymes for in vivo anti-inflammation. *Chem. Sci.* **2018**, *9*, 2927-2933.

[105] Feng, W.; Han, X.; Hu, H.; Chang, M.; Ding, L.; Xiang, H.; Chen, Y.; Li, Y. 2D vanadium carbide MXenzyme to alleviate ROS-mediated inflammatory and neurodegenerative diseases. *Nat. Commun.* **2021**, *12*, 2203.

[106] Chen, T.; Zou, H.; Wu, X.; Liu, C.; Situ, B.; Zheng, L.; Yang, G. Nanozymatic Antioxidant System Based on MoS₂ Nanosheets. *ACS Appl. Mater. Interfaces* **2018**, *10*, 12453-12462.

[107] Korsvik, C.; Patil, S.; Seal, S.; Self, W. T. Superoxide dismutase mimetic properties exhibited by vacancy engineered ceria nanoparticles. *Chem. Commun.* **2007**, 1056-1058.

[108] Wang, Z.; Shen, X.; Gao, X.; Zhao, Y. Simultaneous enzyme mimicking and chemical reduction mechanisms for nanoceria as a bio-antioxidant: a catalytic model bridging computations and experiments for nanozymes. *Nanoscale* **2019**, *11*, 13289-13299.

[109] Zhang, C.; Yu, Y.; Shi, S.; Liang, M.; Yang, D.; Sui, N.; Yu, W. W.; Wang, L.; Zhu, Z. Machine Learning guided discovery of superoxide dismutase nanozymes for androgenetic alopecia. *Nano Lett.* **2022**, *22*, 8592-8600.

[110] Zhang, W.; Hu, S.; Yin, J. J.; He, W.; Lu, W.; Ma, M.; Gu, N.; Zhang, Y. Prussian blue nanoparticles as multienzyme mimetics and reactive oxygen species scavengers. *J. Am. Chem. Soc.* **2016**, *138*, 5860-5865.

[111] Liu, Y.; Cheng, Y.; Zhang, H.; Zhou, M.; Yu, Y.; Lin, S.; Jiang, B.; Zhao, X.; Miao, L.; Wei, C. W.; Liu, Q.; Lin, Y. W.; Du, Y.; Butch, C. J.; Wei, H. Integrated cascade nanozyme catalyzes in vivo ROS scavenging for anti-inflammatory therapy. *Sci. Adv.* **2020**, *6*, eabb2695.

[112]　Chao, D.; Dong, Q.; Yu, Z.; Qi, D.; Li, M.; Xu, L.; Liu, L.; Fang, Y.; Dong, S. Specific nanodrug for diabetic chronic wounds based on antioxidase-mimicking MOF-818 nanozymes. *J. Am. Chem. Soc.* **2022**, *144*, 23438-23447.

[113]　Wu, T.; Huang, S.; Yang, H.; Ye, N.; Tong, L.; Chen, G.; Zhou, Q.; Ouyang, G. Bimetal biomimetic engineering utilizing metal-organic frameworks for superoxide dismutase mimic. *ACS Mater. Lett.* **2022**, *4*, 751-757.

[114]　Huang, X.; Zhang, S.; Tang, Y.; Zhang, X.; Bai, Y.; Pang, H. Advances in metal-organic framework-based nanozymes and their applications. *Coord. Chem. Rev.* **2021**, *449*, 214216.

[115]　Wang, Z.; Wu, J.; Zheng, J. J.; Shen, X.; Yan, L.; Wei, H.; Gao, X.; Zhao, Y. Accelerated discovery of superoxide-dismutase nanozymes via high-throughput computational screening. *Nat. Commun.* **2021**, *12*, 6866.

第 **7** 章 水解酶

7.1 典型水解酶

水解酶（hydrolase）是催化水解反应的一类酶的总称。常见的水解酶有蛋白酶（protease）、磷酸酯酶（phosphoesterase）、脂肪酶（lipase）、糖苷酶（glycosidase）和核酸酶（nuclease）等。由于水解酶的多功能性和多样性，它们不仅在生命系统中发挥作用，同时也在化学武器降解和污染物降解等方面发挥作用。例如 α-胰凝乳蛋白酶参与许多关键的生理过程，包括消化、止血等 [1]；有机磷水解酶是一种同源二甲基酶，可催化有机磷农药和神经毒剂的水解 [2]；PET 水解酶将聚对苯二甲酸乙二醇酯（PET）水解成单-（2-羟乙基）对苯二甲酸（MHET）、对苯二甲酸（TPA）和双-2(羟乙基)对苯二甲酸酯（BHET），为塑料的生物转化提供了一条有效的途径 [3]。

尽管各种水解酶的蛋白质结构和催化机理各不相同，但总的水解反应可以用下面的反应式来表示：

$$A\text{--}B + H_2O \longrightarrow A\text{--}OH + B\text{--}H \tag{7.1}$$

本章主要以 α-胰凝乳蛋白酶和有机磷水解酶为例详细介绍其催化机制。

7.1.1 α-胰凝乳蛋白酶

α-胰凝乳蛋白酶（又称糜蛋白酶原 A）是丝氨酸蛋白酶超家族的"水解酶"成员，是一种消化肽酶，切割 C 端含有芳香族（即酪氨酸、苯丙氨酸、色氨酸）侧链的酰胺键，催化哺乳动物肠道中食物蛋白质的肽键水解。酶原是无活性的酶前体，通过一个或多个肽键的切割被加工成活性酶。胰凝乳蛋白酶原含有 245 个氨基酸残基，在胰腺中合成并分泌到小肠中；胰凝乳蛋白酶原在小肠中的寿命相对较短，在那里被转化为 α-胰凝乳蛋白酶 [4]。

7.1.1.1 α-胰凝乳蛋白酶的结构

以牛 α-胰凝乳蛋白酶为例，其由三条（A、B 和 C）以二硫键相连接的多肽链所组成（图 7.1），其活性部位含有对其催化作用最为关键的"催化三联体"，由三个氨基酸残基（His57、Ser195 和 Asp102）构成。其中 Ser195 充当亲核试剂进攻底物；His57 则是作为广义的酸碱催化剂；Asp102 没有催化作用，但是在其中起到固定 His57 方向的作用，是不可缺少的一部分（图 7.2）。

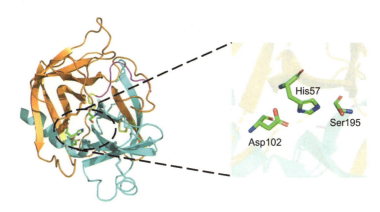

图 7.1　α-胰凝乳蛋白酶的结构（来自 PBD：7GCH）
A 链：紫色；B 链：橙色；C 链：蓝色；二硫键：黄色

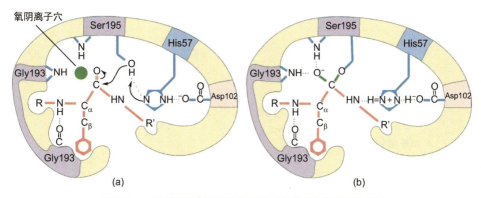

图 7.2　α-胰凝乳蛋白酶活性位点的示意图（改编自文献 [5]）
（a）四面体形的过渡态中间物；（b）四面体过渡态的稳定态

7.1.1.2　α-胰凝乳蛋白酶的催化机理

α-胰凝乳蛋白酶的催化水解机制如图 7.3 所示。该机制为丝氨酸蛋白酶家族特有的机制。首先，活性位点上的 His57 使 Ser195 羟基去质子化，以实现对酰胺羰基的亲核进攻，形成一个四面体过渡态（1），过渡态（1）中有一个氧以氧阴离子的形式存在。表面上看来，碱性较弱的组氨酸 N3 去质子化碱性较强的 Ser195 羟基在热力学上是不可行的。对这种看似矛盾的观点的一种解释是，活性位点"催化三联体"的第三个氨基酸 Asp102 通过与 His57 形成异常强、短、"低势垒氢键"，促进了去质子化反应。在活性位点内氧阴离子向着称为"氧阴离子穴"的相邻区域移动，在那里它与 Gly193（–NH）和 Ser195（–NH）形成氢键，使四面体过渡态得以稳定。其次，酰胺键在下一步反应中裂解，释放底物氨基肽段并形成酰基-酶中间体。接着在下一步反应步骤中，His57 再次充当碱，使水分子去质子化形成羟基；后者进攻丝氨酸酯形成新的四面体过渡态（2）。这一步骤的酰基-酶中间体水解是整个反应的限速步骤。在最后一步，过渡态（2）裂解释放 Ser195-OH 和底物肽链的羧酸部分。

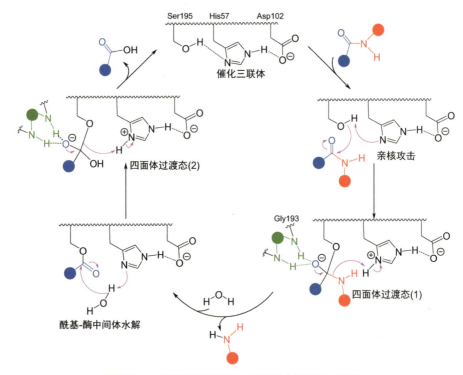

图 7.3　α-胰凝乳蛋白酶催化水解机制（改编自文献 [6]）

7.1.2　有机磷水解酶

有机磷水解酶是磷酸三酯水解酶的亚类，又称芳二烷基磷酸酯酶亚类，是一种水解有机磷化合物的酯酶，它们广泛存在于多种生物体内，由有机磷水解酶基因（*opd*）编码。该酶家族具有广谱的底物特异性，能够断裂 P–O（对氧磷）、P–F（丙氟磷、梭曼和沙林）、P–CN（塔崩）和 P–S [*S*-(2-二异丙基氨乙基)-甲基硫代膦酸乙酯，简称 VX] 化学键 [7]；但有机磷水解酶更倾向于水解对氧磷和其他含 P–O 键的有机磷酸三酯类化合物。此外，有机磷水解酶还有较高的内酯酶活性和较弱的羧酸酯酶活性 [8]。

来自假单胞杆菌的有机磷水解酶分子为同型二聚体［图 7.4（a）］[9]，每个亚单位形成一个扭曲的 α/β 桶，8 个平行的 β 折叠（红色）构成桶，与 14 个 α 螺旋（浅蓝色和橙色）相连［图 7.4（b）］，双核金属中心和活性位点的组氨酸残基位于形成桶的β 折叠的 C-末端部位，在氨基末端还有 2 个反平行 β 折叠（蓝色）［图 7.4（c）］[10]。

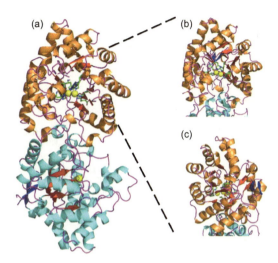

图 7.4　有机磷水解酶结构（来自 PDB：1DPM）
（a）有机磷水解酶二聚体图；（b）（c）蛋白不同视角结构。黄色球代表锌离子，
浅蓝色和橙色代表 α 螺旋，红色和蓝色代表 β 折叠

有机磷水解酶的活性中心有两个 Zn^{2+}（图 7.5）。这两个 Zn^{2+} 直接与位于 α/β 桶中心位置的 β 折叠 C-末端的 5 个氨基酸 ❶（His55、His57、His201、His230 和 Asp301）配位 [9]，构成双 Zn^{2+} 金属核活性中心［图 7.5（b）］。除了与这 5 个氨基酸配位，活性中心的两个 Zn^{2+} 还与 Lys169 的羧基配位，这对于酶活性中心亲核攻击底物"P"中心的亲电子基团极为重要。研究表明这 2 个 Zn^{2+} 可以被 Mn^{2+}、Co^{2+}、Ni^{2+} 或 Cd^{2+} 替代而不会使酶丧失活性 [11]；而且 Co^{2+} 替换 Zn^{2+} 后，有机磷水解酶的水解活性明显增加。此特征与酰胺水解酶（amidohydrolase）家族一致。因此，有机磷水解酶亦被认为是其家族成员之一。

图 7.6 显示了有机磷水解酶水解对氧磷的过程。首先（a）过程中酶活性中心的 Zn^{2+} 去质子化一个水分子，产生的氢氧根与两个 Zn^{2+} 配位并与 Asp301 形成氢键，形成双金属核活性中心；然后（b）过程中 β-Zn^{2+} 脱去结合的水分子，同时底物对氧磷与有机磷水解酶的底物结合位点结合，桥接两个 Zn^{2+} 的氢氧根亲核进攻底物分子中带部分正电荷的磷原子，同时 Asp301 捕获氢氧根上的 H 质子；接着（c）过程中 β-Zn^{2+} 极化对氧磷分子中的磷酰基氧，导致氢氧根与 β-Zn^{2+} 的结合减弱，并远离

---

❶ 蛋白质中氨基酸编号遵循参考文献 [10]。

β-Zn²⁺，随后对氧磷的 P–O 键断裂，释放对硝基酚阴离子；同时形成酶-产物复合物，并以磷酸根阴离子形式桥接两个 Zn²⁺ 阳离子；而 Asp301 失去质子，以羧酸根形式与 α-Zn²⁺ 结合；最后（d）过程中产物被释放，His254 远离活性位点，β-Zn²⁺ 与水分子结合 [图 7.6（a）]，进入催化循环。

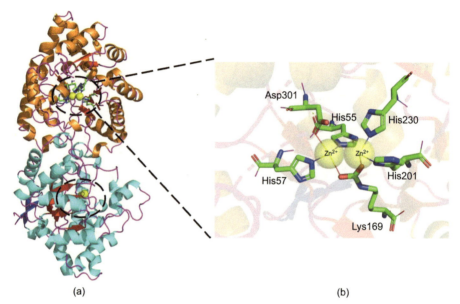

(a)　　　　　　　　　　　　　　　　　　　(b)

图 7.5　有机磷水解酶活性位点结构（来自 PDB：1DPM）
（a）有机磷水解酶二聚体图；（b）有机磷水解酶活性位点

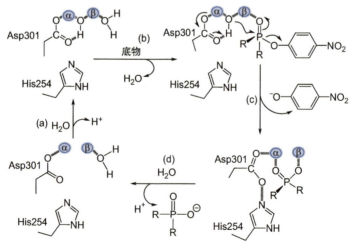

图 7.6　有机磷水解酶的催化机理（α、β 为两个 Zn²⁺）[12]

7.2　典型水解酶模拟酶

前文介绍了 α-胰凝乳蛋白酶和有机磷水解酶的结构及其催化机制。本节介绍水解酶的模拟酶。在水解酶的模拟酶中，模拟蛋白酶的研究较多，其他水解酶的模拟酶研究较少。

7.2.1　胰凝乳蛋白酶模拟酶

研究者长期以来一直试图模拟水解酶。环糊精、瓜素、空泡体和其他大环内活性酯包涵体复合物等被用于模拟水解酶，但这些模拟酶极少能模拟丝氨酸蛋白酶或半胱氨酸蛋白酶活性中心"催化三联体"的功能。原因在于催化三联体活性位点中的每个反应性基团对应于蛋白质主链的不同结构域，这些基团仅在三级结构适当折叠时才组装在一起，因而较难设计或合成出同时满足这些特点的模拟物。

随着对催化三联体活性位点结构的深入了解，研究人员从胰凝乳蛋白酶和天冬氨酰氨基葡糖苷酶中汲取灵感，合成了水解酶模拟物。该化合物利用刚性氨基醇（作为催化二联体）与吡啶二羧酸基氧阴离子穴的结合来模拟胰凝乳蛋白酶和 N-末端水解酶（图 7.7）[13]。

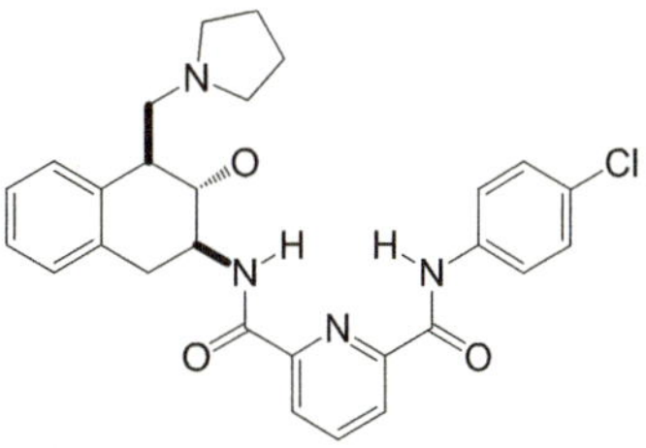

如图 7.8 所示，该水解酶模拟物利用二氢萘骨架的刚性模板来锚定碱性基团、亲核羟基和氧阴离子穴。其中间隔基团（spacer）可提供两个 N-H 和一个芳香族 C-H 作为氢键供体，在反应过程中来稳定产生的过渡态。氧阴离子穴和羟基由两个碳原子分隔开（模拟胰凝乳蛋白酶催化三联体），二氢萘的芳环赋予分子结构稳定性。

图 7.7　水解酶模拟物合成 [13]

催化三联体的经典催化机制中包括丝氨酸或半胱氨酸残基的酰化以及随后酰基中间体水解的步骤（图 7.3）。酰基中间体水解是该反应的限速步骤。针对这一限速步骤中酯键的变化，研究人员评估了该模拟酶催化酯交换反应的能力。如图 7.9 所示，该模拟酶在低负载量（<1%，摩尔分数）时即可催化乙酸乙烯酯和甲醇之间的

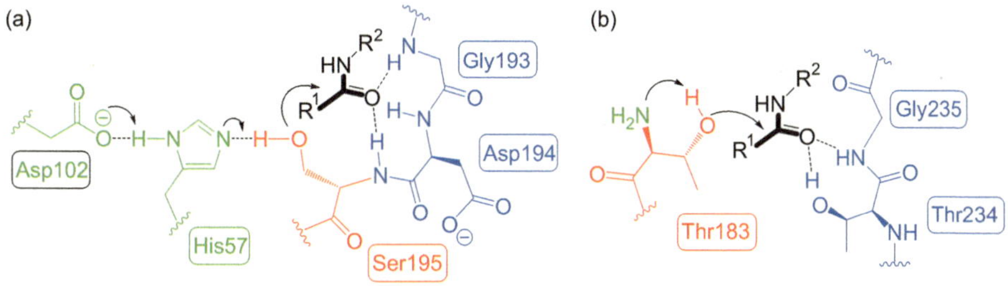

图 7.8

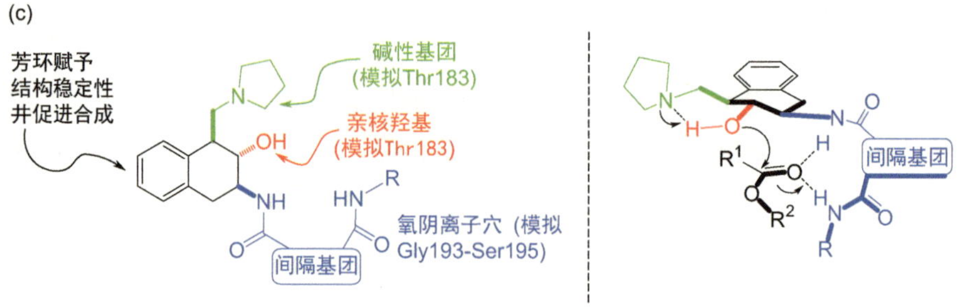

(c)

芳环赋予
结构稳定性
并促进合成

碱性基团
(模拟Thr183)

亲核羟基
(模拟Thr183)

氧阴离子穴 (模拟
Gly193-Ser195)

间隔基团

间隔基团

图 7.8   天然酶活性中心和模拟物的催化位点（改编自文献 [13]）
（a）牛 γ-胰凝乳蛋白酶（PDB：1AB9）活性中心；（b）人天冬氨酰氨基葡糖苷酶
（PDB：1APY）活性中心；（c）模拟酶的催化特性

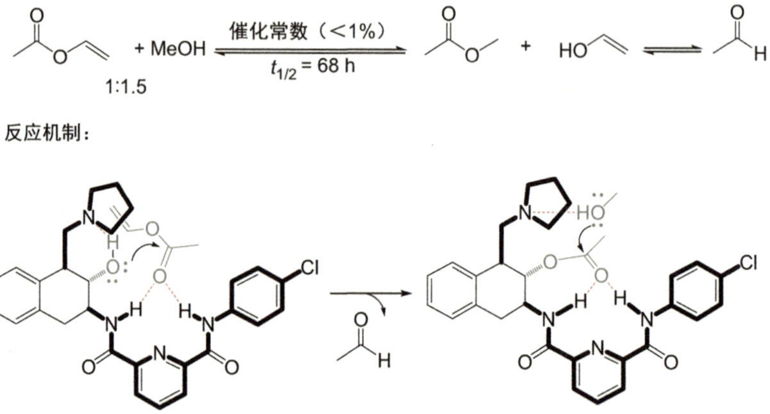

催化常数（<1%）

$t_{1/2}$ = 68 h

1:1.5

+ MeOH

反应机制：

图 7.9   模拟酶催化乙酸乙烯酯的酯交换反应（改编自文献 [13]）

酯交换反应。在 50 ℃ 反应 68 h 后转化率为 20%；而在无模拟酶时，100 h 未检测
到发生酯交换反应 [13]。此外，若将该模拟酶与醋酸乙烯酯混合反应 3 天后可以得到
相应的产物，表明酰基中间体参与了反应机理。

7.2.2   磷酸水解酶模拟酶

目前，对模拟水解酶的肽段，仍利用水解对硝基苯基乙酸酯（p-NPA）来证明
其水解酶活性，而对能水解磷酸底物的磷酸水解酶模拟物的研究并不多。α 螺旋基
序在磷酸酶家族的催化域中普遍存在，特别是在活性位点缺乏金属辅助因子的无金
属磷酸酶中。根据这一结构特性，可从头设计螺旋七肽，使其通过"螺旋七肽→卷
曲螺旋→低聚物→超分子自组装体"的分级自组装，设计合成具有类磷酸酶活性的
七肽组装体（图 7.10）[14]。

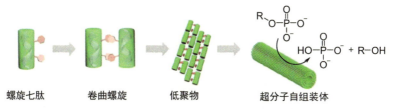

图 7.10 类磷酸酶模拟物示意图（改编自文献 [14]）

在设计的序列中，*a* 和 *d* 位置被疏水性残基占据，*b*、*c*、*e*、*f* 和 *g* 位置被极性残基占据。当七肽折叠成螺旋状态时，疏水残基呈现周期性疏水界面（*a-d* 面"内侧"），并在两个或多个这样的螺旋单元的缔合过程中充当齐聚域。丝氨酸和组氨酸被分配到"外侧"*b* 和 *f* 的位置，因此对螺旋折叠的影响最小。同时考虑到方向，通过交换 Ser 和 His 在 *b* 和 *f* 位置的位置来合成两种变体，从而产生 Hept-SH 和 Hept-HS 两种序列（图 7.11）。

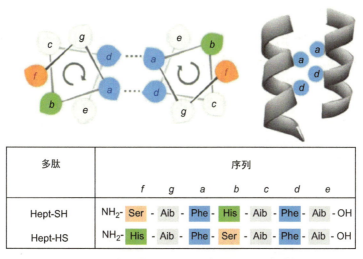

多肽	序列						
	f	*g*	*a*	*b*	*c*	*d*	*e*
Hept-SH	NH₂- Ser	- Aib	- Phe	- His	- Aib	- Phe	- Aib -OH
Hept-HS	NH₂- His	- Aib	- Phe	- Ser	- Aib	- Phe	- Aib -OH

图 7.11 催化螺旋七肽的设计（改编自文献 [14]）

在疏水作用的驱动下，*a-d* 面重复序列中疏水侧链的残基间距非常接近 α 螺旋的典型 3.6 残基重复序列，从而形成两亲螺旋，以右旋方式相互缠绕 [图 7.11、图 7.12（a）]。这种组装结构的存在使得经典水解酶催化三联体的催化基团的引入成为可能。在这个例子中，多肽骨架上引入的丝氨酸（Ser）和组氨酸（His）残基与 C-末端羧基一起形成了催化三联体 [图 7.12（b）、（c）]。

通过相对键能分析表明 [图 7.13（a）]，对硝基苯磷酸二钠（*p*-NPP）中磷酸酯键的裂解所需能量（460.07 kJ/mol）高于 *p*-NPA 中羧酸酯键破坏所需能量（409.52 kJ/mol）。因此，就热力学而言，磷酸酯底物的水解比一般底物要困难得多。

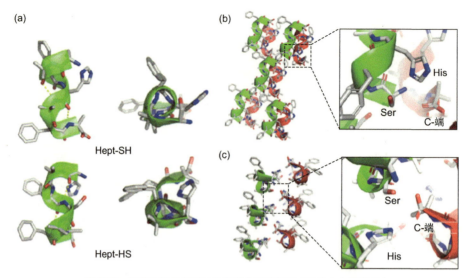

图 7.12 螺旋七肽的螺旋结构和催化活性基团（改编自文献 [14]）

如图 7.13（b）所示，对于一般水解底物 *p*-NPA，螺旋七肽水解 *p*-NPA 的反应遵循典型的米氏方程模型，该模型证实了它们的类酶催化行为。重要的是发现该螺旋七肽可以水解 *p*-NPP［图 7.13（c）］，对 *p*-NPP 的水解反应动力学也符合米氏方程。虽然螺旋七肽的磷酸酯键水解能力比天然酶低几个数量级，但对于模拟酶而言，这仍然是一个突破性的发现，因为它证明了简单地复制天然催化域的螺旋结构就可以模拟磷酸酶的催化功能。

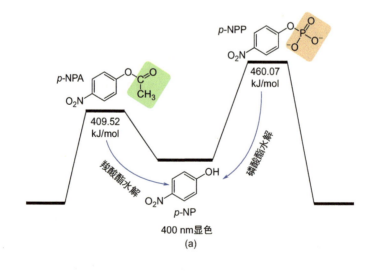

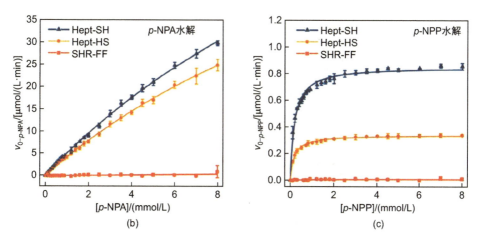

图 7.13　螺旋七肽对 *p*-NPA 和 *p*-NPP 的水解裂解能（a）及相应的水解反应（b、c）[14]
SHR-FF 为不含催化残基的对照多肽，参见文献 [15]

7.3　水解型纳米酶

水解型纳米酶是指具有催化水解酯键、肽键和糖苷键等活性的纳米材料。其在食品加工、化工合成、环境治理、临床治疗等领域均有着广泛的应用前景。此外，由于水解反应是生命体内各项代谢活动中重要且关键的反应之一，水解型纳米酶或能够与天然水解酶相辅相成、互为补充，参与生命体中的重要代谢反应。

在纳米酶研究领域，水解型纳米酶的相关研究相较氧化还原型纳米酶的研究较少（图 7.14）。本节首先介绍现有水解型纳米酶的分类，再进一步介绍构建水解型纳米酶的策略。

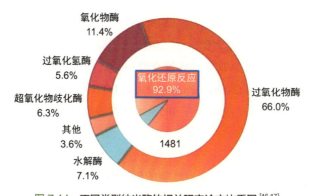

图 7.14　不同类型纳米酶的相关研究论文比重图 [16,17]

7.3.1 水解型纳米酶的分类

类似于天然水解酶，水解型纳米酶也可以根据水解底物或水解化学键的不同进行分类，大致分为四类：水解磷酸酯键的纳米酶、水解碳酸酯键的纳米酶、水解肽键的纳米酶、水解糖苷键的纳米酶。

（1）水解磷酸酯键的纳米酶

水解磷酸酯的纳米酶可以分成两种：水解生物磷酸酯的底物，如腺嘌呤核苷三磷酸（adenosine triphosphate, ATP），腺嘌呤核苷二磷酸（adenosine diphosphate, ADP）等；水解以有机磷化合物为代表的类磷酸酯底物。

铈基金属有机骨架 Ce-UiO-66 具有类腺苷三磷酸双磷酸酶（apyrase）活性，可在生理条件下催化高能磷酸键的水解，调控 ATP 和 ADP 分子的脱磷酸化过程。在脱磷酸化机制中，Ce-UiO-66 活性位点中的 Ce（Ⅳ）和 Ce（Ⅲ）均发挥了重要作用：Ce(Ⅳ)-OH 位点是 ATP 高能磷酸键水解的决定性活性位点，该位点能够活化 ATP 的高能磷酸键，使其更容易受到表面水分子或羟基的亲核进攻，进而发生水解反应；而 Ce(Ⅲ)-OH 位点则作为协同位点，可通过促进水分子的亲核进攻来增强 Ce(Ⅳ)-OH 位点的催化能力，进而提升水解的效率（图 7.15）[18]。在团簇催化的磷酸酯键水解过程中也能观察到 Ce(Ⅲ) 类似的协同作用[19]。

MOF 可用于降解有机磷类农药及化学武器毒素等，其中 UiO-66、UiO-66-NH$_2$、NU-1000、MOF-808 和 M-MFU-4l 等 MOF 材料均被证明可有效催化水解神经毒剂模拟物——4-硝基苯磷酸二甲基酯（DMNP）[20,21]。其催化机制与图 7.15 类似。

（2）水解碳酸酯键的纳米酶

水解碳酸酯键的纳米酶能够催化酯类水解成相应的醇和酸。根据水解底物的不同，水解碳酸酯键的纳米酶有两种：一种是类脂肪酶纳米酶，另一种则是类胆碱酯酶纳米酶。目前暂未发现有关类脂肪酶型纳米酶的报道。

以 Zn^{2+} 为金属节点，2-甲基咪唑为配体的类沸石结构 ZIF-8 具有类乙酰胆碱酯酶活性。研究表明，可以采用埃尔曼（Ellman）方法测定 ZIF-8 的类乙酰胆碱酯酶活性，该方法使用乙酰胆碱类似物——乙酰硫代胆碱（acetylthiocholine，ATCh）作为底物。经过水解反应后，ATCh 的水解产物——硫代胆碱可与 5,5'-二硫代双 (2-硝基苯甲酸) ［5,5'-dithio-bis-(2-nitrobenzoic acid)，DTNB］反应生成黄色的 5-硫代-2-硝基苯甲酸酯，通过检测反应溶液在 405 nm 处的吸收值即可测定纳米酶的类乙酰胆碱酯酶活性（图 7.16）[22]。

（3）水解肽键的纳米酶

与天然蛋白酶或肽酶类似，水解肽键的纳米酶能够催化肽键的断裂，导致多肽或蛋白质的降解。

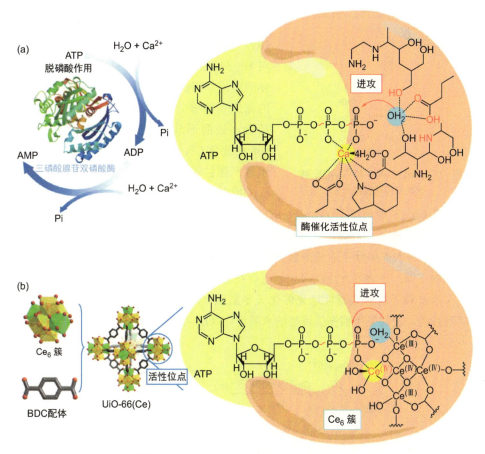

图 7.15　三磷酸腺苷双磷酸酶催化 ATP 的水解过程和去磷酸化机制示意图（a）和
Ce-UiO-66 催化 ATP 的水解和去磷酸化的反应过程示意图（b）[18]

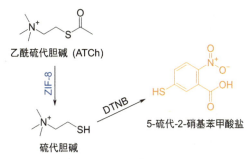

图 7.16　埃尔曼乙酰胆碱酯酶活性测试方法[22]

Zr-MOF-808 可水解多种多肽和蛋清溶菌酶蛋白中的肽键。在对甘氨酸-甘氨酸（Gly-Gly）之间肽键的水解研究中发现，MOF-808 对 Gly-Gly 的水解作用得益于反应活性中间体的形成。Gly-Gly 酰胺键中的氧原子和 N 端的氮原子能够分别与核的两个 Zr（Ⅳ）中心结合，进而形成反应活性中间体[23]。MOF-808 在催化 Gly-Gly 水解的过程中，除了产生水解产物甘氨酸外，还形成了环化的 Gly-Gly［c(Gly-Gly)］副产物（图 7.17）。

图 7.17　MOF-808 对 Gly-Gly 的水解及环化过程[23]

手性 $Cu_{1.96}S$ 纳米粒子（nanoparticles，NPs）在光照下可选择性裂解烟草花叶病毒的蛋白质外壳——衣壳，其催化机理为：在绿光照射下，手性纳米粒子（D-NPs 和 L-NPs）与衣壳多肽所形成的复合物中的电荷分布会发生变化；并且由于纳米粒子手性的不同，光诱导产生的极化场也存在显著的差异。这些差异导致不同手性的 $Cu_{1.96}S$ 纳米粒子能够选择性地光催化天冬酰胺（Asn）101 和脯氨酸（Pro）102 之间的酰胺键，使其发生偏振依赖性的水解反应（图 7.18）[24]。

图 7.18　$Cu_{1.96}S$ 纳米粒子的催化水解示意图[24]

（4）水解糖苷键的纳米酶

由于二糖或多糖物质中单体的不同，糖苷键的种类更为丰富，主要有氧-糖苷键（O-糖苷键）和氮-糖苷键（N-糖苷键）；此外，自然界也存在碳-糖苷键（C-糖苷键）和硫-糖苷键（S-糖苷键）。

水解糖苷键的纳米酶模拟天然糖苷酶，催化二糖或多糖物质水解为单糖。

研究发现，一种含铁的金属植入物可介导糖苷键的水解，其发挥的水解作用并非源于释放的 Fe^{2+}，而是由于植入物的铁丝表面。此外，该金属植入物还能催化葡糖苷酸前体药物水解形成其对应的产物——氟喹诺酮类抗菌药，进而发挥治疗作用[25]。

如表 7.1 所示，若用 R^1、R^2 代表烷基，水解上述化学键的共同点均为水分子中的羟基进攻酯键的中心原子，酯断开 C–O 或 C–N 单键，水分子断开 H–O 单键，随后在 R^1CO 或 R^1NO 处连接上一个羟基（–OH），并在 R^2O– 处连接上一个氢原子。即便如此，不同酯键的水解反应难易亦会不同。

表 7.1　水解酶的分类及反应示意图 [16]

水解反应示意图	水解酶
	酯酶 脂肪酶
	磷酸酶 核酸酶 磷酸二酯酶
	蛋白酶 肽酶 酰胺酶
	糖苷酶

7.3.2　基于模拟材料的分类

根据文献数据统计，碳、金属（含双金属）、金属氢氧化物、金属氧化物、MOF 和复合材料等均可模拟水解酶，其中占比数量排名前三位的分别为 MOF、金属和复合材料。

目前，这些材料用于模拟磷酸酯酶的频率最高，其次为核酸酶、酯酶、蛋白酶和糖苷酶（截至目前有关采用纳米酶模拟糖苷酶的工作仅有 2 篇，暂未统计至图 7.19 中）。

7.3.3　水解型纳米酶的构建策略

构建水解型纳米酶的策略大致可以分为如下几类。

7.3.3.1　以金属氧化物簇为代表的超分子作用策略

金属氧簇（metal-oxo clusters，MOC）是一类具有催化性质的无机簇合物，其具有单分散性、结构明确等优点，可用于开发催化剂、电子和光化学器件 [26]。MOC 可由简单含氧酸盐在一定的 pH 条件下缩合脱水生成，由一种含氧酸盐缩合脱水得到的 MOC 称为同多酸；而由两种或两种以上不同含氧酸盐通过缩合脱水生成的 MOC 称为杂多酸（polyoxometallates，POM）。

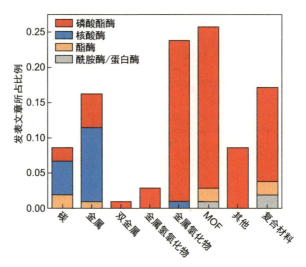

图 7.19　不同种类材料可模拟的水解酶类型概率直方图[16]

已有研究表明，MOC 可以有效模拟蛋白酶，其选择性催化蛋白质水解的机理为路易斯酸活化机理（图 7.20）：首先，MOC 在水分子的作用下发生解离并形成催化活性物种 A；随后，活性物种 A 可与二肽（Gly-Gly，GG）通过不同的配位方式快速形成中间体 B，其中，最主要的一种配位方式为通过二肽氮端的氨基和酰胺键的羰基氧与二肽进行螯合，形成主要活性配合物 C；在活性配合物 C 中，二肽酰胺羰基的协同路易斯酸活化和碳端羧基辅助水分子去质子化能够降低水分子亲核进攻的能垒，促进肽键的水解。与 Zr-MOF-808 对 GG 的水解过程类似，MOC 对 GG 的催化过程也产生了环化二肽产物［c(Gly-Gly)］[26]。

常见的 MOCs 金属中心主要有钒（V）、锌（Zn）、钼（Mo）、锆（Zr）、铪（Hf）、钨（W）、钛（Ti）、铜（Cu）和铈（Ce）等。

通过构建具有与天然酶相同金属中心或其他金属中心的 MOC，实现 MOC 与水解底物之间的相互作用，催化对底物的水解作用。

7.3.3.2　以 MOF 为代表的模拟酶仿生策略

仿生策略，顾名思义，通过模拟天然酶的活性位点中心或配位环境，设计出具有高活性甚至高选择性的纳米酶。采用这一策略构建水解型纳米酶的思路大体可总结为两步：①选择合适的模拟骨架以嵌入高活性位点；②筛选合适的活性位点以激活水解底物。

在模拟酶骨架部分中，前文已经讨论了适用于模拟水解酶的现有骨架类型，其中，MOF 材料因具有如下优势而被认为是模拟水解酶的理想骨架：

① 大部分 MOF 的半反应时间（$t_{1/2}$，达到 50% 转化率所需的时间）短；

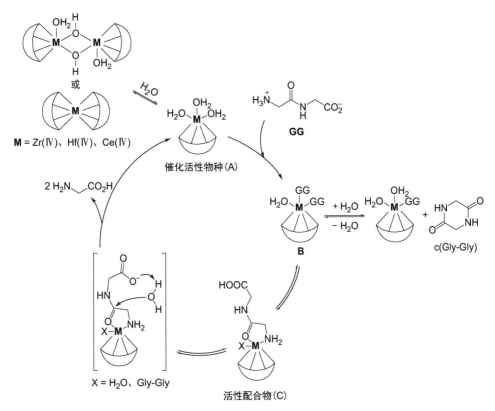

图 7.20　金属氧簇催化肽键水解的机制[26]

② 高比表面积和孔隙率；

③ 具有类似于天然酶的一级、二级配位环境❶[27,28]；

④ 可调控范围广，包括对中心离子进行掺杂/改性、改变配体长度、引入晶体缺陷、对配体进行修饰以改变配位环境等。

关于活性位点的选择，可以优先考虑天然水解酶的金属位点，如天然碱性磷酸酶的金属活性位点为锌离子（Zn^{2+}）。根据已统计水解型纳米酶文献可知，目前用于模拟水解酶的纳米酶金属大多为锆（Zr^{4+}）、铈（Ce^{4+}）、铬（Cr^{3+}）、铜（Cu^{2+}）、钛（Ti^{4+}）和锌（Zn^{2+}）（图 7.21）。

组成这些活性材料的金属元素大部分是路易斯硬酸❷，少部分为路易斯中性酸。路易斯硬酸可以通过接受来自氧的孤对电子并将电子密度从双键上拉开，从而激活羰基或磷酰基，增加中心碳或磷的亲电性和反应性。基于此，路易斯硬酸金属离子

---

❶ 一级配位环境：金属活性位点与附近的氨基酸残基之间的配位。二级配位环境：金属活性位点与远端氨基酸残基的配位以及与配体远端的官能团之间的配位。

❷ 路易斯硬酸：体积小，正电荷数高，可极化性低的中心原子称作硬酸。

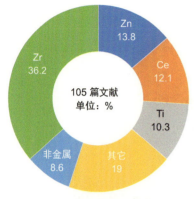

图 7.21　目前已报道的水解型纳米酶中金属的组成饼图[16]

是 MOF 骨架中用于模拟水解酶的首选活性位点。

MOF 中配体与金属活性位点之间的配位环境、配体之间的相互作用可以分别模拟天然金属水解酶中的一级和二级配位环境；配体的长度、空间位阻，都会影响其与金属离子的配位方式，最终影响 MOF 的拓扑结构和孔径大小。因此，可以通过选择不同长度及带有不同官能团的有机配体来设计具有不同拓扑结构的 MOF，从而调控其类酶活性、选择性等，达到模拟天然水解酶的目的。例如，由于富马酸（fumaric acid，FMA）的长度比对苯二甲酸（1,4-benzenedioic acid，BDC）短，因此，以 FMA 为配体的 Ce-FMA 具有更短的活性位点距离和更高的有效活性位点密度，进而展现出比 Ce-BDC 更优异的类磷酸酯酶活性（图 7.22）[16]。

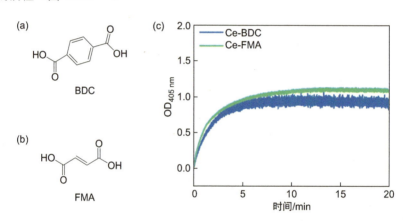

图 7.22　BDC（a）和 FMA（b）的化学结构式以及 Ce-BDC 和 Ce-FMA 对双（对硝基苯基）磷酸酯的水解活性比较（c）[16]

在 MOF 的设计过程中，调节剂的作用也不容忽视。调节剂的有无及用量，对 MOF 的形貌、尺寸、缺陷等均会产生很大的影响。通过选择适合的调节剂，可以有效地调控 MOF 结构和类酶活性。常用的调节剂有无机酸（如盐酸）和单羧酸类有机酸（如甲酸、乙酸、三氟乙酸、苯甲酸等）。

参考文献

[1]　Coughlin, S. R. Thrombin signalling and protease activated receptors. *Nature* **2000**, *407*, 258-264.

[2]　Grimsley, J. K.; Scholtz, J. M.; Pace, C. N.; Wild, a. J. R. Organophosphorus hydrolase is a

remarkably stable enzyme that unfolds through a homodimeric. *Biochemistry* **1997**, *36*, 14366-14374.

[3]　Han, X.; Liu, W.; Huang, J. W.; Ma, J.; Zheng, Y.; Ko, T. P.; Xu, L.; Cheng, Y. S.; Chen, C. C.; Guo, R. T. Structural insight into catalytic mechanism of PET hydrolase. *Nat. Commun.* **2017**, *8*, 2106.

[4]　Morrison, H. Chymotrypsin. *Enzyme Active Sites and Their Reaction Mechanisms* **2021**, 41-44.

[5]　杨荣武 . 生物化学原理 . 北京 : 高等教育出版社 , **2012**.

[6]　Nothling, M. D.; Xiao, Z.; Bhaskaran, A.; Blyth, M. T.; Bennett, C. W.; Coote, M. L.; Connal, L. A. Synthetic catalysts inspired by hydrolytic enzymes. *ACS Catal.* **2019**, *9*, 168-187.

[7]　Wales, M. E.; Reeves, T. E. Organophosphorus hydrolase as an in vivo catalytic nerve agent bioscavenger. *Drug Test. Anal.* **2012**, *4*, 271-281.

[8]　Roodveldt, C.; Tawfik, D. S. Shared promiscuous activities and evolutionary features in various members of the amidohydrolase. *Biochemistry* **2005**, *44*, 12728-12736.

[9]　Vanhooke, J. L.; Benning, M. M.; Raushel, F. M.; Holden, H. M. Three dimensional structure of the zinc containing phosphotriesterase with the bound substrate. *Biochemistry* **1996**, *35*, 6020-6025.

[10]　Benning, M. M.; Shim, H.; Raushel, F. M.; Holden, H. M. High resolution X ray structures of different metal substituted forms of phosphotriesterase-from. *Biochemistry* **2001**, *40*, 2712-2722.

[11]　Needham, J. V.; Chen, T. Y.; Falke, J. J. Novel ion specificity of a carboxylate cluster magnesium(ii) binding site strong charge selectivity. *Biochemistry* **1993**, *32*, 3363-3367.

[12]　Xi, H.; Liu, C.; Wen, X.; Zhao, S. Advances in research on spatial structure and catalytic mechanisms of phosphoric triester hydrolase. *Chin. J. Appl. Environ Biol.* **2015**, *21*, 392-400.

[13]　Garrido-González, J. J.; Iglesias Aparicio, M. M.; García, M. M.; Simón, L.; Sanz, F.; Morán, J. R.; Fuentes de Arriba, Á. L. An enzyme model which mimics chymotrypsin and N-terminal hydrolases. *ACS Catal.* **2020**, *10*, 11162-11170.

[14]　Wang, Y.; Yang, L.; Wang, M.; Zhang, J.; Qi, W.; Su, R.; He, Z. Bioinspired phosphatase-like mimic built from the self-assembly of De Novo designed helical short peptides. *ACS Catal.* **2021**, *11*, 5839-5849.

[15]　Mondal, S.; Adler-Abramovich, L.; Lampel, A.; Bram, Y.; Lipstman, S.; Gazit, E. Formation of functional super-helical assemblies by constrained single heptad repeat. *Nat. Commun.* **2015**, *6*, 8615.

[16]　Li, S.; Zhou, Z.; Tie, Z.; Wang, B.; Ye, M.; Du, L.; Cui, R.; Liu, W.; Wan, C.; Liu, Q.; Zhao, S.; Wang, Q.; Zhang, Y.; Zhang, S.; Zhang, H.; Du, Y.; Wei, H. Data-informed discovery of hydrolytic nanozymes. *Nat. Commun.* **2022**, *13*, 827.

[17]　Wu, J.; Wang, X.; Wang, Q.; Lou, Z.; Li, S.; Zhu, Y.; Qin, L.; Wei, H. Nanomaterials with enzyme-like characteristics (nanozymes): next-generation artificial enzymes (ii). *Chem. Soc.*

Rev. **2019**, *48*, 1004-1076.

[18] Yang, J.; Li, K.; Li, C.; Gu, J. Intrinsic apyrase-like activity of cerium-based metal-organic frameworks (MOFs): Dephosphorylation of adenosine tri- and diphosphate. *Angew. Chem. Int. Ed.* **2020**, *59*, 22952-22956.

[19] Liu, J.; Redfern, L. R.; Liao, Y.; Islamoglu, T.; Atilgan, A.; Farha, O. K.; Hupp, J. T. Metal organic framework supported and isolated ceria clusters with mixed oxidation states. *ACS Appl. Mater. Interfaces* **2019**, *11*, 47822-47829.

[20] Moon, S. Y.; Liu, Y.; Hupp, J. T.; Farha, O. K. Instantaneous hydrolysis of nerve-agent simulants with a six-connected zirconium-based metal-organic framework. *Angew. Chem. Int. Ed.* **2015**, *54*, 6795-6799.

[21] Mian, M. R.; Chen, H.; Cao, R.; Kirlikovali, K. O.; Snurr, R. Q.; Islamoglu, T.; Farha, O. K. Insights into catalytic hydrolysis of organophosphonates at M-OH sites of azolate-based metal organic frameworks. *J. Am. Chem. Soc.* **2021**, *143*, 9893-9900.

[22] Chen, J.; Huang, L.; Wang, Q.; Wu, W.; Zhang, H.; Fang, Y.; Dong, S. Bio-inspired nanozyme: A hydratase mimic in a zeolitic imidazolate framework. *Nanoscale* **2019**, *11*, 5960-5966.

[23] Ly, H. G. T.; Fu, G.; Kondinski, A.; Bueken, B.; De Vos, D.; Parac-Vogt, T. N. Superactivity of MOF-808 toward peptide bond hydrolysis. *J. Am. Chem. Soc.* **2018**, *140*, 6325-6335.

[24] Gao, R.; Xu, L.; Sun, M.; Xu, M.; Hao, C.; Guo, X.; Colombari, F. M.; Zheng, X.; Král, P.; de Moura, A. F.; Xu, C.; Yang, J.; Kotov, N. A.; Kuang, H. Site-selective proteolytic cleavage of plant viruses by photoactive chiral nanoparticles. *Nat. Catal.* **2022**, *5*, 694-707.

[25] Ter Meer, M.; Dillion, R.; Nielsen, S. M.; Walther, R.; Meyer, R. L.; Daamen, W. F.; van den Heuvel, L. P.; van der Vliet, J. A.; Lomme, R.; Hoogeveen, Y. L.; Schultze Kool, L. J.; Schaffer, J. E.; Zelikin, A. N. Innate glycosidic activity in metallic implants for localized synthesis of antibacterial drugs. *Chem. Commun.* **2019**, *55*, 443-446.

[26] Azambuja, F.; Moons, J.; Para Vogt, T. N. The dawn of metal-oxo clusters as artificial proteases: From discovery to the present and beyond. *Acc. Chem. Res.* **2021**, *54*, 1673-1684.

[27] Wu, J.; Wang, Z.; Jin, X.; Zhang, S.; Li, T.; Zhang, Y.; Xing, H.; Yu, Y.; Zhang, H.; Gao, X.; Wei, H. Hammett relationship in oxidase-mimicking metal-organic frameworks revealed through a protein-engineering-inspired strategy. *Adv. Mater.* **2021**, *33*, e2005024.

[28] Li, M.; Chen, J.; Wu, W.; Fang, Y.; Dong, S. Oxidase-like MOF-818 nanozyme with high specificity for catalysis of catechol oxidation. *J. Am. Chem. Soc.* **2020**, *142*, 15569-15574.

第 8 章　裂解酶

裂解酶（lyase 或 synthases），又称裂合酶类，是指能催化如下反应的酶的总称：由底物除去某个基团而残留双键的反应，或通过逆反应将某个基团加到双键上去的反应 ❶。

凡是在酶学委员会（Enzyme Commission，EC）右侧为"4"字的酶类均属于裂合酶类。常见的裂解酶包括碳酸酐酶（EC 4.2.1.1）、DNA 光裂合酶（EC 4.1.99.3）等。

8.1　典型裂解酶

8.1.1　碳酸酐酶

碳酸酐酶（carbonic anhydrase）是第一个被发现的含锌酶，广泛分布于动物、植物及微生物中 [1]。在人体内，碳酸酐酶分布于肾小管上皮细胞、胃黏膜、胰腺、红细胞、中枢神经细胞和睫状体上皮细胞等中，用于催化体内 CO_2 的可逆水合，使 CO_2 的水合和脱水反应在生理 pH 下分别加快 13000 倍和 25000 倍 [2,3]。碳酸酐酶是目前已知的金属酶中催化转换数最高的酶之一，对于体内 CO_2 的排出、维持血液和组织液的酸碱平衡起着重要的作用。

天然碳酸酐酶具有一口袋空腔，深约 1.5 nm，腔口宽约 2.0 nm，Zn^{2+} 就结合在此空腔的底部［图 8.1（a）和（c）中虚线框标注部位］。在碳酸酐酶的活性中心，Zn^{2+} 与 3 个组氨酸（His）残基的咪唑环氮和一个来自水分子或氢氧根离子的氧配位，形成一个畸变的四面体结构（$His_3Zn\text{-}OH$）［图 8.1（b）和（d）］[4]。在碳酸酐酶催化过程中，CO_2 被固定在其疏水空腔内，使 $His_3Zn\text{-}OH$ 对 CO_2 直接进行亲核进攻。

8.1.2　DNA 光裂合酶

在导致 DNA 损伤的外部因素中，来自太阳的紫外线是最早被研究且最受人们关注的。紫外辐射能够对所有生命体产生毒害作用，其原因在于 DNA 分子极易吸收波长在 260 nm 左右的紫外线，而这会导致同一条 DNA 链上相邻的嘧啶以共

---

❶ 此处强调非水解地增加或移走底物的某些基团，以与水解酶定义做区分。

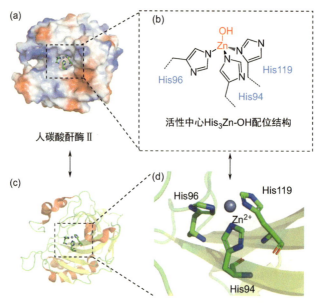

图 8.1　天然碳酸酐酶的结构和活性中心（PDB: 6LUX）

（a）、（c）以两种不同结构表示方式绘制了天然碳酸酐酶蛋白结构示意图。图中虚线框标注为位于空腔内的催化活性位点；（b）、（d）活性位点处 Zn^{2+} 与 3 个组氨酸（His94、His96 和 His119）形成的畸变四面体配位结构 His_3Zn-OH

价键连成二聚体，阻碍 DNA 复制与转录，从而造成细胞死亡[5]。相邻的两个 T 或两个 C 或 C 与 T 间都可以以环丁基环连成二聚体，其中最容易形成的是 TT 二聚体。

为适应生物体繁衍生存的需求，诸多生物体已经发展出了很多有效的 DNA 修复机制来抵抗 DNA 损伤的致命作用。其中，光裂合酶（photolyase）可以利用光能消除紫外辐射引起的 DNA 二聚体损伤，该酶可以吸收可见光被激活，促进 TT 二聚体环丁基环的断裂，恢复两个正常的胸腺嘧啶。这种修复机制已在多种细菌、真菌以及动植物体内被发现[6-9]。但人和其他胎盘哺乳类动物体内并无此酶活性，而是以另一种较低效的核苷酸切除修复法来替代光裂合酶。

在目前所发现的光解酶中均含有两个非共价结合的辅基，一个是催化辅基 1,5-二氢黄素腺嘌呤二核苷酸（$FADH_2$）；另一个是光捕获辅基，可以是次甲基四氢叶酸（MTHF）或 8-羟基-5-去氮杂核黄素（8-HDF），可很好地吸收近紫外-可见光区的光子［图 8.2（a）][10]。整个修复反应仅需要不到 1 ns 的时间即可完成所有的步骤［图 8.2（b）][11]。光捕获辅基 MTHF 或 8-HDF 吸收一个光子被激发，处于激发态的光捕获辅基通过偶极-偶极相互作用把能量传递给 $FADH^-$。被激发的单线态

FADH⁻*自发地向底物二聚体转移电子，形成自由基 FADH'。接受电子的环丁烷嘧啶二聚体中 C5–C5′、C6–C6′ 两个 σ 键断裂，生成一个嘧啶单体和一个对应的阴离子。随后嘧啶阴离子上的电子返回 FADH' 重新生成活性形式 FADH⁻，DNA 恢复其双螺旋结构，光解酶从修复的 DNA 上解离下来，完成修复过程[11]。

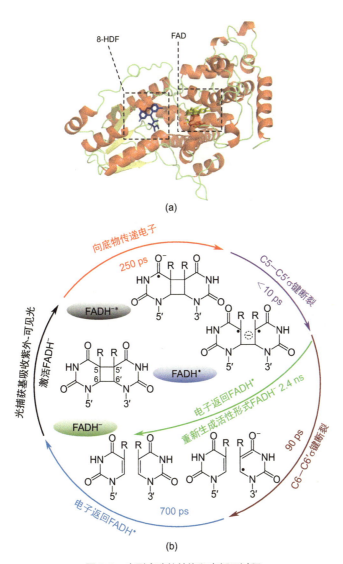

图 8.2　光裂合酶的结构和光循环过程

（a）来自 *Anacystis nidulans* 的光裂合酶的结构（PDB：1QNF）：虚线框中结构分别表示催化辅基 FAD（黄色）及光捕获辅基 8-HDF（蓝色）；（b）通过光裂合酶修复环丁烷嘧啶二聚体的完全光循环，以及所阐明的分子机制及其各步骤对应耗时。图 (b) 改编自文献 [11]

8.2 典型裂解酶模拟酶

前文介绍了典型的天然裂解酶及其催化机制，据此可设计具有类似结构或功能的小分子、高分子等来模拟裂解酶活性。对应于上文提到的催化机制，本节介绍典型裂解酶模拟酶。

8.2.1 典型的碳酸酐酶模拟酶

化石燃料的燃烧造成了大量的 CO_2 释放，因而导致全球的温室效应。为了减少 CO_2 释放，需要对其进行捕捉和封存。碳酸酐酶作为目前已知催化转换数最高的金属酶之一，被认为是一种可加速 CO_2 捕捉的有潜力酶 [2,3]。然而，受限于其蛋白质结构，碳酸酐酶对外部环境和高温非常敏感；同时，pH 值变化会显著影响其稳定性和催化效率，严重时甚至使其失活 [12]。因此，碳酸酐酶在大规模工业化应用中受到限制，开发一种高效的碳酸酐酶模拟物对于减少温室气体排放、缓解全球变暖具有重要意义。

迄今为止，已有多种碳酸酐酶模拟物被合成。其中，受到其活性中心具有 Zn^{2+}

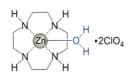

图 8.3　环锌结构，由水合锌原子与环胺配体配合组成 [17]

配位的畸变四面体结构（详见第 8.1.1 节）的启发，具有锌配位结构的碳酸酐酶模拟物被认为是具有代表性的人工碳酸酐酶类似物 [13-16]。如 1,4,7,10- 四氮环氯十二烷螯合高氯酸锌（简称"环锌"）是经典的小分子碳酸酐酶模拟物，其结构见图 8.3[16]。此模拟物具有高稳定性，可作为工业碳捕获的强大催化剂 [17]。

8.2.2 典型的 DNA 光裂合酶模拟酶

在系统检索与 DNA 光解酶替代品相关的科学文献后发现，目前尚无任何非天然化合物或材料被报道可模拟 DNA 光解酶的功能，并能在可见光照射下实现 DNA 的光修复。鉴于此，开发兼具成本效益与生物相容性的光催化 DNA 修复候选物，有望为上述难题提供切实可行的解决方案。

8.3 典型裂解酶纳米酶

前文介绍了与天然裂解酶具有类似结构及功能的典型裂解酶模拟酶。本节将分别介绍具有碳酸酐酶或 DNA 光裂合酶活性的纳米酶。

8.3.1 模拟碳酸酐酶活性的纳米酶

目前碳酸酐酶模拟物的研究多集中于设计与碳酸酐酶具有类似配位环境的分

子结构，其中最具代表性的模型是基于金属离子与有机配体形成的金属有机骨架（MOF）化合物，以 Zn^{2+} 为金属节点的众多 MOF 化合物如 ZIF-8、ZIF-90、ZIF-100、CFA-1、MFU-4l-(OH) 等，均体现出良好的模拟碳酸酐酶活性[12,18-21]。

我们以 ZIF-8 型纳米酶为例简要介绍其模拟碳酸酐酶的结构及其催化机制。ZIF-8 的分子结构如图 8.4 所示，四面体配位的 Zn^{2+} 中心与四个 2-甲基咪唑（2-mIm）配体相互连接，形成方钠石拓扑结构的微孔骨架，但纳米晶体表面存在部分 Zn^{2+} 与较少的 2-mIm 配位，形成缺陷位点容易吸附 H_2O 和 CO_2，由此构成与碳酸酐酶类似的活性中心 $Zn(2\text{-mIm})_nO$（$n = 2$、3）[19,21]。

另外，可选用不同的疏水氨基酸充当盖帽剂以调控 ZIF-8 的形貌与尺寸，并且氨基酸也能在 ZIF-8 表面形成疏水微结构域来模拟天然碳酸酐酶的疏水口袋单元[21]。

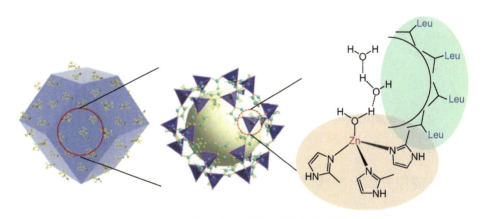

图 8.4　ZIF-8 模拟碳酸酐酶的分子结构及其活性位点[21]

由于结构相似性，ZIF-8 纳米酶与天然碳酸酐酶在催化机制上也存在相似性。天然碳酸酐酶在水溶液中催化 CO_2 的可逆水化反应过程如图 8.5（a）所示，作为 Lewis 酸的 Zn^{2+} 中心与 H_2O 配位，可将 pK_a（H_2O）从 14 降至 6.8，有利于 Zn 结合的氢氧化物 $Zn(His)_3OH$ 的形成。$Zn(His)_3OH$ 亲核进攻吸附的 CO_2，随后重排并异构化形成好的 HCO_3^- 离去基团；再结合一个 H_2O，并移位释放 HCO_3^-；最后 $Zn\text{-}H_2O$ 结构去质子化，又回到初始的催化活性单元[19,22]。因 ZIF-8 在分子结构上也具有类似的配位环境，其模拟碳酸酐酶的催化机制可表示为图 8.5（b）。

除含 Zn^{2+} 的 MOF 化合物外，一些含 Zn^{2+} 的配位复合物也是经典的碳酸酐酶模拟物。例如，一系列 Zn-三唑配位聚合物（ZnTazs）因结构相似性也具有良好的模拟碳酸酐酶活性，但具体的催化机制尚未阐明[22]。而锌环具有高度稳定性，可作为工业碳捕获的强力催化剂[17]。因此，从模拟天然酶的分子结构入手以试图开发不同功能的纳米酶，是极具潜力的理性设计策略。

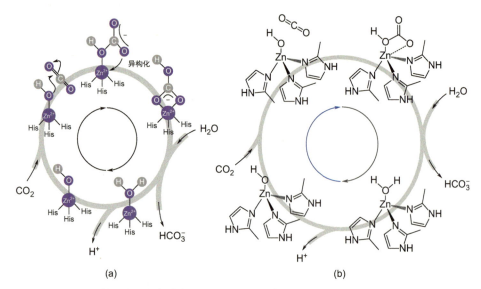

图 8.5　天然碳酸酐酶（a）与 ZIF-8 纳米酶（b）催化 CO_2 转化的机制对比示意图
（a）出自文献［22］，（b）改编自文献［21］

8.3.2　模拟光裂合酶活性的纳米酶

光裂合酶致催化的反应机制（详见第 8.1.2 节）与半导体的光催化过程高度相似［如图 8.6（a）、（b）］，因此启发了人们探索不同的光催化剂来模拟光裂合酶的功能。然而，大多数半导体不能用于模拟光裂合酶，原因在于光致产生高度氧化性的活性氧物质（ROS），会诱导环丁烷嘧啶二聚体（cyclobutane pyrimidine dimer, CPD）❶ 分解至碎片化［如图 8.6（c）所示］[23]。不同于其他半导体，CeO_2 纳米酶不仅具有产生光电子的半导体性质，而且具有可消除光致 ROS 的类超氧化物歧化酶活性，因此体现出优异的模拟光裂合酶的活性[24]。

值得注意的是，本节讨论的 CeO_2 纳米酶裂解 DNA 的催化机制是涉及光电子参与的过程，因此模拟的是光裂合酶活性。而除了光致裂解机制外，一些纳米酶对于 DNA 的裂解也可通过水解或氧化机制进行，区别于裂解酶的活性（根据裂解酶的定义可知），而是对应于水解酶或拓扑异构酶的活性，例如 CeO_2、Ce 基 MOF、氧化石墨烯等[26-28]。

---

❶ 环丁烷嘧啶二聚体是紫外光诱发 DNA 损伤的主要光产物。

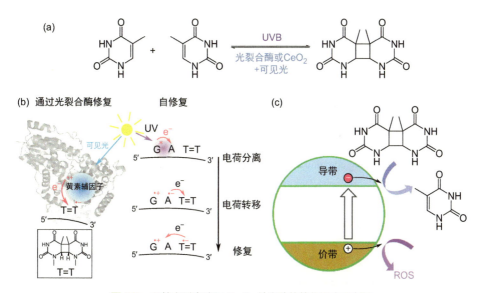

图 8.6　天然光裂合酶和 CeO_2 纳米酶的催化反应示意图

（a）紫外线诱导形成 CPD 及光裂合酶或 CeO_2 的反向催化裂解；（b）天然光裂合酶的催化机制；（c）半导体的光催化过程及其与天然光裂合酶的相似性。（a）和（c）改编自文献 [23]，（b）引自文献 [25]

参考文献

[1]　Meldrum, N. U.; Roughton, F. J. Carbonic anhydrase. Its preparation and properties. *J. Physiol.* **1933**, *80*, 113-142.

[2]　Merz, K. M., Jr.; Murcko, M. A.; Kollman, P. A. Inhibition of carbonic anhydrase. *J. Am. Chem. Soc.* **1991**, *113*, 4484-4490.

[3]　Nair, S. K.; Christianson, D. W. Unexpected pH-dependent conformation of His-64, the proton shuttle of carbonic anhydrase II. *J. Am. Chem. Soc.* **1991**, *113*, 9455-9458.

[4]　Lindskog, S. Structure and mechanism of carbonic anhydrase. *Pharmacol. Ther.* **1997**, *74*, 1-20.

[5]　Zelle, M. R. Biological effects of ultraviolet radiation. *IRE Trans. Med. Electron.* **1960**, *Me-7*, 130-135.

[6]　Kelner, A. Effect of visible light on the recovery of streptomyces griseus conidia from ultra-violet irradiation injury. *Proc. Natl. Acad. Sci. U.S.A.* **1949**, *35*, 73-79.

[7]　Rupert, C. S.; Goodgal, S. H.; Herriott, R. M. Photoreactivation *in vitro* of ultraviolet-inactivated Hemophilus influenzae transforming factor. *J. Gen. Physiol.* **1958**, *41*, 451-471.

[8]　Liu, Z.; Tan, C.; Guo, X.; Kao, Y. T.; Li, J.; Wang, L.; Sancar, A.; Zhong, D. Dynamics and mechanism of cyclobutane pyrimidine dimer repair by DNA photolyase. *Proc. Natl. Acad. Sci. U.S.A.* **2011**, *108*, 14831-14836.

[9]   Park, H. W.; Kim, S. T.; Sancar, A.; Deisenhofer, J. Crystal structure of DNA photolyase from *Escherichia coli. Science* **1995**, *268*, 1866-1872.

[10] Sancar, A. Structure and function of DNA photolyase and cryptochrome blue-light photoreceptors. *Chem. Rev.* **2003**, *103*, 2203-2238.

[11] Stuchebrukhov, A. Watching DNA repair in real time. *Proc. Natl. Acad. Sci. U.S.A.* **2011**, *108*, 19445-19446.

[12] Jin, C.; Zhang, S.; Zhang, Z. Mimic carbonic anhydrase using metal-organic frameworks for CO_2 capture and conversion. *Inorg. Chem.* **2018**, *57*, 2169-2174.

[13] Echizen, T.; Ibrahim, M. M.; Nakata, K.; Izumi, M.; Ichikawa, K.; Shiro, M. Nucleophilic reaction by carbonic anhydrase model zinc compound: characterization of intermediates for CO_2 hydration and phosphoester hydrolysis. *J. Inorg. Biochem.* **2004**, *98*, 1347-1360.

[14] Lee, D.; Kanai, Y. Biomimetic carbon nanotube for catalytic CO_2 hydrolysis: First-principles investigation on the role of oxidation state and metal substitution in porphyrin. *J. Phys. Chem. Lett.* **2012**, *3*, 1369-1373.

[15] Sahoo, P. C.; Jang, Y. N.; Suh, Y. J.; Lee, S. W. Bioinspired design of mesoporous silica complex based on active site of carbonic anhydrase. *J. Mol. Catal. A: Chem.* **2014**, *390*, 105-113.

[16] Herr, U.; Spahl, W.; Trojandt, G.; Steglich, W.; Thaler, F.; van Eldik, R. Zinc(Ⅱ) complexes of tripodal peptides mimicking the zinc(Ⅱ)-coordination structure of carbonic anhydrase. *Bioorg. Med. Chem.* **1999**, *7*, 699-707.

[17] Floyd, W. C., 3rd; Baker, S. E.; Valdez, C. A.; Stolaroff, J. K.; Bearinger, J. P.; Satcher, J. H., Jr.; Aines, R. D. Evaluation of a carbonic anhydrase mimic for industrial carbon capture. *Environ. Sci. Technol.* **2013**, *47*, 10049-10055.

[18] Ashley, M. W.; Zhenwei, W.; Guanghui, Z.; Jenna, L. M.; Robert, J. C.; Robert, W. D.; Christopher, H. H.; Jeffrey, T. M.; Mircea, D. A structural mimic of carbonic anhydrase in a Metal-Organic Framework. *Chem* **2018**, *4*, 2894-2901.

[19] Chen, J.; Huang, L.; Wang, Q.; Wu, W.; Zhang, H.; Fang, Y.; Dong, S. Bio-inspired nanozyme: a hydratase mimic in a zeolitic imidazolate framework. *Nanoscale* **2019**, *11*, 5960-5966.

[20] Sun, S.; Xiang, Y.; Xu, H.; Cao, M.; Yu, D. Surfactant regulated synthesis of ZIF-8 crystals as carbonic anhydrase-mimicking nanozyme. *Colloids Surf., A* **2022**.

[21] Sun, S.; Zhang, Z.; Xiang, Y.; Cao, M.; Yu, D. Amino acid-mediated synthesis of the ZIF-8 nanozyme that reproduces both the zinc-coordinated active center and hydrophobic pocket of natural carbonic anhydrase. *Langmuir* **2022**, *38*, 1621-1630.

[22] Liang, S.; Wu, X.L.; Zong, M, H.; Lou, W. Zn-triazole coordination polymers: bioinspired carbonic anhydrase mimics for hydration and sequestration of CO_2. *Chem. Eng. J.* **2020**, *398*, 125530.

[23] Ma, Y.; Tian, Z.; Zhai, W.; Qu, Y. Insights on catalytic mechanism of CeO_2 as multiple

nanozymes. *Nano Res.* **2022**, *15*, 10328-10342.

[24]　Tian, Z.; Yao, T.; Qu, C.; Zhang, S.; Li, X.; Qu, Y. Photolyase-like catalytic behavior of CeO$_2$. *Nano Lett.* **2019**, *19*, 8270-8277.

[25]　Bucher, D. B.; Kufner, C. L.; Schlueter, A.; Carell, T.; Zinth, W. UV-induced charge transfer states in DNA promote sequence selective self-repair. *J. Am. Chem. Soc.* **2016**, *138*, 186-190.

[26]　Liu, Z.; Wang, F.; Ren, J.; Qu, X. A series of MOF/Ce-based nanozymes with dual enzyme-like activity disrupting biofilms and hindering recolonization of bacteria. *Biomaterials* **2019**, *208*, 21-31.

[27]　Zhang, J.; Wu, S.; Ma, L.; Wu, P.; Liu, J. Graphene oxide as a photocatalytic nuclease mimicking nanozyme for DNA cleavage. *Nano Res.* **2020**, *13*, 455-460.

[28]　Fang, R.; Liu, J. Cleaving DNA by nanozymes. *J. Mater. Chem. B* **2020**, *8*, 7135-7142.

第9章 异构酶

9.1 典型异构酶

异构酶（isomerase）是指能催化一种同分异构体转变为另一种同分异构体的酶。常见的异构酶有差向异构酶（epimerase）、消旋酶（racemase）、顺反异构酶（*cis-trans* isomerase）、分子内氧化还原酶（intramolecular oxidoreductase）、分子内转移酶（intramolecular transferase）、分子内裂解酶（intramolecular lyase）和其他异构酶。它们在糖代谢 [1,2]、脂质代谢 [3,4]、神经退行性疾病治疗 [5]、癌症治疗 [4]、骨科疾病治疗 [6,7] 以及生产生活 [8,9] 等方面中起着重要作用。

下文以蛋白质二硫键异构酶（protein disulfide isomerase，PDI）和 DNA 拓扑异构酶（DNA topoisomerase，Topo）为例进行详细介绍，前者属于分子内转移酶，后者属于其他异构酶。

9.1.1 蛋白质二硫键异构酶

PDI 存在于内质网中，其分子质量为 57 kDa。PDI 能够催化硫醇-二硫化物之间的转变。PDI 主要包含 4 个类硫氧化还原蛋白结构域，分别为 a、a′、b、b′（图 9.1）。a、a′ 结构域是 PDI 的催化结构域，活性位点序列均为 Cys-Gly-His-Cys（CGHC），负责二硫键的形成、断裂与重排 [10]。b 与 b′ 结构域不具有催化能力，但 b′ 结构域上有一个高度保守的疏水口袋，是底物结合的主要区域 [11]。b′ 与 a′ 结构域之间通过 x-连接子（linker）连接。b 结构域和 x-连接子使得 b′ 结构域更加稳定，同时影响着 b′ 结构域与底物的结合。此外，在 a′ 结构域羧基端有一个较短的 c 结构域，包含大量酸性氨基酸残基及内质网驻留信号 [12]。

以酵母 PDI 为例（图 9.2），晶体结构显示 PDI 呈 U 形排列，其构象会受氧化还原环境及底物等因素影响。对于 PDI 是促进二硫键的生成还是断裂，这取决于其自身的氧化还原状态。当活性位点"CGHC"序列处于还原状态（存在巯基）时，PDI 会使底物的二硫键断裂，使其还原；当活性位点"CGHC"处于氧化状态（存在二硫键）时，PDI 则会将二硫键传递给底物，使其氧化。此外，还原态 PDI 的活性位点"CGHC"还可以通过巯基与二硫键之间的转变将底物的二硫键进行重排（图 9.3）[13]。

PDI 除了作为二硫键形成和重排过程中的催化剂外，还能作为分子伴侣❶，通过抑制错误折叠蛋白中间体的聚集来协助蛋白质折叠或重新折叠[14]。

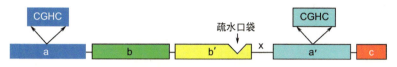

图 9.1　PDI 结构域示意图（改编自文献 [12]）

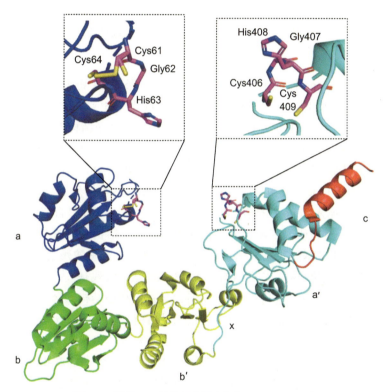

图 9.2　**酵母 PDI 结构示意图（来自 PDB：2B5E）**

a、b、b′、a′、c 结构域分别为蓝色、绿色、黄色、青色、红色；活性位点用球棍模型表示，
其中 C 为粉色，N 为蓝色，O 为红色，S 为黄色

9.1.2　DNA 拓扑异构酶

DNA 拓扑异构酶是一种参与调节细胞内 DNA 复制、转录、重组和修复等重要过程的酶，它可以使 DNA 单链或双链瞬时断裂和重新连接。根据催化机制的不同，可以将 Topo 分为 Topo Ⅰ（一条 DNA 链断裂）和 Topo Ⅱ（两条 DNA 链断裂）。

---

❶ 分子伴侣，又称侣伴蛋白，协助细胞内的分子组装和蛋白质折叠。

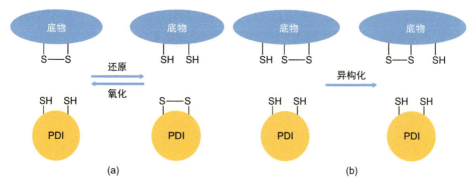

图 9.3　PDI 作用过程示意图（改编自文献 [15]）
（a）氧化还原；（b）异构化

Topo I 更细分为 Topo I A 和 Topo I B 家族：在一条 DNA 链断裂后，若 Topo I 与 5′端的磷酸基团连接，则为 Topo I A；若 Topo I 与 3′端的磷酸基团连接，则为 Topo I B。对于 Topo II，则根据其在 C 端结构域的分子结构差异进一步划分为 Topo II A（170 kDa）和 Topo II B（180 kDa）。其中，Topo II B 的 C 端结构域中含有较多的带电氨基酸残基和与几种蛋白激酶识别位点相匹配的序列 [16,17]。

　　人体内兼有 Topo I A 和 Topo I B 两种类型的拓扑异构酶 I，下面以一种人 Topo I B 为例简述人 Topo I 的结构和催化机理。人 Topo I B 是含有 765 个氨基酸残基的单体酶。相关研究表明，人 Topo I B 含有 4 个结构域（图 9.4），分别为 N 端结构域（1~214 氨基酸残基）、核心结构域（215~635 氨基酸残基）、连接子结构域（636~712 氨基酸残基）、C 端结构域（713~765 氨基酸残基）[18]。在这些结构域中，N 端结构域中的疏水氨基酸较少，无序度较高；核心结构域含有大部分起催化作用和连接 DNA 的氨基酸残基；连接子结构域由两个反平行的 α 螺旋链组成，并连接核心结构域和 C 端结构域；C 端结构域中含有活性位点残基 Tyr723。此外，核心结构域又可分为 3 个亚结构域，依次为亚区 I（含 2 个 α 螺旋和 9 个 β 片层）、亚区 II（含 5 个 α 螺旋和 2 个 β 片层）、亚区 III（含 10 个 α 螺旋、3 个 β 片层），其中，亚区 III 包含了除 Tyr723 以外的所有活性位点残基（图 9.5）。

　　Topo I B 的作用过程如图 9.6 所示，当 Topo I B 与 DNA 分子以非共价键形式结合时，Topo I B 的结构可以分为切割域和"骨架"两部分 [19]。其中，切割域中的活性位点 Tyr723 与 DNA 3′端的磷酸盐以共价键结合，使 DNA 其中一条单链断裂，

图 9.4　人 Topo I 结构域示意图

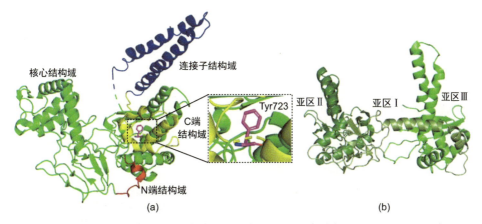

图 9.5　人 Topo I 结构示意图（a）和核心结构域示意图（b）（来源于 PDB：1LPQ）

N 端结构域、核心结构域、连接子结构域、C 端结构域分别为红色、绿色、蓝色、黄色，
Tyr723 用球棍模型表示，其中 C 为粉色，N 为蓝色

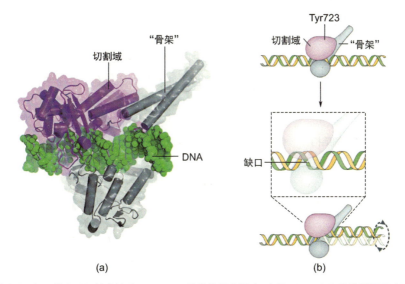

图 9.6　与双链 DNA 结合的人 Topo I B 的结构示意图（a）及 Topo I B 的作用机理（b）
（改编自文献 [19]）

缺口处的 5′端形成一个羟基末端，绕另一条完整的 DNA 链旋转并通过缺口，变为解旋状态，切断的 DNA 单链的两个切口能通过磷酸二酯键重新连接，同时酶与 DNA 分离。此过程具有可逆性，不需要金属离子及 ATP 的参与。这种断裂、连接过程的不断重复，便能完成超螺旋 DNA 的解旋 [18,19]。Topo I B 从属的 DNA Topo I 均能解开 DNA 超螺旋，暴露结合位点以便参与 DNA 复制或转录的蛋白发挥作用，所以 Topo I 在 DNA 复制和转录等过程中十分重要 [18]。

9.2 典型异构酶模拟酶

9.2.1 蛋白质二硫键异构酶

在前文中对 PDI 的结构及其催化过程已经做了详细的介绍，本节主要介绍一些异构酶的模拟酶。

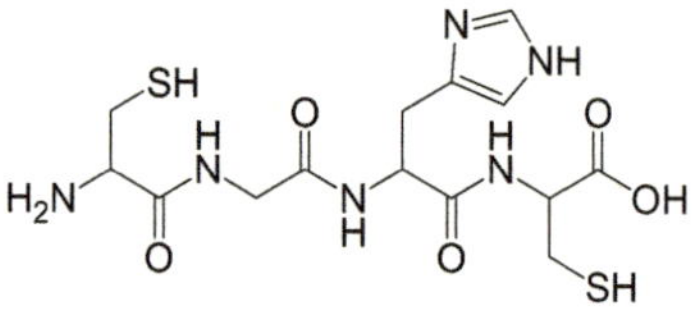

可以利用小分子来模拟 PDI 的催化功能。理论上，催化二硫异构化只需要一个半胱氨酸残基（Cys），但活性位点（CGHC，图 9.7）上两个半胱氨酸残基的存在提高了 PDI 形成天然二硫键的整体效率[20]。因此，

图 9.7 蛋白质二硫键的活性位点——CGHC（二维结构、三维结构见图 9.2 虚线框内放大的部分）

有理由认为，小分子二硫醇会比类似的单硫醇更能促进蛋白质折叠。这一假设已被实验证实：（±）-反-1,2-双(巯基乙酰氨基) 环己烷，一种二硫醇 [(±)-*trans*-1,2-bis(2-mercaptoacetamido)cyclohexane，简称 BMC] 比 *N*-甲基巯基乙酰胺（一种单硫醇）催化蛋白质折叠的效率更高[21]。原因是 BMC 两个巯基的存在（图 9.8）可以使催化剂更快地从中间产物混合态二硫化物中脱离，而不必参与整个催化过程，从而提高异构化的

图 9.8 BMC 的结构

催化速度（PDI 活性位点也有两个来自半胱氨酸的巯基，BMC 某种程度也是对天然酶活性位点的模拟）。在催化剂脱离后，额外的还原剂可以将 BMC 中的二硫键还原再生，进而进行新一轮催化反应，同时中间产物也通过额外的氧化反应完成二硫键异构的整个过程（图 9.9）[21]。

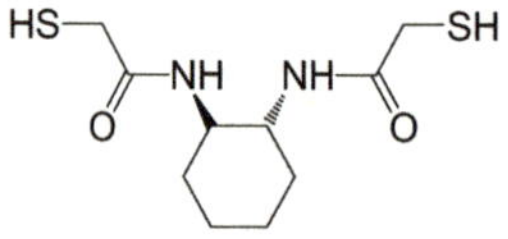

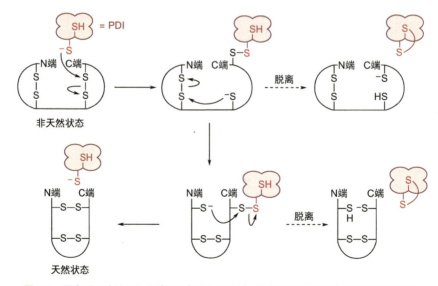

图 9.9 蛋白质二硫键异构酶（PDI）催化二硫键异构化的脱离机制（改编自文献 [21]）

　　小分子折叠酶的其他设计策略更多的是基于对 PDI 的活性位点 CGHC 的模拟。有关其活性位点的结构和功能已在第一节中详述。线性 CXXC 多肽可模拟多种氧化还原酶的活性位点，其中便包括蛋白质二硫键异构酶的活性位点 [22]，在这种活性位点中，起主要作用的是两端的 Cys。所以改变 CXXC 肽段中间残基"X"的数目可能是一种模拟"CXXC"活性位点的有效方法。而要获得有效的异构酶，需要有一个相当不稳定的二硫键 [23]。这种不稳定的二硫键可以由巯基转化而来，例如 CGC

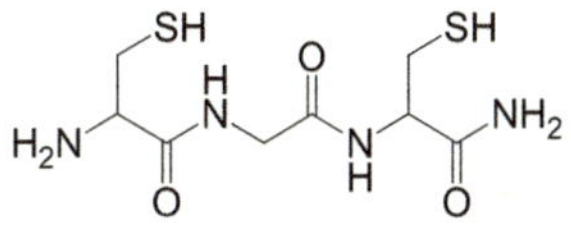

图 9.10　CGC 肽的结构

肽（CXC 型，Cys-Gly-Cys-NH₂）含有两个巯基，是 PDI 的潜在模拟物（见图 9.10）[24]，其自身有着良好的氧化还原特性，且展现出丰富的二硫异构化活性，能有效催化二硫异构化 [24]。

9.2.2　DNA 拓扑异构酶

　　目前对于 DNA 拓扑异构酶的模拟酶研究甚少，较为经典的纳米酶将在后文中详细阐述。在本节中，简述一些对于模拟 DNA 拓扑异构酶具有指导意义的工作，尽管它们在发表时并没有特意强调是模拟酶。

　　DNA 拓扑异构酶主要功能是切断 DNA 的一条或两条链中的磷酸二酯键，然后重新缠绕和连接来参与调节细胞内 DNA 复制和修复等过程。在整个过程中，切断 DNA 是首要的一步。研究发现，DNA 裂解剂中存在平面芳香杂环结构，能够在双螺旋 DNA 的碱基对之间插入和堆叠（形成"插层"），这种结构的存在是该酶具有 DNA 亲和力和裂解活性的必要条件 [25,26]。含有菲啰啉和卟啉平面配体的金属配合物被证明是有效的 DNA 裂解剂 [27,28]。使用扩展的芳香杂环配体，能增加这些金属配合物"插层"的表面积，会促进"插层"与 DNA 结合的能力显著增加，从而增加其对 DNA 切割的活性 [27]。氧化石墨烯（GO）是一种单层原子碳材料，由含氧官能团排列成六边形晶格结构，纳米氧化石墨烯薄片（图 9.11）类似具有平面芳香环结构成分，可能是一种潜在的 DNA 裂解剂。相对于芳香杂环结构较小的裂解剂，氧化石墨烯的大平面结构更有利于其与 DNA 的结合，并可能影响"插层"的位置。氧化石墨烯表面的含氧基团为化学改性和化学反应提供了更多的可能性，实验证明，与铜离子偶合，氧化石墨烯薄片可以更有效地使 DNA 裂解 [29]。这可能对其后续模拟天然酶的完整功能有一些帮助。

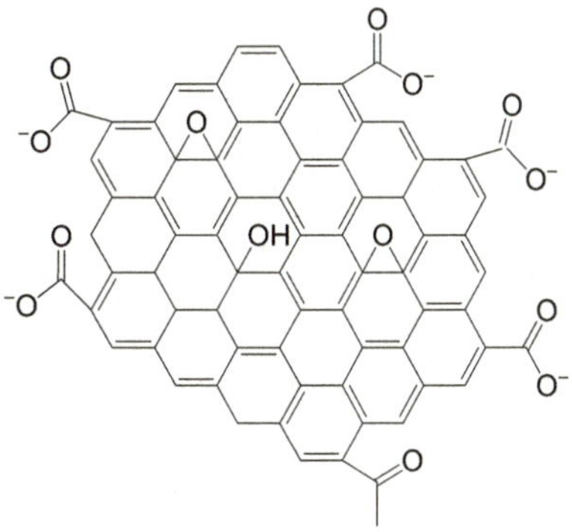

图 9.11　氧化石墨烯化学结构示意图 [29]

9.3 典型异构酶纳米酶

可以利用半胱氨酸衍生的手性碳点（CDs）来模拟 DNA Topo I，以选择性地介导超螺旋 DNA 的拓扑重排（图 9.12）[30]。利用 D 型半胱氨酸和 L 型半胱氨酸作为碳源，可以制备该手性碳点，进一步通过透析纯化得到 D-CDs 和 L-CDs。研究发现 D-CDs 可以比 L-CDs 更强地与 DNA 双螺旋结合。插入的 CDs 可以催化羟基自由基产生和磷酸酯裂解，在 DNA 双螺旋的一条链上留下磷酸骨架，从而导致超螺旋 DNA 的拓扑重排[30]。

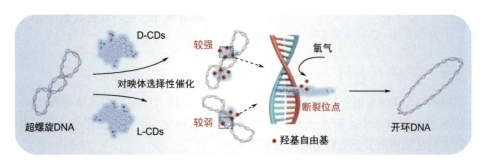

图 9.12　对映选择性手性 CDs 介导超螺旋 DNA 的拓扑重排示意图（改编自文献 [30]）

在前文中提到，拓扑异构酶 I 可以导致 DNA 螺旋单链断裂来调节 DNA 拓扑结构。据此推断，手性碳点纳米酶能够实现 DNA 螺旋拓扑重排的可能机制是纳米酶促使超螺旋 DNA 中的一条链发生断裂。对上述机制，研究者以 pDNA（plasmid pRSET-eGFP，一种可表达绿色荧光蛋白的质粒 DNA）为模型进行了实验验证。琼脂糖凝胶电泳分析显示，随着孵育时间从 3 h 延长至 24 h，超螺旋 pDNA 逐渐转化为缺口开环构型，该实验结果验证了提出的假说[30]。

研究发现 D-CDs 比 L-CDs 能更有效地催化超螺旋 DNA 的拓扑转变[30]。实验证明，D-CDs 与 DNA 双螺旋结构的嵌入结合比 L-CDs 更强，CDs 与 DNA 相互结合可以催化羟基自由基的产生，同时在双螺旋的内部留下磷酸骨架。磷酸酯的氧化损伤和水解促进 DNA 的断裂，从而导致超螺旋 DNA 的拓扑重排。更进一步研究 D-CDs 为何与 DNA 双螺旋结构的嵌入结合更强，通过分子动力学模拟表明，D-半胱氨酸与 DNA 之间形成氢键的亲和力❶和疏水相互作用强于 L-半胱氨酸（见图 9.13），这可能是碳源来自 D-半胱氨酸的 D-CDs 催化活性和调控作用比 C-CDs 好的根本原因[30]。

---

❶ D-半胱氨酸和 L-半胱氨酸与 DNA 分别形成 3 个和 2 个稳定的氢键。

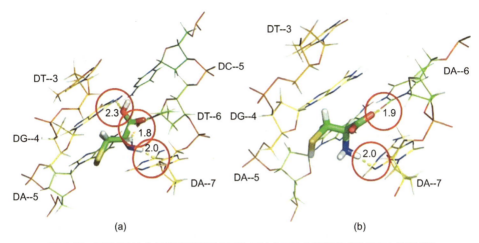

图 9.13 双链 DNA 与手性半胱氨酸相互作用的分子动力学模拟（改编自文献 [30]）
（a）DNA 链与 D-半胱氨酸的相互作用；（b）DNA 链与 L-半胱氨酸的相互作用。
虚线代表氢键，并用红色圆圈圈出

参考文献

[1] Saito, Y.; Kinoshita, M.; Yamada, A.; Kawano, S.; Liu, H. S.; Kamimura, S.; Nakagawa, M.; Nagasawa, S.; Taguchi, T.; Yamada, S. M., H. Mannose and phosphomannose isomerase regulate energy metabolism under glucose starvation in leukemia. *Cancer Sci.* **2021**, *112*, 4944-4956.

[2] Woodley, K.; Dillingh, L. S.; Giotopoulos, G.; Madrigal, P.; Rattigan, K. M.; Philippe, C.; Dembitz, V.; Magee, A. M. S.; Asby, R.; van de Lagemaat, L. N.; Mapperley, C.; James, S. C.; Prehn, J. H. M.; Tzelepis, K.; Rouault-Pierre, K.; Vassiliou, G. S.; Kranc, K. R.; Helgason, G. V.; Huntly, B. J. P.; Gallipoli, P. Mannose metabolism inhibition sensitizes acute myeloid leukaemia cells to therapy by driving ferroptotic cell death. *Nat. Commun.* **2023**, *14*, 2132.

[3] Nakatsu, Y.; Iwashita, M.; Sakoda, H.; Ono, H.; Nagata, K.; Matsunaga, Y.; Fukushima, T.; Fujishiro, M.; Kushiyama, A. K., H.; Takahashi, S.; Katagiri, H.; Honda, H.; Kiyonari, H.; Uchida, T.; Asano, T. Prolyl isomerase Pin1 negatively regulates AMP-activated protein kinase (AMPK) by associating with the CBS domain in the gamma subunit. *J. Biol. Chem.* **2015**, *290*, 24255-24266.

[4] Nakatsu, Y.; Yamamotoya, T.; Ueda, K.; Ono, H.; Inoue, M. K.; Matsunaga, Y.; Kushiyama, A.; Sakoda, H.; Fujishiro, M.; Matsubara, A. A., T. Prolyl isomerase Pin1 in metabolic reprogramming of cancer cells. *Cancer Lett.* **2020**, *470*, 106-114.

[5] Uehara, T.; Nakamura, T.; Yao, D.; Shi, Z. Q.; Gu, Z.; Ma, Y.; Masliah, E.; Nomura, Y.; Lipton, S. A. S-nitrosylated protein-disulphide isomerase links protein misfolding to neurodegeneration. *Nature* **2006**, *441*, 513-517.

[6]   Braverman, N.; Lin, P.; Moebius, F. F.; Obie, C.; Moser, A.; Glossmann, H.; Wilcox, W. R.; Rimoin, D. L.; Smith, M.; Kratz, L. K., Richard I.; Valle, David. Mutations in the gene encoding 3β- hydroxysteroid-Δ^8, Δ^7-isomerase cause X-linked dominant Conradi-Hünermann syndrome. *Nat. Genet.* **1999**, *22*, 291-294.

[7]   Ma, S.; Wang, N.; Liu, R.; Zhang, R.; Dang, H.; Wang, Y.; Wang, S.; Zeng, Z.; Ji, M.; Hou, P. ZIP10 is a negative determinant for anti-tumor effect of mannose in thyroid cancer by activating phosphate mannose isomerase. *J. Exp. Clin. Cancer Res.* **2021**, *40*, 387.

[8]   Zhang, F.; Cheng, F.; Jia, D. X.; Liu, Q.; Liu, Z. Q.; Zheng, Y. G. Tuning the catalytic performances of a sucrose isomerase for production of isomaltulose with high concentration. *Appl. Microbiol. Biotechnol.* **2022**, *106*, 2493-2501.

[9]   Chen, N.; Chang, B.; Shi, N.; Lu, F.; Liu, F. Robust and recyclable cross-linked enzyme aggregates of sucrose isomerase for isomaltulose production. *Food Chem.* **2023**, *399*, 134000.

[10]   Schulman, S.; Bendapudi, P.; Sharda, A.; Chen, V.; Bellido-Martin, L.; Jasuja, R.; Furie, B. C.; Flaumenhaft, R.; Furie, B. Extracellular thiol isomerases and their role in thrombus formation. *Antioxid. Redox Signaling* **2016**, *24*, 1-15.

[11]   Darby, N. J.; van Straaten, M.; Penka, E.; Vincentelli, R.; Kemmink, J. Identifying and characterizing a second structural domain of protein disulfide isomerase. *FEBS Lett.* **1999**, *448*, 167-172.

[12]   Kersteen, E. A.; Raines, R. T. Catalysis of protein folding by protein disulfide isomerase and small-molecule mimics. *Antioxid. Redox Signaling* **2003**, *5*, 413-424.

[13]   Ali Khan, H.; Mutus, B. Protein disulfide isomerase a multifunctional protein with multiple physiological roles. *Front. Chem.* **2014**, *2*, 70.

[14]   Luo, B.; Lee, A. S. The critical roles of endoplasmic reticulum chaperones and unfolded protein response in tumorigenesis and anticancer therapies. *Oncogene* **2013**, *32*, 805-818.

[15]   Flaumenhaft, R.; Furie, B. Vascular thiol isomerases. *Blood* **2016**, *128*, 893-901.

[16]   Redinbo, M. R.; Stewart, L.; Kuhn, P.; Champoux, J. J.; Hol, W. G. J. Crystal structures of human topoisomerase I in covalent and noncovalent complexes with DNA. *Science* **1998**, *279*, 1504-1513.

[17]   Jenkins, J. R.; Ayton, P.; Jones, T.; Davies, S. L.; Simmons, D. L.; Harris, A. L.; Sheer, D.; Hickson, I. D. Isolation of cDNA clones encoding the β isozyme of human DNA topoisomerase II and localisation of the gene to chromosome 3p24. *Nucleic Acids Res.* **1992**, *20*, 5587-5592.

[18]   Champoux, J. J. Structure-based analysis of the effects of camptothecin on the activities of human topoisomerase I. *Ann. N. Y. Acad. Sci.* **2006**, *922*, 56-64.

[19]   Vos, S. M. T., E. M.; Schmidt, B. H.; Berger, J. M. All tangled up: how cells direct, manage and exploit topoisomerase function. *Nat. Rev. Mol. Cell Biol.* **2011**, *12*, 827-841.

[20]   Norgaard, P.; Winther, J. R. Mutation of yeast Eug1p CXXS active sites to CXXC results in a dramatic increase in protein disulphide isomerase activity. *Biochem. J.* **2001**, *358*, 269-274.

[21] Woycechowsky, K. J.; Wittrup, K. D.; Raines, R. T. A small-molecule catalyst of protein folding in vitro and in vivo. *Chem. Biol.* **1999**, *6*, 871-879.

[22] Siedler, F.; Rudolphbohner, S.; Doi, M.; Musiol, H. J.; Moroder, L. Redox potentials of active-site bis(cysteinyl) fragments of thiol-protein oxidoreductases. *Biochemistry* **1993**, *32*, 7488-7495.

[23] Liang, C. H.; Chen, D.; Liao, X. Y.; Jiang, L. G.; Yuan, C.; Huang, M. D. Progress in the structural studies and inhibitor development of protein disulfide isomerase. *Prog. Biochem. Biophys.* **2020**, *47*, 595-606.

[24] Woycechowsky, K. J.; Raines, R. T. The CXC motif: A functional mimic of protein disulfide isomerase. *Biochemistry* **2003**, *42*, 5387-5394.

[25] Zeglis, B. M.; Pierre, V. C.; Barton, J. K. Metallo-intercalators and metallo-insertors. *Chem. Commun.* **2007**, 4565-4579.

[26] Biver, T.; Secco, F.; Venturini, M. Mechanistic aspects of the interaction of intercalating metal complexes with nucleic acids. *Coord. Chem. Rev.* **2008**, *252*, 1163-1177.

[27] Friedman, A. E.; Chambron, J. C.; Sauvage, J. P.; Turro, N. J.; Barton, J. K. Molecular light switch for DNA-Ru(bpy)$_2$(dppz)$^{2+}$. *J. Am. Chem. Soc.* **1990**, *112*, 4960-4962.

[28] Pasternack, R. F.; Gibbs, E. J.; Villafranca, J. J. Interactions of porphyrins with nucleic-acids. *Biochemistry* **1983**, *22*, 5409-5417.

[29] Ren, H. L.; Wang, C.; Zhang, J. L.; Zhou, X. J.; Xu, D. F.; Zheng, J.; Guo, S. W.; Zhang, J. Y. DNA cleavage system of nanosized graphene oxide sheets and copper ions. *ACS Nano* **2010**, *4*, 7169-7174.

[30] Li, F.; Li, S.; Guo, X. C.; Dong, Y. H.; Yao, C.; Liu, Y. P.; Song, Y. G.; Tan, X. L.; Gao, L. Z.; Yang, D. Y. Chiral carbon dots mimicking topoisomerase I to mediate the topological rearrangement of supercoiled DNA enantioselectively. *Angew. Chem. Int. Ed.* **2020**, *59*, 11087-11092.

第 10 章　连接酶

　　连接酶（ligase）又称合成酶或结合酶，其酶学委员会（Enzyme Commission）编号为 EC6。顾名思义，连接酶具有催化两种底物分子键合在一起的活性；两种底物分子之间成键方式包括 C–O 键、C–S 键、C–N 键、C–C 键、磷酸酯键以及 N–M 键（M 表示金属原子）。常见的连接酶有 DNA 连接酶、tRNA 连接酶、泛素连接酶等 [1]。DNA 连接酶最为常见，在 DNA 复制与修复等过程起着重要的作用。下文以 DNA 连接酶为例进行介绍。

10.1　DNA 连接酶

　　连接酶的发现始于 1967 年，Gellert 等人在大肠杆菌中发现了一种能够催化断裂 DNA 链修复和连接的特殊酶类。尽管当时尚未明确提出"连接酶"这一概念，但这项开创性工作为后续该类酶的命名和功能研究奠定了基础 [2,3]。DNA 连接酶主要作用表现为催化一个碱基的 3′-羟基和另一个碱基的 5′-磷酸末端形成磷酸二酯键，进而实现对细胞内断裂 DNA 的修复，因而在维持生物体基因组完整稳定性方面起着重要的作用。DNA 连接酶通常含有多个结构域，以 T4 连接酶为例，其含有三个结构域：位于 N 端的 α 螺旋式 DNA 结合域（DBD，DNA-binding domain❶）（残基 1~129）、核苷酸转移酶结构域 NTase（残基 133~367）和寡核苷酸结合折叠域（oligonucleotide-binding-fold domain，OBD）（残基 370~487）（图 10.1）。

　　连接酶的 DBD、NTase 和 OBD 三个结构域相互组装并与 DNA 底物相互作用，每个结构域均与 DNA 底物保持接触状态且主要位于 DNA 小沟槽之上（图 10.1 左）。三个结构域的功能如下：NTase 结构域作为 DNA 连接酶的催化反应核心；DBD 结构域主要用于 DNA 的结合，其中与 DNA 骨架磷酸接触的大多数氨基酸残基来自 DBD 中螺旋区域和连接反平行螺旋的短环区域，如 α2 螺旋的 Ser14、Thr15 和 Lys16，α7 螺旋的 Ser120 和 Lys124 等氨基酸，以及来自短环 Arg79 和与 DNA 骨架平行的 Gln44、Tyr45、Tyr46、Lys48 和 Lys49 等残基（图 10.2）；OBD 作为寡核苷酸结合折叠域，其 Lys384 可与 DBD 结构域的 Asp112 形成盐桥，对 DNA 缺口形成完全包围（图 10.1 右和图 10.2 中）。

---

　　❶ DBD 结合域，位于 N 端，亦称为 N 端结构域（NTD，N-terminal domain）。

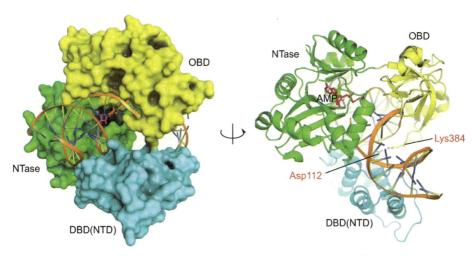

图 10.1 T4 DNA 连接酶结构示意图（PDB：6DT1）[4]

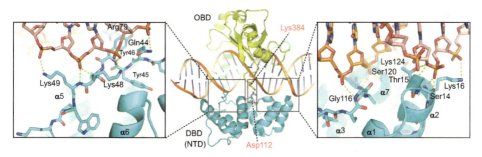

图 10.2 T4 DNA 连接酶 DBD-DNA 相互作用示意图（PDB：6DT1）（改编自文献 [4]）

连接酶所催化的连接反应需要能量辅基，根据辅基不同分为两类：一类是利用三磷酸腺苷（ATP）的能量催化磷酸二酯键的形成；另一类是以烟酰胺腺嘌呤二核苷酸（NAD+）为辅基催化 DNA 的连接作用。以 ATP 为辅基的 DNA 连接酶常见于真核细胞中，以 T4 连接酶为代表，能够催化 DNA 的平端和对称性黏性末端的连接作用；对于不对称性黏性末端常常还需要消化酶的作用，将对称性黏性末端先进行平端化再进行连接作用。以 NAD+ 为辅基的 DNA 连接酶常见于细菌中，以 *E. coli* 连接酶为代表，能够催化平端和对称性黏性 DNA 末端的连接作用 [5]。连接酶催化的连接反应包含三步，以 ATP 为辅基的 DNA 连接酶为例进行阐述（图 10.3）：

① 首先 DNA 连接酶与 ATP 相结合，ATP 的一个高能磷酸键断裂释放出能量并产生单磷酸腺苷（AMP）和焦磷酸盐（PPi），之后 AMP 分子与 DNA 连接酶上的赖氨酸残基通过磷酸酰胺键相结合，得到酶和 AMP 的复合物（即 Enzyme-AMP 复合物，缩写为 E-AMP 复合物）；

② E-AMP 复合物能够识别 DNA 双链的切口，识别后 AMP 能够激活 DNA 链上 5′-磷酸根基团，并与 AMP 的磷酸基团相结合形成 DNA-腺苷复合物；

③ 基于上一步反应的 DNA-腺苷复合物，在连接酶的催化作用下，DNA 链上 3′-OH 对 DNA-腺苷复合物上激活的 5′-磷酸根基团进行亲核攻击，以形成稳定的磷酸二酯键，释放出 AMP 和酶，完成连接反应并释放出 DNA、AMP 和连接酶，连接酶可再次与 ATP 结合进入下一轮连接反应[6]。

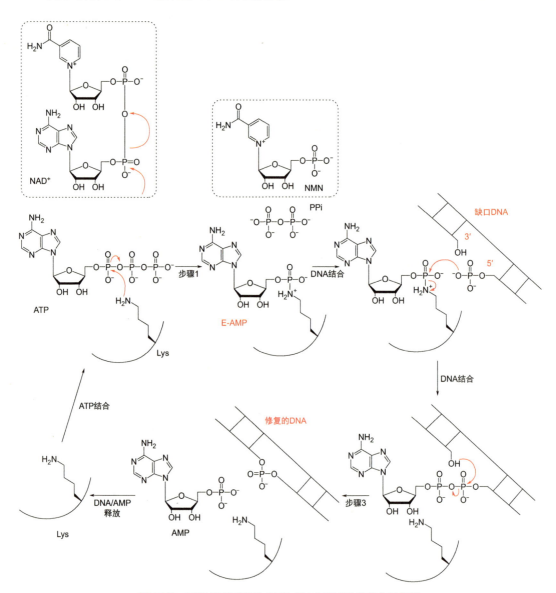

图10.3　DNA 连接酶催化 DNA 反应步骤（改编自文献 [6]）

10.2　典型 DNA 连接酶模拟酶

模拟酶通常只能模仿天然酶的单一催化结构域，天然的连接酶则是通过多个肽段的结构域相互协作催化 DNA 修复，就连接酶而言，目前还没有严格意义上的连接型模拟酶。如 DNA 连接酶，对 DNA 平末端缺口和黏性末端缺口均有催化能力，但其对平末端和黏性末端催化活性并无特异性，因而利用蛋白质工程的手段将模拟酶的单一结构域与天然酶的多重结构域进行融合，能获得具有对平端或黏性末端具有特异性和更好催化活性的融合型连接酶。如将 T4 DNA 连接酶分别与 7 种不同的 DNA 结合蛋白融合，包括真核转录因子、细菌 DNA 修复蛋白、古细菌 DNA 结合域以及人工嵌合转录因子等，获得融合蛋白的连接酶。在这些融合蛋白的连接酶中，cTF 连接酶（即人工嵌合转录因子融合的 T4 DNA 连接酶）表现出最强的平末端 DNA 连接能力，p50 连接酶（即真核转录因子 NF-κB p50 融合的 T4 DNA 连接酶）表现出最强的黏性末端 DNA 连接能力 [7]。尽管通过融合蛋白的方式能够进一步增强连接酶的催化效率和特异性，也可推广至其他融合型连接酶的开发，但这些融合型连接酶 ❶ 的动力学与催化反应的基本机制尚不明确，仍需要进一步探究 [8]。

10.3　典型 DNA 连接酶纳米酶

类比于天然连接酶催化的连接作用中受体与其目标分子相互作用方式，研究者早期发现单层膜保护的金纳米粒子，如其表面带正电，则能够识别和稳定富含天冬氨酸的肽段，并促进肽段的螺旋化 [9]。但此时尚未发现这些金纳米酶粒子具有催化连接反应的活性。伴随着研究的深入，发现三甲胺功能化的金纳米粒子带正电，可以通过静电作用吸附并促进富含谷氨酸多肽的螺旋化；若一条多肽的 C 端含有硫酯，而另外一条多肽的 N 端含有半胱氨酸，则这种静电作用可以促使两条肽链之间发生自然化学连接反应（native chemical ligation）（图 10.4）[10]。

以金纳米颗粒为代表的连接酶活性主要应用于肽段的连接 ❷，但尚未有明确能够模拟 DNA 连接酶作用的纳米酶，催化寡核苷酸聚合的纳米酶仍是一个研究瓶颈。经过多年的努力，基于分子印迹技术的发展，科学家们设计出一种反相微乳液模板对接表面印迹法（reverse microemulsion template docking surface imprinting，RMTD-SI），使用带正电荷的表面活性剂形成反相微乳液，使模板单链 DNA（ssDNA）锚定在反相微乳液的界面形成印迹空腔，这种印迹空腔能有效克服分子印迹的尺寸限制。首先印迹纳米粒子与互补的 ssDNA 进行底物装载，装载后的纳米粒 /DNA 复

---

❶ 融合型连接酶，是指利用蛋白质工程的手段对连接酶进行蛋白融合，以提高连接酶作用效率，并非严格意义上的连接酶模拟酶。

❷ 金纳米粒子的连接酶活性依赖电荷作用促发肽段的连接与螺旋化，而不是核苷酸之间的连接作用。

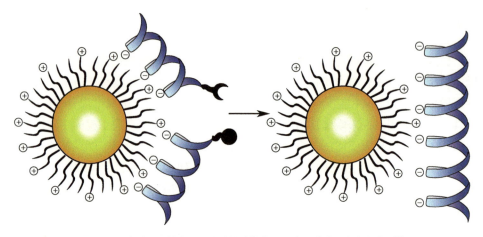

图 10.4　金纳米颗粒表面对肽链的连接作用示意图（改编自文献 [10]）

合体与短的 ssDNA 在 25 ℃孵育 20 min；基于亲和聚集增强的耦合与热循环扩增（affinity gathering enhanced coupling and thermal cycling amplification，AGEC-TCA）向上一阶段的复合物中加入 EDC❶ 于 25 ℃反应 5 min，可实现一条 ssDNA 的 5′-OH 与另一条 ssDNA 的 3′-PO$_4^{2-}$连接；进而可在 85 ℃孵育 2 min 以实现连接产物与印迹纳米粒的释放；若在 25 ℃持续加入短的 ssDNA，根据需要可获得更长的连接产物（图 10.5）[11]。此方法介导的 DNA 连接只适合于特定对称性单链 DNA 的连接作用，但仍为具有 DNA 连接酶活性纳米酶的开发提供新的思路与方法。总而言之，连接型纳米酶的开发与应用尚处于研究阶段，需要更深入研究进行完善。

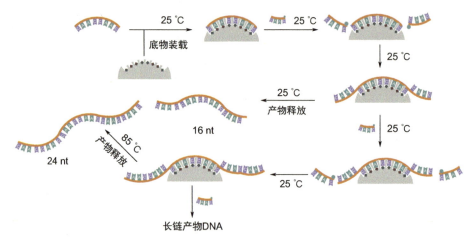

图 10.5　基于分子印迹的纳米酶用于 DNA 的连接作用示意图（改编自文献 [11]）

---

❶ EDC，1-乙基-3-(3-二甲基氨基丙基)碳二亚胺，促进一条 ssDNA 的 5′-OH 与另一条 ssDNA 的 3′-PO$_4^{2-}$连接反应。

参考文献

[1] Lehman, I. R. DNA Ligase: Structure, Mechanism, and Function. *Science* **1974**, *186*, 790-797.

[2] Zimmerman, S. B.; Little, J. W.; Oshinsky, C. K.; Gellert, M. Enzymatic joining of DNA strands: a novel reaction of diphosphopyridine nucleotide. *Proc. Natl. Acad. Sci. U.S.A.* **1967**, *57*, 1841-1848.

[3] Sadowski, P.; Ginsberg, B.; Yudelevich, A.; Feiner, L.; Hurwitz, J. Enzymatic mechanisms of the repair and breakage of DNA. *Cold Spring Harbor Symp. Quant. Biol.* **1968**, *33*, 165-177.

[4] Shi, K.; Bohl, T. E.; Park, J.; Zasada, A.; Malik, S.; Banerjee, S.; Tran, V.; Li, N.; Yin, Z.; Kurniawan, F.; Orellana, K.; Aihara, H. T4 DNA ligase structure reveals a prototypical ATP-dependent ligase with a unique mode of sliding clamp interaction. *Nucleic Acids Res.* **2018**, *46*, 10474-10488.

[5] Sgaramella, V. Enzymatic oligomerization of bacteriophage P22 DNA and of linear Simian virus 40 DNA. *Proc. Natl. Acad. Sci. U.S.A.* **1972**, *69*, 3389-3393.

[6] Williamson, A.; Leiros, H. S. Structural insight into DNA joining: from conserved mechanisms to diverse scaffolds. *Nucleic Acids Res.* **2020**, *48*, 8225-8242.

[7] Wilson, R. H.; Morton, S. K.; Deiderick, H.; Gerth, M. L.; Paul, H. A.; Gerber, I.; Patel, A.; Ellington, A. D.; Hunicke-Smith, S. P.; Patrick, W. M. Engineered DNA ligases with improved activities in vitro. *Protein Eng. Des. Sel.* **2013**, *26*, 471-478.

[8] Tong, C. L.; Kanwar, N.; Morrone, D. J.; Seelig, B. Nature-inspired engineering of an artificial ligase enzyme by domain fusion. *Nucleic Acids Res.* **2022**, *50*, 11175-11185.

[9] Verma, A.; Nakade, H.; Simard, J. M.; Rotello, V. M. Recognition and stabilization of peptide alpha-helices using templatable nanoparticle receptors. *J. Am. Chem. Soc.* **2004**, *126*, 10806-10807.

[10] Fillon, Y.; Verma, A.; Ghosh, P.; Ernenwein, D.; Rotello, V. M.; Chmielewski, J. Peptide ligation catalyzed by functionalized gold nanoparticles. *J. Am. Chem. Soc.* **2007**, *129*, 6676-6677.

[11] Guo, Z.; Luo, Q.; Liu, Z. Molecularly imprinted nanozymes with free substrate access for catalyzing the ligation of ssDNA Sequences. *Chem. Eur. J.* **2022**, *28*, 1-6.

第11章 模拟其他酶的纳米酶

因酶与纳米材料各自种类的多样性，除前文所述的纳米酶外，纳米材料还被用来模拟其他酶的活性。这里选择典型的例子进行简述。

11.1 氢化酶

11.1.1 氢化酶的分类与结构

氢化酶（hydrogenase）存在于微生物体内，能催化氧化氢气生成质子，也能催化该反应的逆反应（即质子还原产生氢气），反应方程式如式（11.1）所示。

$$H_2 \rightleftharpoons 2H^+ + 2e^- \tag{11.1}$$

氢化酶广泛存在于部分细菌、古细菌和部分真核生物中，根据其活性中心结构的不同，氢化酶可以分为镍铁氢化酶（[NiFe]-氢化酶）、双铁氢化酶（[FeFe]-氢化酶）、单铁氢化酶（[Fe]-氢化酶）[1,2]。

[NiFe]-氢化酶是一个异源二聚体，含有两个 [4Fe-4S] 和一个 [3Fe-4S] 团簇[3]。如图 11.1（a）所示，[NiFe]-氢化酶由一个大亚基（约 60 kDa）和一个小亚基（约 28 kDa）组成，其中，活性双金属中心位于大亚基中，负责电子转移的 Fe-S 团簇位于小亚基中[4]。如图 11.1（b）所示，Fe 原子分别与一个羰基 C 原子、两个氰基 C 原子配位，并通过两个半胱氨酸 S 原子桥接 Ni 原子。此外，Ni 原子还与两个半胱氨酸 S 原子配位，标记的位置（X）表示第三个桥接配体，它在催化过程中发生变化[1,5]。[NiFeSe]-氢化酶是 [NiFe]-氢化酶的亚群，其中 Ni 原子的一个半胱氨酸配体被 Se 代半胱氨酸取代[6]。

[FeFe]-氢化酶主要以单体形式存在于细胞质中，但同时也存在二聚体、三聚体和四聚体（在细胞周质中）[7]。如图 11.2（a）所示，[FeFe]-氢化酶含有三个 [4Fe-4S] 团簇和一个 [2Fe-2S] 团簇。如图 11.2（b）所示 [FeFe]-氢化酶的活性中心为 H 簇❶-立方烷，其以一个 [2Fe-2S] 团簇为核心并通过一个半胱氨酸残基连接到 [4Fe-4S] 立方烷团簇。此外，[4Fe-4S] 团簇通过三个半胱氨酸残基固定在蛋白质主链上。双核 [FeFe] 金属中心分别与羰基 C、氰基 C 配位，并通过额外的二硫醇配体和羰基

---

❶ H 簇为 [FeFe]-氢化酶的活性中心 FeFe 双金属结构域。

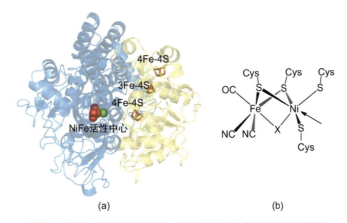

图 11.1　[NiFe]-氢化酶及 NiFe 活性中心结构（改编自文献 [1]）

（a）[NiFe]-氢化酶（PDB: 1FRV），其中，Fe 为橙色，Ni 为绿色，S 为黄色，红色为 Fe 的配体；
（b）NiFe 活性中心，箭头位置为开放的金属配位点

C 桥接 [1,8]。其余的 FeS 团簇被称为 F 簇。然而，来自绿藻的 [FeFe]-氢化酶仅含有 H 簇，没有 F 簇。因此，H 簇是 [FeFe]-氢化酶行使催化功能所必需的结构域 [1]。

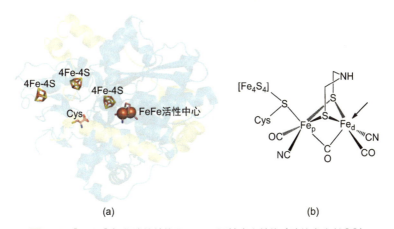

图 11.2　[FeFe]-氢化酶的结构及 FeFe 活性中心结构（改编自文献 [1]）

（a）[FeFe]-氢化酶（PDB: 1HFE），其中，Fe 为橙色，C 为粉色，N 为蓝色，S 为黄色（注意：活性中心与半胱氨酸残基和 [4Fe-4S] 立方烷团簇还未连接）；（b）FeFe 活性中心，箭头位置为开放的金属配位点

　　[Fe]-氢化酶是一个同源二聚体，不含 Fe-S 团簇。如图 11.3（a）所示，[Fe]-氢化酶含有两个 N 端结构域和一个中心结构域（由两个单体的 C 端片段组成）。此外，N 端结构域和中心结构域形成底物结合口袋 [3,10]。[Fe]-氢化酶活性中心为 Fe-鸟苷吡啶醇（FeGP）辅酶因子。如图 11.3（b）所示，FeGP 中的 Fe 原子分别和一个吡啶 N 原子、一个酰基 C 原子、一个半胱氨酸 S 原子、一对顺式羰基的两个 C 原子以及一个 H_2 的结合位点 X（未结合 H_2 时 X 通常为 H_2O）配位 [10,11]。如

图 11.4 所示，在底物次甲基四氢甲基蝶呤（CH-H$_4$MPT$^+$）存在下，[Fe]-氢化酶催化 H$_2$ 异裂，并将产生的 H$^-$ 转移给 CH-H$_4$MPT$^+$，生成亚甲基四氢甲基蝶呤（CH$_2$-H$_4$MPT）[12]。

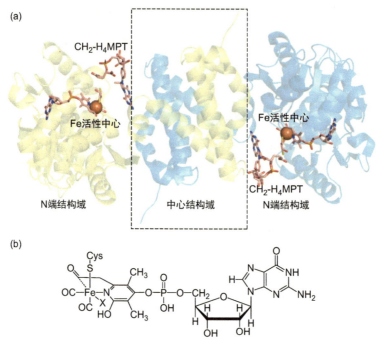

图 11.3 [Fe]-氢化酶及 Fe 活性中心的结构（改编自文献 [1]）

（a）[Fe]-氢化酶（PDB: 3H65），其中，Fe 为橙色，C 为粉色，N 为蓝色，S 为黄色，O 为红色；

（b）Fe 活性中心（FeGP）

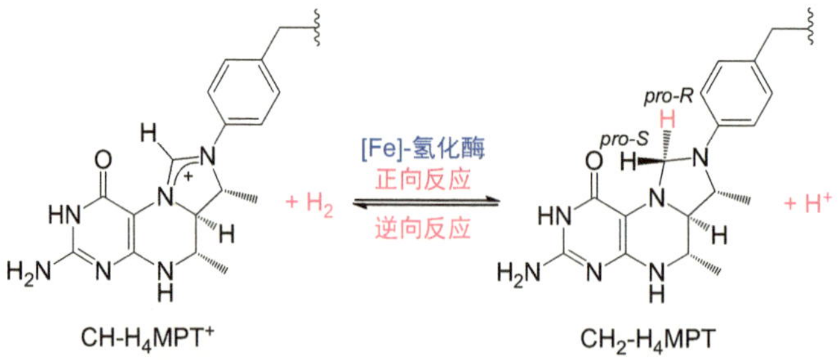

图 11.4 [Fe]-氢化酶催化 CH-H$_4$MPT$^+$ 和 H$_2$ 反应的方程式（改编自文献 [9]）

  氢化酶的主要功能是通过氢分子的氧化为生物体提供能量，并平衡细胞的氧化还原电位。根据在细胞中的不同位置，它们除了通过产生氢分子来去除还原性物质，或者通过裂解氢分子来提供电子外，还可以参与建立跨膜质子梯度[1]。此外，氢化酶在燃料电池领域也有巨大的应用前景[8]。受氢化酶结构的启发和氢经济的驱动，研究者合成了众多具有类似结构的配合物来模拟其催化活性。

11.1.2 模拟氢化酶的传统模拟酶

以 [Fe]-氢化酶为例，其模拟物的研究主要集中在活性中心 FeGP 结构与功能的模拟（如 Fe 基和 Mn 基模型）上[12]。如图 11.5 所示的配合物 **1** 和配合物 **2**，二者具有与 FeGP 相似的配位结构——一个吡啶 N 原子、一个酰基 C 原子、一对顺式羰基的两个 C 原子和一个 S 原子。然而，配合物 **1** 和 **2** 都不能催化 H_2 的反应[13,14]。究其原因，配合物 **1** 和 **2** 缺乏与天然 [Fe]-氢化酶相同的蛋白质环境。若使用配合物 **1** 和 **2** 的前体配合物 **3** 和 **4**（后者的稳定性和溶解性高于前者）和脱辅基酶重组，可构建半合成的 [Fe]-氢化酶。但仅配合物 **3** 具有活性，这表明 2-OH 基团在 [Fe]-氢化酶活性中起关键作用，其去质子化后能作为催化 H_2 发生异裂的碱性基团[9]。类似的构建方法也应用在 [FeFe]-氢化酶的模拟物中[15,16]。

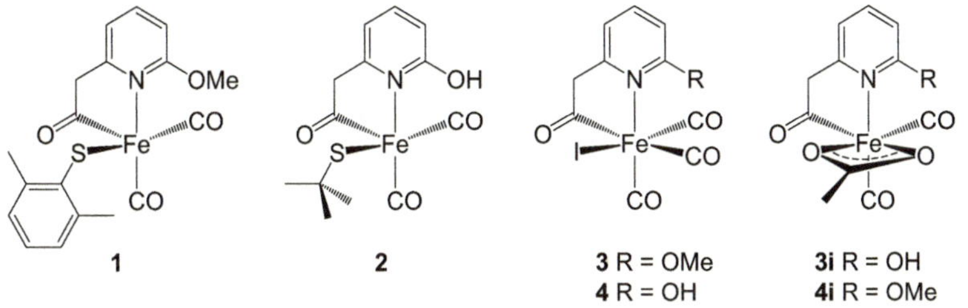

图 11.5 作为 FeGP 辅酶因子模拟物合成的配合物 **1**、**2**、**3**、**4** 的化学结构（改编自文献 [9]）

配合物 **1** 和 **2** 只再现了活性位点的第一配位层，在第二配位层处分别含有甲氧基和羟基。配合物 **3** 和 **4**
分别为配合物 **1** 和 **2** 的前体。配合物 **3** 和 **4** 需先溶解在含有乙酸 : 甲醇 =1 : 99 的溶液中
（分别转化为中间体 **3i** 和 **4i**），再溶解在水中

上述研究表明，能够模拟 [Fe]-氢化酶功能的模拟物本身需具有有效的碱性基团。由于配合物 **2** 和 **4** 碱处理后会溶解，经过密度泛函理论计算后选择在配合物 **3** 上通过图 11.6 所示的方程式，引入侧链 $Et_2PCH_2NMeCH_2PEt_2$（PNP）形成配合物 **5**。结构表征结果证明 PNP 取代了两个羰基，形成了叔胺碱结构，剩余的一个羰基与酰基和碘配体分别呈反式和顺式结构。如图 11.6 所示，配合物 **5** 是一个无需天然 [Fe]-氢化酶成分和底物 $CH\text{-}H_4MPT^+$ 就能模拟 [Fe]-氢化酶功能的物质，成功催化了 H_2/D_2 的相互转化和醛的氢化[17]。

如图 11.7 所示，从配合物 **5** 中解离并异构化得到五配位碘化物中间体 **6**。H_2 与 **6** 结合并异裂，得到氢化物络合物 **7**，它是 H_2/D_2 交换和氢化的常见中间体。若是 D_2，则生成配合物 **7D**。**7** 和 **7D** 发生 H/D 转化生成配合物 **8**。配合物 **7** 发生了 H_2 异裂（即 H_2 的激活）后，可以催化醛加氢反应生成醇。

图 11.6　由配合物 **3** 合成配合物 **5** 的反应方程式（改编自文献 [17]）

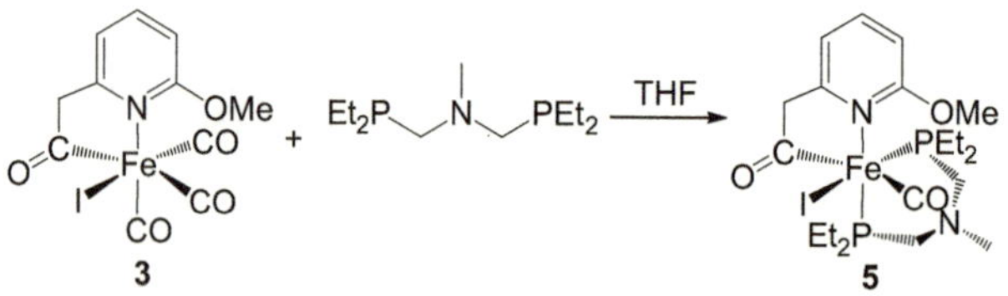

其中 Me 为甲基，Et 为乙基，THF 为四氢呋喃

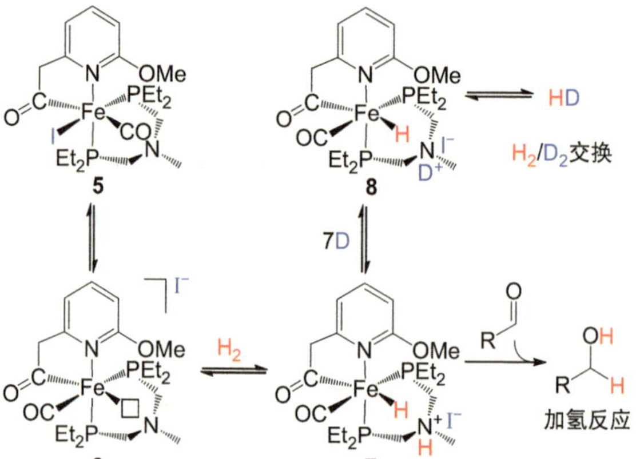

图 11.7　配合物 **5** 的 H_2/D_2 转换和氢化的机制（改编自文献 [17]）

其中 Me 为甲基，Et 为乙基

考虑到 Mn(Ⅰ) 和 Fe(Ⅱ) 是等电子的，研究者便提出用 Mn(Ⅰ) 金属中心与 [Fe]-氢化酶的脱辅基酶进行重构，得到 [Mn]-氢化酶。Mn(Ⅰ) 金属中心（配合物 **11**）由 2-羟基-6-甲基吡啶（化合物 **9**）和 $Mn(CO)_5Br$ 通过一锅法制成，化合物 **10** 为反应过程中的二锂化中间体，具体合成路径如图 11.8 所示。经过 H_2/D_2 相互转化实验表明，模拟物本身的碱性基团（2-O^-）对 H 的活化起着重要作用。如表 11.1 所示，该重构的半合成 [Mn]-氢化酶与前文提到的半合成的 [Fe]-氢化酶相比，[Mn]-氢化酶更偏向于催化正向反应（H_2 还原 CH-H_4MPT^+），其表现出的平均比活性约为逆向反应（CH$_2$-H$_4$MPT 产生 H_2）的 20 倍［正向反应为（1.5±0.1）U/mg，逆向反应为（0.09±0.01）U/mg］。并且，[Mn]-氢化酶的活性位点占据率仅为重构的天然 [Fe]-氢化酶（FeGP 和脱辅基酶）的 20%，则其实际比活性约为 7.5 U/mg（正向反应）和 0.45 U/mg（逆向反应）；而半合成的 [Fe]-氢化酶的活性位点占据率为 50%，其实际比活性为 5 U/mg（正向反应）和 3.8 U/mg（逆向反应）[9,18]。这表明了氢化酶中非天然金属中心模拟物也具有催化功能。

将配合物 **5** 与 **11** 和 FeGP 对比，不难发现，前两者缺乏单磷酸鸟苷（guanosine monophosphate，GMP）和天然辅因子吡啶醇基团中的两个甲基，这或许是重构的半合成 [Fe]/[Mn]-氢化酶活性低于天然 [Fe]-氢化酶的原因之一。

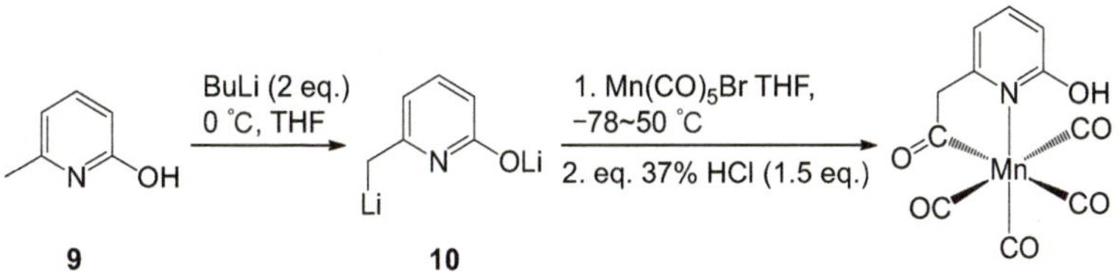

图 11.8　[Mn]-氢化酶制备的流程（改编自文献 [18]）

表 11.1　天然、重构和半合成 [Fe]-氢化酶及半合成 [Mn]-氢化酶的酶活性比较（改编自文献 [18]）

样品	正向反应比活性/（U/mg）		逆向反应比活性/（U/mg）	
	+GMP	−GMP	+GMP	−GMP
天然[Fe]-氢化酶	NA	520±30	NA	470±10
重构天然[Fe]-氢化酶	NA	370±20	NA	340±40
重构半合成[Fe]-氢化酶	2.5±0.4	1.2±0.3	1.9±0.2	1.0±0.1
重构半合成[Mn]-氢化酶	1.5±0.1	0.67±0.10	0.09±0.01	0.08±0.02

注：1. GMP为单磷酸鸟苷。

2. +GMP表示重构溶液中含有2 mmol/L GMP，−GMP表示重构溶液中不含有GMP。

3. 天然[Fe]-氢化酶：来自马尔堡产热甲烷杆菌的纯化[Fe]-氢化酶。

4. 重构的[Fe]-氢化酶：使用詹氏甲烷球菌的脱辅基酶和马尔堡分枝杆菌的天然[Fe]-氢化酶中提取的 FeGP辅因子来重建[Fe]-氢化酶。

5. NA：不适用。

11.1.3　模拟氢化酶的纳米酶

11.1.3.1　金属有机骨架

H_2 是一种能量密度高的环境友好型能源载体，可以在燃料电池中将化学能转化为电能[19]。由于氢化酶可以有效地将质子还原为 H_2，在能源领域有着巨大的前景[8]。但天然氢化酶的稳定性差，尤其是与光敏剂以光化学方式进行光催化时[20]。于是，研究者提出用纳米酶作为天然氢化酶的替代物，将与 [FeFe]-氢化酶活性位点结构相似的有机金属配合物 $[FeFe](dcbdt)(CO)_6$（配合物 **12**，dcbdt 为 1,4-二羧基苯-2,3-二硫醇盐）嵌入 Zr 基金属有机骨架——UiO-66 中，命名为 UiO-66-[FeFe]$(dcbdt)(CO)_6$，实现高活性的催化制氢 [图 11.9（a）、（b）]。如图 11.9（c）所示，在 $[Ru(bpy)_3]^{2+}$ 作为光敏剂，抗坏血酸作为电子供体的体系中，抗坏血酸将光激发的 $[Ru(bpy)_3]^{2+}$ 还原猝灭，生成光生 $[Ru(bpy)_3]^+$；然后，$[Ru(bpy)_3]^+$ 将电子转移给 UiO-66-[FeFe]$(dcbdt)(CO)_6$，生成还原态的二价 UiO-66-[FeFe]$(dcbdt)(CO)_{6,red}$；最后，UiO-66-[FeFe]$(dcbdt)(CO)_{6,red}$ 将质子还原为 H_2。如图 11.10 所示，与单独的 UiO-66 和 [FeFe]$(dcbdt)(CO)_6$ 相比，UiO-66-[FeFe]$(dcbdt)(CO)_6$ 的析氢量增加。这说明，光

生 [Ru(bpy)₃]⁺ 和 UiO-66-[FeFe](dcbdt)(CO)₆ 之间的异质电子转移可以与氧化抗坏血酸的均质电子转移竞争，并且 MOF 内的 FeFe 位点成功地将质子还原为氢分子[21]。

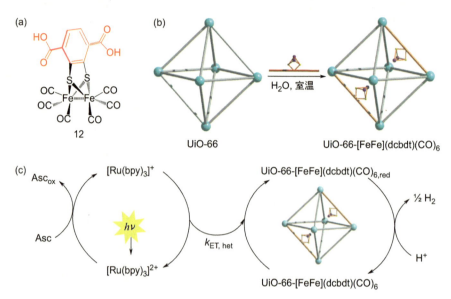

图 11.9 [FeFe](dcbdt)(CO)₆ 参与的光催化析氢（改编自文献 [21]）

（a）[FeFe](dcbdt)(CO)₆ 的结构式；（b）[FeFe](dcbdt)(CO)₆ 嵌入 UiO-66 的示意图；

（c）[FeFe](dcbdt)(CO)₆ 作为质子光催化的反应过程，其中，Asc 表示抗坏血酸，

ox 表示氧化态，red 表示还原态，$k_{ET, het}$ 表示异质电子转移常数

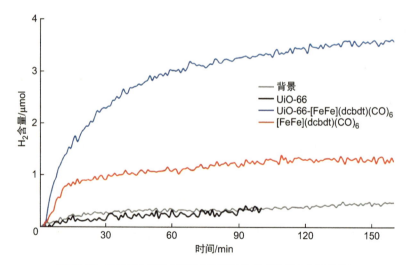

图 11.10 三种催化剂的光催化制氢能力比较（改编自文献 [21]）

UiO-66-[FeFe](dcbdt)(CO)₆（蓝色，5 mg MOF + 约 0.59 μmol 催化剂）、[FeFe](dcbdt)(CO)₆

（红色，约 0.59 μmol）、UiO-66（黑色，5 mg）

11.1.3.2　Au 纳米粒子

炎症相关的疾病大多与活性氧（reactive oxygen species, ROS）有关，尤其是活性最强的羟基自由基（·OH），它能够与核酸、蛋白质、脂质等反应，极大地损伤宿主细胞。而 H_2 可以将 ·OH 还原为 H_2O，清除自由基[22]。有研究表明，通过口服、静脉注射或者直接吸入 H_2 可以治疗炎症性疾病[23]。由于上述三种方法供给的 H_2 量较少，可能不足以清除炎症部位过量的 ROS。受光合作用启发，研究者就提出用脂质体封装叶绿素（光敏剂）、抗坏血酸（电子供体）和金纳米粒子（催化剂），组成多组分纳米反应器[24]。如图 11.11 所示，当发生炎症时，将该纳米反应器直接注射到炎症部位，并进行激光照射，叶绿素被激发，产生电子-空穴对，并且能够接受来自抗坏血酸的电子，返回基态。金纳米粒子作为催化剂，能够接受叶绿素被激发时产生的电子，并将电子传输给氧化态抗坏血酸，使质子还原产生 H_2。

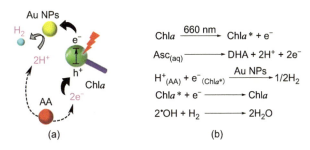

图 11.11　纳米反应器（改编自文献 [24]）

（a）纳米反应器的反应过程示意图，其中 Au NPs 为金纳米粒子，Chl*a* 为叶绿素（chlorophyll），
Asc 为抗坏血酸；（b）纳米反应器生成 H_2 及清除 ·OH 的方程式

目前，关于具有类氢化酶活性的纳米酶研究较少，主要为贵金属纳米粒子（Au、Pt、Rh 等）[24-26]。设计与制备出具有高活性的类氢化酶纳米酶，无论是对能源领域，还是对生物医学领域都意义深远。

11.2　硝基还原酶

11.2.1　硝基还原酶的结构与分类

硝基还原酶（nitroreductase）通常为二聚体，是一种还原性的内源黄素蛋白酶，广泛存在于枯草芽孢杆菌[27]、酵母菌[28]、大肠杆菌等菌种和某些细胞中，尤其是缺氧状态的肿瘤细胞（如 Hela、A549、MCF-7 等）[29-33]。如图 11.12 所示，在二聚体界面处形成口袋，包含两个辅基，一般为黄素单核苷酸（flavin mononucleotide, FMN）或黄素腺嘌呤二核苷酸（flavin adenine dinucleotide, FAD）[34]。如图 11.13、图 11.14 所示，在辅酶烟酰胺腺嘌呤二核苷酸（NADH）或烟酰胺腺嘌呤二核苷酸磷酸（NADPH）作为电子供体的作用下，硝基还原酶采用乒乓催化还原机理，即辅酶、辅基、硝基底物的氢传递顺序，将芳香族硝基化合物连续催化还原为氨基化合物，且每一步都为二电子过程[35-37]。

硝基还原酶一般分为两类：Ⅰ型硝基还原酶（对氧不敏感）和Ⅱ型硝基还原酶（对氧敏感）。如图 11.14 所示，无论氧气是否存在，Ⅰ型硝基还原酶均能发生上述二电子还原过程；然而，当存在氧气时，Ⅱ型硝基还原酶会先催化单电子转移的过程，将硝基还原为硝基阴离子自由基，同时，硝基阴离子自由基又会被氧气氧化为硝基（伴随有超氧阴离子自由基生成），发生了无效循环；只有当没有氧气时，Ⅱ型硝基还原酶才能发生上述二电子还原过程。

硝基还原酶在疾病治疗和诊断中具有广泛的应用前景。它能对硝基化合物前药选择性激活/还原来治疗肿瘤[38]，也可以与荧光探针组合来进行肿瘤的诊断[39-41]。

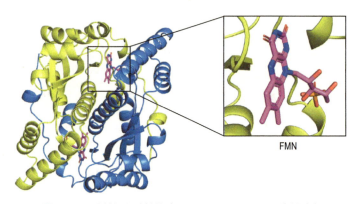

图 11.12 硝基还原酶结构（PDB：1NEC，FMN 为辅酶）

其中蓝色和黄色的螺旋和折叠部分为硝基还原酶二聚体的两个单体，放大图中 C 为粉色，N 为蓝色，S 为橙色，O 为红色

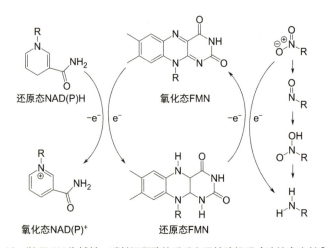

图 11.13 以 FMN 为辅基，硝基还原酶的乒乓电子转移机理（改编自文献 [35]）

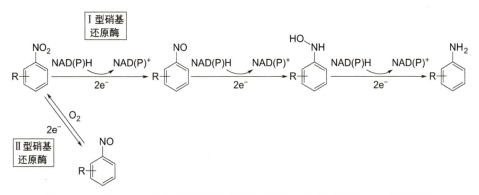

图 11.14　Ⅰ型和Ⅱ型硝基还原酶催化还原芳香硝基化合物的过程（改编自文献 [35]）

此外，由于硝基芳香烃在化工领域的广泛使用，如炸药、杀虫剂、染料等，环境污染较大，而硝基还原酶可对其进行降解，对环境保护意义深远 [41-43]。

11.2.2　模拟硝基还原酶的纳米酶

研究者将超薄的 Co_3O_4 纳米片垂直组装到 2H 相 MoS_2 上，形成三维杂化纳米结构 MoS_2/Co_3O_4；该三维结构具有丰富的氧空位、较大的比表面积和较强的电子转移能力 [44]。如图 11.15（a）所示，Co_3O_4 纳米片与对 4-硝基甲苯（NT）、2,4-二硝基甲苯（DNT）和 2,4,6-三硝基甲苯（TNT）的循环伏安曲线中分别出现了 1 个、2 个、3 个还原峰 [分别命名为 $E_{Red}^P(1)$、$E_{Red}^P(2)$ 和 $E_{Red}^P(3)$]。其中，$E_{Red}^P(1)$、$E_{Red}^P(2)$ 与邻位的硝基还原有关，$E_{Red}^P(3)$ 与对位的硝基还原有关。此外，Co_3O_4 纳米片在不同外加电压 $E_{Red}^P(1)$、$E_{Red}^P(2)$ 和 $E_{Red}^P(3)$ 下对不同浓度的 TNT 具有不同的电流响应 [图 11.15（b）]。MoS_2/Co_3O_4 在催化过程中，对氧不敏感，属于类Ⅰ型硝基还原酶。

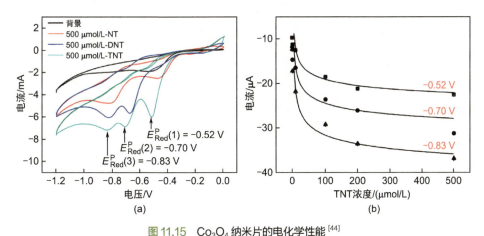

图 11.15　Co_3O_4 纳米片的电化学性能 [44]
（a）不同底物的循环伏安曲线；（b）不同浓度的 TNT 的电流响应

11.3 硅蛋白酶

11.3.1 硅蛋白酶的结构

第一个硅蛋白酶是从海洋 *Tethya aurantia* 海绵硅质骨丝轴丝中分析得到的[45]。这类蛋白共有 3 种成分，根据分子量被分别命名为硅蛋白酶 α、β 和 γ，相应的分子质量分别为 29 kDa、28 kDa 和 27 kDa，相对含量为 12 : 6 : 1[46]。

硅蛋白酶具有催化硅酸或其他硅酸类似物［如四乙氧基硅烷（TEOS）、甲基三乙氧基硅烷和苄基三乙氧基硅烷等］聚合的能力。目前，二氧化硅的工业生产技术通常需要高温、高压和极端的 pH 值。而硅蛋白酶催化的反应通常可以在常温、常压及近中性 pH 条件下完成[45,46]，所以解析该酶的结构将有助于发展温和经济的二氧化硅生产技术。

进一步探索硅蛋白酶的结构发现，其与已知的组织蛋白酶 L 家族❶ 有关[45,47,48]。这两组酶最显著的区别在于催化活性中心不同：硅蛋白酶催化中心的 3 个氨基酸为 Ser、His 和 Asn，而组织蛋白酶 L 家族则为 Cys、His 和 Asn（即硅蛋白酶以 Ser 而不是 Cys 为催化活性中心）[49]（图 11.16[50]、图 11.17[51]、图 11.18）。除此之外，在硅蛋白酶的表面还存在一簇羟基氨基酸（丝氨酸簇，Ser159~Ser162），它们可以作为二氧化硅沉积的模板[45,47]。

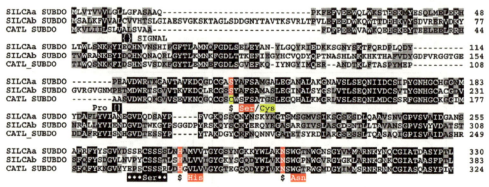

图 11.16　从海绵 *S. domuncula* 中提取的硅蛋白酶 α 和硅蛋白酶 β（SILCAα_SUBDO 和 SILCAβ_SUBDO）序列和组织蛋白酶 L（CATL_SUBDO）序列[50]

（黑色：保守残基；灰色：在两个序列中均出现的残基；红色：催化位点的关键残基；红色 / 黄色：红色 Ser 和黄色 Cys 则标记了硅蛋白酶和组织蛋白酶的催化位点差异）

---

❶ 组织蛋白酶 L（cathepsin L）属于木瓜蛋白酶家族中的半胱氨酸蛋白水解酶，以酶原的形式贮存于溶酶体中，参与体内许多特殊的生理过程，如激素原的激活、抗原呈递、组织器官的发育等。

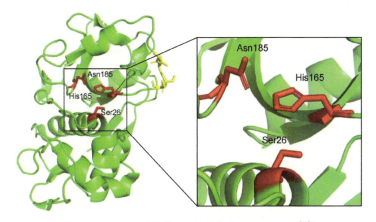

图 11.17 硅蛋白酶的催化活性位点（PDB：6ZQ3[51]）

（红色部分与图 11.17 序列中 3 处红色标记的 Ser、His、Asn 活性位点对应）

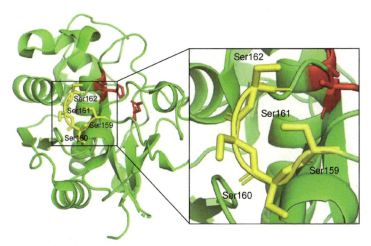

图 11.18 硅蛋白酶的丝氨酸簇（黄色）（PDB：6ZQ3[51]）

11.3.2 硅蛋白酶的催化机制

以硅氧烷（TEOS）为例，研究者推测硅蛋白酶可能发生的催化反应如图 11.19 所示[52]。硅蛋白酶中起关键作用的是丝氨酸（Ser26）上的羟基和组氨酸（His165）侧链上的咪唑基团，这使得硅蛋白酶加速了硅氧烷的水解，而这一过程是聚合反应的限速步骤，于是该种天然酶的活性位点由于拥有羟基和咪唑基团，其相较于一般化学反应，对于硅氧烷的水解以及二氧化硅的后续生成具有更高效的催化结果。具体而言，丝氨酸羟基与咪唑氮形成氢键，可以增加羟基的亲核性，从而促进羟基对底物硅醇的亲核攻击（S_N2 型），形成五价中间体（见图 11.19）[46,52]。酶和底物之间的短暂共价键随后被水解。水解产生的活性硅醇分子随后继续进行缩合反应。

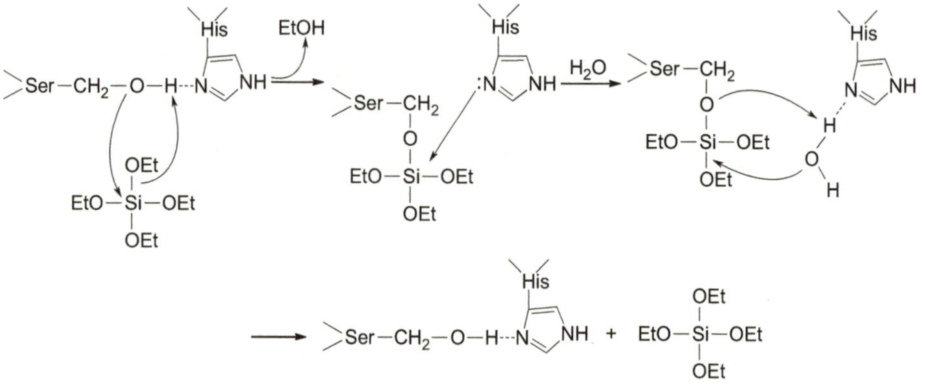

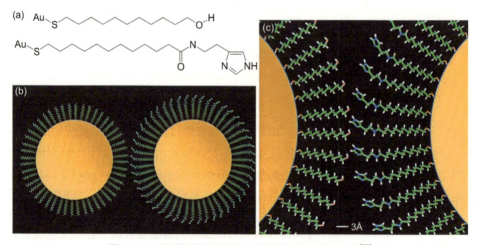

图 11.19　硅蛋白酶催化 TEOS 水解反应的可能机制[52]

11.3.3　模拟硅蛋白酶的纳米酶

　　研究人员已经尝试过构造类似硅蛋白酶的嵌段多肽化合物和小分子物质等，来模拟硅蛋白酶对 TEOS 等在室温条件下的聚合[53,54]。在此介绍一种官能团化的金纳米粒子模拟硅蛋白酶[55]的方法。

　　基于天然酶的催化活性位点（见图 11.17），研究者通过羟基和咪唑两种官能团修饰金纳米粒子（见图 11.20）来模拟硅蛋白酶的亲核部分（组氨酸中的咪唑基团和丝氨酸中的羟基），这两种纳米酶可以在低温和近中性 pH 下催化硅醇盐的水解并随后缩合生成二氧化硅[55]。与天然硅蛋白酶类似，羟基和咪唑这两种官能团的修饰对于催化过程来说极为重要：对天然硅蛋白酶，用丙氨酸（甲基侧链）取代活性

图 11.20　通过羟基和咪唑两种官能团修饰金纳米粒子[55]

（a）羟基和咪唑官能团修饰；（b）修饰后的两种金纳米粒子；（c）两种金纳米粒子之间的相互作用示意

位点的组氨酸（咪唑侧链）和丝氨酸（羟基侧链），其催化活性会降低一个数量级；而在上述纳米酶中，如果也用甲基官能团修饰替代咪唑基团和羟基官能团修饰，则模拟酶的催化活性也会降低一个数量级[55]。

参考文献

[1] Lubitz, W.; Ogata, H.; Rudiger, O.; Reijerse, E. Hydrogenases. *Chem. Rev.* **2014**, *114*, 4081-4148.

[2] Ogo, S.; Kishima, T.; Yatabe, T.; Miyazawa, K.; Yamasaki, R.; Matsumoto, T.; Ando, T.; Kikkawa, M.; Isegawa, M.; Yoon, K.-S.; Hayami, S. [NiFe], [FeFe], and [Fe] hydrogenase models from isomers. *Sci. Adv.* **2020**, *6*, eaaz8181.

[3] Shima, S.; Pilak, O.; Vogt, S.; Schick, M.; Stagni, M. S.; Meyer-Klaucke, W.; Warkentin, E.; Thauer, R. K.; Ermler, U. The crystal structure of [Fe]-hydrogenase reveals the geometry of the active site. *Science* **2008**, *321*, 572-575.

[4] Lubitz, W.; Reijerse, E.; van Gastel, M. [NiFe] and [FeFe] hydrogenases studied by advanced magnetic resonance techniques. *Chem. Rev.* **2007**, *107*, 4331-4365.

[5] Ogata, H.; Lubitz, W.; Higuchi, Y. Structure and function of [NiFe] hydrogenases. *J. Biol. Chem.* **2016**, *160*, 251-258.

[6] Eidsness, M. K.; Scott, R. A.; Prickril, B. C.; DerVartanian, D. V.; Legall, J.; Moura, I.; Moura, J. J.; Peck, H. D. Evidence for selenocysteine coordination to the active site nickel in the [NiFeSe] hydrogenases from Desulfovibrio baculatus. *Proc. Natl. Acad. Sci. U.S.A.* **1989**, *86*, 147-151.

[7] Nicolet, Y.; Lemon, B. J.; Fontecilla-Camps, J. C.; Peters, J. W. A novel FeS cluster in Fe-only hydrogenases. *Trends Biochem. Sci* **2000**, *25*, 138-143.

[8] Tard, C.; Pickett, C. J. Structural and functional analogues of the active sites of the [Fe]-, [NiFe]-, and [FeFe]-hydrogenases. *Chem. Rev.* **2009**, *109*, 2245-2274.

[9] Shima, S.; Chen, D.; Xu, T.; Wodrich, M. D.; Fujishiro, T.; Schultz, K. M.; Kahnt, J.; Ataka, K.; Hu, X. Reconstitution of [Fe]-hydrogenase using model complexes. *Nat. Chem.* **2015**, *7*, 995-1002.

[10] Hiromoto, T.; Warkentin, E.; Moll, J.; Ermler, U.; Shima, S. The crystal structure of an [Fe]-hydrogenase-substrate complex reveals the framework for H_2 activation. *Angew. Chem. Int. Ed.* **2009**, *48*, 6457-6460.

[11] Hiromoto, T.; Ataka, K.; Pilak, O.; Vogt, S.; Stagni, M. S.; Meyer-Klaucke, W.; Warkentin, E.; Thauer, R. K.; Shima, S.; Ermler, U. The crystal structure of C176A mutated [Fe]-hydrogenase suggests an acyl-iron ligation in the active site iron complex. *FEBS Lett.* **2009**, *583*, 585-590.

[12] Wang, C.; Lai, Z.; Huang, G.; Pan, H. J. Current state of [Fe]-hydrogenase and its biomimetic models. *Chem. Eur. J.* **2022**, *28*, e202201499.

[13] Hu, B.; Chen, D.; Hu, X. Synthesis and reactivity of mononuclear iron models of [Fe]-hydrogenase that contain an acylmethylpyridinol ligand. *Chem. Eur. J.* **2014**, *20*, 1677-1682.

[14] Chen, D.; Scopelliti, R.; Hu, X. A five-coordinate iron center in the active site of [Fe]-hydrogenase: Hints from a model study. *Angew. Chem. Int. Ed.* **2011**, *50*, 5670-5672.

[15] Berggren, G.; Adamska, A.; Lambertz, C.; Simmons, T. R.; Esselborn, J.; Atta, M.; Gambarelli, S.; Mouesca, J. M.; Reijerse, E.; Lubitz, W.; Happe, T.; Artero, V.; Fontecave, M. Biomimetic assembly and activation of [FeFe]-hydrogenases. *Nature* **2013**, *499*, 607-609.

[16] Esselborn, J.; Lambertz, C.; Adamska-Venkatesh, A.; Simmons, T.; Berggren, G.; Nothl, J.; Siebel, J.; Hemschemeier, A.; Artero, V.; Reijerse, E.; Fontecave, M.; Lubitz, W.; Happe, T. Spontaneous activation of [FeFe]-hydrogenases by an inorganic [2Fe] active site mimic. *Nat. Chem. Biol.* **2013**, *9*, 607-609.

[17] Xu, T.; Yin, C. J.; Wodrich, M. D.; Mazza, S.; Schultz, K. M.; Scopelliti, R.; Hu, X. A functional model of [Fe]-hydrogenase. *J. Am. Chem. Soc.* **2016**, *138*, 3270-3273.

[18] Pan, H. J.; Huang, G.; Wodrich, M. D.; Tirani, F. F.; Ataka, K.; Shima, S.; Hu, X. A catalytically active [Mn]-hydrogenase incorporating a non-native metal cofactor. *Nat. Chem.* **2019**, *11*, 669-675.

[19] Zou, Z.; Ye, J.; Sayama, K.; Arakawa, H. Direct splitting of water under visible light irradiation with an oxide semiconductor photocatalyst. *Nature* **2001**, *414*, 625-627.

[20] Lomoth, R.; Ott, S. Introducing a dark reaction to photochemistry: photocatalytic hydrogen from [FeFe] hydrogenase active site model complexes. *Dalton Trans.* **2009**, 9952-9959.

[21] Pullen, S.; Fei, H.; Orthaber, A.; Cohen, S. M.; Ott, S. Enhanced photochemical hydrogen production by a molecular diiron catalyst incorporated into a metal-organic framework. *J. Am. Chem. Soc.* **2013**, *135*, 16997-17003.

[22] Ohsawa, I.; Ishikawa, M.; Takahashi, K.; Watanabe, M.; Nishimaki, K.; Yamagata, K.; Katsura, K.-i.; Katayama, Y.; Asoh, S.; Ohta, S. Hydrogen acts as a therapeutic antioxidant by selectively reducing cytotoxic oxygen radicals. *Nat. Med.* **2007**, *13*, 688-694.

[23] Ichihara, M.; Sobue, S.; Ito, M.; Ito, M.; Hirayama, M.; Ohno, K. Beneficial biological effects and the underlying mechanisms of molecular hydrogen -comprehensive review of 321 original articles. *Med. Gas Res.* **2015**, *5*, 12.

[24] Wan, W.L.; Lin, Y.J.; Chen, H.L.; Huang, C.C.; Shih, P.C.; Bow, Y.R.; Chia, W.T.; Sung, H.-W. In situ nanoreactor for photosynthesizing H_2 gas to mitigate oxidative stress in tissue inflammation. *J. Am. Chem. Soc.* **2017**, *139*, 12923-12926.

[25] Zhao, Q.; Kang, N.; Moro, M. M.; Cal, E. G.; Moya, S.; Coy, E.; Salmon, L.; Liu, X.; Astruc, D. Sharp volcano-type synergy and visible light acceleration in H_2 release upon $B_2(OH)_4$ hydrolysis catalyzed by Au-Rh@Click-dendrimer nanozymes. *ACS Appl. Energy Mater.* **2022**, *5*, 3834-3844.

[26] Yu, T.; Wang, W.; Chen, J.; Zeng, Y.; Li, Y.; Yang, G.; Li, Y. Dendrimer-encapsulated Pt nanoparticles: An artificial enzyme for hydrogen production. *J. Phys. Chem. C* **2012**, *116*, 10516-10521.

[27] Ni, H.; Li, N.; Qian, M.; He, J.; Chen, Q.; Huang, Y.; Zou, L.; Long, Z.E.; Wang, F.

Identification of a novel nitroreductase LNR and its role in pendimethalin catabolism in bacillus subtilis Y3. *J. Agric. Food. Chem.* **2019**, *67*, 12816-12823.

[28] de Oliveira, I. M.; Zanotto-Filho, A.; Moreira, J. C. F.; Bonatto, D.; Henriques, J. A. P. The role of two putative nitroreductases, Frm2p and Hbn1p, in the oxidative stress response in Saccharomyces cerevisiae. *Yeast* **2010**, *27*, 89-102.

[29] Xu, K.; Wang, F.; Pan, X.; Liu, R.; Ma, J.; Kong, F.; Tang, B. High selectivity imaging of nitroreductase using a near-infrared fluorescence probe in hypoxic tumor. *Chem. Commun.* **2013**, *49*, 2554-2556.

[30] Li, Y.; Sun, Y.; Li, J.; Su, Q.; Yuan, W.; Dai, Y.; Han, C.; Wang, Q.; Feng, W.; Li, F. Ultrasensitive near-infrared fluorescence-enhanced probe for in vivo nitroreductase imaging. *J. Am. Chem. Soc.* **2015**, *137*, 6407-6416.

[31] Li, Z.; Li, X.; Gao, X.; Zhang, Y.; Shi, W.; Ma, H. Nitroreductase detection and hypoxic tumor cell imaging by a designed sensitive and selective fluorescent probe, 7-[(5-Nitrofuran-2-yl)methoxy]-3H-phenoxazin-3-one. *Anal. Chem.* **2013**, *85*, 3926-3932.

[32] 王海艳. 硝基还原酶荧光探针的合成及其成像分析应用. 西安：陕西师范大学, 2021.

[33] Cui, L.; Zhong, Y.; Zhu, W.; Xu, Y.; Du, Q.; Wang, X.; Qian, X.; Xiao, Y. A New Prodrug-Derived Ratiometric Fluorescent Probe for Hypoxia: High Selectivity of Nitroreductase and Imaging in Tumor Cell. *Org. Lett.* **2011**, *13*, 928-931.

[34] Bryant, C.; Hubbard, L.; McElroy, W. D. Cloning, nucleotide sequence, and expression of the nitroreductase gene from Enterobacter cloacae. *J. Biol. Chem.* **1991**, *266*, 4126-4130.

[35] 阮陈孝辉. 硝基还原酶的资源挖掘及其在芳香羟胺可控合成中的应用研究. 上海：华东理工大学, 2014.

[36] Roldán, M. D.; Pérez-Reinado, E.; Castillo, F.; Moreno-Vivián, C. Reduction of polynitroaromatic compounds: the bacterial nitroreductases. *FEMS Microbiol. Rev.* **2008**, *32*, 474-500.

[37] Race, P. R.; Lovering, A. L.; Green, R. M.; Ossor, A.; White, S. A.; Searle, P. F.; Wrighton, C. J.; Hyde, E. I. Structural and mechanistic studies of Escherichia coli nitroreductase with the antibiotic nitrofurazone. Reversed binding orientations in different redox states of the enzyme. *J. Biol. Chem.* **2005**, *280*, 13256-13264.

[38] Grove, J. I.; Lovering, A. L.; Guise, C.; Race, P. R.; Wrighton, C. J.; White, S. A.; Hyde, E. I.; Searle, P. F. Generation of escherichia coli nitroreductase mutants conferring improved cell sensitization to the prodrug CB1954. *Cancer Res.* **2003**, *63*, 5532-5537.

[39] Yu, C.; Wang, S.; Xu, C.; Ding, Y.; Zhang, G.; Yang, N.; Wu, Q.; Xiao, Q.; Wang, L.; Fang, B.; Pu, C.; Ge, J.; Gao, L.; Li, L.; Yao, S. Q. Two-photon small-molecule fluorogenic probes for visualizing endogenous nitroreductase activities from tumor tissues of a cancer patient. *Adv. Healthcare Mater.* **2022**, *11*, 2200400.

[40] McCormack, E.; Silden, E.; West, R. M.; Pavlin, T.; Micklem, D. R.; Lorens, J. B.; Haug, B. E.; Cooper, M. E.; Gjertsen, B. T. Nitroreductase, a near-infrared reporter platform for in vivo

time-domain optical imaging of metastatic cancer. *Cancer Res.* **2013**, *73*, 1276-1286.

[41] Boddu, R. S.; Perumal, O.; K, D. Microbial nitroreductases: A versatile tool for biomedical and environmental applications. *Biotechnol. Appl. Biochem.* **2021**, *68*, 1518-1530.

[42] Das, P.; Sarkar, D.; Datta, R. Kinetics of nitroreductase-mediated phytotransformation of TNT in vetiver grass. *Int. J. Environ. Sci. Technol.* **2017**, *14*, 187-192.

[43] Zhu, B.; Han, H.; Fu, X.; Li, Z.; Gao, J.; Yao, Q. Degradation of trinitrotoluene by transgenic nitroreductase in Arabidopsis plants. *Plant Soil Environ.* **2018**, *64*, 379-385.

[44] Ma, Y.; Deng, M.; Wang, X.; Gao, X.; Song, H.; Zhu, Y.; Feng, L.; Zhang, Y. 2H-MoS$_2$/Co$_3$O$_4$ nanohybrid with type I nitroreductase-mimicking activity for the electrochemical assays of nitroaromatic compounds. *Anal. Chim. Acta* **2022**, *1221*, 340078.

[45] Shimizu, K.; Cha, J.; Stucky, G. D.; Morse, D. E. Silicatein α: Cathepsin L-like protein in sponge biosilica. *Proc. Natl. Acad. Sci. U.S.A.* **1998**, *95*, 6234-6238.

[46] Cha, J. N.; Shimizu, K.; Zhou, Y.; Christiansen, S. C.; Chmelka, B. F.; Stucky, G. D.; Morse, D. E. Silicatein filaments and subunits from a marine sponge direct the polymerization of silica and silicones in vitro. *Proc. Natl. Acad. Sci. U.S.A.* **1999**, *96*, 361-365.

[47] Krasko, A.; Lorenz, B.; Batel, R.; Schröder, H. C.; Müller, I. M.; Müller, W. E. G. Expression of silicatein and collagen genes in the marine sponge Suberites domuncula is controlled by silicate and myotrophin. *Eur. J. Biochem.* **2000**, *267*, 4878-4887.

[48] Muller, W. E.; Krasko, A.; Le Pennec, G.; Steffen, R.; Wiens, M.; Ammar, M. S. A.; Muller, I. M.; Schroder, H. C. Molecular mechanism of spicule formation in the demosponge Suberites domuncula: silicatein--collagen--myotrophin. In *Silicon Biomineralization*, **2003**, *33*, 195-221.

[49] Krasko, A.; Gamulin, V.; Seack, J.; Steffen, R.; Schroder, H. C.; Muller, W. E. G. Cathepsin, a major protease of the marine sponge Geodia cydonium: purification of the enzyme and molecular cloning of cDNA. *Mol. Mar. Biol. Biotech.* **1997**, *6*, 296-307.

[50] Schröder, H. C.; Wang, X. H.; Tremel, W.; Ushijima, H.; Müller, W. E. G. Biofabrication of biosilica-glass by living organisms. *Nat. Prod. Rep.* **2008**, *25*, 455-474.

[51] Görlich, S.; Samuel, A. J.; Best, R. J.; Seidel, R.; Vacelet, J.; Leonarski, F. K.; Tomizaki, T.; Rellinghaus, B.; Pohl, D.; Zlotnikov, I. Natural hybrid silica/protein superstructure at atomic resolution. *Proc. Natl. Acad. Sci. U.S.A.* **2020**, *117*, 31088-31093.

[52] Zhou, Y.; Shimizu, K.; Cha, J. N.; Stucky, G. D.; Morse, D. E. Efficient catalysis of polysiloxane synthesis by silicatein α requires specific hydroxy and imidazole functionalities. *Angew. Chem. Int. Ed.* **1999**, *38*, 780-782.

[53] Cha, J. N.; Stucky, G. D.; Morse, D. E.; Deming, T. J. Biomimetic synthesis of ordered silica structures mediated by block copolypeptides. *Nature* **2000**, *403*, 289-292.

[54] Roth, K. M.; Zhou, Y.; Yang, W. J.; Morse, D. E. Bifunctional small molecules are biomimetic catalysts for silica synthesis at neutral pH. *J. Am. Chem. Soc.* **2005**, *127*, 325-330.

[55] Kisailus, D.; Najarian, M.; Weaver, J. C.; Morse, D. E. Functionalized gold nanoparticles mimic catalytic activity of a polysiloxane-synthesizing enzyme. *Adv. Mater.* **2005**, *17*, 1234-1239.

第12章　具有多酶活性的纳米酶

　　酶催化具有特异性❶。与其相似，部分纳米酶也显示出单一的类酶催化活性；然而，大多数的纳米酶具有多种类酶活性。对比酶的特异性，多酶活性是纳米酶的特性之一[1-3]。一方面，多酶活性会限制纳米酶催化反应的专一性和催化效率。这是因为多种酶促反应可能会相互干扰或者竞争反应底物，使纳米酶的催化效率变低。例如，兼具类 POD（过氧化物酶）、类 CAT（过氧化氢酶）和类 HPO（halogenated peroxidase，卤代过氧化物酶）活性的 CeO_2 纳米酶，三种类酶活性会不可避免地竞争同一底物 H_2O_2 从而影响各自的催化活性，进而限制其应用。然而，从另一方面来考虑，多酶活性赋予了纳米酶多种独特的优势，包括更为丰富的催化能力、反应效率的提高、协同反应的能力和环境响应选择性[3]。例如纳米酶兼具类 OXD（oxidase，氧化酶）和类 POD 活性时，二者可以形成级联反应，促进底物氧化；当纳米酶兼具类 CAT 和类 POD 活性时，能催化产生氧气的类 CAT 活性可以缓解乏氧的肿瘤微环境，促氧化的类 POD 活性可以通过产生 ROS 来杀死肿瘤细胞，进而协同提升抗肿瘤疗效；兼具多种抗氧化酶活性［类 SOD（超氧化物歧化酶）、类 GPx（谷胱甘肽过氧化物酶）和类 CAT］的纳米酶可以通过级联反应维持细胞内氧化还原平衡，能更有效地治疗 ROS 介导的疾病[3,4]。

　　基于反应活性，可以将具有多酶活性的纳米酶分为三类：①具有多种类抗氧化酶活性（SOD、CAT、GPx 等）的纳米酶❷；②具有多种类促氧化酶活性（POD、OXD 等）的纳米酶；③同时具有类抗氧化酶和类促氧化酶活性的纳米酶[4]❸。根据所具有的类酶活性的数量，多酶活性纳米酶又可以分为双酶、三酶和四酶等纳米酶[3]。为了保证机体的正常运转，生物系统往往需要多种酶共同发挥作用，这便促进了多酶体系的开发，具有多种类酶活性的纳米酶避免了天然酶及多酶系统成本高、稳定

---

　　❶ 尽管多数酶具有很好的特异性，但部分酶也会兼具多种催化活性。如"过氧化氢酶-过氧化酶"（EC 1.11.1.21），正如其名，兼具两种酶的催化活性。又如，DNA 聚合酶 I 也是一种多功能酶，除具有聚合酶催化活性外，还具有外切酶的活性。而脂肪酸合酶则是更为复杂的多功能酶，多达 7 个不同的催化结构域。

　　❷ 具有其中任意两种或两种以上。

　　❸ 除了上述三类外，也有兼具类氧化还原酶和类水解酶活性的纳米酶。未来研究中也可以探索其他多酶活性的纳米酶。

性差以及开发困难等不足，所以受到了广泛的关注。本章主要介绍几种典型的具有多酶活性的纳米酶。

12.1 氧化铈

CeO_2 具有类 POD、类 OXD、类 CAT、类 SOD 和类 HPO 活性；此外，它还可以模拟光裂合酶、磷酸酶、脱氧核糖核酸酶 I 和脲酶[5]。CeO_2 的多种类酶活性依赖于其表面 Ce 位点，可以切换 Ce^{4+}/Ce^{3+} 氧化状态。CeO_2 纳米晶体中的氧容易被去除而形成氧空位，并伴随着晶体中 Ce^{4+} 向 Ce^{3+} 的转变（图 12.1），除去的氧和形成的氧空位产生的正电荷补偿了阳离子变价导致的正电荷减少，使得缺陷的 CeO_{2-x} 可以稳定存在。CeO_2 中 Ce 氧化态的灵活转换使得其表现出优异的多酶催化性能，因此，控制 CeO_2 中 Ce^{4+}/Ce^{3+} 的比率和氧空位的含量对 CeO_2 的多酶活性调控至关重要[1,5-7]。

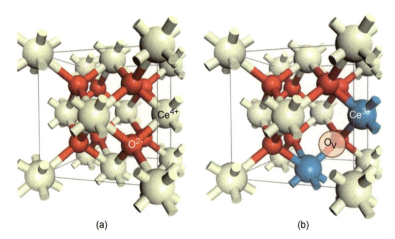

图 12.1　不含缺陷的 CeO_2（a）和具有一个氧空位缺陷的 CeO_2（b）的结构示意图[5]
O^{2-}、Ce^{4+} 和 Ce^{3+} 分别以红色、白色和蓝色表示

根据 Ce^{4+} 和 Ce^{3+} 相互转化的现象，提出了图 12.2 中的 CeO_2 类 SOD 和类 CAT 活性机理[6]。如图 12.2（a），在模拟 SOD 的过程中，CeO_2 先还原 O_2^- 而生成 H_2O_2，此时 Ce^{3+} 被氧化为 Ce^{4+}（图 12.2 步骤iv ~ vi ~ i），之后 Ce^{4+} 和 H_2O_2 反应再生成 Ce^{3+} 和 O_2（图 12.2 步骤i ~ iv）❶，完成一个循环。CeO_2 表面的 Ce^{3+} 或其周围的氧空位可以被认为是类 SOD 的活性中心[5,7]。更高比例的 Ce^{3+}/Ce^{4+} 有利于类 SOD 活性，由于氧空位对 Ce^{3+} 的电荷补偿作用，故可以通过制备高度缺陷的 CeO_2 形成

---

❶ 该机制认为 CeO_2 自发地从 +4 氧化态切换到 +3 氧化态对其循环抗氧化能力非常重要，这一过程中用步骤i ~ iv表示（同类 CAT 过程的步骤 i ~ iv），但实际上，为了方便理解，可以把iv作为其类 SOD 过程的起始状态。

更多的表面氧空位以保证高的 Ce^{3+}/Ce^{4+} 比率 ❶，更有效地模拟 SOD 活性 [5,6]。与类 SOD 活性规律相反，更低的 Ce^{3+}/Ce^{4+} 的比率会有利于 CeO_2 的类 CAT 活性，如图 12.2（b）所示，Ce^{4+} 是启动催化反应的位点，最先吸附和活化 H_2O_2，完成氧化半

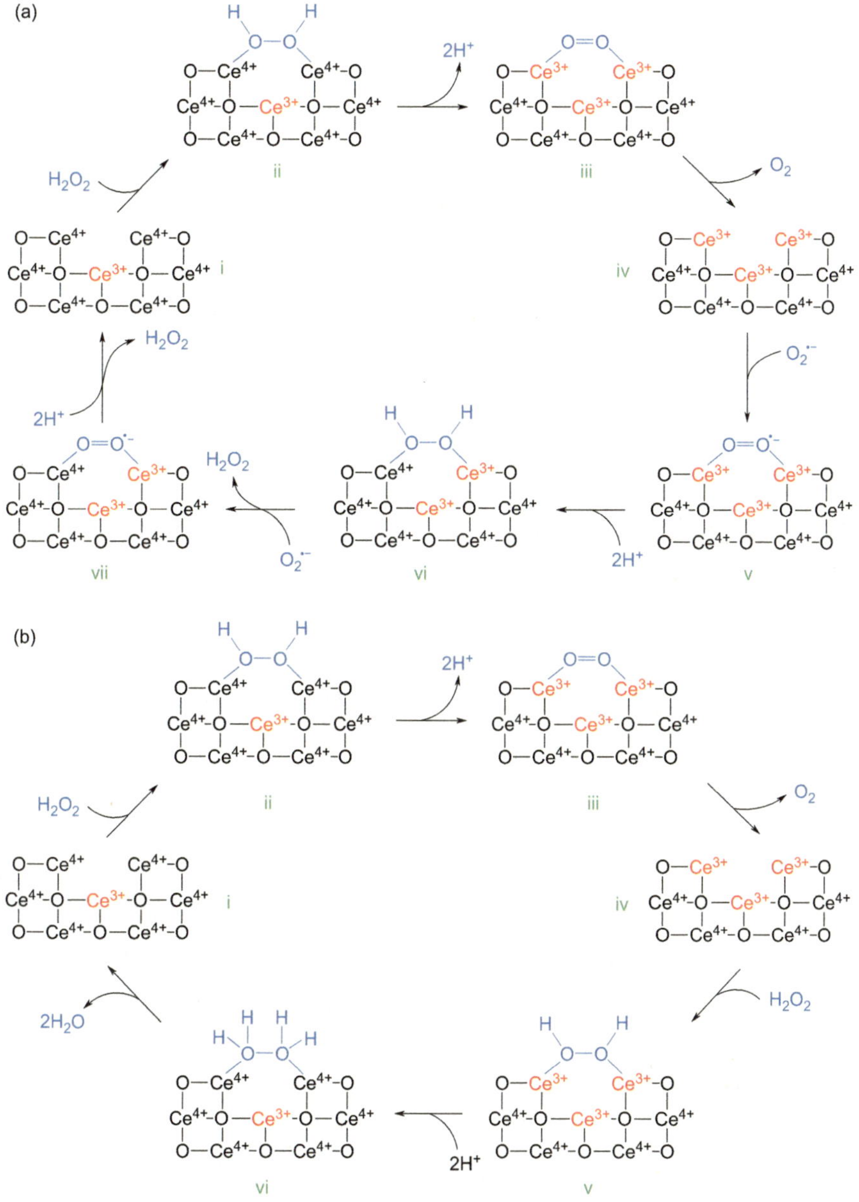

图 12.2　根据 CeO_2 中 Ce^{4+} 和 Ce^{3+} 相互转化提出的 CeO_2 类 SOD 活性（a）和类 CAT 活性（b）机理 [6]

---

❶ 可以通过减小 CeO_2 纳米粒子的尺寸或元素掺杂等策略引入更多的氧空位，增加 Ce^{3+} 水平。

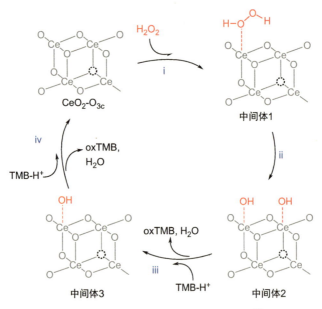

图 12.3　CeO_2 的类 POD 活性反应机理 [8]

反应释放出 O_2［图 12.2（b）步骤 i～iv］，高度缺陷化会导致其类 CAT 活性的下降。之后新形成的 Ce^{3+} 又可以吸附和活化 H_2O_2 完成还原半反应生成 H_2O［图 12.2（b）步骤 iv～vi～i］。氧空位的结构缺陷有利于 H_2O_2 的吸附和活化并产生 ROS，有助于类 POD 活性的提高。图 12.3 中展示了 CeO_2 的类 POD 活性反应机理：H_2O_2 首先吸附在 CeO_2 表面（步骤 i），之后解离为两个 HO^* 吸附的中间体（步骤 ii），两个 HO^* 随后分别被两个质子化的 TMB 分子还原（步骤 iii～iv）[8]。

　　上述的抗氧化机理将 CeO_2 表面的氧化还原反应简化为耦合电子转移；实际上，由于 $O_2/O_2^{\cdot-}$ 和 O_2，H^+/H_2O_2 的还原电位低于 CeO_2 的导带底能级，说明 $O_2^{\cdot-}$ 和 H_2O_2 与 CeO_2 之间的直接电子转移在热力学上是不可行的 [9]。使用密度泛函理论（density functional theory, DFT）计算可以考虑 CeO_2 实际的晶体结构（如氧空位等）和电子性质，能更好地解析 CeO_2 的类 SOD 和类 CAT 活性催化反应机制。如图 12.4 所示 [9,10]，类 SOD 的反应过程为：（i）第一个 $HO_2^{\cdot}$ 化学吸附到 CeO_2 表面；（ii）第二个 $HO_2^{\cdot}$ 化学吸附到 CeO_2 表面并发生原子重排生成 O_2 和 H_2O_2。类 CAT 的反应过程为：（i）第一个 H_2O_2 分子被 CeO_2 表面氧化，产生 O_2 和还原的 H_2-CeO_2 表面；（ii）H_2-CeO_2 和另一个 H_2O_2 作用，产生两分子 H_2O 并完成催化循环。

　　除了催化路径外，CeO_2 表面的氧空位可以通过非催化的化学还原反应消除 $O_2^{\cdot-}$ 和 H_2O_2。对于类 SOD 的非催化化学还原过程，两分子质子化的 $O_2^{\cdot-}$ 吸附在表面氧空位上，然后通过分子内的质子转移形成一分子 H_2O 和 O_2，并留下一个 O 填充空位［如图 12.5 的反应（i）］。对于类 CAT 过程，在 CeO_2 表面无氧空位时，反应过程中

第一个 H_2O_2 分子被 CeO_2 直接氧化，形成 O_2 和还原的 CeO_2（H_2-CeO_2），之后另一个 H_2O_2 分子与 H_2-CeO_2 反应生成两分子 H_2O，并完成催化循环[9]，即图 12.4（b）；而在 CeO_2 表面存在氧空位时，表面的氧空位也可以通过非催化的化学还原反应消除 H_2O_2，这依赖于等价的两种空位填充机制［如图 12.5 的反应（ii）和反应（iii）~（iv）］。根据图 12.5 的反应（ii），H_2O_2 首先吸附在离表面氧空位最近的 Ce 上，之后 H_2O_2 的 O-O 键断裂，其中一个 O 黏附在氧空位上，随后分子内 H 发生转移生成 H_2O 完成反应；反应（iii）~（iv）先通过 H_2O 的非氧化解离填充表面氧空位［反应（iii）］，充满 H_2O 的氧空位对 H_2O_2 仍然具有很强的还原性，能将 H_2O_2 转化为 H_2O，并恢复了氧化铈表面［反应（iv）］。

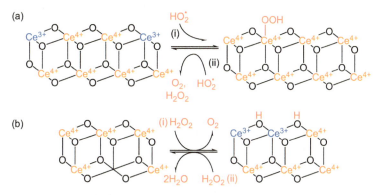

图 12.4　通过 DFT 提出的 CeO_2 的类 SOD（a）和类 CAT（b）催化机理[9]

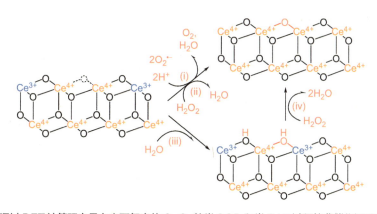

图 12.5　通过 DFT 计算研究具有表面氧空位 CeO_2 的类 SOD 和类 CAT 过程的非催化还原反应机理[9]

CeO_2 的多种类酶活性表现出形貌依赖性和 pH 依赖性。与纳米棒状、八面体状、立方体状和纳米粒子等相比较，多孔纳米棒状的 CeO_2 表现出更高的类 POD 活性，这归因于其更大的表面积和更多的氧空位[11]；此外，CeO_2 多孔纳米棒也表现出比 CeO_2 纳米棒和纳米粒子更高的类 SOD 活性；较小尺寸的 CeO_2 在酸性条件下会表现出更高的类 OXD 活性，在中性或碱性条件下，CeO_2 的类 CAT 活性更高 [7,12,13]。

12.2 氧化铁

氧化铁纳米粒子（主要包括 γ-Fe_2O_3 和 Fe_3O_4）具有 pH 依赖的类 POD 和类 CAT 活性，在酸性介质中，氧化铁纳米粒子表现出类 POD 活性，而在中性和碱性介质中表现出类 CAT 活性。氧化铁纳米粒子类酶活性的关键来源是粒子表面 Fe^{2+}/Fe^{3+} 的转化 [14]，相对而言，Fe_3O_4 表现出比 γ-Fe_2O_3 更高的类酶活性 [15]。氧化铁的类 POD 催化活性主要是基于 Fe^{2+} 诱导的类芬顿反应中的 Haber-Weiss 机制，通过产生高活性的 ·OH 来氧化底物（如 TMB）。图 12.6 为氧化铁类 POD 活性反应机理：第一步为 H_2O_2 吸附在纳米粒子表面，并解离为两个 HO^* 吸附的中间体；随后的两步为两个 HO^* 分别被两个 TMB 分子还原。对于 γ-Fe_2O_3，表面的 Fe^{3+} 应首先经历吸附 H_2O_2 后被还原的过程，再通过 Fe^{2+} 介导的芬顿反应表现出类 POD 活性 [式（12.1）~式（12.3）]，而 Fe_3O_4 直接由表面的 Fe^{2+} 介导产生 ·OH [式（12.3）] [15,16]❶。纳米粒子表面的活性位点对其类酶活性起着主导作用，因此，氧化铁纳米酶表面的 Fe^{2+} 介导产生 ·OH 并被氧化为 Fe^{3+} 后 [式（12.3）]，为保证持续的催化反应，Fe^{3+} 又会被还原为 Fe^{2+} [式（12.2）]。然而，上述还原反应速率远低于氧化反应速率 [14]，对于 Fe_3O_4 纳米酶而言，低的还原反应速率会导致表面的 Fe^{2+} 位点数量很难自发恢复，此时其内部的 Fe^{2+} 就对持续的催化能力具有重要的意义：当表面的 Fe^{2+} 被氧化为 Fe^{3+} 后，内部相邻的 Fe^{2+} 通过晶格中的 Fe^{2+}-O-Fe^{3+} 链不断向外传递电子，以保证纳米酶表面的活性 Fe^{2+} 位点，维持催化类酶反应直至内部的 Fe^{2+} 被完全氧化为 Fe^{3+} 而相变为 γ-Fe_2O_3，致使 Fe_3O_4 纳米酶整体活性降低（图 12.7）[14]。

$$Fe^{3+} + H_2O_2 \longrightarrow FeOOH^{2+} + H^+ \qquad (12.1)$$

$$FeOOH^{2+} \longrightarrow Fe^{2+} + HO_2^· \qquad (12.2)$$

$$Fe^{2+} + H_2O_2 \longrightarrow Fe^{3+} + OH^- + ·OH \qquad (12.3)$$

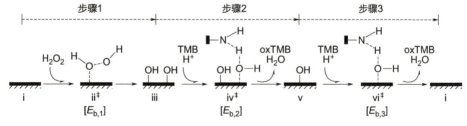

图 12.6 氧化铁（γ-Fe_2O_3 和 Fe_3O_4）类 POD 活性反应机理 [17]❷

---

❶ 因此 Fe_3O_4 会有更快的 Fe^{2+}/Fe^{3+} 转化能力，表现出比 γ-Fe_2O_3 更高的类酶活性。

❷ 该机理具有较强的普适性，适用于大部分金属氧化物类 POD 纳米酶。

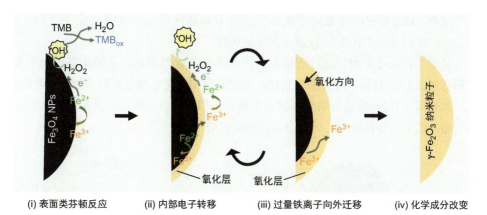

(i) 表面类芬顿反应　　(ii) 内部电子转移　　(iii) 过量铁离子向外迁移　　(iv) 化学成分改变

图 12.7　Fe_3O_4 纳米酶类 POD 活性伴随内部电子转移和过量铁离子迁移 ❶ 的示意图[14]

氧化铁纳米粒子的类 CAT 活性同样经历式（12.1）~ 式（12.3）的反应历程，不同的是，在较高的 pH 下，式（12.1）的反应速率较高，从而产生过量的 $FeOOH^{2+}$ 和 $HO_2^{\cdot}$，形成的 $HO_2^{\cdot}$ 立即与 $^{\cdot}OH$ 反应生成水和氧气 ［式（12.4）］[15]。

$$^{\cdot}OH + HO_2^{\cdot} \longrightarrow H_2O + O_2\uparrow \qquad (12.4)$$

12.3　四氧化三钴

Co_3O_4 具有 pH 依赖的类 POD、类 CAT 和类 SOD 活性，其在酸性条件下主要表现出类 POD 活性，而在中性和碱性条件下以类 CAT 和类 SOD 活性为主。与氧化铁不同，Co_3O_4 的类酶活性不遵循芬顿反应产生 $^{\cdot}OH$，而是由于 Co^{3+}/Co^{2+} 具有高氧化还原电位，可以起到电子转移介质的作用，促进 H_2O_2 与底物（如 TMB）之间的电子转移[18,19]。在类 POD 催化反应过程中，由于 Co_3O_4 的氧化还原电位（1.300 V）分别低于 H_2O_2（1.566 V）和高于 TMB（1.130 V），底物 TMB 被吸附在 Co_3O_4 纳米粒子表面后可以直接将电子转移给 Co_3O_4 而被氧化，同时 Co^{3+} 被还原为 Co^{2+} 并导致 Co_3O_4 中的电子密度和迁移率增加，并使得之后 Co^{2+} 向 H_2O_2 转移电子而返回成为 Co^{3+} 的过程加快，此时 H_2O_2 得到电子产生两分子 OH^- 并进一步在酸性介质中生成 H_2O ［图 12.8（a）、（b）及式（12.5）、式（12.6）］[18]。

同样由于高的氧化还原电位，Co_3O_4 可以加速 H_2O_2 的分解，表现出类 CAT 活性，其主要机制是通过促进两个 H_2O_2 分子间的电子转移来实现 ［图 12.8（c）及式（12.7）、式（12.8）］[18,20]。高 pH 下，O_2/H_2O_2 的氧化还原电位很低（0.200 V），极容易被 Co^{3+} 氧化，Co^{3+} 获得电子后还原为 Co^{2+}，Co^{2+} 将电子转移给另一分子的 H_2O_2 而回到 Co^{3+}，因此 Co_3O_4 存在随着 pH 升高类 CAT 活性也升高的现象。

---

❶ 表示内部的 Fe^{2+} 被逐渐由外向内氧化为 Fe^{3+}。

此外，Co_3O_4 在中性和碱性条件下还能有效清除超氧阴离子，式（12.9）、式（12.10）为 Co_3O_4 显示类 SOD 活性的反应历程[18]。

显然，在上述类酶反应过程中，活性位点 Co^{3+} 尤其重要，是催化反应的主角，暴露更多的 Co^{3+} 有利于提高催化活性，因此晶面和形貌等都会影响 Co_3O_4 的多酶活性。如暴露（112）晶面的纳米片相对于纳米棒和纳米立方体可以暴露最多的 Co^{3+}，具有最好的电子转移能力，显示出最好的类 CAT 活性[20,21]。

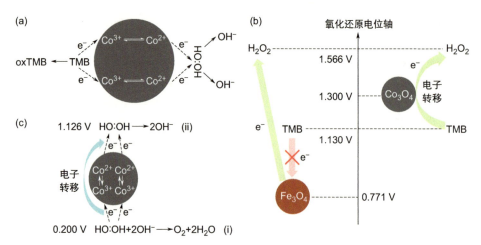

图 12.8　Co_3O_4 可能的类 POD 活性反应机理[18]（a）和 H_2O_2、Co_3O_4、TMB 与 Fe_3O_4 的氧化还原电位关系[18]（b）以及 Co_3O_4 可能的类 CAT 活性反应机理（c）[20]

Co_3O_4 的类 POD 活性反应历程：

$$2Co^{3+} + TMB \longrightarrow 2Co^{2+} + oxTMB + 2H^+ \tag{12.5}$$

$$2Co^{2+} + H_2O_2 + 2H^+ \longrightarrow 2Co^{3+} + 2H_2O \tag{12.6}$$

Co_3O_4 的类 CAT 活性反应历程：

$$2Co^{3+} + H_2O_2 + 2OH^- \longrightarrow 2Co^{2+} + 2H_2O + O_2\uparrow \tag{12.7}$$

$$2Co^{2+} + H_2O_2 \longrightarrow 2Co^{3+} + 2OH^- \tag{12.8}$$

Co_3O_4 的类 SOD 活性反应历程：

$$Co^{3+} + O_2^{\cdot-} \longrightarrow Co^{2+} + O_2\uparrow \tag{12.9}$$

$$Co^{2+} + O_2^{\cdot-} + 2H^+ \longrightarrow Co^{3+} + H_2O_2 \tag{12.10}$$

12.4　四氧化三锰

Mn_3O_4 具有类 CAT、类 GPx 和类 SOD 活性，其三种类酶活性的催化过程如式（12.11）～式（12.16）所示。可以看到，Mn_3O_4 的多酶活性是由于其中 Mn 混合氧化态的存在，Mn^{3+} 和 Mn^{2+} 的氧化还原循环对其多酶活性至关重要[22]。

Mn_3O_4 的类 CAT 活性反应历程：

$$2Mn^{3+} + H_2O_2 \longrightarrow 2Mn^{2+} + O_2\uparrow + 2H^+ \tag{12.11}$$

$$2Mn^{2+} + H_2O_2 + 2H^+ \longrightarrow 2Mn^{3+} + 2H_2O \tag{12.12}$$

Mn_3O_4 的类 GPx 活性反应历程：

$$2Mn^{3+} + 2GSH \longrightarrow 2Mn^{2+} + GSSG + 2H^+ \tag{12.13}$$

$$2Mn^{2+} + H_2O_2 + 2H^+ \longrightarrow 2Mn^{3+} + 2H_2O \tag{12.14}$$

Mn_3O_4 的类 SOD 活性反应历程：

$$Mn^{3+} + O_2^{\cdot-} \longrightarrow Mn^{2+} + O_2\uparrow \tag{12.15}$$

$$Mn^{2+} + O_2^{\cdot-} + 2H^+ \longrightarrow Mn^{3+} + H_2O_2 \tag{12.16}$$

12.5　普鲁士蓝

普鲁士蓝纳米酶（Prussian blue，PB，$Fe^{III}_4[Fe^{II}(CN)_6]_3$）具有类 POD、类 CAT 和类 SOD 活性。其在酸性条件下主要表现出类 POD 活性，在中性和碱性条件下主要表现出类 CAT 活性，无论是在酸性、中性还是碱性条件下都能表现出类 SOD 活性。普鲁士蓝中 Fe^{3+}/Fe^{2+} 氧化还原电对使得普鲁士蓝纳米粒子可以充当灵活的电子转运体（图 12.9）[23]。与氧化铁纳米粒子不同，普鲁士蓝纳米粒子的类 POD 活性不遵循类芬顿反应产生高活性 ˙OH 来氧化底物的机制；相反，普

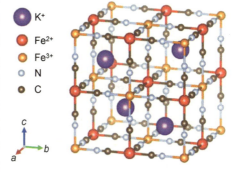

图 12.9　普鲁士蓝晶胞结构示意图[23]

鲁士蓝纳米粒子对 ˙OH 具有亲和作用，在酸性条件下能直接清除 ˙OH[24]，加之具备的类 CAT 和类 SOD 活性，普鲁士蓝纳米粒子表现出较强的 ROS 清除能力。普鲁士蓝纳米酶的多酶活性归因于其丰富的氧化还原电位（图 12.10）。在酸性条件下，H_2O_2 具有强氧化性，此时普鲁士蓝 ❶ 很容易被氧化为柏林绿（Berlin green，BG，$\{Fe^{III}_3[Fe^{III}(CN)_6]_2[Fe^{II}(CN)_6]\}^-$）和普鲁士黄（Prussian yellow，PY，$[Fe^{III}Fe^{III}(CN)_6]$）[式（12.17）~ 式（12.19）]，PY/BG 的理论氧化还原电位为 1.400 V，能起到电子转移介质的作用，将电子从 TMB 传递到 H_2O_2（如图 12.10，TMB 理论氧化还原电位为 1.130 V，H_2O_2/H_2O 为 1.776 V），显示出类 POD 活性 [式（12.20）]；在酸性条件下普鲁士蓝发生式（12.21）的反应而清除 ˙OH。在较高的 pH 下，O_2/H_2O_2 的氧化还原电位很低（0.695 V，如图 12.10），因此 H_2O_2 更容易在 PB 的帮助下被氧

---

❶ $[Fe^{III}Fe^{II}(CN)_6]^-$ 单元参与反应。

化为 O_2 而显示类 CAT 活性［式（12.22）～式（12.25）］。$O_2/O_2^{\cdot-}$ 和 $O_2^{\cdot-}/H_2O_2$ 的理论标准氧化还原电位值分别为 0.73 V 和 1.5 V（图 12.10），0.73 V 小于 BG/PB（0.900 V）、1.5 V 大于 PY/BG（1.400 V）的氧化还原电位，说明了普鲁士蓝纳米酶能够催化半反应［式（12.27）～式（12.30）］表现类 SOD 活性［式（12.26）][24]。

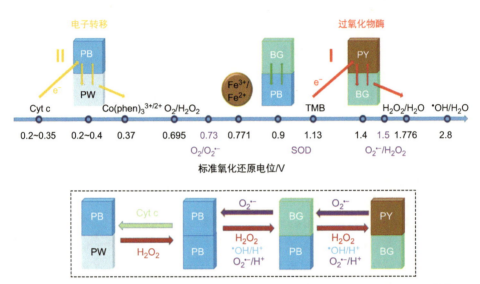

图 12.10　基于反应体系中不同化合物标准氧化还原电位的普鲁士蓝多酶活性机制示意图[24]●

PB 纳米粒子的类 POD 活性反应历程：

$$H_2O_2 + 2e^- + 2H^+ \longrightarrow 2H_2O \tag{12.17}$$

$$PB \longrightarrow BG + 2e^- \tag{12.18}$$

$$PB \longrightarrow PY + e^- \tag{12.19}$$

$$TMB + H_2O_2 + 2H^+ \xrightarrow{PY} oxTMB + 2H_2O \tag{12.20}$$

$$PB + H^+ + {}^\cdot OH \longrightarrow PY + H_2O \tag{12.21}$$

PB 纳米粒子的类 CAT 活性反应历程：

$$3PB + H_2O_2 \longrightarrow BG + 2OH^- \tag{12.22}$$

$$2BG + H_2O_2 \longrightarrow 6PY + 2OH^- \tag{12.23}$$

$$6PY + H_2O_2 + 2OH^- \longrightarrow 2BG + O_2\uparrow + 2H_2O \tag{12.24}$$

$$BG + H_2O_2 + 2OH^- \longrightarrow 3PB + O_2\uparrow + 2H_2O \tag{12.25}$$

PB 纳米粒子的类 SOD 活性反应历程：

$$2O_2^- + 2H^+ \xrightarrow{PB} H_2O_2 + O_2\uparrow \tag{12.26}$$

$$2O_2^- + 4H^+ + 3PB \longrightarrow 2H_2O_2 + BG \tag{12.27}$$

● 图中的 PW 为普鲁士白（Prussian white，[Fe^{II}Fe^{II}(CN)$_6$]$^{2-}$）。

$$2O_2^{\cdot-} + BG \longrightarrow 2O_2\uparrow + 3PB \quad\quad (12.28)$$

$$O_2^{\cdot-} + 2H^+ + BG \longrightarrow H_2O_2 + 3PY \quad\quad (12.29)$$

$$O_2^{\cdot-} + 3PY \longrightarrow O_2\uparrow + BG \quad\quad (12.30)$$

12.6　其他具有多酶活性的纳米酶

除上述几种多酶活性纳米酶外，还有许多的纳米酶也具有多种类酶活性。例如，Au 纳米粒子具有类 POD、OXD、CAT、SOD 和 GOx（葡萄糖氧化酶）活性，此外，它还可以模拟核酸酶和酯酶；Ag 和 Pt 纳米粒子具有类 POD、CAT 和 SOD 活性；Cu 纳米团簇具有类 POD、CAT、SOD 和 AAO（ascorbic acid oxidase，抗坏血酸氧化酶）活性；V_2O_5 具有类 POD 和类 GPx 活性；RuO_2 具有类 POD、CAT、SOD 和 GPx 活性；CoO、MoS_2 和 CuS 具有类 POD、CAT 和 SOD 活性；CuO 具有类 POD 和类 GPx 活性[1-3]。多种方法可以被利用以构建多酶活性纳米酶并调控其多酶催化活性，如改变纳米粒子的尺寸、形态、组成、元素价态，改变 pH、温度等催化条件，以及对纳米粒子进行表面修饰和构建复合材料等[3,4]。

参考文献

[1] Wei, H.; Wang, E. Nanomaterials with enzyme-like characteristics (nanozymes): next-generation artificial enzymes. *Chem. Soc. Rev.* **2013**, *42*, 6060-6093.

[2] Wu, J.; Wang, X.; Wang, Q.; Lou, Z.; Li, S.; Zhu, Y.; Qin, L.; Wei, H. Nanomaterials with enzyme-like characteristics (nanozymes): next-generation artificial enzymes (Ⅱ). *Chem. Soc. Rev.* **2019**, *48*, 1004-1076.

[3] Sheng, J.; Wu, Y.; Ding, H.; Feng, K.; Shen, Y.; Zhang, Y.; Gu, N. Multienzyme-like nanozymes: regulation, rational design, and application. *Adv. Mater.* **2024**, *36*, 2211210.

[4] Su, L.; Qin, S.; Xie, Z.; Wang, L.; Khan, K.; Tareen, A. K.; Li, D.; Zhang, H. Multi-enzyme activity nanozymes for biosensing and disease treatment. *Coord. Chem. Rev.* **2022**, *473*, 214784.

[5] Ma, Y.; Tian, Z.; Zhai, W.; Qu, Y. Insights on catalytic mechanism of CeO_2 as multiple nanozymes. *Nano Res.* **2022**, *15*, 10328-10342.

[6] Celardo, I.; Pedersen, J. Z.; Traversa, E.; Ghibelli, L. Pharmacological potential of cerium oxide nanoparticles. *Nanoscale* **2011**, *3*, 1411-1420.

[7] Xu, C.; Qu, X. Cerium oxide nanoparticle: a remarkably versatile rare earth nanomaterial for biological applications. *NPG Asia Mater.* **2014**, *6*, e90.

[8] Wang, Z.; Shen, X.; Gao, X. Density functional theory mechanistic insight into the peroxidase- and oxidase-like activities of nanoceria. *J. Phys. Chem. C* **2021**, *125*, 23098-23104.

[9] Wang, Z.; Shen, X.; Gao, X.; Zhao, Y. Simultaneous enzyme mimicking and chemical reduction mechanisms for nanoceria as a bio-antioxidant: a catalytic model bridging computations and experiments for nanozymes. *Nanoscale* **2019**, *11*, 13289-13299.

[10] Xu, D.; Wu, L.; Yao, H.; Zhao, L. Catalase-like nanozymes: Classification, catalytic mechanisms, and their applications. *Small* **2022**, *18*, 2203400.

[11] Tian, Z.; Li, J.; Zhang, Z.; Gao, W.; Zhou, X.; Qu, Y. Highly sensitive and robust peroxidase-like activity of porous nanorods of ceria and their application for breast cancer detection. *Biomaterials* **2015**, *59*, 116-124.

[12] Singh, S.; Dosani, T.; Karakoti, A. S.; Kumar, A.; Seal, S.; Self, W. T. A phosphate-dependent shift in redox state of cerium oxide nanoparticles and its effects on catalytic properties. *Biomaterials* **2011**, *32*, 6745-6753.

[13] Asati, A.; Santra, S.; Kaittanis, C.; Nath, S.; Perez, J. M. Oxidase-like activity of polymer-coated cerium oxide nanoparticles. *Angew. Chem. Int. Ed.* **2009**, *48*, 2308-2312.

[14] Dong, H.; Du, W.; Dong, J.; Che, R.; Kong, F.; Cheng, W.; Ma, M.; Gu, N.; Zhang, Y. Depletable peroxidase-like activity of Fe_3O_4 nanozymes accompanied with separate migration of electrons and iron ions. *Nat. Commun.* **2022**, *13*, 5365.

[15] Chen, Z.; Yin, J.J.; Zhou, Y.T.; Zhang, Y.; Song, L.; Song, M.; Hu, S.; Gu, N. Dual Enzyme-like Activities of Iron Oxide Nanoparticles and Their Implication for Diminishing Cytotoxicity. *ACS Nano* **2012**, *6*, 4001-4012.

[16] Voinov, M. A.; Pagán, J. O. S.; Morrison, E.; Smirnova, T. I.; Smirnov, A. I. Surface-mediated production of hydroxyl radicals as a mechanism of iron oxide nanoparticle biotoxicity. *J. Am. Chem. Soc.* **2011**, *133*, 35-41.

[17] Shen, X.; Wang, Z.; Gao, X.; Zhao, Y. Density functional theory-based method to predict the activities of nanomaterials as peroxidase mimics. *ACS Catal.* **2020**, *10*, 12657-12665.

[18] Dong, J.; Song, L.; Yin, J.J.; He, W.; Wu, Y.; Gu, N.; Zhang, Y. Co_3O_4 nanoparticles with multi-enzyme activities and their application in immunohistochemical assay. *ACS Appl. Mater. Interfaces* **2014**, *6*, 1959-1970.

[19] Mu, J.; Wang, Y.; Zhao, M.; Zhang, L. Intrinsic peroxidase-like activity and catalase-like activity of Co_3O_4 nanoparticles. *Chem. Commun.* **2012**, *48*, 2540-2542.

[20] Mu, J.; Zhang, L.; Zhao, M.; Wang, Y. Catalase mimic property of Co_3O_4 nanomaterials with different morphology and its application as a calcium sensor. *ACS Appl. Mater. Interfaces* **2014**, *6*, 7090-7098.

[21] Mu, J.; Zhang, L.; Zhao, G.; Wang, Y. The crystal plane effect on the peroxidase-like catalytic properties of Co_3O_4 nanomaterials. *Phys. Chem. Chem. Phys.* **2014**, *16*, 15709-15716.

[22] Singh, N.; Geethika, M.; Eswarappa, S. M.; Mugesh, G. Manganese-based nanozymes: multienzyme redox activity and effect on the nitric oxide produced by endothelial nitric oxide synthase. *Chem. Eur. J.* **2018**, *24*, 8393-8403.

[23] Qin, Z.; Li, Y.; Gu, N. Progress in applications of Prussian blue nanoparticles in biomedicine. *Adv. Healthcare Mater.* **2018**, *7*, 1800347.

[24] Zhang, W.; Hu, S.; Yin, J.J.; He, W.; Lu, W.; Ma, M.; Gu, N.; Zhang, Y. Prussian blue nanoparticles as multienzyme mimetics and reactive oxygen species scavengers. *J. Am. Chem. Soc.* **2016**, *138*, 5860-5865.

NANOZYME

Ⅲ　设计与调控篇

第13章 纳米酶设计

在早期，纳米酶的研究集中于探索各种纳米材料是否具备类似酶的活性，在设计方法上主要依赖于"试错法"这一策略[1,2]。随着对纳米酶催化机制理解的不断深入，研究重点逐渐转向了纳米酶"构效关系"的探究[3,4]，强调其结构与催化活性之间的内在联系。研究人员通过尺寸调节、价态调节、表面改性和缺陷工程等策略，设计出多种纳米酶，并通过调控其物理化学性质以提升催化活性，同时进一步明确了纳米酶的定义和内涵[5]。与此同时，随着实验数据的不断积累以及计算化学和人工智能（artificial intelligence，AI）技术的快速发展，以数据为导向和利用 AI进行设计的模式逐渐兴起。这一新兴的研究策略不仅提升了纳米酶的设计效率，也为催化剂的开发提供了更加科学的依据。此外，科研人员借鉴天然酶的催化机理及功能结构，以多种理论模型和天然酶活性中心的微环境为指导，设计开发出了一系列具有优异类酶催化活性的纳米酶[6]。

基于"构效关系"的纳米酶设计方法、数据驱动的纳米酶高效设计、仿生设计以及理论计算辅助的纳米酶筛选设计这四类策略，是精准合成理想纳米酶的重要手段。本章将从这四个方面对纳米酶的设计方法进行详细阐述，并在此基础上展望未来纳米酶高效设计的发展方向。

13.1 基于"构效关系"的纳米酶设计

纳米酶的"构效关系"是指其结构与催化活性之间的关系[3]。通过了解结构变化如何影响活性，可以为设计具有特定功能的纳米酶提供有力指导。构效关系研究旨在通过揭示结构与活性之间的内在联系，优化纳米酶的催化效率、专一性和功能。可通过改变纳米酶的关键特性，如暴露晶面及位点、表面性质等关键参数来对构效关系进行探究。

在"构效关系"中，物理化学理论模型不仅增强了对催化过程的理解，而且为高效纳米酶的开发提供了坚实的理论基础。这些理论模型使人们能够深入洞察纳米酶的催化机制，特别是在电子转移、活化能降低和反应路径方面。这种深入的理解对于设计出性能优异的纳米酶至关重要。通过应用这些理论模型，研究者能够预测纳米酶的催化行为，进而指导实验条件的优化和催化剂的选择。这些模型有助于建立纳米酶的结构与催化功能之间的关系，进而指导研究者通过调整纳米酶的尺寸、形状和表面特性来优化其催化效率和特异性。此外，"构效关系"的应用减少了实验的盲目性和资源消耗，使纳米酶设计过程目标明确且效率更高。

根据涵盖的内容差异，目前纳米酶设计领域应用的理论模型分为广义理论模型和本征理论模型，虽然共同致力于解释和预测催化过程，但它们在研究范围和专注点上存在显著差异。

13.1.1 纳米酶活性调控

纳米酶的活性受到尺寸、表面基团、表面缺陷和配位环境等多种因素的显著影响，使其结构与功能之间的关系较为复杂。此外，纳米材料的多样性也给其"构效关系"研究带来了挑战。

（1）暴露晶面及位点

纳米酶的催化活性受表面暴露晶面和活性位点数量的显著影响。以萤石立方相 CeO_2 纳米酶为例，暴露不同晶面的 CeO_2 纳米酶展示出不同的类过氧化物酶（POD）活性。具体而言，暴露 {110} 晶面的 CeO_2 纳米棒表现出最高的催化活性，其次是暴露 {100} 晶面的 CeO_2 纳米立方体，而暴露 {111} 晶面的八面体形貌 CeO_2 则表现出最低的催化活性 [7]。这表明，表面暴露晶面的差异直接决定了纳米酶的催化活性。在相同晶面暴露条件下，纳米酶的尺寸会对其活性位点的数量有直接影响，从而进一步影响催化性能。例如，在相同含量金原子条件下，金纳米酶的类葡萄糖氧化酶（GOx）活性表现出尺寸依赖性，不同尺寸金纳米酶的催化活性存在显著差异，其活性大小依次为：20 nm >30 nm >50 nm[8]。可见，纳米酶的暴露晶面结构对其催化活性具有显著影响，合理调控这些因素可以有效提升纳米酶的催化效率。

（2）表面改性

作为一种有效策略，表面官能团的修饰能够调控纳米酶的表面电荷、亲疏水性及电子分布状态 [9]。具体而言，聚苯乙烯磺酸 [poly(styrene sulfonic acid)，PSS] 修饰的 Ru 纳米酶相较于聚丙烯酸 [poly(acrylic acid)，PAA] 修饰的同种材料，展现出高达 5 倍的类 POD 活性。这一显著差异归因于 PSS 和 PAA 的电负性不同，导致 Ru 颗粒的负电荷转移发生了差异 [图 13.1（a）]。这种差异导致 Ru(100)@PSS 对 'OH 的亲和力（$E_{ads,'OH} = -3.06$ eV）弱于 Ru(100)@PAA（$E_{ads,'OH} = -3.40$ eV），且前者的 $E_{ads,'OH}$ 值更接近最优值 -2.60 eV [图 13.1（b）]，预示着其相较于后者具有更优的类 POD 活性 [10,11]。常见的表面改性方法包括引入氨基、羟基或羧基等官能团，旨在优化电子转移路径并提升反应物的吸附效率。此外，表面修饰还能增强纳米酶的选择性，使其在复杂环境中对特定底物表现出更高的催化活性 [12]。

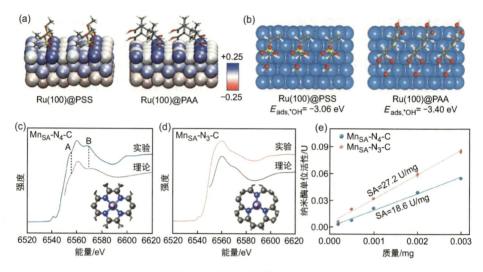

图 13.1　纳米酶的"构效关系"研究

（a）DFT 计算 Ru(100)@PSS 和 Ru(100)@PAA 的电荷分布；（b）羟基在 Ru(100)@PSS 和 Ru(100)@PAA 上的吸附结构和吸附能（图引自文献 [8]）；（c）Mn_{SA}-N_4-C 和（d）Mn_{SA}-N_3-C 纳米酶的实验与理论的锰的 K 边 XANES 光谱（插图：相应的配位结构）及（e）类氧化酶活性（图改编自文献 [11]）

13.1.2　配位环境调控

　　纳米酶活性与其金属中心的配位环境密切相关。通过改变金属中心周围的配体种类、数量或排布，可以有效调控活性中心的电子结构，进而优化催化活性。例如，在单原子纳米酶中，调节配体的电性和空间位阻可以改变催化位点的电子密度，提升催化剂的活性和稳定性。如图 13.1（c）、（d）中的 X 射线吸收近边结构谱（X-ray absorption near edge structure, XANES）所示，研究人员成功合成了三配位和四配位的 Mn_{SA}-N_x-C 单原子纳米酶，并发现相较于 Mn_{SA}-N_4-C，Mn_{SA}-N_3-C 可展现出更强的类氧化酶活性 [图 13.1（e）]，证明了配位环境的调控对于提升纳米酶活性的重要作用 [13]。

　　纳米酶的多酶活性使其在复杂反应体系中能够实现协同催化，从而显著提升整体反应效率 [14]。以 $ZnMn_2O_4$（其中 Zn 占据四面体位点，Mn 占据八面体位点）为例，随着 Li 的逐步掺杂，可形成一系列 Li 掺杂样品 $Zn_{1-x}Li_xMn_2O_4$（$x = 0$、0.2、0.4、0.6、0.8、1）。在这些样品中，Mn^{4+}/Mn^{3+} 的摩尔比从初始的 0.56 增加到完全 Li 掺杂样品的 2.29，相应地，Mn 的平均价态从 $ZnMn_2O_4$ 的 3.36 上升到 $LiMn_2O_4$ 的 3.70，且 $ZnMn_2O_4$ 的多重抗氧化活性与 Mn^{4+} 含量呈正相关 [15]。深入研究这种纳米酶的构效关系，有望揭示多种活性位点之间的协同机制，从而为多功能纳米酶的设计提供理论支持。

13.1.3　缺陷工程

缺陷在纳米材料中扮演着重要角色，因为它们可以显著改变材料的物理、化学特性。纳米酶的缺陷工程是通过引入、调控和优化材料中的结构缺陷来调节其活性的一种手段。纳米酶材料表面或内部存在的结构缺陷（如空位与晶格错位等），对其催化性能调控发挥着重要作用[13,16]。缺陷工程可通过精准引入或调控这些缺陷，来优化电子密度分布、改变活性位点的反应活性，并促进质子或电子的高效转移。例如，通过 Fe 原子的掺杂，可以有效激发 MoO_x 的结构重建过程，这一过程伴随着丰富的缺陷位点以及大量离域电子的生成，可显著增强纳米酶活性中心之间的协同作用，提升其催化活性[17]。

13.1.4　广义理论模型

广义理论模型强调了催化剂如何普遍影响化学反应的速率和方向，为不同催化系统提供通用的理解框架。这些模型的核心优势在于它们的普适性和适用性，使得它们能够广泛应用于多种催化反应类型和机理的分析。

萨巴捷（Sabatier）火山模型用于描述催化剂活性和选择性与催化剂表面能级的关系。该理论模型用于解释催化剂在催化反应中的活性和选择性的变化，并为催化剂设计和优化提供了指导。萨巴捷火山模型的基本思想是将催化剂活性和选择性与催化剂表面能级的位置相关联。根据该模型，催化剂表面能级的位置决定了反应物吸附和反应过程中间态的稳定性。具体来说，对于一个特定的催化反应，活性最高和选择性最佳的催化剂表面能级位于一个"火山"形状的能级图上，被称为萨巴捷火山图。在萨巴捷火山模型中，催化剂表面能级的位置与反应物的吸附能力和反应过程中的活化能有关。催化剂表面能级过低会导致反应物吸附太强，难以发生反应，而表面能级过高则会使反应物吸附太弱，反应速率降低。因此，活性和选择性最佳的催化剂表面能级位于萨巴捷火山的顶峰位置[18]。

萨巴捷火山模型对于理解催化剂在不同反应条件下的性能变化具有重要意义。它提供了一个定性的框架，可以帮助解释为什么某些催化剂对特定反应具有高活性和选择性，而其他催化剂则表现较差。根据该模型，优化催化剂的设计需要调整催化剂表面的能级位置，以实现更高的活性和选择性。对于具有 ABO_3 型结构❶的钙钛矿金属氧化物，其类 POD 活性与 B 位点阳离子的 e_g 电子占有率之间即符合萨巴捷火山模型，且当 e_g 为 1.2 左右时，其具有最优的类 POD 活性 ［图 13.2（a）］。该规律广泛适用于金属氧化物，为设计新型类 POD 纳米酶提供了可靠的理论基础[4]。

---

❶ 钙钛矿结构可以用 ABO_3 表示，A 位为碱土元素或者稀土元素，B 位为过渡金属元素。

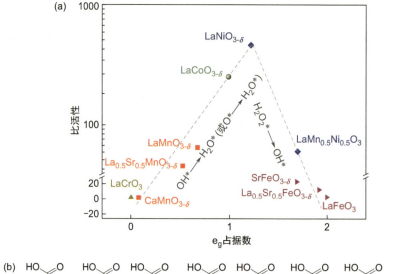

图 13.2　物理化学原理指导的纳米酶设计

（a）萨巴捷火山模型指导的类 POD 纳米酶设计 [4]；（b）哈米特理论模型指导的类氧化酶设计 [19]

13.1.5　本征理论模型

本征理论模型可深入理解特定催化体系或反应的基本原理和机制。这些模型不仅揭示了在特定条件下纳米酶如何作用，还详细解释了催化过程中的分子层面相互作用。例如，描述和解释电子转移过程中的能量和速率关系，活性位点周围配位基团对特定反应速率或平衡常数的影响。这些本征理论模型通过精确描述特定纳米酶和反应物间的相互作用，为纳米酶的设计和优化提供了重要依据 [20]。

13.1.5.1　哈米特理论模型

哈米特（Hammett）理论是描述有机化学反应速率和平衡的一个经验性理论。该理论主要应用于描述芳香化合物的取代基对反应速率和平衡常数的影响 [21]。

哈米特理论基于电子效应的概念，即取代基的电子性质对反应的影响。根据该理论，取代基对反应速率和平衡常数的影响可以通过取代基的 σ 常数来描述。σ 常数是一个无量纲参数，表示取代基与苯环之间的电子效应。哈米特方程用于描述芳香化合物取代基对反应速率（k）或平衡常数（K）的影响，可以分为两种形式：

对于反应速率，
$$\lg\left(\frac{k}{k_0}\right) = \rho\sigma$$

对于平衡常数，
$$\lg\left(\frac{K}{K_0}\right) = \rho\sigma$$

式中，k 和 K 分别表示带有取代基的化合物的反应速率和平衡常数；k_0 和 K_0 分别表示未取代化合物的反应速率和平衡常数；ρ 是哈米特斜率，是一个经验性参数；σ 是取代基的 σ 常数。

哈米特理论的应用范围包括芳香取代反应、离子化反应、酸碱平衡等有机化学反应。它对于预测和解释有机反应中取代基效应的趋势和定量描述具有重要意义，同时也为有机化学反应的机理研究提供了有用的指导。如前文所述，MIL-53(Fe)-X（X = NH$_2$、CH$_3$、H、OH、F、Cl、Br 和 NO$_2$）型纳米酶的类氧化酶活性与取代基 X 的 σ 之间存在线性构效关系［图 13.2（b）］。当取代基为 NO$_2$ 时，其最强的拉电子特性赋予了其催化位点最强的类氧化酶活性。此外，这种基于 σ_m 的线性构效关系在其他的 MOF 纳米酶中，如 MIL-53(Cr) 和 MIL-101(Fe) 中也得到了验证，证明了对于催化位点配位结构的有效调控是调节纳米酶活性的有效方式 [19]。

13.1.5.2　马库斯理论模型

马库斯（Marcus）理论是描述电子转移过程中电子转移速率的理论模型 [22]。该理论主要应用于描述电子在溶液中从一个电子供体（donor）转移到一个电子受体（acceptor）的过程。

根据马库斯理论，电子转移速率（k_{et}）与电子转移自由能（ΔG_{et}）之间的关系可以用式（13.1）表示：

$$k_{et} = \frac{k_0}{\sqrt{\pi\lambda k_B T}}\exp\left[-\frac{\left(\Delta G_{et}+\lambda\right)^2}{4\lambda k_B T}\right] \tag{13.1}$$

式中，k_{et} 是电子转移速率；ΔG_{et} 是电子转移反应的自由能变化；λ 是反应的重组能，即电子转移过程中系统的内部重排能量；k_B 是玻尔兹曼常数；T 是热力学温度；k_0 是电子转移反应的频率因子，通常取决于电子跃迁的特性。

马库斯理论的关键概念是电子转移自由能和电子转移耦合元素。电子转移自由能是描述电子在供体和受体之间转移过程中的能量差异，它包括电子供体和受体的氧化还原能级之间的差异以及溶剂效应。电子转移耦合元素描述了供体和受体之间的电子转移作用强度，即它们之间的重叠程度和电子转移距离。马库斯理论对于理解和解释许多化学和生物化学过程中的电子转移反应具有重要意义，并为相关领域的实验设计和解释提供了理论基础。

为有效分析和优化构效关系，研究者必须借助高分辨电子显微镜、X 射线光电子能谱、拉曼光谱、穆斯堡尔谱等多种表征技术，深入理解纳米酶的晶体结构、电子特性及配位环境等关键特征。

13.2　数据驱动的纳米酶高效设计

随着纳米酶研究的深入，所制备的纳米酶数量不断增加，这催生了纳米酶数据库的创建。该数据库专注于纳米酶相关文献中的实验数据，涵盖纳米酶的动力学参数、应用实例及相关参考文献，为纳米酶设计人员高效利用资源提供了重要支撑。

通过收集和整合实验和计算模拟产生的数据，以及物理化学原理、材料数据库和机器学习算法，数据驱动的纳米酶高效设计方法能够利用材料与性能之间的"构效关系"，来加速新型纳米酶的发现。

13.2.1　研究路径

数据驱动的纳米酶设计已成为一种重要的研究方法，大致可以分为以下几个步骤：

① 数据收集。从文献资料和计算机模拟结果中收集大量与纳米酶性能相关的参数（如粒径、形貌、晶体结构、元素组成、能带或电子结构）、合成参数（如合成方法、表面改性）和性能参数（如催化类型、催化活性）。

② 特征工程。利用计算机编程语言（如 Python、MATLAB）和数据预处理工具进行数据预处理，排除缺失值和异常值，进行相关性分析和降维❶，以此建立适用于机器学习的纳米酶数据库。这一步是为了确保数据的质量和可用性。

③ 数据引导。a. 大数据分析：使用基于计算机的数据处理工具对收集的数据进行详细分析，建立统计模型，从而汇总纳米酶的关键特性。b. 机器学习模型的训练和预测：将数据库中的数据分为训练集和测试集，运用合适的机器学习算法进行模型训练和评估。通过模型评估方法和调整一系列相关参数，优化机器学习模型。在此基础上，预测纳米酶在材料空间❷中的活性，并利用机器学习模型解释纳米酶的构效关系。

④ 实验验证。基于数据驱动模型的预测，制备并表征纳米酶，并对其性能进行测试，以验证预测模型的准确性。这一步是确保数据驱动预测的有效性和可靠性的关键环节。

数据驱动的纳米酶设计可以实现纳米酶高效设计，并为实验提供重要的理论指导。然而，如何获得合适的数据库种类、选取最佳的筛选方法及计算参数等，都是

---

❶ 数据降维：在某些限定条件下，降低随机变量个数，得到一组"不相关"主变量的过程。

❷ 材料空间：所有可能材料的集合或表示空间。

数据驱动设计方法需要进一步考虑和研究的问题。根据不同的数据驱动方法，目前纳米酶的合理设计可分为两类：a. 文献数据驱动的纳米酶设计；b. 机器学习辅助设计纳米酶。

13.2.2　文献数据驱动的纳米酶设计

经过纳米酶领域的不断发展，目前纳米酶相关的文献已达到数千篇，涵盖了纳米酶的设计、合成、调控和应用等诸多方面。对于数据量较小的纳米酶，机器学习的预测误差较大，采用文献数据驱动的方法进行预测更为合适。收集文献数据、对数据进行清洗、统计、分析后，即可建立纳米酶数据库。通过对纳米酶数据库的深入分析，可以揭示一系列纳米酶的构效关系，帮助克服传统试错法的局限性，为纳米酶的系统性研究和创新设计提供新的视角和工具。

比如，科研人员通过挖掘类水解酶纳米酶的文献，设计了新型铈基水解型纳米酶［如图 13.3（a）所示］[23]。通过从 1481 项纳米酶相关研究中收集了 105 篇关于类水解酶纳米酶的文献报道，系统分析了水解型纳米酶的材料类型［图 13.3（b）］、不同物质进行基于类磷酸酶活性半反应时间数量分布［图 13.3（c）］，以及各种类磷酸酶纳米酶及其相应底物的半反应时间热图［图 13.3（d）］。通过统计分析发现，MOF 是设计类水解酶纳米酶的良好模型材料，路易斯酸对水解底物具有高亲和力［图 13.3（e）］，且配体长度的降低可以增加活性位点密度，有效地提高 MOF 材料的整体活性［图 13.3（f）］。因此，通过使用高价、强路易斯酸离子（Zr^{4+}、Ce^{4+} 和 Hf^{4+}）、反丁烯二酸（FMA）和调节剂，研究者构建了具有多种类水解酶活性的 MOF 同系物。

基于文献数据驱动的方法可以在少量研究中挖掘简单的对应关系，而对于广泛报道的纳米酶类型，数据量大，数据特征复杂多变，统计学分析难以解读材料特征与性能之间的关系，从而无法进行性能预测。因此，需要通过机器学习对构效关系进行深度挖掘，从大量纳米酶数据中总结规律，进行纳米酶性能预测。

13.2.3　机器学习辅助的纳米酶设计

目前，越来越多的机器学习工具被用于生成、测试和完善纳米酶设计模型 [24,25]。机器学习包括无监督（未标记）或有监督（已标记）模型的训练。对于无监督学习，由于没有预先存在的标签❶，因此可以使用主成分分析或聚类分析等方法比较各个数据项。而对于有监督学习，每个数据项都被赋予标签，以定义它们在研究中的特定特征。

---

❶ 标签：该样本所属的类别或预测值，纳米酶设计研究中通常指纳米酶的种类或活性。

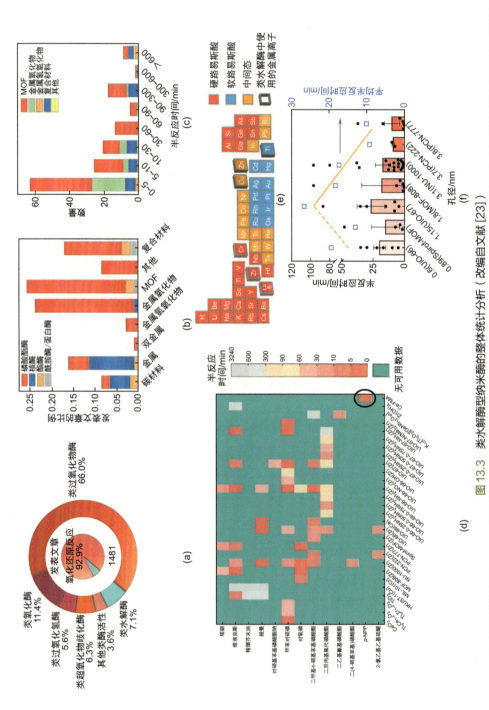

图13.3 类水解酶型纳米酶的整体统计分析（改编自文献 [23]）

（a）不同类型纳米酶的比例；（b）不同类型材料对应的类水解酶研究的发表频率分布图；（c）不同类型材料基于其磷酸酶样酶活性半反应时间的量化分布图；（d）各种磷酸酶样纳米酶及其相应底物的半反应时间热图；（e）根据硬酸-软酸碱理论绘制的金属元素周期表；（f）文献中报道的基于锆的MOF 结构及其孔径的半反应时间

13.2.3.1　机器学习模型

（1）深度神经网络（deep neural networks，DNN）

DNN 是机器学习算法中一个很受欢迎的分支。DNN 是由大量简单单元组成的广泛并行互连网络，这些单元的适应性组织模仿了生物神经系统及其对现实世界对象的互动反应。DNN 的类型包括全连接神经网络（ANN）、卷积神经网络（CNN）、递归神经网络（RNN）、长短时记忆网络（LSTM）等（如图 13.4 所示）[24]，这些神经网络模型在结构、功能和应用场景上各有特点但也相互联系，需要根据具体情况选择特定的神经网络模型。

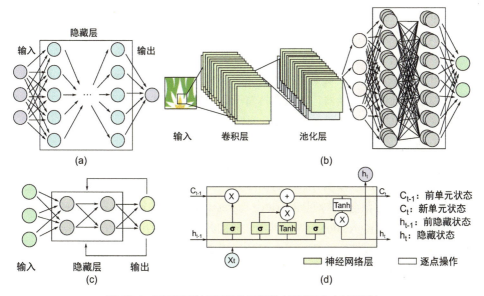

图13.4　不同深度神经网络的示意图（图引用自文献 [17]）

（a）全连接神经网络（ANN）；（b）卷积神经网络（CNN）；（c）递归神经网络（RNN）；
（d）长短时记忆网络（LSTM）

（2）计算条件概率的方法

一般称为贝叶斯分类，这是基于贝叶斯定理的一类分类算法的总称。贝叶斯算法对条件概率分布做出独立性假设，从而提高了学习效率和分类结果。贝叶斯算法的核心原则是考虑特征的概率来预测分类，即对于一个待分类的样本，求解在该样本条件下各个类别发生的概率。

（3）支持向量机（support vector machine，SVM）

SVM 是一种用于解决二元分类问题的有监督机器学习算法，它通过寻找最佳超平面❶来分隔不同类别的样本。它也可以应用于多类分类和回归问题。SVM 的优

---

❶ 超平面：用于在特征空间中划分不同类别的样本。

势在于其强大的非线性分类能力❶，具有相对强的泛化能力❷、高效的计算性能、灵活的参数调整以及易于解释和理解等。

（4）k-最近邻算法（k-nearest neighbor，k_{NN}）

k_{NN} 是最基本和重要的分类算法之一，是一种非参数的、有监督的机器学习分类器，也可用于回归分析。通过找到一个样本的 k 个最近邻，并将这些近邻的属性平均值分配给该样本，从而获得该样本的属性。k_{NN} 算法的理解和实现相对简单，是一种对含有大量噪声的数据具有鲁棒性的方法。k_{NN} 更适用于样本量相对较大的类域的自动分类，而样本量较小时易产生误分类。

（5）决策树（decision tree）

决策树是一种预测模型，代表了对象属性和对象值之间的映射关系。树中的每个节点代表一个对象，每个分叉路径代表一个可能的属性值，从根节点到叶节点的路径对应一系列决策测试。决策树可用于分类和回归任务，并具有许多特性，使其比其他分类方法更灵活。随机森林（random forest）是一种使用多个决策树模型来获得优越预测性能的分类器。随机森林属于集成的、低复杂度算法类别，结合多个决策树来避免单个决策树遇到的过拟合问题。

（6）回归模型

它是一种预测模型，用于检验因变量（目标）和自变量（预测因子）之间的关系。这种模型通常用于预测分析、时间序列建模和发现变量之间的因果关系。回归分析的几种常见方法包括岭回归（ridge regression）、线性回归（linear regression）、逻辑回归（logistic regression）等。其中，岭回归是一种专用于协方差数据分析的有偏估计回归方法。线性回归适用于自变量和因变量之间存在线性关系的情况。逻辑回归则主要用于处理二分类或多分类问题。

13.2.3.2　数据收集和处理

数据收集是机器学习的基础。因此，数据收集的可靠性直接影响到最终模型的可靠性。根据数据来源的不同，目前对机器学习辅助的纳米酶设计的研究可以分为两类：基于文献数据的机器学习；基于计算机模拟数据的机器学习。

（1）基于文献数据的机器学习

科研人员已建立了基于文献数据的纳米酶机器学习流程指南（如图 13.5 所示）[26]。首先根据需要，使用适合的机器学习模型，比如基于 DNN 的模型，用于分类和定量预测纳米材料的类酶催化活性 [图 13.5（a）]。之后，通过对文献中提取的数据进行训练 [图 13.5（c）]，将提取的数据在数字化处理后手动分类为内部因素和外部因素以及定性与定量模型 [图 13.5（b）]。为了预测纳米酶，首先将这些因素作

---

❶ 非线性分类能力：处理类别标签与特征之间不是简单线性关系的数据集的能力。

❷ 泛化能力：指的是模型对未见过数据的预测能力。

为独立变量填充到输入模块中。随后，分类模型被用来输出酶模拟类型（即因变量），包括类氧化酶、类超氧化物歧化酶和类过氧化氢酶等活性。对于定量模型，通过规范化酶活性的系数，将每种类酶活性的水平设置为因变量。预测输出与实测结果之间具有较高的高度一致性，证明了该方法的准确率［图 13.5（d）］。此外，不同因素对酶活性水平的影响由 SHAP（SHapley Additive exPlanations）分析确定。例如，过渡金属是决定纳米酶类 POD 活性的主要因素，如图 13.5（e）和图 13.5（f）显示了类 POD 活性的实验和预测结果。结果表明，实验观测到的活性与预测活性大致相同，这说明了 SHAP 分析的合理性和模型的稳健性，也验证了基于文献数据驱动的机器学习辅助纳米酶设计的可行性。

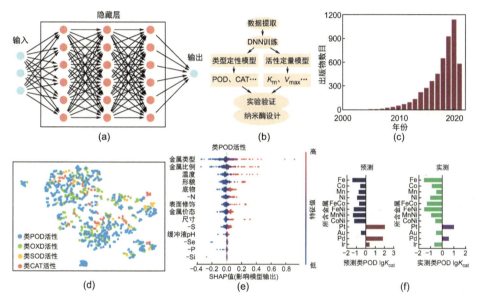

图 13.5　基于文献数据的纳米酶机器学习过程示意图（图引用自文献 [26]）

（a）基于全连接深度神经网络（DNN）模型的示意图，对于不同的模型，通过变化神经元数量和隐藏层来实现最佳拟合效果；（b）使用机器学习对纳米材料的酶样活性进行分类和定量预测的工作流程示意图；（c）使用 ISI 数据库收集纳米酶数据和搜索纳米酶文献；（d）四种酶模拟类型数据的二维分布图；（e）POD 类定量模型中自变量的 SHAP 敏感性分析；（f）类 POD 纳米酶模型预测能力的实验验证

　　需要注意的是，基于文献数据驱动的机器学习辅助纳米酶设计仍然存在以下问题：①难以准确预测文献报道较少的纳米酶；②从纳米酶文献中提取的信息存在高数据噪声和数据缺失的问题，这容易导致模型预测的准确性低和稳定性差。基于计算机模拟数据驱动的机器学习辅助纳米酶设计可以成为一种有力的补充。

　　（2）基于计算机模拟数据的机器学习

　　目前已建立材料计划（materials project）数据库、计算二维材料数据库（computational 2D materials database，C2DB）和开放量子材料数据库（open quantum materials database，OQMD）等，这些数据库收集了不同领域和应用中使用的超过十万种材料的信息，包含化学、物理、视觉、分析、结构、电子等材料属性，以及合成、加工、光谱和第一性原理计算等数据。这些材料数据库的引入将扩展纳米酶的设计空间。

例如，研究者基于材料计划数据库建立了一个包含91种不同二维过渡金属硫-磷化合物（$M_xP_yS_z$, $x = 1\sim7$, $y = 1\sim4$, $z = 1\sim29$）的材料数据集[27]。在相关性分析后，选择了7个材料特性描述符，包括体积、形成能、密度、能隙、空间群、配位数和电负性作为输入数据。将类SOD催化反应的吉布斯自由能变化的前三个步骤作为输出数据。在机器学习算法选择和训练测试后，使用随机森林模型预测了高活性的类SOD纳米酶$MnPS_3$。实验验证了$MnPS_3$的催化活性是天然SOD的12倍以上。

13.3　仿生设计

受天然酶结构特征启发的纳米酶仿生设计策略具有大幅度提高纳米酶催化活性的潜力。酶是经过数十亿年的进化发展出的生物催化剂，具有精细且高效的活性结构。纳米酶本身具有结构和组成的可调控性，可以通过仿生设计将天然酶的关键催化模块集成到纳米酶中，从头设计并合成高活性纳米酶。影响天然酶的活性的因素有很多，包括活性位点、辅酶因子、底物结合口袋和周围微环境等，通过学习天然酶活性调控手段，目前已发展出了诸多纳米酶仿生设计思路。

13.3.1　模拟酶的活性位点及配位结构

酶的活性位点是底物分子进行化学反应的区域，具有显著降低活化能的能力。活性位点的作用是结合底物，使其转化为过渡态之后释放，是酶实现催化功能的关键结构[28]。因此通过模拟活性位点结构来构建纳米酶是提高其酶活性最直接的方法。

仿生单原子纳米酶是一类具有与天然金属酶活性位点近似配位结构（$M-N_x-C$，M = Fe、Co、Mn、Zn 等）的纳米酶，具有最大金属原子利用率、高活性和高选择性等优点。通过调节金属原子的配位环境，可以选择性提高单原子纳米酶的催化活性。如，通过磷和氮的精准配位来调节单原子铁（Fe）活性中心，可设计制备FeN_3P单原子纳米酶，其具有与辣根过氧化物酶（horseradish peroxidase，HRP）相当的催化活性和动力学［如图13.6（a）所示］[29]。

MOF 作为一种有机无机杂化多孔材料，因其结构与金属蛋白酶类似而被广泛应用于模拟天然酶。这种材料由金属离子或金属团簇与有机配体自组装而成，展现出独特的拓扑结构。其二级结构明确、含有独立的金属活性位点及其周边的弱配位配体。MOF 的特点在于其结构中金属离子和配体的多样性，这不仅赋予其可调节的孔道和表面性能，还使其在与底物的相互作用上具有灵活性，从而提升了催化效率和选择性，这与天然酶极为类似。基于 MIL-53(Fe)-X（X = NH$_2$、CH$_3$、H、OH、F、Cl、Br 和 NO$_2$）纳米酶与天然酶结构类似的特点，可调整其中配体的取代基来改变其活性位点的配位环境［如图 13.6（b）所示］[19]。这表明，在模拟酶结构的基础上，通过纳米技术手段，调控次级配位结构可以有效实现对酶活性的调控，进而凸显纳米酶的优势。

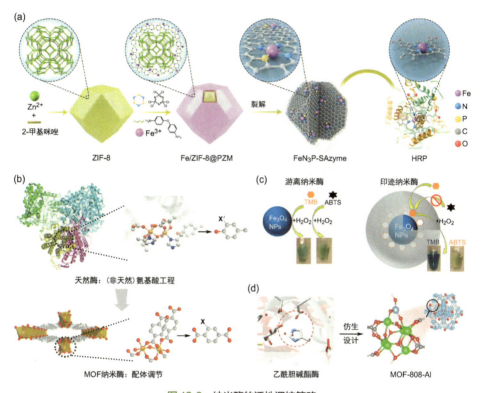

图 13.6 纳米酶的活性调控策略

（a）仿生单原子纳米酶 FeN$_3$P 的设计 [29]；（b）纳米酶的次级配位结构模拟策略；（c）模拟天然酶的结合口袋策略以提高纳米酶的特异性 [12]；（d）纳米酶催化口袋的催化机制模拟 [30]

13.3.2 模拟天然酶底物结合位点（结合口袋）

天然酶的底物结合口袋指的是，其分子结构中专门用于与特定的底物分子相结合并发挥催化作用的结构域，为天然酶的特异性提供了结构基础。为了更好地模拟天然酶的底物结合口袋以实现高效纳米酶设计，可采用分子印迹聚合物（molecular imprinted polymers，MIPs）来对纳米酶进行表面修饰。如图 13.6（c）所示，在分子印迹过程中，底物分子可以通过 MIPs 在四氧化三铁纳米酶的表面形成独特的印记，随后在 H₂O₂ 的作用下去除，留下用于底物结合的空腔。以 3,3′,5,5′-四甲基联苯胺（TMB）和 2,2′-联氮双 (3-乙基苯并噻唑啉-6-磺酸) 二铵盐（ABTS）作为分子印迹的代表性底物，所制备的 MIPs 纳米酶对相应底物表现出近百倍的高特异性[12]。除此策略外，利用缺陷工程的策略设计得到的铁钼氧化物纳米酶中氧空位（oxygen vacancy，Oᵥ）可以充当底物结合口袋以提升其多种类酶活性[15]。

13.3.3 模拟天然酶的催化机制

可通过模拟酶催化机制来实现高效纳米酶的设计。乙酰胆碱酯酶催化酯的水解过程依赖于酸碱官能团引发的质子转移机制。类似地，可以通过高路易斯酸性铝离子（Al³⁺）修饰的金属有机框架（MOF-808-Al）实现强路易斯酸位点与高电负性亲核基团（–OH）之间的协同催化 [图 13.6（c）]。在这种情况下，Al³⁺ 位点的强极化效应增强了羰基碳原子的亲电性和反应性，配合高电负性 –OH 官能团的协助，MOF-808-Al 展现出了优异的酯键解离能力和产物脱附性能[30]。

辅因子，如辅酶、金属离子、维生素等的存在对于多种天然酶发挥催化作用起到了关键的作用[31]。采用与之相似的策略，将辅因子结合到纳米酶的表面亦可起到活性调控的作用。以 HRP 为例，其活性中心包含血红素辅因子，其中的亲水性组氨酸残基对于发挥催化活性不可或缺。类似地，在 Fe₃O₄ 纳米酶表面引入了组氨酸残基后，其类 POD 活性得到了提高，证明了模拟天然酶辅因子策略的有效性[32]。

13.4 理论计算辅助的纳米酶筛选设计

计算辅助的高通量筛选通过模拟和分析纳米酶在原子和分子层面的结构和性质，为纳米酶的发展提供了明确的方向和高效的设计框架。现阶段，纳米酶领域的计算模拟主要基于 DFT 理论，通过模拟纳米酶的微观结构和表面催化活性，揭示影响纳米酶催化活性的关键因素，如电子密度、分子轨道和能量变化，从而在理论上指导纳米酶的设计和优化。总之，计算辅助的高通量筛选可以更精确地定向搜索具有特定催化特性的材料。这种集成的方法大大加快了新催化材料的发现过程，缩短了从实验室研究到实际应用的时间，同时还为高效设计纳米酶指明了方向[33,34]。

13.4.1 第一性原理计算

第一性原理计算也称为从头算法，是一种基于量子力学的计算方法。它不依赖于实验数据或经验参数，而是直接从物理学的基本原理（如电子的波函数和薛定谔方程）出发，来计算和预测原子、分子和固体的电子结构以及其他物理和化学性质。

目前被广泛应用于纳米酶领域的第一性原理计算是 DFT 理论。相比于传统的波函数方法，其优势在于计算量较小，特别适合处理大型系统，如包含复杂结构和电子性质的固体和表面体系。然而，DFT 也有其局限性，在处理一些特殊体系时（例如涉及溶液的环境），DFT 可能不够准确。因此，对于这些复杂体系，可能需要使用另外的方法辅以指导设计，如多体波函数方法 ❶。

尽管存在局限性，DFT 仍是纳米酶设计中的关键工具。研究者利用 DFT 计算可在无实验数据的情况下，高通量筛选材料的潜在催化活性，进而理论指导新材料的设计与开发。

13.4.2　纳米酶的催化机制

纳米酶根据其类酶催化活性分为类氧化还原酶、类水解酶、类裂合酶等，其中类氧化还原酶是研究最为深入的类型。不同种类的纳米酶具有独特的催化机制，如金属氧化物纳米酶模拟氧化还原酶、碳基纳米酶模拟过氧化物酶。纳米酶种类的不断拓展要求深入理解催化机理，以实现高效、特异性强的纳米酶设计，这对纳米酶设计提出了新的挑战。

借助计算化学的方法，研究者可以深入了解不同类型纳米酶的催化反应原理，分析其基元反应（如表 13.1 所示）[35]，通过计算化学反应过程中的表面势能变化，为纳米酶的催化功能以及控制其结构和电子性质变化的因素提供原子级别的理论支持。

表 13.1　以类氧化还原酶纳米酶为例催化行为的反应过程

酶促反应类型	机理分类	基元反应
过氧化物酶活性	均裂	$2M + H_2O_2 \longrightarrow 2MOH^*$ $2MOH^* \longrightarrow MO^* + MOH_2^*$ $MO^* + MOH_2^* + 2H^+ \longrightarrow 2M + 2H_2O$
	异裂	$M^{n+} + H_2O_2 \longrightarrow MOOH^{(n-1)+} + H^+$ $MOOH^{(n-1)+} \longrightarrow M^{(n-1)+} + HO_2^*$ $M^{(n-1)+} + H_2O_2 \longrightarrow M^{n+} + OH^- + {}^*OH$ $HO_2^* \longrightarrow H^+ + O_2^-$ ${}^*OH + O_2^- + H^+ \longrightarrow H_2O + O_2$
氧化酶活性	强还原活性	$M + O_2 \longrightarrow M-O-O^*$ $M-OO^* + H^+ \longrightarrow M-O-OH$ $M-OOH + H^+ \longrightarrow M + H_2O_2$ $MO + O_2 \longrightarrow O-M-O-O^*$ $OM-OO^* + H^+ \longrightarrow OM-OOH$

❶ 多体波函数：描述包含多个粒子（如电子、原子、分子等）系统的量子态的函数。

续表

酶促反应类型	机理分类	基元反应
氧化酶活性	弱还原活性	$OM\!-\!OOH + H^+ \longrightarrow MOO + H_2O$ $MOO + H^+ \longrightarrow O\text{-}M\text{-}OH$ $O\!-\!M\!-\!OH + H^+ \longrightarrow MO + H_2O$
超氧化物歧化酶活性	LUMO	$^\cdot O_2^- + M \longrightarrow O_2 + M^-$ $^\cdot O_2^- + 2H^+ + M^- \longrightarrow H_2O_2 + M$
	HOMO	$^\cdot O_2^- + 2H^+ + M \longrightarrow H_2O_2 + M^+$ $^\cdot O_2^- + M^+ \longrightarrow O_2 + M$
过氧化氢酶活性	均裂	$M + H_2O_2 \longrightarrow MOH + HO^\cdot$ $MOH + HO^\cdot \longrightarrow MO^\cdot + H_2O$ $H_2O_2 + MO^\cdot \longrightarrow MOOH^\cdot + HO^\cdot$ $MOOH^\cdot + HO^\cdot \longrightarrow H_2O + O_2 + M$
	异裂	$M + H_2O_2 \longrightarrow H^\cdot + MOOH^\cdot$ $MOOH^\cdot + H^\cdot \longrightarrow MO^\cdot + H_2O$ $H_2O_2 + MO^\cdot \longrightarrow MOH_2O_2^\cdot$ $MOH_2O_2^\cdot \longrightarrow MOH^\cdot + O_2 + H^\cdot$ $H^\cdot + MOH^\cdot \longrightarrow H_2O + M$

注：M表示纳米酶的活性中心。表引自文献[35]。

此外，DFT计算还可以通过开发数学模型对实验结果进行进一步解释，以描述实验背后的物理化学规则，从而建立纳米酶催化和活性预测的理论指南。迄今为止，已经报道了纳米酶的几种活性描述符，包括吸附能垒❶、活化能垒❷、中间前线轨道和反应能等。例如，研究者提出了一种DFT计算辅助的类POD纳米酶筛选和设计的方法，对类POD纳米酶进行了广泛的高通量计算（如图13.7所示）[11]。以氧化铁纳米酶为模型，构建了具有不同化学组成、晶面暴露、晶格缺陷和化学修饰的纳米氧化铁表面，深入研究了其模拟POD活性催化过氧化氢氧化有机底物的分子机理和反应动力学。研究总结出：该类催化反应发生过程中，首先，H_2O_2分子在纳米酶表面解离吸附，形成双羟基吸附结构，随后的反应为两个羟基的连续还原反应。其中POD活性的能量描述符、火山型曲线和催化活性窗口等关键参数可作为预测氧化铁类的描述符。该模型对其他类似催化机制的类POD纳米酶同样适用，可以拓展到金属、单金属氧化物、钙钛矿和碳材料等在内的57种材料。

---

❶ 吸附能垒：反应物分子在表面吸附过程中需要克服的能量障碍。

❷ 活化能垒：反应物分子在转化为产物过程中必须克服的能量障碍。

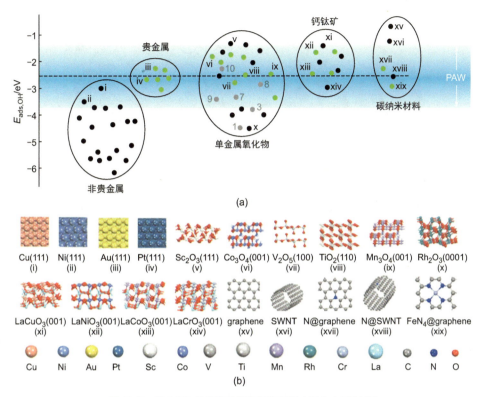

图13.7 类 POD 纳米酶的催化活性预测（引自文献 [11]）

（a）典型的类 POD 活性纳米酶总览。蓝色区域是由羟基吸附能（$E_{ads,OH}$）定义的 POD 活性窗口（POD activity window，PAW）。从蓝色到白色的颜色变化表示活性从高逐渐降低。绿色填充的圆圈代表已发现的 POD 模拟纳米酶，灰色填充的圆圈表示通过 DFT 计算辅助研究的氧化铁纳米表面。（b）图（a）中涉及纳米酶的结构示意

13.5　纳米酶高效设计的发展方向

如图 13.8 所示，本章较系统地归纳了当前纳米酶高效设计的主流策略。机器学习作为一种强大的数据分析手段，可应用于纳米酶催化活性的预测、反应条件的优化以及纳米酶结构的改良等多个层面，在纳米酶设计中展现出显著的应用潜力。通过机器学习算法与实验验证相结合，能够构建纳米酶催化活性与其结构特征之间的关联性模型，进而实现对新型纳米酶催化活性的精确预估。未来，随着机器学习算法的持续精进与大数据资源的不断积累，机器学习在纳米酶设计领域的作用将愈发凸显，为纳米酶的研发提供更加精确且高效的辅助工具。同时，高通量筛选技术与理论计算及合成自动化的融合发展 [36]，为纳米酶的自动高通量筛选开辟了新路径。这一策略不仅提升了纳米酶的催化性能，还显著增强了其实用性。

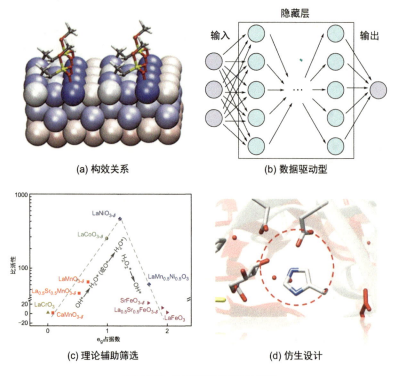

(a) 构效关系

(b) 数据驱动型

(c) 理论辅助筛选

(d) 仿生设计

图 13.8　纳米酶的常用设计策略

参考文献

[1] Gao, L.; Zhuang, J.; Nie, L.; Zhang, J.; Zhang, Y.; Gu, N.; Wang, T.; Feng, J.; Yang, D.; Perrett, S.; Yan, X. Intrinsic peroxidase-like activity of ferromagnetic nanoparticles. *Nat. Nanotechnol.* **2007**, *2*, 577-583.

[2] Wei, H.; Wang, E. Nanomaterials with enzyme-like characteristics (nanozymes): next-generation artificial enzymes. *Chem. Soc. Rev.* **2013**, *42*, 6060-6093.

[3] Wang, Z.; Zhang, R.; Yan, X.; Fan, K. Structure and activity of nanozymes: Inspirations for de novo design of nanozymes. *Mater. Today* **2020**, *41*, 81-119.

[4] Wang, X.; Gao, X. J.; Qin, L.; Wang, C.; Song, L.; Zhou, Y.N.; Zhu, G.; Cao, W.; Lin, S.; Zhou, L.; Wang, K.; Zhang, H.; Jin, Z.; Wang, P.; Gao, X.; Wei, H. e$_g$ occupancy as an effective descriptor for the catalytic activity of perovskite oxide-based peroxidase mimics. *Nat. Commun.* **2019**, *10*, 704.

[5] Wei, H.; Gao, L.; Fan, K.; Liu, J.; He, J.; Qu, X.; Dong, S.; Wang, E.; Yan, X. Nanozymes: A clear definition with fuzzy edges. *Nano Today* **2021**, *40*, 101269.

[6] Fan, K. L.; Gao, L. Z.; Wei, H.; Jiang, B.; Wang, D. J.; Zhang, R. F.; He, J. Y.; Meng, X. Q.; Wang, Z. R.; Fan, H. Z.; Wen, T.; Duan, D. M.; Chen, L.; Jiang, W.; Lu, Y.; Jiang, B.; Wei, Y. H.; Li, W.; Yuan, Y.; Dong, H. J.; Zhang, L.; Hong, C. Y.; Zhang, Z. X.; Cheng, M. M.; Geng,

X.; Hou, T. Y.; Hou, Y. X.; Li, J. R.; Tang, G. H.; Zhao, Y.; Zhao, H. Q.; Zhang, S.; Xie, J. Y.; Zhou, Z. J.; Ren, J. S.; Huang, X. L.; Gao, X. F.; Liang, M. M.; Zhang, Y.; Xu, H. Y.; Qu, X. G.; Yan, X. Y. Nanozymes. *Prog. Chem.* **2023**, *35*, 1-87.

[7] Chen, M.; Zhou, X.; Xiong, C.; Yuan, T.; Wang, W.; Zhao, Y.; Xue, Z.; Guo, W.; Wang, Q.; Wang, H.; Li, Y.; Zhou, H.; Wu, Y. Facet engineering of nanoceria for enzyme-mimetic catalysis. *ACS Appl. Mater. Interfaces* **2022**, *14*, 21989-21995.

[8] Luo, W.; Zhu, C.; Su, S.; Li, D.; He, Y.; Huang, Q.; Fan, C. Self-catalyzed, self-limiting growth of glucose oxidase-mimicking gold nanoparticles. *ACS Nano* **2010**, *4*, 7451-7458.

[9] Liu, B.; Liu, J. Surface modification of nanozymes. *Nano Res.* **2017**, *10*, 1125-1148.

[10] Fan, H.; Zheng, J.; Xie, J.; Liu, J.; Gao, X.; Yan, X.; Fan, K.; Gao, L. Surface ligand engineering ruthenium nanozyme superior to horseradish peroxidase for enhanced immunoassay. *Adv. Mater.* **2024**, *36*, 2300387.

[11] Shen, X.; Wang, Z.; Gao, X.; Zhao, Y. Density functional theory-based method to predict the activities of nanomaterials as peroxidase mimics. *ACS Catal.* **2020**, *10*, 12657-12665.

[12] Zhang, Z.; Zhang, X.; Liu, B.; Liu, J. Molecular imprinting on inorganic nanozymes for hundred-fold enzyme specificity. *J. Am. Chem. Soc.* **2017**, *139*, 5412-5419.

[13] Wang, Y.; Cho, A.; Jia, G.; Cui, X.; Shin, J.; Nam, I.; Noh, K.J.; Park, B. J.; Huang, R.; Han, J. W. Tuning local coordination environments of manganese single-atom nanozymes with multi-enzyme properties for selective colorimetric biosensing. *Angew. Chem. Int. Ed.* **2023**, *62*, e202300119.

[14] Sheng, J.; Wu, Y.; Ding, H.; Feng, K.; Shen, Y.; Zhang, Y.; Gu, N. Multienzyme-like nanozymes: regulation, rational design, and application. *Adv. Mater.* **2024**, *36*, 2211210.

[15] Wang, Q.; Cheng, C.; Zhao, S.; Liu, Q.; Zhang, Y.; Liu, W.; Zhao, X.; Zhang, H.; Pu, J.; Zhang, S.; Zhang, H.; Du, Y.; Wei, H. A valence-engineered self-cascading antioxidant nanozyme for the therapy of inflammatory bowel disease. *Angew. Chem. Int. Ed.* **2022**, *61*, e202201101.

[16] Wu, Y.; Xu, W.; Jiao, L.; Tang, Y.; Chen, Y.; Gu, W.; Zhu, C. Defect engineering in nanozymes. *Mater. Today* **2022**, *52*, 327-347.

[17] Yu, B.; Wang, W.; Sun, W.; Jiang, C.; Lu, L. Defect engineering enables synergistic action of enzyme-mimicking active centers for high-efficiency tumor therapy. *J. Am. Chem. Soc.* **2021**, *143*, 8855-8865.

[18] Paul, Sabatier. Catalysis in organic chemistry. *Nature* **1923**, *112*, 586-586.

[19] Wu, J.; Wang, Z.; Jin, X.; Zhang, S.; Li, T.; Zhang, Y.; Xing, H.; Yu, Y.; Zhang, H.; Gao, X.; Wei, H. Hammett relationship in oxidase-mimicking metal-organic frameworks revealed through a protein-engineering-inspired strategy. *Adv. Mater.* **2021**, *33*, 2005024.

[20] Shen, X.; Wang, Z.; Gao, X. J.; Gao, X. Reaction mechanisms and kinetics of nanozymes: Insights from theory and computation. *Adv. Mater.* **2024**, *36*, 2211151.

[21] Hammett, L. P. Some relations between reaction rates and equilibrium constants. *Chem. Rev.* **1935**, *17*, 125-136.

[22] Marcus, R. A. On the theory of oxidation-reduction reactions involving electron transfer. I. *J. Chem. Phys.* **1956**, *24*, 966-978.

[23] Li, S.; Zhou, Z.; Tie, Z.; Wang, B.; Ye, M.; Du, L.; Cui, R.; Liu, W.; Wan, C.; Liu, Q.; Zhao, S.; Wang, Q.; Zhang, Y.; Zhang, S.; Zhang, H.; Du, Y.; Wei, H. Data-informed discovery of hydrolytic nanozymes. *Nat. Commun.* **2022**, *13*, 827.

[24] Zhuang, J.; Midgley, A. C.; Wei, Y.; Liu, Q.; Kong, D.; Huang, X. Machine-learning-assisted nanozyme design: lessons from materials and engineered enzymes. *Adv. Mater.* **2023**, *36*, 2210848.

[25] Jiang, Y.; Chen, Z.; Sui, N.; Zhu, Z. Data-driven evolutionary design of multienzyme-like nanozymes. *J. Am. Chem. Soc.* **2024**, *146*, 7565-7574.

[26] Wei, Y.; Wu, J.; Wu, Y.; Liu, H.; Meng, F.; Liu, Q.; Midgley, A. C.; Zhang, X.; Qi, T.; Kang, H.; Chen, R.; Kong, D.; Zhuang, J.; Yan, X.; Huang, X. Prediction and design of nanozymes using explainable machine learning. *Adv. Mater.* **2022**, *34*, 2201736.

[27] Zhang, C.; Yu, Y.; Shi, S.; Liang, M.; Yang, D.; Sui, N.; Yu, W. W.; Wang, L.; Zhu, Z. Machine learning guided discovery of superoxide dismutase nanozymes for androgenetic alopecia. *Nano Lett.* **2022**, *22*, 8592-8600.

[28] Klinman, J. P. Dynamically achieved active site precision in enzyme catalysis. *Acc. Chem. Res.* **2015**, *48*, 449-456.

[29] Ji, S.; Jiang, B.; Hao, H.; Chen, Y.; Dong, J.; Mao, Y.; Zhang, Z.; Gao, R.; Chen, W.; Zhang, R.; Liang, Q.; Li, H.; Liu, S.; Wang, Y.; Zhang, Q.; Gu, L.; Duan, D.; Liang, M.; Wang, D.; Yan, X.; Li, Y. Matching the kinetics of natural enzymes with a single-atom iron nanozyme. *Nat. Catal.* **2021**, *4*, 407-417.

[30] Xu, W.; Cai, X.; Wu, Y.; Wen, Y.; Su, R.; Zhang, Y.; Huang, Y.; Zheng, Q.; Hu, L.; Cui, X.; Zheng, L.; Zhang, S.; Gu, W.; Song, W.; Guo, S.; Zhu, C. Biomimetic single Al-OH site with high acetylcholinesterase-like activity and self-defense ability for neuroprotection. *Nat. Commun.* **2023**, *14*, 6064.

[31] Kirschning, A. Coenzymes and their role in the evolution of life. *Angew. Chem. Int. Ed.* **2021**, *60*, 6242-6269.

[32] Fan, K.; Wang, H.; Xi, J.; Liu, Q.; Meng, X.; Duan, D.; Gao, L.; Yan, X. Optimization of Fe_3O_4 nanozyme activity via single amino acid modification mimicking an enzyme active site. *Chem. Commun.* **2017**, *53*, 424-427.

[33] Wan, K. W.; Wang, H.; Shi, X. H. Machine learning-accelerated high-throughput computational screening: unveiling bimetallic nanoparticles with peroxidase-like activity. *ACS Nano* **2024**, *18*, 12367-12376.

[34] Wang, Z.; Wu, J.; Zheng, J.J.; Shen, X.; Yan, L.; Wei, H.; Gao, X.; Zhao, Y. Accelerated discovery of superoxide-dismutase nanozymes via high-throuput computational screening. *Nat. Commun.* **2021**, *12*, 6866.

[35] Chen, Z.; Yu, Y.; Gao, Y.; Zhu, Z. Rational design strategies for nanozymes. *ACS Nano* **2023**, *17*, 13062-13080.

[36] Mikulak-Klucznik, B.; Gołębiowska, P.; Bayly, A. A.; Popik, O.; Klucznik, T.; Szymkuć, S.; Gajewska, E. P.; Dittwald, P.; Staszewska-Krajewska, O.; Beker, W.; Badowski, T.; Scheidt, K. A.; Molga, K.; Mlynarski, J.; Mrksich, M.; Grzybowski, B. A. Computational planning of the synthesis of complex natural products. *Nature* **2020**, *588*, 83-88.

第 14 章　纳米酶活性的调控

酶催化反应的一个特点是其活性的可调控性。对酶活性进行调控的方式有：加入激活剂或抑制剂、别构调控、共价修饰调控等。与酶催化反应类似，纳米酶的催化活性也受到多种因素的调控。

14.1　激活剂或抑制剂

可利用激活剂和抑制剂来分别增强和抑制纳米酶的催化活性，这些激活剂和抑制剂可以是离子、小分子或者生物分子。

14.1.1　激活剂

非金属离子通过改变纳米酶的表面电荷以增加其与底物的亲和力，从而显著提高纳米酶的催化活性。一个典型的例子是，用卤素阴离子来调控氧化铈（CeO_2）纳米酶的催化活性。如图 14.1（a）所示，浓度低于 1 mmol/L 的氟化钠（NaF）使 CeO_2 纳米酶保持正电荷，高于 1 mmol/L 则使 CeO_2 纳米酶带负电；而氯化钠（NaCl）只能使 CeO_2 纳米酶保持正电荷；这说明了 F^- 具有改变 CeO_2 纳米酶表面电荷的能力 ❶。其中，带负电荷的 CeO_2 纳米酶对 3,3′,5,5′-四甲基联苯胺（TMB，正电）的亲和力增加，进而增强了 CeO_2 纳米酶对底物 TMB 的催化氧化［即反应体系的吸光度值显著增加，图 14.1（b）］，提高了 CeO_2 纳米酶的类氧化酶（OXD）活性[1]。同时，亦可通过金属离子来增强纳米酶的催化活性。例如，汞离子（Hg^{2+}）可被金纳米粒子（Au NPs）表面的柠檬酸还原为 Hg^0；Hg^0 能够均匀分布于 Au NPs 表面，与 Au 形成汞齐导致 Au NPs 的表面性质发生改变，进而提高 Au NPs 的类 POD 活性[2]。还可利用生物分子增强纳米酶的催化活性，如腺苷二磷酸（ADP）可活化 H_2O_2，进而在 Au NPs 纳米酶催化过程中形成更多的羟基自由基，富集的羟基自由基将与 Au NPs 相互作用以提高 Au NPs 的类 POD 活性[3]。

14.1.2　抑制剂

金属离子或小分子等广义抑制剂通过与纳米酶直接作用或者与纳米酶催化反应

---

❶ F^- 作为一种路易斯碱对 CeO_2 具有强烈的吸附作用。

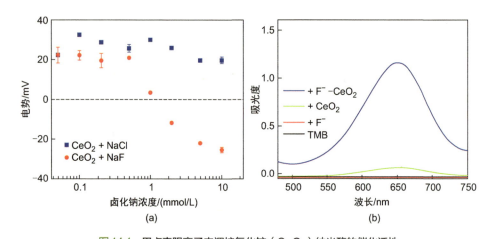

图 14.1　用卤素阴离子来调控氧化铈（CeO₂）纳米酶的催化活性

（a）F⁻浓度低于1 mmol/L可保持CeO₂纳米酶的正电荷特征，高于1 mmol/L则使CeO₂纳米酶带负电；而Cl⁻只能使CeO₂纳米酶带正电；（b）F⁻浓度高于1 mmol/L，可增强CeO₂纳米酶对TMB（正电）的催化氧化

的中间体相互作用，可显著抑制纳米酶的催化活性。例如，银离子（Ag⁺）通过亲金属作用与钯单质（Pd⁰）结合后，引发 Pd 纳米粒子的聚集，显著抑制 Pd 的类 POD 活性[4]；半胱氨酸可通过还原反应消耗铂（Pt）纳米酶催化 H₂O₂ 所生成的 ROS，阻止了 ROS 进一步与底物 TMB 结合，显著抑制 Pt 纳米酶类 POD 活性[5]。

　　除了上述广义抑制剂之外，一些选择性抑制剂也被逐渐开发出来。如图 14.2（a）所示，3-氨基-1,2,4-三唑（3-amino-1,2,4-triazole，3AT）能抑制 Pt 纳米酶的类 CAT 活性和类 SOD 活性，而叠氮化钠（NaN₃）仅能抑制 Pt 的类 CAT 活性。其选择性抑制的机制为：NaN₃ 作为单线态氧（由超氧化物产生）的强效猝灭剂，能够与单线态氧反应，暴露出 Pt 而发挥类 SOD 活性。由于在类 CAT 活性反应过程中不产生单线态氧，因此，NaN₃ 作为抑制剂，能够选择性地抑制 Pt 的类 CAT 活性[6,7]。特定卤素离子可选择性地抑制贵金属纳米酶的催化活性。如图 14.2（b）所示，当离子浓度增加到 4 μmol/L 时，碘离子（I⁻）显著抑制 Au NPs 类 POD 活性（抑制率高达 95%）；溴离子（Br⁻）的抑制率为 75%；而氯离子（Cl⁻）和氟离子（F⁻）均不能抑制 Au NPs 类 POD 活性，表明 I⁻ 实现了 Au NPs 类 POD 活性的选择性抑制。上述选择性抑制的机制为：I⁻ 所形成的 Au-I 具有强相互作用，可阻断 Au NPs 的催化位点，而 Br⁻ 形成的 Au-Br 结合力弱；Cl⁻ 和 F⁻ 则不能形成 Au-Cl 和 Au-F[8]。此外，亦可通过磷酸盐选择性抑制 CeO₂ 纳米酶类 SOD 活性；通过钨酸盐、钼酸盐选择性抑制 CeO₂ 纳米酶类碱性磷酸酶活性等[9,10]。

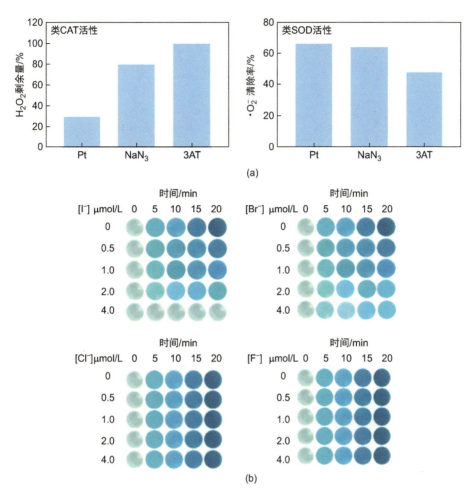

图 14.2 抑制剂对类 CAT 活性、类 SOD 活性和类 POD 活性的抑制作用

（a）3AT 显著抑制 Pt 的类 CAT 活性和类 SOD 活性，而 NaN₃ 仅能抑制类 CAT 活性[6,7]；（b）不同浓度卤素离子（I⁻、Br⁻、Cl⁻、F⁻）反应不同时间对 Au NPs 类 POD 活性的抑制作用

14.2 别构调控

酶的别构调控是指酶分子的非催化部位与某些化合物非共价结合（即可逆结合）后发生构象的改变，导致酶催化活性改变方法。采用类似的别构调控，也可调控纳米酶的催化活性。例如，钯纳米酶经反式偶氮苯分子修饰后，反式偶氮苯分子可以与环糊精结合，通过空间位阻效应抑制其催化活性。而紫外光可将反式偶氮苯分子转变为顺式偶氮苯分子，致使环糊精脱落，暴露出钯纳米酶而发挥高催化活性；在可见光照射下，顺式偶氮苯分子又会转换为反式偶氮苯分子，致使反式偶氮苯分子重新与脱落的环糊精结合，阻断催化位点而抑制钯纳米酶的催化活性（图 14.3）。因此，基于偶

氮苯分子与环糊精的可逆结合，通过不同光照条件引发偶氮苯分子的构型变化，进而控制偶氮苯分子与环糊精的结合状态，实现对钯纳米酶催化活性的可逆调控[11]。

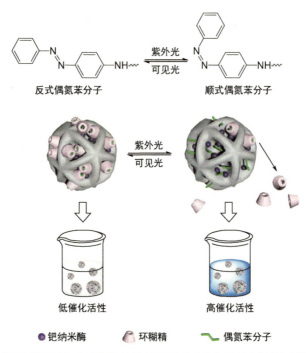

图14.3　通过用偶氮苯和 β-环糊精的超分子复合物修饰钯纳米酶负载的大孔二氧化硅，构建通用的光控生物正交催化剂[11]

14.3　共价修饰调控

酶的共价修饰调控是指通过共价修饰酶分子中的某些氨基酸残基，改变酶分子的结构，进而调节酶活性的一种方式。受此启发，也可采用共价修饰对纳米酶的催化活性进行调控。碳纳米酶具有丰富的含氧官能团（例如羰基、羧基、羟基等），这些官能团在其类酶催化的活性中起着关键作用：羰基作为活性位点可显著增强碳纳米酶的催化活性；羟基和羧基通过降低碳纳米酶与底物（ABTS 等）的结合能力导致催化活性受到抑制。通过对这些官能团进行共价修饰可实现对碳纳米酶催化活性的调控。如图 14.4（a）所示，苯肼（phenylhydrazine，PH）可选择性地与活性位点羰基进行共价结合，抑制羰基活性位点进而抑制碳纳米酶的催化活性；苯甲酸酐（benzoic anhydride，BA）可选择性地共价修饰羟基，溴代苯乙酮（2-bromo-1-phenylethanone，BrPE）可选择性地共价修饰羧基，以提高碳纳米酶与底物的结合能力，导致催化活性增强[12]。以具有类 POD 活性的石墨烯量子点（graphene quantum dots，GQDs）为例 [图 14.4（b）]，PH 有效淬灭 GQDs 催化活性；BA 使 GQDs 催化活性显著增强；BrPE 则也能导致 GQDs 催化活性略有增加 [13]。因而，通过选择性共价修饰不仅能够调控碳基纳米酶的催化活性，而且据此可以分析哪些官能团是催化活性位点，哪些是对催化活性有淬灭的位点。例如氧化碳纳米管纳米酶，当羰基被 PH 选择性共价修饰后，其催化活性下降了 85%；而 BA 和 BrPE 共价修饰的羧基、羟基可导致其类酶活性明显升高。可见，对于氧化碳纳米管纳米酶，羰基是类酶活性的活性位点，而羧基或者羟基的存在则能抑制其类酶活性 [14]。

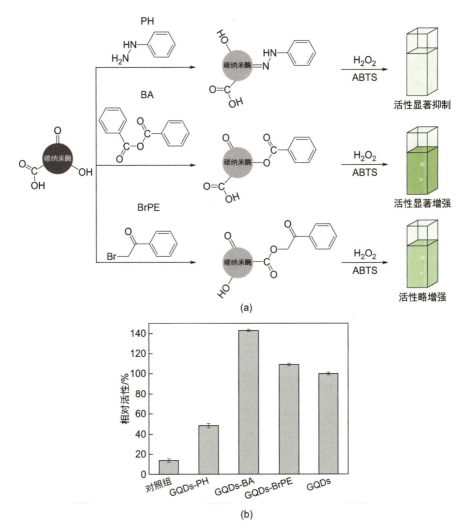

图 14.4 （a）PH、BA、BrPE 分别选择性共价修饰碳纳米酶的羰基、羧基和羟基，从而调控碳纳米酶的催化活性；（b）PH 有效淬灭 GQDs 催化活性；BA 明显增强 GQDs 催化活性；
BrPE 导致 GQDs 催化活性略有增加 [13]

需要指出的是，利用上述仿酶催化策略调控纳米酶催化活性的例子还较为罕见；迄今，利用"酶原的激活"等调控方式还未在纳米酶中实现。考虑纳米酶的自组装等特性，这些调控方式值得进一步探索研究。

14.4 尺寸调控

纳米酶的尺寸可影响纳米酶与反应底物接触的活性位点数，进而影响纳米酶的催化活性。从异相催化角度来说，活性位点可粗略近似为纳米酶的比表面积，与尺寸呈负相关，即尺寸越小，比表面积越大，进而暴露更多的催化活性位点与底物结合，有利于提高纳米酶的催化活性［图 14.5（a）]。如图 14.5（b）所示，通过研究不同尺寸（30 nm、150 nm、300 nm）的 Fe_3O_4 纳米酶的类 POD 活性，发现 30 nm 的 Fe_3O_4 纳米酶具有最高的催化活性，而 300 nm 的活性最低，这是因为小尺寸的纳米酶拥有更大的比表面积，暴露出的活性位点也会更多，催化活性也相应提高[15]。因此，纳米酶的催化活性具有尺寸依赖性，通过对尺寸调控可调节纳米酶的催化活性。同样地，通过对比不同尺寸（13 nm、20 nm、30 nm、50 nm）的金纳米酶，其类葡萄糖氧化酶活性具有尺寸依赖性，即尺寸越小催化活性越高[16]。

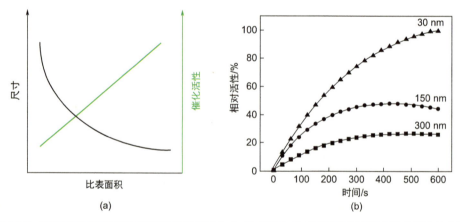

图 14.5　比表面积与尺寸和纳米酶催化活性的关系（a）、尺寸与 Fe_3O_4 纳米酶的类 POD 活性的关系（b）[15]

14.5 晶面调控

通过晶面调控，可以改变纳米酶与底物的吸附能，进一步调节纳米酶的催化活性。以具有类 CAT 和类 SOD 活性的纳米酶为例：类 CAT 活性的反应如式（14.1）、式（14.2）所示，OH^*❶ 是预吸附在纳米酶表面的羟基，有助于反应式（14.1）的反

---

❶ * 表示一种吸附物质。

应发生；反应式（14.2）为限速步骤，其吸附能（E_r）值可作为纳米酶的描述符，E_r 值越负，清除 H_2O_2 活性越强，即纳米酶的类 CAT 活性越高。类 SOD 活性的反应如式（14.3）、式（14.4）所示，首先，O_2^- 在反应式（14.3）中被质子化为 HO_2^-；然后，HO_2^- 吸附在纳米酶表面，并通过歧化反应［反应式（14.4）］转化为 O_2 和 H_2O_2；反应式（14.4）是限速步骤，同样地，更负的 E_r 值表示更强的 O_2^- 清除活性，即纳米酶的类 SOD 活性更高 [17]。一个典型的例子是，对平均粒径均为 10 nm 的立方块和八面体 Pd 纳米酶的类抗氧化物酶活性进行测试，发现与立方块结构相比，八面体结构的 Pd 纳米酶具有更强的类 CAT 和类 SOD 活性［图 14.6（a）］；进一步通过理论计算进行分析，发现对两种类酶活性而言，与立方体相比（E_r = –2.64 eV；–0.13 eV），八面体结构的 E_r 值均更负（E_r = –2.81 eV；–0.60 eV）［图 14.6（b）］[17]。对于具有类 POD/OXD 活性的纳米酶，也是速率决定步骤的 E_r 值越负，催化活性越高。如研究 Pd 纳米酶的类 OXD 活性时发现，形貌为立方体的 Pd 比八面体催化活性好，归因于不同晶面所造成的 E_r 值差异 [18]。因此，对比表面积相似的纳米酶，可通过调控纳米酶的晶面来控制 E_r 值的大小，进而调控纳米酶的催化活性。

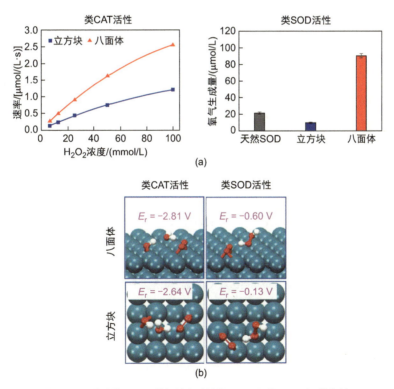

图 14.6 立方块和八面体钯纳米酶的类 CAT 和类 SOD 活性比较
八面体钯纳米酶的 E_r 值在类 CAT 和类 SOD 活性反应中均比立方块更低 [17]

类 CAT 活性反应式如下：

$$H_2O_2^* + OH^* \rule[0.5ex]{1.5em}{0.1ex} HO_2^{**} + H_2O^* \tag{14.1}$$

$$H_2O_2^* + HO_2^{**} \rule[0.5ex]{1.5em}{0.1ex} O_2^* + OH^* + H_2O^* \tag{14.2}$$

类 SOD 活性反应式如下：

$$O_2^{\cdot-} + H^+ \rule[0.5ex]{1.5em}{0.1ex} HO_2^\cdot \tag{14.3}$$

$$2HO_2^{**} \rule[0.5ex]{1.5em}{0.1ex} O_2^* + H_2O_2^* \tag{14.4}$$

14.6　元素掺杂

元素掺杂是调节纳米酶催化活性的有效策略之一，通过元素掺杂可以影响纳米酶的表面官能团和活性位点的电子结构，进一步诱导界面间的电荷转移和优化催化氧化的化学反应路径，从而调节类酶催化活性。如在还原型氧化石墨烯（rGO）纳米酶掺杂氮元素（N）后所形成的 N-rGO 纳米酶，其类 POD 活性显著增强，大约是 rGO 纳米酶的 100 倍 [图 14.7（a）]。这主要源于 N-rGO 与 H_2O_2 作用可以在 N 原子附近生成氧自由基（·O）；·O 进一步从 rGO 分离，与底物 TMB 作用而产生强大的类 POD 活性 [图 14.7（b）][19]。除了非金属原子掺杂外，亦可通过金属原子掺杂增强纳米酶的催化活性。如铁原子掺杂的碳纳米酶可显著提高碳纳米酶的类 POD 活性[20]；金原子的掺杂可增强钯铂合金纳米酶的类 POD 活性[21]。

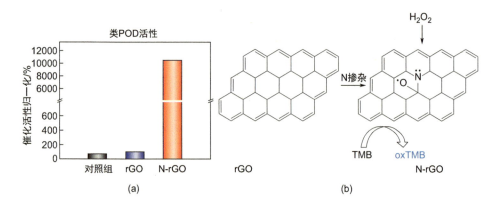

图 14.7　N-rGO 纳米酶的类 POD 活性大约是 rGO 纳米酶的 100 倍（a）、N-rGO 纳米酶在 N 原子附近生成氧自由基 ·O 以显著增强类 POD 活性（b）[19]

14.7　表面修饰

14.7.1　表面电荷

在 14.1.2 小节中，我们阐述了额外添加的 F$^-$ 抑制剂可改变 CeO_2 纳米酶的表面电荷，通过与不同荷电底物的静电作用，对 CeO_2 纳米酶的类 OXD 活性进行调控。受此启发，通过对纳米酶进行表面修饰，控制纳米酶的表面电荷，将有利于提高纳米酶的催化活性。如氨基修饰的金纳米酶带正电更倾向于与带负电荷的 ABTS 底物结合；柠檬酸修饰的金纳米酶带负电，则有利于与带正电荷的 TMB 底物结合 [22]。因此，不同底物和金纳米酶的表面电荷之间的静电相互作用会对催化活性产生很大的影响。

14.7.2　厚度

在纳米酶制备过程中，会使用一些聚合物（如聚乙烯吡咯烷酮、聚丙烯酸、葡聚糖等）对其表面进行修饰来提高纳米酶的分散性、稳定性等，进而增强纳米酶的催化活性。然而，所修饰的聚合物由于空间位阻效应会降低纳米酶的活性，这时，聚合物层的厚度会影响底物分子往返于纳米酶表面进行反应进而影响其催化活性。一个典型的例子是，在保证 CeO_2 粒径相同的情况下（4~5 nm），采用原位合成和分步合成的方法，制备聚丙烯酸和葡聚糖修饰的 CeO_2 纳米酶，发现它们的类 POD 活性呈现 100 nm ＜14 nm ＜12 nm ＜5 nm（该尺寸为水合动力学尺寸）趋势，即聚合物涂层越薄，催化活性越高（图 14.8）[23]。因此，通过所修饰的聚合物涂层厚度可调控纳米酶的催化活性。

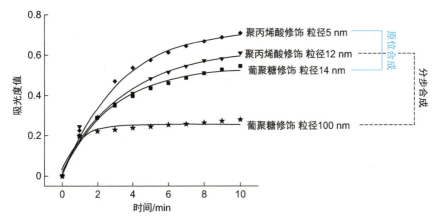

图 14.8　聚丙烯酸和葡聚糖所修饰的聚合物涂层厚度对 CeO_2 纳米酶类 POD 催化活性的影响

14.7.3　手性配体

表面修饰配体的手性对纳米酶的对映选择性催化反应活性有所影响。未经修饰的纳米酶一般并不具有对映选择性催化反应活性。为实现对映选择性催化，通常需要在纳米酶表面修饰手性配体分子，这种修饰有手性配体分子的纳米酶称为手性纳米酶 [24]。手性氨基酸常被用于修饰纳米酶，包括 L-半胱氨酸与 D-半胱氨酸以及 L-

组氨酸与 D-组氨酸 [24,25]，其分子结构见图 14.9。手性纳米酶对一种对映体底物具有较高的催化活性，而对另一种对映体底物具有较低的催化活性。目前被广泛研究的对映体底物包括 L-多巴与 D-多巴以及 L-葡萄糖与 D-葡萄糖等，它们的分子结构见图 14.10。

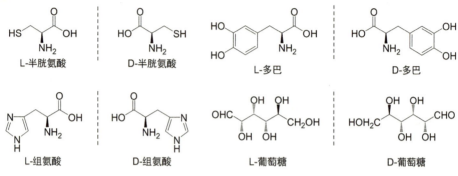

图 14.9　半胱氨酸与组氨酸对映体　　　　图 14.10　多巴与葡萄糖对映体

14.8　分子印迹技术

分子印迹技术是重要的仿生分子识别技术。分子印迹聚合物用目标分子作为模板聚合而成。聚合时，模板分子被聚合物所印迹；在移除模板后，会产生一个印迹空腔，该空腔能与模板分子重新结合，而不与其他分子结合，从而实现对目标分子的高度选择性识别和捕获［图 14.11（a）］[26]。因此，利用分子印迹技术在纳米酶表面创建底物结合空腔，将有利于提高纳米酶的底物选择性和催化活性。如图 14.11（b）所示，使用 TMB 作为模板分子所得的 Fe_3O_4 分子印迹纳米酶，能选择性地催化底物 TMB 氧化并抑制底物 ABTS 催化氧化，从而提高对 TMB 的选择性催化；反之利用 ABTS 作为模板分子，则会选择性地与 ABTS 结合，抑制 TMB 催化氧化 [27]。

模板分子　　　　　　高分子聚合物　　　　　被印迹的高分子聚合物

聚合反应　　　　　模板清除
　　　　　　　　　重新结合

(a)

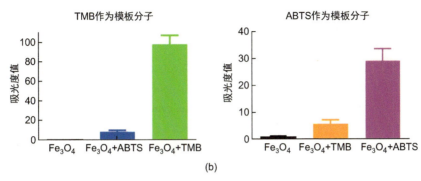

(b)

图 14.11　分子印迹聚合物的制备及其识别作用的原理示意图（a）及分别使用 TMB 和 ABTS 作为模板分子制备的 Fe_3O_4 分子印迹纳米酶（b）

14.9　外场刺激

许多纳米酶本身具有磁学、光学、声学等性质，这为利用外场调控纳米酶的催化活性提供了可能 [28-30]。如 Fe_3O_4 纳米酶具有磁学性质，施加交变磁场可提高 Fe_3O_4 的磁热转换效率，辅助催化过程中生成更多的 ROS 催化氧化底物 TMB，进而调控 Fe_3O_4 纳米酶的催化活性；碳 / 硫化铜纳米酶具有光吸收性能，在氙灯 / 近红外激光等光源的照射下可产生 ROS 来催化底物进行反应，显著提高催化活性 [29,31,32]。另外，手性硫化铜纳米酶在绿光照射下，发生电子转移，产生 Cu^{2+} 催化位点；Cu^{2+} 进一步作为主要的氧化还原位点，通过与蛋白裂解位点形成配位键来启动肽键的水解，可以发挥类蛋白水解酶活性 [33]。

14.10　其他

除了上述介绍的调控方法之外，仍有许多非常重要的方法可以调控纳米酶的活性，包括：调控催化体系的 pH 值；调控反应的温度等 [34]。总的来说，基于纳米材料的多功能性和可设计性，对纳米酶的催化活性调控可以有多种多样的方式，可被调控的性质充分体现出纳米酶模拟天然酶的优越性。

参考文献

[1] Liu, B.; Huang, Z.; Liu, J. Boosting the oxidase mimicking activity of nanoceria by fluoride capping: rivaling protein enzymes and ultrasensitive F-detection. *Nanoscale* **2016**, *8*, 13562-13567.

[2] Zhang, S.; Li, H.; Wang, Z.; Liu, J.; Zhang, H.; Wang, B.; Yang, Z. A strongly coupled Au/

Fe$_3$O$_4$/GO hybrid material with enhanced nanozyme activity for highly sensitive colorimetric detection, and rapid and efficient removal of Hg^{2+} in aqueous solutions. *Nanoscale* **2015**, *7*, 8495-8502.

[3] You, J.G.; Wang, Y.T.; Tseng, W.L. Adenosine-related compounds as an enhancer for peroxidase-mimicking activity of nanomaterials: Application to sensing of heparin level in human plasma and total sulfate glycosaminoglycan content in synthetic cerebrospinal fluid. *ACS Appl. Mater. Interfaces* **2018**, *10*, 37846-37854.

[4] Fu, Y.; Zhang, H.; Dai, S.; Zhi, X.; Zhang, J.; Li, W. Glutathione-stabilized palladium nanozyme for colorimetric assay of silver(I) ions. *Analyst* **2015**, *140*, 6676-6683.

[5] Lin, X. Q.; Deng, H. H.; Wu, G. W.; Peng, H. P.; Liu, A. L.; Lin, X. H.; Xia, X. H.; Chen, W. Platinum nanoparticles/graphene-oxide hybrid with excellent peroxidase-like activity and its application for cysteine detection. *Analyst* **2015**, *140*, 5251-5256.

[6] Carmona, U.; Zhang, L.; Li, L.; Munchgesang, W.; Pippel, E.; Knez, M. Tuning, inhibiting and restoring the enzyme mimetic activities of Pt-apoferritin. *Chem. Commun.* **2014**, *50*, 701-703.

[7] Koppenol, W. H. Reactions involving singlet oxygen and the superoxide anion. *Nature* **1976**, *262*, 420-421.

[8] Liu, Y.; Xiang, Y.; Zhen, Y.; Guo, R. Halide ion-induced switching of gold nanozyme activity based on Au-X interactions. *Langmuir* **2017**, *33*, 6372-6381.

[9] Singh, S.; Dosani, T.; Karakoti, A. S.; Kumar, A.; Seal, S.; Self, W. T. A phosphate-dependent shift in redox state of cerium oxide nanoparticles and its effects on catalytic properties. *Biomaterials* **2011**, *32*, 6745-6753.

[10] Dhall, A.; Burns, A.; Dowding, J.; Das, S.; Seal, S.; Self, W. Characterizing the phosphatase mimetic activity of cerium oxide nanoparticles and distinguishing its active site from that for catalase mimetic activity using anionic inhibitors. *Environ. Sci.: Nano* **2017**, *4*, 1742-1749.

[11] Wang, F.; Zhang, Y.; Du, Z.; Ren, J.; Qu, X. Designed heterogeneous palladium catalysts for reversible light-controlled bioorthogonal catalysis in living cells. *Nat. Commun.* **2018**, *9*, 1209-1217.

[12] Qi, W.; Liu, W.; Zhang, B.; Gu, X.; Guo, X.; Su, D. Oxidative dehydrogenation on nanocarbon: identification and quantification of active sites by chemical titration. *Angew. Chem. Int. Ed.* **2013**, *52*, 14224-14228.

[13] Sun, H.; Zhao, A.; Gao, N.; Li, K.; Ren, J.; Qu, X. Deciphering a nanocarbon-based artificial peroxidase: chemical identification of the catalytically active and substrate-binding sites on graphene quantum dots. *Angew. Chem. Int. Ed.* **2015**, *54*, 7176-7180.

[14] Wang, H.; Li, P.; Yu, D.; Zhang, Y.; Wang, Z.; Liu, C.; Qiu, H.; Liu, Z.; Ren, J.; Qu, X. Unraveling the enzymatic activity of oxygenated carbon nanotubes and their application in the treatment of bacterial infections. *Nano Lett.* **2018**, *18*, 3344-3351.

[15] Gao, L.; Zhuang, J.; Nie, L.; Zhang, J.; Zhang, Y.; Gu, N.; Wang, T.; Feng, J.; Yang, D.; Perrett, S.; Yan, X. Intrinsic peroxidase-like activity of ferromagnetic nanoparticles *Nat.*

Nanotechnol. **2007**, *2*, 577-583.

[16]　Luo, W.; Zhu, C.; Su, S.; Li, D.; He, Y.; Huang, Q.; Fan, C. Self-catalyzed, self-limiting growth of glucose oxidase-mimicking gold nanoparticles. *ACS Nano* **2010**, *4*, 7451-7458.

[17]　Ge, C.; Fang, G.; Shen, X.; Chong, Y.; Wamer, W. G.; Gao, X.; Chai, Z.; Chen, C.; Yin, J. J. Facet energy versus enzyme-like activities: The unexpected protection of palladium nanocrystals against oxidative damage. *ACS Nano* **2016**, *10*, 10436-10445.

[18]　Fang, G.; Li, W.; Shen, X.; Perez-Aguilar, J. M.; Chong, Y.; Gao, X.; Chai, Z.; Chen, C.; Ge, C.; Zhou, R. Differential Pd-nanocrystal facets demonstrate distinct antibacterial activity against Gram-positive and Gram-negative bacteria. *Nat. Commun.* **2018**, *9*, 9129-9138.

[19]　Hu, Y.; Gao, X. J.; Zhu, Y.; Muhammad, F.; Tan, S.; Cao, W.; Lin, S.; Jin, Z.; Gao, X.; Wei, H. Nitrogen-doped carbon nanomaterials as highly active and specific peroxidase mimics. *Chem. Mater.* **2018**, *30*, 6431-6439.

[20]　Xi, J.; Zhang, R.; Wang, L.; Xu, W.; Liang, Q.; Li, J.; Jiang, J.; Yang, Y.; Yan, X.; Fan, K.; Gao, L. A nanozyme-based artificial peroxisome ameliorates hyperuricemia and ischemic stroke. *Adv. Funct. Mater.* **2020**, *31*, 7130-7143.

[21]　Zhang, K.; Hu, X.; Liu, J.; Yin, J. J.; Hou, S.; Wen, T.; He, W.; Ji, Y.; Guo, Y.; Wang, Q.; Wu, X. Formation of PdPt alloy nanodots on gold nanorods: tuning oxidase-like activities via composition. *Langmuir* **2011**, *27*, 2796-2803.

[22]　Wang, S.; Chen, W.; Liu, A. L.; Hong, L.; Deng, H. H.; Lin, X. H. Comparison of the peroxidase-like activity of unmodified, amino-modified, and citrate-capped gold nanoparticles. *ChemPhysChem* **2012**, *13*, 1199-1204.

[23]　Asati, A.; Santra, S.; Kaittanis, C.; Nath, S.; Perez, J. M. Oxidase-like activity of polymer-coated cerium oxide nanoparticles. *Angew. Chem. Int. Ed.* **2009**, *48*, 2308-2312.

[24]　Zhou, Y.; Sun, H.; Xu, H.; Matysiak, S.; Ren, J.; Qu, X. Mesoporous encapsulated chiral nanogold for use in enantioselective reactions. *Angew. Chem. Int. Ed.* **2018**, *57*, 16791-16795.

[25]　Zhou, Y.; Wei, Y.; Ren, J.; Qu, X. A chiral covalent organic framework (COF) nanozyme with ultrahigh enzymatic activity. *Mater. Horiz.* **2020**, *7*, 3291-3297.

[26]　Rich, J. O.; Mozhaev, V. V.; Dordick, J. S.; Clark, D. S.; Khmelnitsky, Y. L. Molecular imprinting of enzymes with water-insoluble ligands for nonaqueous biocatalysis. *J. Am. Chem. Soc.* **2002**, *124*, 5254-5255.

[27]　Zhang, Z.; Zhang, X.; Liu, B.; Liu, J. Molecular imprinting on inorganic nanozymes for hundred-fold enzyme specificity. *J. Am. Chem. Soc.* **2017**, *139*, 5412-5419.

[28]　Bhattacharyya, S.; Ali, S. R.; Venkateswarulu, M.; Howlader, P.; Zangrando, E.; De, M.; Mukherjee, P. S. Self-assembled Pd_{12} coordination cage as photoregulated oxidase-like nanozyme. *J. Am. Chem. Soc.* **2020**, *142*, 18981-18989.

[29]　He, Y.; Chen, X.; Zhang, Y.; Wang, Y.; Cui, M.; Li, G.; Liu, X.; Fan, H. Magnetoresponsive nanozyme: magnetic stimulation on the nanozyme activity of iron oxide nanoparticles. *Sci. China Life Sci.* **2022**, *65*, 184-192.

[30] Liu, Z.; Zhao, X.; Yu, B.; Zhao, N.; Zhang, C.; Xu, F.J. Rough Carbon-iron oxide nanohybrids for near-infrared-Ⅱ light-responsive synergistic antibacterial therapy. *ACS Nano* **2021**, *15*, 7482-7490.

[31] Liu, Y.; Wang, X.; Wei, H. Light-responsive nanozymes for biosensing. *Analyst* **2020**, *145*, 4388-4397.

[32] Guo, X.; Sun, M.; Gao, R.; Qu, A.; Chen, C.; Xu, C.; Kuang, H.; Xu, L. Ultrasmall copper (Ⅰ) sulfide nanoparticles prevent hepatitis B virus infection. *Angew. Chem. Int. Ed.* **2021**, *60*, 13073-13080.

[33] Gao, R.; Xu, L.; Sun, M.; Xu, M.; Hao, C.; Guo, X.; Colombari, F. M.; Zheng, X.; Král, P.; de Moura, A. F.; Xu, C.; Yang, J.; Kotov, N. A.; Kuang, H. Site-selective proteolytic cleavage of plant viruses by photoactive chiral nanoparticles. *Nat. Catal.* **2022**, *5*, 694-707.

[34] Wu, J.; Wang, X.; Wang, Q.; Lou, Z.; Li, S.; Zhu, Y.; Qin, L.; Wei, H. Nanomaterials with enzyme-like characteristics (nanozymes): next-generation artificial enzymes (Ⅱ). *Chem. Soc. Rev.* **2019**, *48*, 1004-1076.

NANOZYME

IV 应用篇

纳米酶因其类酶活性被广泛应用于检测、治疗、农业、环境、国防、合成等领域。

第 15 章 生物分析

纳米酶已被广泛应用于分析检测的诸多方面，其中包括生物分析、食品分析、环境分析、农业分析等❶。纳米酶在生物分析应用方面最为广泛，本章以生物分析为例阐述纳米酶相关检测模式，并通过相关实例来展示纳米酶可检测的对象和应用场景。

15.1 检测模式

利用纳米酶进行生物分析的模式主要有三种，即：纳米酶自身催化与调控、纳米酶催化探针、纳米酶传感器阵列。

15.1.1 纳米酶自身催化与调控

第一种模式是利用纳米酶自身的催化活性，通过催化底物的反应产生可检测的产物信号。类过氧化物酶纳米酶能够催化底物过氧化氢（H_2O_2）与另一还原性底物之间的反应，产生水和氧化产物。通常检测物为 H_2O_2，检测信号来自氧化产物 ［图 15.1 （a）］。根据还原性底物的不同，可以产生显色、荧光、化学发光等检测信号。常见的显色底物有 3,3′,5,5′-四甲基联苯胺（TMB）、3,3′-二氨基联苯胺（DAB）、2,2′-联氮-双 (3-乙基苯并噻唑啉-6-磺酸)二铵盐（ABTS）和邻苯二胺（OPD），荧光底物有荧光红染料，化学发光底物有鲁米诺等。除此之外，还可以采用电化学方法来检测 H_2O_2。

一些氧化酶的产物为 H_2O_2，因此将这些氧化酶和类过氧化物酶纳米酶联用，能实现对应氧化酶底物的特异性检测 ［图 15.1 （b）］。在这种级联反应中，同样可以使用显色、荧光、化学发光等底物或电化学法检测底物的浓度。

一些物质可以促进或者抑制图 15.2 （a）所示的催化反应，据此可以检测相应的激活剂或者抑制剂；如图 15.2 （b）所示，这一方法可以扩展到检测氧化酶的激活剂或抑制剂。

15.1.2 纳米酶催化探针

第二种模式是将纳米酶作为催化探针。通过标记抗体、核酸、受体 / 配体，基

---

❶ 环境与农业分析，可以参阅第 17 章和第 20 章。

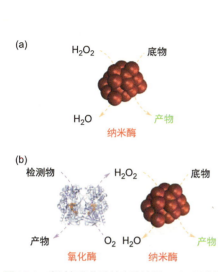

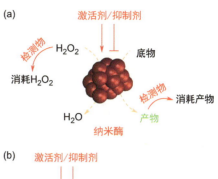

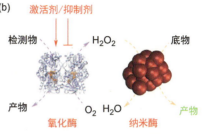

图 15.1　类过氧化物酶纳米酶检测 H₂O₂ 示意图（a）和类过氧化物酶纳米酶与氧化酶偶联用于检测示意图（b）

图 15.2　待测物作为激活剂或抑制剂调控类过氧化物酶纳米酶活性进行检测示意图（a）和待测物作为激活剂或抑制剂调控氧化酶活性并与类过氧化物酶纳米酶偶联用于检测示意图（b）

于抗体/抗原、核酸互补、受体/配体等特异相互识别作用，并利用纳米酶的催化活性进行信号放大来实现检测（图 15.3）。

在经典的酶联免疫吸附测试（enzyme-linked immunosorbent assay，ELISA）中，常用辣根过氧化物酶（horseradish peroxidase，HRP）、碱性磷酸酶和 β-半乳糖苷酶等标记检测抗体，通过特异的抗体/抗原识别作用实现对应抗原的检测。图 15.3（a）为三明治夹心型酶联免疫法示意图。如图 15.3（b）所示，可以用纳米酶替代天然酶来标记抗体，实现相应的免疫检测。目前，使用较多的纳米酶为类过氧化物酶纳米酶，也有使用类氧化酶纳米酶、类过氧化氢酶纳米酶及类碱性磷酸酶纳米酶，但鲜有使用类 β-半乳糖苷酶纳米酶。对于无适合抗体的目标分子，可以使用分子印迹聚合物作为"人工抗体"，实现对目标分子的检测。

如图 15.3（c）所示，用纳米酶标记单链核酸后，可以利用核酸互补原则实现对应目标核酸的检测。除了形成经典的双链配对外，也可以将纳米酶与核酸适配体和核酸酶等功能化核酸相结合，用于分析检测。

如图 15.3（d）所示，除抗体/抗原、核酸互补这两种生物识别作用外，还可以利用受体/配体之间的生物识别作用来发展相应的检测方法。常见的受体/配体包括整合素及其配体、凝集素与糖、叶酸受体与叶酸、转铁蛋白受体与转铁蛋白、CD44 与透明质酸等 [1,2]。

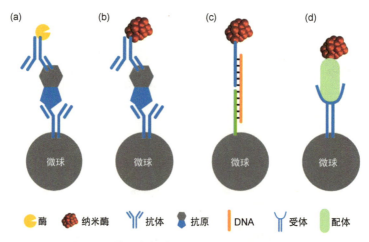

图 15.3　纳米酶催化标记探针用于生物检测示意图

（a）酶联免疫法；（b）纳米酶标记抗体用于免疫检测；（c）纳米酶标记单链核酸用于核酸检测；
（d）纳米酶标记配体用于配体-受体检测

15.1.3　纳米酶传感器阵列

第三种模式是构建纳米酶传感器阵列（图 15.4）。传感器阵列，是一类模仿哺乳类动物嗅觉或者味觉系统的传感器组，其类似于人类通过嗅觉或味觉系统分辨不同气味或味道来辨识待测物类别。传感器阵列通过多信号通道对待测物产生不同响应，并利用特定的判别规则，将未知样品归类区分。因此传感器阵列也被称为"人工鼻子"或者"人工舌头"[3]。

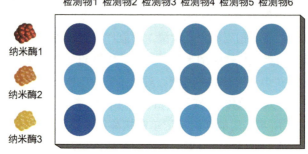

图 15.4　纳米酶传感器阵列用于多元检测示意图

前两种基于生物特异性识别的检测模式往往不能应用于多个检测物的区分鉴别，且无法对无特异性识别元素的待测物进行检测，限制了其实际应用范围。与前两种模式不同，构成传感器阵列的每一个"元件"都不需要对底物具有完全的特异性。传感器阵列中的每个"元件"对不同的待测底物响应不同，因此可以协同区分各种底物。具体而言，传感器阵列应用多通道、多模式的信号传感方式，针对多个待测物设计产生多维信号响应，不同信号通道对同一物质将产生不同响应，而同一信号通道对不同物质也会产生不同响应，这种交叉响应的数据阵列在多维数据分析工具下可以产生对应不同待测物的特征点簇，也被称为"指纹图"。应用这种标准指纹图，可以区分和鉴别多个待测物，实现高通量分析与检测[3]。基于纳米酶的传感器阵列，因为其仿生催化性能产生更优异的信号，故已经被应用于重金属离子、生物硫醇、碱基、农药分子、蛋白以及癌细胞等的检测与鉴别。

依据不同的应用场景，纳米酶生物分析可以大致分为两类：体外检测和活体分析❶。

15.2　纳米酶用于体外检测

纳米酶已用于包括离子、生物小分子、核酸、蛋白质、细胞、细菌、病毒、组织等目标物的检测或成像（表 15.1）。这里将依据待测物种类遴选若干实例较详细阐述纳米酶在体外检测中的应用。

表 15.1　待测物的种类、相应纳米酶检测模式以及示例

待测物	模式①	示例②
离子	Ⅰ，Ⅱ，Ⅲ③	汞离子、铅离子、铜离子、钾离子、钙离子、卤素离子、磷酸根离子
生物小分子	Ⅰ，Ⅱ，Ⅲ	H_2O_2、葡萄糖、乳酸、胆固醇、尿酸、肌氨酸、半胱氨酸、硫醇、ATP
蛋白质	Ⅱ，Ⅲ	癌胚抗原、前列腺特异性抗原、白介素-6、凝血酶、人血清蛋白
核酸	Ⅰ，Ⅱ	DNA、microRNA、单核苷酸多态性
细胞、细菌、病毒、组织	Ⅱ，Ⅲ	癌细胞、外泌体、大肠杆菌、沙门氏菌、呼吸道合胞病毒、埃博拉病毒、诺如病毒、肿瘤组织

① 本表所列举的三种模式如上文所示，即：纳米酶自身催化与调控（Ⅰ）、纳米酶催化探针（Ⅱ）、纳米酶传感器阵列（Ⅲ）。

② 本表仅列举了部分检测物，更多检测物可以参阅文献[4]。

③ 可以利用核酸酶实现相应金属离子的检测。

15.2.1　离子

金属离子广泛参与生命过程，如许多金属离子以金属蛋白和金属酶的形式发挥其生物功能。另外，许多重金属离子则具有较强的危害性。除了重金属离子，一些阴离子在特定情况下对人体也有危害性。当浓度较高且骨骼吸收较多时，氟离子可

---

❶ 纳米酶生物分析也可以分为检测和成像两大类。

能会导致异常矿化骨的形成[5]。

金属离子、卤素离子等可以选择性促进或者抑制纳米酶的催化活性，据此可以检测对应的离子。汞离子促进金[6]、银[2]纳米粒子形成汞齐，金、银纳米酶的活性被增强或者抑制，基于此可以实现汞离子的检测。铅离子可以促进金纳米粒子形成团簇，增强金纳米粒子的类过氧化物酶活性，从而实现对铅离子的检测[6,7]。利用氟离子能增强纳米氧化铈类氧化酶活性的原理，可以构建基于氧化铈纳米酶的氟离子检测方法[8]。

四(4-羧基苯基)卟啉氯化铁［TCPP(Fe)］可以与不同金属离子（如 Zn^{2+}、Co^{2+}、Cu^{2+}）形成二维金属有机框架（MOF）。这些二维 MOF 具有类过氧化物酶活性。当磷酸根阴离子与羧基竞争配位 MOF 中的金属离子结点，会使得 MOF 结构坍塌，降低其类过氧化物酶活性。而由不同金属离子所构建的 MOF，其与不同磷酸盐的响应不同，其类过氧化物酶活性降低的程度也各不相同。基于此特点，可以构建适用于磷酸根阴离子的三通道比色传感器阵列，用于检测区分磷酸根阴离子［图15.5（a）］。如图 15.5（b）、（c）所示，比色传感器阵列不仅可以区分水溶液体系中的 5 种磷酸根阴离子，还能成功区分 10% 牛血清中 5 种磷酸根阴离子[9]。

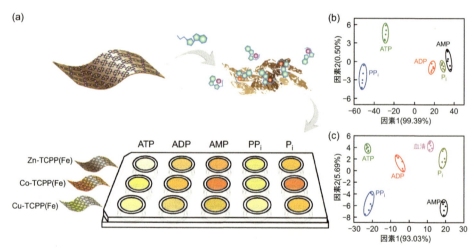

图 15.5 （a）基于磷酸根阴离子竞争性抑制二维 MOF 类过氧化物酶活性，构建三通道比色传感器阵列用于检测区分磷酸根阴离子示意图；（b）二维 MOF 纳米酶传感器阵列区分 5 种磷酸根阴离子；（c）二维 MOF 纳米酶传感器阵列区分 10% 牛血清中 5 种磷酸根阴离子

ATP—三磷酸腺苷；ADP—二磷酸腺苷；AMP—单磷酸腺苷；PP$_i$—焦磷酸根；P$_i$—磷酸根

15.2.2　小分子

小分子在生物体内的多种生理和生化过程中起着至关重要的作用，保证了生命活动的正常进行。葡萄糖、三磷酸腺苷（ATP）是生物体能量代谢的核心。葡

萄糖是主要的能量来源，而 ATP 则是能量的直接供应者，驱动细胞的各种生化反应。代谢过程中产生的小分子（如尿素、乳酸等）是代谢废物，需要被及时处理和排出体外，以维持体内环境的稳态。许多小分子在细胞信号传导过程中起关键作用。如硫化氢与一氧化氮能通过 HNO-TRPA1-CGRP 通路，使血管平滑肌松弛，导致血管扩张，从而降低血压[10]。在一些疾病的微环境中，部分小分子可能会过量表达，例如肿瘤微环境存在过量的 H_2O_2[11]。对该类物质的检测有助于疾病的诊断。

目前，纳米酶已应用于 H_2O_2、葡萄糖、乳酸、ATP 等生物活性小分子的检测。以 ATP 为例，已发展了基于纳米酶的不同显色检测方案。在四氧化三铁纳米酶上负载 ATP 适配体，可以抑制其类酶催化活性；当有 ATP 存在时，ATP 与其适配体结合并诱导适配体的折叠脱落进而暴露纳米酶活性位点，实现对底物 TMB 的催化显色，据此可以实现 ATP 的检测[12]。该方法具有很好的选择性，可用于加标血液中 ATP 的检测，其加标回收率为 98.28%~99.62%。

15.2.2.1　H_2O_2

H_2O_2 在医学与环境领域有着重要作用。采用如图 15.1（a）所示策略，可以使用类过氧化物酶纳米酶进行 H_2O_2 的检测。例如，利用四氧化三铁纳米酶，使用 ABTS 作为显色底物，可以实现 H_2O_2 的检测。该方法的线性范围为 $5×10^{-6}$~$1×10^{-4}$ mol/L，检测限为 $3×10^{-6}$ mol/L[13]。利用类过氧化物酶纳米酶可以检测食品、环境、生物体内的 H_2O_2，说明基于纳米酶的检测方案具有泛用性。

15.2.2.2　葡萄糖

血糖指数（人体的葡萄糖值）作为糖尿病的重要标志，为该疾病的诊断与监测提供了帮助。可以将葡萄糖氧化酶与类过氧化物酶纳米酶联用，采用如图 15.6 所示策略来进行葡萄糖的检测。如将葡萄糖氧化酶与四氧化三铁纳米酶联用，使用 ABTS 作为比色底物，可以实现葡萄糖的灵敏、选择性比色检测。该方法的线性范围为 $5×10^{-5}$~$1×10^{-3}$ mol/L，检测限为 $3×10^{-5}$ mol/L；且检测不会受到果糖、乳糖、麦芽糖的干扰［图 15.7（a）］[13]。

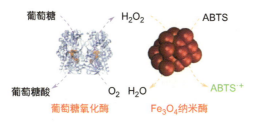

图 15.6　葡萄糖氧化酶与 Fe_3O_4 纳米酶偶联用于葡萄糖比色检测示意图

该方法具有普适性。一方面，可以利用能模拟过氧化物酶的其他纳米材料代替四氧化三铁纳米酶；另一方面，可以使用其他氧化酶来选择性检测对应的生物分子。例如，通过将具有过氧化物酶纳米酶性质负载金纳米粒子的 MIL-101❶ 与乳酸氧化酶、葡萄糖氧化酶结合[14]，可以实现对乳酸、葡萄糖的同步监测。该方案具有较好的实用性，如图 15.7（b）所示，可以使用 LaNiO₃ 纳米酶构建葡萄糖检测方法，该方法对血糖的检测结果与血糖仪相当[15]。

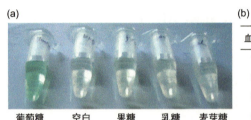

(b)

血样	纳米酶比色法($n=3$)/(mmol/L)	血糖仪/(mmol/L)
1	10.08±1.35	11.05
2	5.71±0.92	6.00
3	10.78±1.51	12.27
4	4.31±0.89	5.05

(a) 葡萄糖 500 μmol/L　空白对照　果糖 5 mmol/L　乳糖 5 mmol/L　麦芽糖 5 mmol/L

图 15.7　葡萄糖氧化酶与纳米酶偶联用于葡萄糖比色检测
（a）四氧化三铁纳米酶用于葡萄糖选择性比色检测；（b）基于 LaNiO₃ 纳米酶比色法
与血糖仪对葡萄糖检测的对比

现有血糖仪多通过电化学方法进行检测。电化学检测方法的原理为利用葡萄糖氧化酶修饰电极对葡萄糖进行催化氧化产生 H_2O_2，然后利用电极对 H_2O_2 进行电催化还原产生测量信号❷。尽管贵金属电极对 H_2O_2 电催化还原具有很好的活性，但易与样本中的其他还原性物质发生副反应。为此，一些早期的研究者寻找具有类过氧化物酶活性的催化材料，以专一性地检测催化产生的 H_2O_2。研究发现，普鲁士蓝是催化 H_2O_2 电还原的专一催化剂。利用普鲁士蓝与葡萄糖氧化酶共修饰的电极，通过电还原葡萄糖氧化反应所产生的 H_2O_2 可以实现葡萄糖的选择性检测[16]。与贵金属催化剂相比较，普鲁士蓝修饰电极可实现对 H_2O_2 的低电位还原（–20 mV，以银/氯化银为参比电极），优于铂电极的催化电位（500~700 mV）。使用低电位可以有效地避免氧气及血液中还原性物质的干扰。相较于天然过氧化物酶，普鲁士蓝纳米酶具有更高的催化活性[17]。研究者进而基于葡萄糖氧化酶和普鲁士蓝共修饰的平面碳电极，结合流通（flow-through）体系开发了微创血糖在线连续监测系统（第一代产品为 GlucoDay；第二代产品为 GlucoMen）❸。GlucoMen 系统，抗干扰性能好❹，常见

---

❶ 一种由对苯二甲酸及金属离子组成的 MOF。

❷ 现有血糖仪检测原理为利用葡萄糖氧化酶/电子媒介体共修饰电极对葡萄糖进行级联催化氧化，该过程不产生 H_2O_2。

❸ 普鲁士蓝不是现有血糖仪中使用最为广泛的电子媒介体。

❹ 高浓度多巴胺有干扰，但生理浓度的多巴胺无干扰。

的果糖、乳糖、半乳糖、麦芽糖、甘露糖、山梨醇、木糖醇、D-木糖、抗坏血酸、水杨酸、对乙酰氨基酚、尿酸、尿素、谷胱甘肽、肌酸酐、布洛芬、四环素、妥拉磺脲、甲苯磺丁脲、胆红素、胆固醇等对其测量均无干扰[18]。使用GlucoMen系统，不仅可以对血糖实现长达100h的连续监测，而且能跟踪快速的血糖波动，准确检测出严重的低血糖（图15.8）。

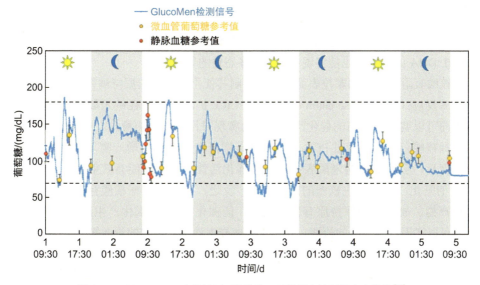

图15.8　GlucoMen在线检测系统连续5天监测血糖所得响应曲线[19]

上述天然氧化酶与类过氧化物酶纳米酶的级联体系，可被进一步集成化用于开发可穿戴柔性电子设备[20,21]。另外，上述级联体系可以用于发展即时检验体系，如侧流层析检测的试纸条[22]。这些即时检验体系通常易与智能手机等设备联用来实现更加经济、快捷的检测。

15.2.2.3　其他生物活性小分子

纳米酶也被用于检测其他生物活性小分子，如气体信号分子与小分子药物等。中枢神经系统上的神经元可以产生一氧化氮，它可以调节胃排空以及胰高糖素样肽-1（glucagon-like peptide-1，GLP-1）受体敏感性，进而调节胰岛素分泌来对肥胖发生产生影响[23]。研究者发展了钴基单原子纳米酶，利用其电化学催化氧化来检测一氧化氮。该方法响应时间可达1.7s；对一氧化氮的测量范围为：36 nmol/L~0.41 mmol/L，检测限为12 nmol/L[24]。由3-巯基丙酮酸硫转移酶产生的硫化氢可以通过增强N-甲基-D-天冬氨酸（NMDA）受体活性来形成记忆突触[25]。在硫化氢存在时，Ru-N-C纳米酶的类过氧化物酶活性受到抑制，Ru-N-C纳米酶所催化的TMB显色也相应受到抑制。利用此抑制现象可以完成针对硫化氢供体和细菌等的检测[26]。利用相似的抑制现象，可将铁中心氮配位的纳米酶（Fe-N-C）用于研究药物相互作用[27]。Fe-N-C 可以模拟细胞色素 P450 的催化活性，在不同外源性药物的抑制下，Fe-N-C 纳米酶催化心血管药物 1,4-二氢吡啶代谢的速率有所不同。这种外源药物引起的代谢抑制现象与体内药物代谢相似，因而有望用于药物相互作用的体外判断。

15.2.3　核酸

如图 15.3（c）所示，利用纳米酶作为催化探针，可以实现核酸的三明治型检测。如利用具有类过氧化氢酶活性的 Pt 纳米酶构筑核酸检测探针，可以实现 20 pmol/L DNA 的检测；也能实现单核苷酸多态性的区分[28]。

核酸吸附到纳米酶颗粒表面后，会抑制其催化活性。依据待测核酸或者其聚合酶链式反应（polymerase chain reaction，PCR）扩增产物等在纳米酶表面吸附状态的不同可以调控纳米酶的催化活性，进而实现对目标核酸的检测。如图 15.9 所示，有目标核酸存在时，经过 PCR 反应得到扩增产物，PCR 扩增产物与磁性纳米酶颗粒混合后，会吸附在纳米酶表面抑制其催化活性，导致不能有效催化正电荷底物 OPD 的氧化，只能产生较弱的比色信号；反之，若没有目标核酸存在，因无 PCR 扩增产物，故纳米酶保持原有催化活性，能催化 OPD 的氧化产生强的比色信号。据此可以实现目标核酸的检测，如用于人尿样中沙眼衣原体的诊断等[29]。

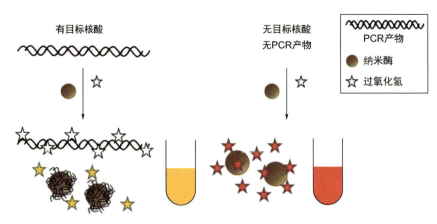

图 15.9　纳米酶用于核酸检测

SHERLOCK 技术[30]是一种基于 CRISPR Cas13a 系统的 RNA 检测方法。其原理如图 15.10 所示：在 CRISPR Cas13a 系统中，Cas13a 自身为 RNA 内切酶，Cas13a 所包含的引导 RNA 与其互补 RNA 结合后，可以将 Cas13a 激活，激活后的 Cas13a 会不加区分地切割它遇到的任何 RNA❶。为将 SHERLOCK 技术与纳米酶结

---

❶ 因此可以根据待测 RNA 的序列，设计与之互补的引导 RNA 序列。

合实现双重放大，研究者设计了生物素与 FAM（荧光素）染料双标记的 RNA 探针[31]。一旦样品中有待测 RNA，被激活的 CRISPR Cas13a 将进一步催化剪切 RNA 探针，从而释放荧光分子 FAM 产生可视化信号。如果样品不存在待测 RNA，则 CRISPR Cas13a 酶不会被激活，未被 SHERLOCK 反应切割的 RNA 探针的 FAM 端与 FAM 抗体结合，RNA 探针的生物素端会与链亲和素标记的纳米酶结合，形成三明治结构。根据所结合纳米酶的显色，可以验证样品中不含可以激活 CRISPR Cas13a 的待测 RNA。利用上述双重放大技术，研究者成功对前列腺癌患者组织中的环状 RNA 进行了检测。

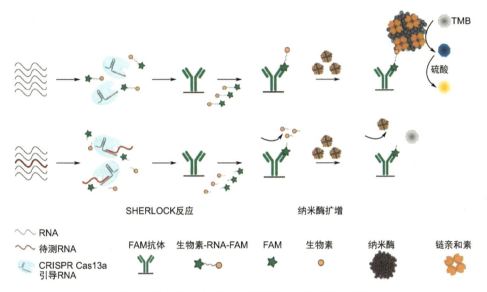

图 15.10　SHERLOCK 技术与纳米酶结合的 RNA 检测方案

15.2.4　蛋白质

疾病的发生、发展与预后通常伴随着特定蛋白质水平的异常升高。例如，血清中的前列腺特异性抗原（prostate-specific antigen，PSA）是一种前列腺癌症的关键标志物，特别是前列腺切除术后 PSA 水平的异常升高与癌症的死亡风险密切相关[32]。临床上常通过 ELISA 检测血清中 PSA 的含量来评估前列腺癌患者的预后。然而，传统的 ELISA 检测中，检测抗体上所标记的每个 HRP 仅含有一个活性位点，这在一定程度上限制了检测的灵敏度。为提高灵敏度，研究人员提出利用具有过氧化物酶活性纳米酶替代传统的 HRP 来标记检测抗体[33]。例如，利用金囊泡包裹钯铱纳米酶作为探针修饰检测抗体，当样品存在 PSA 时，可以形成三明治结构，然后使用红外照射该金囊泡使其分解，释放大量的钯铱纳米酶，进而提供更多的催化位点。利用此钯铱纳米酶标记探针可以实现比传统 ELISA 高三个数量级的检测灵敏度。

15.2.5 细胞、细菌、病毒、组织等

利用纳米酶对细胞、细菌、病毒、组织等生物样本进行检测和成像，有以下常见模式。

（1）检测生物样本表面受体［图 15.11（a）］

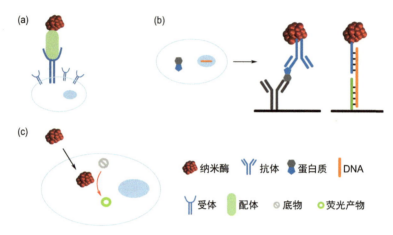

图 15.11 利用纳米酶检测生物样本的常见模式
（a）检测生物样本表面受体；（b）检测样本释放的 DNA；（c）利用纳米酶进行细胞内成像

生物样本表面受体的检测是通过特异性配体（或抗体）修饰的纳米酶来实现的。利用纳米酶催化活性高及多功能的优势，与受体/配体特异相互作用结合，可发展多种快速、灵敏的检测方法。纳米酶与细胞、细菌、病毒或组织表面的受体结合后，会催化显色或反生荧光反应，从而实现对样本的分析、检测与成像。

癌变细胞相较于正常细胞会高表达某些受体，如叶酸受体。因此可以利用叶酸修饰的纳米酶来检测这些细胞[34]。利用叶酸修饰具有过氧化物酶活性的 Pt NPs/GO 纳米酶，所得到的 FA-Pt NPs/GO 纳米酶能特异性地识别并结合叶酸受体高度表达的肿瘤细胞。基于该方法，可用肉眼至少检测到 125 个肿瘤细胞，而使用酶标仪则能检测到 30 个肿瘤细胞[35]。又如乳腺癌细胞会特异性地高表达 HER2 基因及其受体。因此，可以在纳米酶表面连接抗 HER2 抗体来检测乳腺癌细胞。例如，在纳米酶表面偶联抗 HER2 的抗体，成功建立了针对乳腺癌细胞的纳米酶免疫比色检测法[36,37]。另外，研究人员还构建了基于双金属单原子纳米酶的电化学-光热双功能便携式免疫方法来测定 HER2 基因[38]。

基于纳米酶的分析检测方法在疾病分析中展现了巨大潜力，它不仅能通过检测生物表面受体来揭示疾病状况，还能直接检测特定的生物标志物。例如可以通过检

测循环肿瘤细胞（circulating tumor cell，CTC）来评价肿瘤发展情况。CTC 是指由原发或继发肿瘤进入外周血的肿瘤细胞，是肿瘤转移、复发以及评价肿瘤治疗效果的关键生物标志物。然而 CTC 的数量少且脆弱，这无疑增加了检测难度。为了解决这一问题，研究人员基于 Fe_3O_4 纳米酶的磁性及类酶活性，开发了一种纳米酶免疫分析法[39]。该方法能够快速地从血清中分离 CTC，并实现对其的比色检测。通过羧基修饰的 Fe_3O_4 纳米酶与黑色素瘤特异性识别抗体的共价结合，构建了能特异性识别黑色素瘤细胞的纳米酶探针。利用 Fe_3O_4 纳米酶的磁性，可以高效富集和分离出血清中的 CTC。同时，利用其过氧化物酶活性，触发显色反应，实现对 CTC 细胞的可视化检测。

免疫组织化学检测是肿瘤病理诊断的"金标准"。该技术依赖于抗体与肿瘤相关抗原之间的特异性相互作用，通过一系列复杂的识别与结合过程，最终利用过氧化物酶催化过氧化还原性显色底物来标示肿瘤组织。然而，传统方法操作繁复、耗时，并且结果解读受主观因素影响较大。纳米酶在肿瘤免疫组织化学检测中的应用为这一问题提供了新的解决方案。以癌细胞为例，这些快速生长的细胞需要大量铁元素，因此其表面的转铁蛋白受体 1（TfR1）常常过度表达[40]。人重链铁蛋白（HFn）能特异性地识别并结合这些过度表达的 TfR1，而且结合程度与肿瘤的恶性程度紧密相关。更重要的是，HFn 中的铁核，即铁氧化物纳米酶，具有类过氧化物酶活性，能够直接催化显色反应，从而实现对肿瘤组织的迅速且灵敏的检测（图 15.12）[41]。此外，纳米酶也可以实现对阿尔茨海默病的早期诊断。阿尔茨海默病与结缔组织生长因子（CTGF）的高水平表达有密切关联。研究人员利用能够靶向 CTGF 的肽段来包裹金纳米团簇，借助金纳米团簇的过氧化物酶活性，通过催化 DAB 过氧化显色，以检测组织中的 CTGF 水平，进而实现对阿尔茨海默病的早期诊断[42]。

纳米酶也被用于病毒检测。在埃博拉病毒病暴发期间，由于缺乏有效的疫苗和治疗方法，快速诊断并隔离感染者成了遏制疫情扩散的关键。为此，研究人员利用 Fe_3O_4 纳米酶代替胶体金试纸条中的胶体金纳米粒子，并与埃博拉病毒（Ebola virus，EBOV）抗体结合，构建了纳米酶探针。这种探针不仅具有磁性，便于病毒的识别与分离，还能通过催化酶反应实现 EBOV 的可视化检测。结果表明，纳米酶试纸条通过免疫层析法对埃博拉病毒的检测灵敏度提高了 100 倍，能在 30 min 内快速检测到浓度为 240 个 PFU/mL 的假病毒，其灵敏度与 ELISA 方法相当[43]。更重要的是，纳米酶试纸条法操作简便，无须依赖任何特殊仪器设备，非常适合现场快速检测。此外，纳米酶试纸条法的灵敏度和特异性在戊型肝炎病毒[44]和鼠诺如病毒[45]的检测上得到了验证。

（2）检测样本释放的 DNA ［图 15.11（b）］

传统的基因检测方法通常依赖于带标签的核酸探针，这不仅耗时而且增加了操作的复杂性。纳米酶的应用为基因检测提供了新的解决方案。

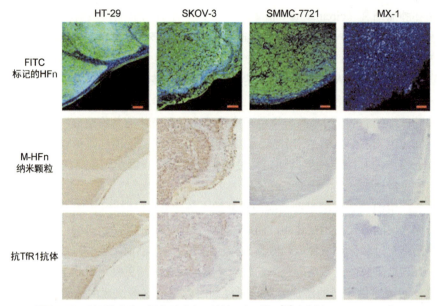

图 15.12　利用纳米酶可视化肿瘤表面转铁蛋白受体 1[41]（比例尺：100 μm）

在癌症诊断方面，研究人员利用纳米酶设计了一种无标签的 DNA 检测方法，用于检测乳腺癌基因 BRCA1。在介孔二氧化硅中装载铂纳米粒子，利用铂纳米粒子的类过氧化物酶活性催化底物发生显色反应。通过静电吸附，单链 DNA 探针被固定在纳米材料表面，使二氧化硅的孔道关闭，内部的铂纳米粒子不能进行催化反应。当溶液中存在与探针互补的 DNA 时，两者会结合并从纳米材料表面脱落，暴露出铂纳米粒子，进而催化显色反应。这种方法不仅灵敏度高，能检测到低至 3 nmol/L 的 BRCA1 基因，而且具有单碱基对错配识别能力，可以精确检测到基因的单碱基突变 [46]。

在传染病诊断方面，研究人员利用 DNA 分子对氧化酶活性的抑制作用，开发了一种快速检测沙眼衣原体的方法。在不存在目标病原菌的情况下，纳米酶会正常氧化底物并产生显色反应；而当存在病原菌时，PCR 产物中的核酸分子会抑制纳米酶的活性，从而降低显色信号 [47]。这种方法简单、快速，且肉眼即可分辨结果，无须对 PCR 产物进行后续提纯，整个反应仅需一分钟。此外，纳米酶还已成功应用于痢疾病原轮状病毒的检测，取代了传统方法中的辣根过氧化物酶 [48]。

（3）利用纳米酶进行细胞内成像［图 15.11（c）］

纳米酶对细胞进行成像是基于其可以催化生物正交反应。具体的成像原理是，将前体荧光分子底物与纳米酶分别递送到细胞内，由于纳米酶可以催化前体荧光分子的激活，生成荧光分子产物，从而可以实现对细胞的成像。一个代表性的生物正交反应是去烯丙基化反应,该反应可以由过渡金属 Ru 配合物催化实现。以金-钌纳米酶为例,它可以催化烯丙基氨基甲酸酯修饰的罗丹明 110 分子(即前体荧光分子)进行去烯丙基化反应,从而可以在细胞内生成罗丹明 110 分子(即荧光分子),并产生强烈的荧光信号[49],进而可以实现对细胞的成像。此外,通过对纳米酶表面进行工程化修饰,使其具有分别靶向胞内与胞外的能力,从而可以实现空间区分的生物正交催化反应,可以分别在胞内与胞外进行成像[50]。

15.3 纳米酶用于活体分析

纳米酶在活体分析中的应用广泛,可以监测活体组织(如脑组织或肿瘤组织)中的生物活性,从而研究特定代谢物在疾病中的变化规律。

纳米酶被用于检测活体中多种脑内神经化学物质的变化,对了解大脑内各种神经化学物质的功能具有重要意义。3,4-二羟基苯乙酸(DOPAC)是多巴胺的重要代谢产物。由于抗坏血酸具有与 DOPAC 相近的氧化还原电位,如果直接利用电化学方法检测,抗坏血酸在电极表面氧化产生的电流信号会对 DOPAC 检测产生干扰。一种方法是对抗坏血酸进行预消除。具有抗坏血酸氧化酶活性的谷胱甘肽-Cu/Cu$_2$O 纳米酶可以氧化分解抗坏血酸,将其作为抗坏血酸预消除"反应器"修饰在微透析样品流出的导管中,由此构建的检测器可以在线监测酸中毒模型时大鼠脑内 DOPAC 的变化[51]。另一种方法则是增强对 DOPAC 的催化氧化专一性。以 ZIF-67 为模板生成的纳米酶具有针对 DOPAC 的过氧化物酶活性,而不具备抗坏血酸氧化酶活性,因此不会被抗坏血酸干扰。可以利用这种纳米酶的电催化氧化对活体大脑内的 DOPAC 进行检测[52]。

采用仿生策略,研究人员将葡萄糖氧化酶与血红素❶集成在 MOF 框架内,利用纳米尺寸下的限域效应,该集成化纳米酶催化的级联反应效率大大加强。研究人员进而将此集成化纳米酶与活体微透析技术相结合,建立了用于活动物脑内生物分子的集成化检测平台,成功实现了活鼠脑内葡萄糖浓度在缺血再灌注前后的实时在线监测(图 15.13)[53]。

纳米酶除了可用于脑内重要生物小分子监测,还可以用于其他组织的活体分析研究。肿瘤异常代谢是其典型特征之一,对瘤内供能分子及其代谢产物等检测可为发展新型治疗策略提供重要启示。通过在具有过氧化物酶活性的 Au NPs@MIL-101 纳米酶表面组装葡萄糖氧化酶或乳酸氧化酶,可利用级联反应检测葡萄糖或乳酸的浓度,进而研究肿瘤中的葡萄糖和乳酸代谢[14]。

---

❶ 血红素具有过氧化物酶活性。

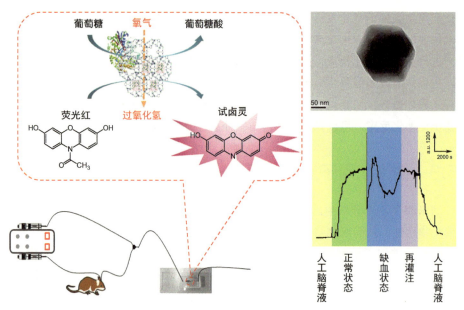

图 15.13　利用纳米酶检测活体脑内葡萄糖的方案 [53]

参考文献

[1]　Gocheva, G.; Ivanova, A. A look at receptor-ligand pairs for active-targeting drug Delivery from crystallographic and molecular dynamics perspectives. *Mol. Pharm.* **2019**, *16*, 3293-3321.

[2]　Yan, Z.; Tang, Y.; Zhang, Z.; Feng, J.; Hao, J.; Sun, S.; Li, M.; Song, Y.; Dong, W.; Hu, L. Biocompatible folic-acid-strengthened Ag-Ir quantum dot nanozyme for cell and plant root imaging of cysteine/stress and multichannel monitoring of Hg^{2+} and dopamine. *Anal. Chem.* **2024**, *96*, 4299-4307.

[3]　秦溧 . 基于二维 MOF 材料的纳米酶传感器阵列对磷酸盐的检测及其水解过程的监控 . 南京：南京大学 , 2019.

[4]　Wu, J.; Wang, X.; Wang, Q.; Lou, Z.; Li, S.; Zhu, Y.; Qin, L.; Wei, H. Nanomaterials with enzyme-like characteristics (nanozymes): next-generation artificial enzymes (Ⅱ). *Chem. Soc. Rev.* **2019**, *48*, 1004-1076.

[5]　Pak, C. Y. C.; Zerwekh, J. E.; Antich, P. Anabolic effects of fluoride on bone. *Trends Endocrin. Met.* **1995**, *6*, 229-234.

[6]　Han, K. N.; Choi, J.S.; Kwon, J. Gold nanozyme-based paper chip for colorimetric detection of mercury ions. *Sci. Rep.* **2017**, *7*, 2806.

[7]　Liao, H.; Liu, G.; Liu, Y.; Li, R.; Fu, W.; Hu, L. Aggregation-induced accelerating peroxidase-like activity of gold nanoclusters and their applications for colorimetric Pb^{2+} detection. *Chem.*

Commun. **2017**, *53*, 10160-10163.

[8] Liu, B.; Huang, Z.; Liu, J. Boosting the oxidase mimicking activity of nanoceria by fluoride capping: rivaling protein enzymes and ultrasensitive F⁻ detection. *Nanoscale* **2016**, *8*, 13562-13567.

[9] Qin, L.; Wang, X.; Liu, Y.; Wei, H. 2D-metal-organic-framework-nanozyme sensor arrays for probing phosphates and their enzymatic hydrolysis. *Anal. Chem.* **2018**, *90*, 9983-9989.

[10] Eberhardt, M.; Dux, M.; Namer, B.; Miljkovic, J.; Cordasic, N.; Will, C.; Kichko, T. I.; de la Roche, J.; Fischer, M.; Suárez, S. A.; Bikiel, D.; Dorsch, K.; Leffler, A.; Babes, A.; Lampert, A.; Lennerz, J. K.; Jacobi, J.; Martí, M. A.; Doctorovich, F.; Högestätt, E. D.; Zygmunt, P. M.; Ivanovic-Burmazovic, I.; Messlinger, K.; Reeh, P.; Filipovic, M. R. H_2S and NO cooperatively regulate vascular tone by activating a neuroendocrine HNO-TRPA1-CGRP signalling pathway. *Nat. Commun.* **2014**, *5*, 4381.

[11] Cheung, E. C.; Vousden, K. H. The role of ROS in tumour development and progression. *Nat. Rev. Cancer* **2022**, *22*, 280-297.

[12] Li, S.; Zhao, X.; Yu, X.; Wan, Y.; Yin, M.; Zhang, W.; Cao, B.; Wang, H. Fe_3O_4 nanozymes with aptamer-tuned catalysis for selective colorimetric analysis of ATP in blood. *Anal. Chem.* **2019**, *91*, 14737-14742.

[13] Wei, H.; Wang, E. Fe_3O_4 magnetic nanoparticles as peroxidase mimetics and their applications in H_2O_2 and glucose detection. *Anal. Chem.* **2008**, *80*, 2250-2254.

[14] Hu, Y.; Cheng, H.; Zhao, X.; Wu, J.; Muhammad, F.; Lin, S.; He, J.; Zhou, L.; Zhang, C.; Deng, Y.; Wang, P.; Zhou, Z.; Nie, S.; Wei, H. Surface-enhanced raman scattering active gold nanoparticles with enzyme-mimicking activities for measuring glucose and lactate in living tissues. *ACS Nano* **2017**, *11*, 5558-5566.

[15] Wang, X.; Cao, W.; Qin, L.; Lin, T.; Chen, W.; Lin, S.; Yao, J.; Zhao, X.; Zhou, M.; Hang, C.; Wei, H. Boosting the peroxidase-like activity of nanostructured nickel by inducing its 3+ oxidation state in $LaNiO_3$ perovskite and its application for biomedical assays. *Theranostics* **2017**, *7*, 2277-2286.

[16] Karyakin, A. A.; Gitelmacher, O. V.; Karyakina, E. E. A high-sensitive glucose amperometric biosensor based on prussian blue modified electrodes. *Anal. Lett.* **1994**, *27*, 2861-2869.

[17] Komkova, M. A.; Karyakina, E. E.; Karyakin, A. A. Catalytically Synthesized prussian blue nanoparticles defeating natural enzyme peroxidase. *J. Am. Chem. Soc.* **2018**, *140*, 11302-11307.

[18] Lucarelli, F.; Ricci, F.; Caprio, F.; Valgimigli, F.; Scuffi, C.; Moscone, D.; Palleschi, G. GlucoMen day continuous glucose monitoring system: A screening for enzymatic and electrochemical interferents. *J. Diabet. Sci. Techn.* **2012**, *6*, 1172-1181.

[19] Valgimigli, F.; Lucarelli, F.; Scuffi, C.; Morandi, S.; Sposato, I. Evaluating the clinical accuracy of GlucoMen®Day: A novel microdialysis-based continuous glucose monitor. *J. Diabet. Sci. Techn.* **2010**, *4*, 1182-1192.

[20] Gao, W.; Emaminejad, S.; Nyein, H. Y. Y.; Challa, S.; Chen, K.; Peck, A.; Fahad, H. M.; Ota, H.; Shiraki, H.; Kiriya, D.; Lien, D.H.; Brooks, G. A.; Davis, R. W.; Javey, A. Fully integrated wearable sensor arrays for multiplexed in situ perspiration analysis. *Nature* **2016**, *529*, 509-514.

[21] Lee, H.; Choi, T. K.; Lee, Y. B.; Cho, H. R.; Ghaffari, R.; Wang, L.; Choi, H. J.; Chung, T. D.; Lu, N.; Hyeon, T.; Choi, S. H.; Kim, D.H. A graphene-based electrochemical device with thermoresponsive microneedles for diabetes monitoring and therapy. *Nat. Nanotechnol.* **2016**, *11*, 566-572.

[22] Park, J. S.; Choi, J. S.; Han, D. K. Platinum nanozyme-hydrogel composite (PtNZHG)-impregnated cascade sensing system for one-step glucose detection in serum, urine, and saliva. *Sensor. Actuat. B-Chem.* **2022**, *359*, 131585.

[23] Grasset, E.; Puel, A.; Charpentier, J.; Collet, X.; Christensen, J. E.; Tercé, F.; Burcelin, R. A Specific gut microbiota dysbiosis of type 2 diabetic mice induces GLP-1 resistance through an enteric NO-dependent and gut-brain axis mechanism. *Cell Metabolism* **2017**, *25*, 1075-1090.e1075.

[24] Hu, F. X.; Hu, G.; Wang, D. P.; Duan, X.; Feng, L.; Chen, B.; Liu, Y.; Ding, J.; Guo, C.; Yang, H. B. Integrated biochip-electronic system with single-atom nanozyme for in Vivo analysis of nitric oxide. *ACS Nano* **2023**, *17*, 8575-8585.

[25] Furuie, H.; Kimura, Y.; Akaishi, T.; Yamada, M.; Miyasaka, Y.; Saitoh, A.; Shibuya, N.; Watanabe, A.; Kusunose, N.; Mashimo, T.; Yoshikawa, T.; Yamada, M.; Abe, K.; Kimura, H. Hydrogen sulfide and polysulfides induce GABA/glutamate/d-serine release, facilitate hippocampal LTP, and regulate behavioral hyperactivity. *Sci. Rep.* **2023**, *13*, 17663.

[26] Liu, Q.; Wang, X.; Zhang, Y.; Fang, Q.; Du, Y.; Wei, H. A metal-organic framework-derived ruthenium-nitrogen-carbon nanozyme for versatile hydrogen sulfide and cystathionine γ-lyase activity assay. *Biosens. Bioelectron.* **2024**, *244*, 115785.

[27] Xu, Y.; Xue, J.; Zhou, Q.; Zheng, Y.; Chen, X.; Liu, S.; Shen, Y.; Zhang, Y. The Fe-N-C nanozyme with both accelerated and inhibited biocatalytic activities capable of accessing drug-drug interactions. *Angew. Chem. Int. Edi.* **2020**, *59*, 14498-14503.

[28] Song, Y.; Wang, Y.; Qin, L. A multistage volumetric bar chart chip for visualized quantification of DNA. *Journal of the American Chemical Society* **2013**, *135*, 16785-16788.

[29] Park, K. S.; Kim, M. I.; Cho, D.Y.; Park, H. G. Label-free colorimetric detection of nucleic acids based on target-induced shielding against the peroxidase-mimicking activity of magnetic nanoparticles. *Small* **2011**, *7*, 1521-1525.

[30] Gootenberg, J. S.; Abudayyeh, O. O.; Lee, J. W.; Essletzbichler, P.; Dy, A. J.; Joung, J.; Verdine, V.; Donghia, N.; Daringer, N. M.; Freije, C. A.; Myhrvold, C.; Bhattacharyya, R. P.; Livny, J.; Regev, A.; Koonin, E. V.; Hung, D. T.; Sabeti, P. C.; Collins, J. J.; Zhang, F. Nucleic acid detection with CRISPR-Cas13a/C2c2. *Science* **2017**, *356*, 438-442.

[31] Broto, M.; Kaminski, M. M.; Adrianus, C.; Kim, N.; Greensmith, R.; Dissanayake-Perera,

S.; Schubert, A. J.; Tan, X.; Kim, H.; Dighe, A. S.; Collins, J. J.; Stevens, M. M. Nanozyme-catalysed CRISPR assay for preamplification-free detection of non-coding RNAs. *Nat. Nanotechnol.* **2022**, *17*, 1120-1126.

[32] D'Amico Anthony, V.; Chen, M.H.; Roehl Kimberly, A.; Catalona William, J. Preoperative PSA Velocity and the Risk of Death from Prostate Cancer after Radical Prostatectomy. *NEJM* **2004**, *351*, 125-135.

[33] Ye, H.; Yang, K.; Tao, J.; Liu, Y.; Zhang, Q.; Habibi, S.; Nie, Z.; Xia, X. An enzyme-free signal amplification technique for ultrasensitive colorimetric assay of disease biomarkers. *ACS Nano* **2017**, *11*, 2052-2059.

[34] Asati, A.; Kaittanis, C.; Santra, S.; Perez, J. M. pH-Tunable oxidase-like activity of cerium oxide nanoparticles achieving sensitive fluorigenic detection of cancer biomarkers at neutral pH. *Anal. Chem.* **2011**, *83*, 2547-2553.

[35] Zhang, L. N.; Deng, H. H.; Lin, F. L.; Xu, X. W.; Weng, S. H.; Liu, A. L.; Lin, X. H.; Xia, X. H.; Chen, W. In situ growth of porous platinum nanoparticles on graphene oxide for colorimetric detection of cancer cells. *Anal. Chem.* **2014**, *86*, 2711-2718.

[36] Qiu, M. H.; Ren, Y. Q.; Huang, L. M.; Zhu, X. Y.; Liang, T. K.; Li, M. J.; Tang, D. P. FeNC nanozyme-based electrochemical immunoassay for sensitive detection of human epidermal growth factor receptor 2. *Microchimi. Acta* **2023**, *190*, 378-386.

[37] Kim, M. I.; Ye, Y.; Woo, M. A.; Lee, J.; Park, H. G. A highly efficient colorimetric immunoassay using a nanocomposite entrapping magnetic and platinum nanoparticles in ordered mesoporous carbon. *Adv. Healthc. Mater.* **2014**, *3*, 36-41.

[38] Wang, Y. S.; Zeng, R. J.; Tian, S.; Chen, S. Y.; Bi, Z. L.; Tang, D. P.; Knopp, D. Bimetallic single-atom nanozyme-based electrochemical-photothermal dual-function portable immunoassay with smartphone imaging. *Anal. Chem.* **2024**, *96*, 13663-13671.

[39] Li, J. R.; Wang, J.; Wang, Y. L.; Trau, M. Simple and rapid colorimetric detection of melanoma circulating tumor cells using bifunctional magnetic nanoparticles. *Analyst* **2017**, *142*, 4788-4793.

[40] Chinen, A. B.; Guan, C. M.; Ferrer, J. R.; Barnaby, S. N.; Merkel, T. J.; Mirkin, C. A. Nanoparticle probes for the detection of cancer biomarkers, cells, and tissues by fluorescence. *Chem. Rev.* **2015**, *115*, 10530-10574.

[41] Fan, K.; Cao, C.; Pan, Y.; Lu, D.; Yang, D.; Feng, J.; Song, L.; Liang, M.; Yan, X. Magnetoferritin nanoparticles for targeting and visualizing tumour tissues. *Nat. Nanotechnol.* **2012**, *7*, 459-464.

[42] Lu, C.; Meng, C.; Li, Y.; Yuan, J.; Ren, X.; Gao, L.; Su, D.; Cao, K.; Cui, M.; Yuan, Q.; Gao, X. A probe for NIR-Ⅱ imaging and multimodal analysis of early Alzheimer's disease by targeting CTGF. *Nat. Commun.* **2024**, *15*, 5000.

[43] Duan, D.; Fan, K.; Zhang, D.; Tan, S.; Liang, M.; Liu, Y.; Zhang, J.; Zhang, P.; Liu, W.; Qiu, X.; Kobinger, G. P.; Fu Gao, G.; Yan, X. Nanozyme-strip for rapid local diagnosis of Ebola.

Biosens. Bioelectron. **2015**, *74*, 134-141.

[44] Khoris, I. M.; Chowdhury, A. D.; Li, T.C.; Suzuki, T.; Park, E. Y. Advancement of capture immunoassay for real-time monitoring of hepatitis E virus-infected monkey. *Anal. Chim. Acta* **2020**, *1110*, 64-71.

[45] Weerathunge, P.; Ramanathan, R.; Torok, V. A.; Hodgson, K.; Xu, Y.; Goodacre, R.; Behera, B. K.; Bansal, V. Ultrasensitive colorimetric detection of murine norovirus using nanozyme aptasensor. *Anal. Chem.* **2019**, *91*, 3270-3276.

[46] Wang, Z. F.; Yang, X.; Feng, J.; Tang, Y. J.; Jiang, Y. Y.; He, N. Y. Label-free detection of DNA by combining gated mesoporous silica and catalytic signal amplification of platinum nanoparticles. *Analyst* **2014**, *139*, 6088-6091.

[47] Kim, M. I.; Park, K. S.; Park, H. G. Ultrafast colorimetric detection of nucleic acids based on the inhibition of the oxidase activity of cerium oxide nanoparticles. *Chem. Commun.* **2014**, *50*, 9577-9580.

[48] Sharma, G.; Chatterjee, S.; Chakraborty, C.; Kim, J. C. Advances in nanozymes as a paradigm for viral diagnostics and therapy. *Pharmacol. Rev.* **2023**, *75*, 739-757.

[49] Tonga, G. Y.; Jeong, Y.; Duncan, B.; Mizuhara, T.; Mout, R.; Das, R.; Kim, S. T.; Yeh, Y.C.; Yan, B.; Hou, S.; Rotello, V. M. Supramolecular regulation of bioorthogonal catalysis in cells using nanoparticle-embedded transition metal catalysts. *Nat. Chem.* **2015**, *7*, 597-603.

[50] Das, R.; Landis, R. F.; Tonga, G. Y.; Cao-Milán, R.; Luther, D. C.; Rotello, V. M. Control of intra-extracellular bioorthogonal catalysis using surface-engineered nanozymes. *ACS Nano* **2019**, *13*, 229-235.

[51] Zhe, Y.; Wang, J.; Zhao, Z.; Ren, G.; Du, J.; Li, K.; Lin, Y. Ascorbate oxidase-like nanozyme with high specificity for inhibition of cancer cell proliferation and online electrochemical DOPAC monitoring. *Biosensor. Bioelectron.* **2023**, *220*, 114893.

[52] Liu, J.; Zhang, W.; Peng, M.; Ren, G.; Guan, L.; Li, K.; Lin, Y. ZIF-67 as a template generating and tuning "Raisin Pudding"-type nanozymes with multiple enzyme-like activities: Toward online electrochemical detection of 3,4-dihydroxyphenylacetic acid in living brains. *ACS Appl. Materials & Interfaces* **2020**, *12*, 29631-29640.

[53] Cheng, H.; Zhang, L.; He, J.; Guo, W.; Zhou, Z.; Zhang, X.; Nie, S.; Wei, H. Integrated nanozymes with nanoscale proximity for in Vivo neurochemical monitoring in living brains. *Anal. Chem.* **2016**, *88*, 5489-5497.

第 16章 医学治疗

本章将介绍纳米酶在疾病治疗方面的应用。基于纳米酶的治疗策略主要可分为两大类：一种是基于促氧化的策略，另一种是基于抗氧化的策略。具有促氧化催化活性的纳米酶可以被用于治疗与肿瘤和细菌感染相关的疾病。具有抗氧化催化活性的纳米酶（具有活性氧和活性氮清除的能力）可以被用于治疗炎症性疾病、心血管疾病、骨科疾病、神经保护和与衰老相关的疾病等。除此以外，具有水解活性的纳米酶也可以通过降解相应分子从而实现对特定的疾病的治疗。并且，纳米酶固有的物理化学特性也可在疾病治疗过程中发挥其特定的作用。以下将具体介绍纳米酶在各种疾病中的治疗策略。

16.1 肿瘤

肿瘤 ❶，俗称癌症，根据国际癌症研究机构统计数据估算，2022 年全球新增肿瘤病例近 2000 万例，因癌症死亡的人数为 970 万 [1]。尽管癌症死亡数较 2020 年死亡人数有所缩减（2020 年全球新增肿瘤病例将近 2000 万例，1000 万死于癌症 [2]），但癌症仍是全球致死率最高的疾病之一。目前，癌症的治疗策略主要包括手术切除、放射治疗（简称放疗）、化学治疗（简称化疗）和免疫治疗等 [3-6]。尽管利用现有策略对肿瘤治疗取得了一定疗效，但这些治疗策略仍存在一定的局限性，如药物副作用与肿瘤耐药性。因而，迫切需要发展新型疗法和治疗药物。而纳米材料可通过表面修饰特定配体实现精准靶向、针对特定的肿瘤微环境（如低 pH、酶等）实现刺激响应性释放、作为递送载体可以延长药物在体内的循环时间并缓解药物的毒副作用和耐药性等，已被广泛用于肿瘤治疗的研究 [7,8]。纳米酶作为一种具有类酶催化活性的功能纳米材料，近年来被广泛应用于肿瘤催化治疗。如图 16.1 所示，纳米酶的类过氧化氢酶（CAT）活性可缓解肿瘤的乏氧状态，进而用于增强肿瘤需氧治疗；类过氧化物酶（POD）与氧化酶（OXD）活性，可在肿瘤细胞内催化产生高水平活性氧物种（ROS），诱发肿瘤细胞氧化应激；类谷胱甘肽过氧化物酶（GPx）与谷胱甘肽氧化物酶（GSHOx）活性，能降低肿瘤细胞内 GSH 水平，增强氧化应激

---

❶ 肿瘤分为恶性肿瘤和良性肿瘤。恶性肿瘤包括癌和肉瘤。癌是在细胞内生成的癌症，这些细胞是组织内层器官的组成，如肝脏或肾脏。肉瘤是身体结缔组织中形成的癌症，例如在肌肉、骨骼和神经中的癌症。

型肿瘤治疗；纳米酶通过不同催化活性，可用于激活肿瘤前体药物用于肿瘤治疗；此外，具有类葡萄糖氧化酶（GOx）活性的纳米酶，通过催化肿瘤细胞内葡萄糖非功能性消耗，进而介导肿瘤饥饿治疗[9-11]。本节将简要介绍基于纳米酶的肿瘤治疗策略。

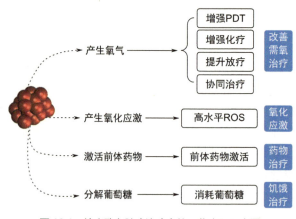

图16.1　纳米酶在肿瘤治疗中的一些应用示意图

16.1.1　纳米酶用于缓解肿瘤乏氧

实体瘤内的血氧含量低于正常组织，这种现象称为肿瘤乏氧❶[12]。肿瘤乏氧会极大限制肿瘤需氧疗法的治疗效果，并容易导致肿瘤转移[13]。因此，研究者开发了一系列缓解肿瘤乏氧的策略，包括向肿瘤输送外源氧气、抑制肿瘤氧气消耗、肿瘤原位产生氧气等[14]。就肿瘤原位产生氧气而言，是指利用肿瘤微环境中底物催化产生氧气。由于肿瘤区域含高水平 H_2O_2，具有类 CAT 活性的纳米酶可以催化 H_2O_2 分解产生 O_2，从而缓解肿瘤的乏氧[15]。类 CAT 纳米酶通过缓解肿瘤乏氧，增强肿瘤需氧性治疗主要涉及以下几个方面。

① 增强光动力学治疗。光动力学疗法（photodynamic therapy，PDT）是指光敏剂在特定光源照射下将氧气转变为单线态氧，并由此杀伤肿瘤细胞[14,16,17]。然而，PDT 作为一种需氧的肿瘤治疗方式，受限于肿瘤乏氧的微环境。一系列具有类 CAT 活性的纳米酶如铂纳米粒子、MnO_2 纳米酶、单原子纳米酶等，被开发用于改善肿瘤乏氧，进而用于增强肿瘤 PDT 治疗[18-21]。

② 增强化疗。肿瘤乏氧会上调细胞 p-糖蛋白的表达，过表达的 p-糖蛋白可以将化疗药物输送到细胞外，从而导致耐药性的发生[22,23]。研究发现具有类 CAT 活性的纳米酶，可以有效缓解乏氧，抑制 p-糖蛋白的表达，避免引起细胞耐药[24-26]。

---

❶ 癌细胞增殖和分裂速度很快，导致肿瘤部位消耗更多的氧气和葡萄糖，进而打破肿瘤部位的供氧和耗氧平衡，形成乏氧的肿瘤微环境。肿瘤乏氧特点表现为氧分压小于 10 mmHg（1 mmHg = 133.32Pa）。

③ 提升放疗。放疗主要利用 X 射线等高强度电离辐射，通过产生大量 ROS 造成 DNA 损伤。然而 ROS 的产生很大程度上依赖于氧气水平 [27]。因此，通过纳米酶来改善肿瘤的乏氧环境，有助于提高肿瘤放疗的效果 [28-30]。

④ 协同治疗。除上述类 CAT 活性纳米酶用于增强 PDT、化疗和放疗等需氧性治疗外，类 CAT 活性纳米酶也可以辅助用于其他模式的肿瘤治疗。如兼具类 CAT 和 OXD 活性纳米酶，通过级联催化（类 CAT 活性催化产生氧气，以供后续类 OXD 活性产生高毒性超氧阴离子），进而杀伤肿瘤 [31,32]。

总之，针对肿瘤乏氧的微环境，具有类 CAT 活性的纳米酶可有效缓解肿瘤乏氧，进而增强肿瘤需氧疗法以及协同其他治疗方式，从而高效地治疗肿瘤。

16.1.2　纳米酶诱导氧化应激用于肿瘤治疗

与正常细胞相比，肿瘤细胞更容易受到外源性 ROS 的影响 [33]。经纳米酶催化在肿瘤细胞中产生高毒性 ROS，提升氧化应激水平，以诱导肿瘤细胞死亡，进而实现肿瘤治疗。催化诱导肿瘤高水平 ROS 纳米酶的类酶活性主要包括：类 POD 活性、类 OXD 活性、类 GPx 活性以及类 GSHOx 活性等（图 16.2）。

① 类 POD 活性。类 POD 纳米酶能催化肿瘤区域的 H_2O_2 产生高毒性的羟基自由基，从而诱导肿瘤细胞的死亡 [34,35]。如酸性肿瘤微环境和高浓度的 H_2O_2 有助于类 POD 纳米酶发挥其催化活性，产生羟基自由基。研究者们将天然葡萄糖氧化酶和超小

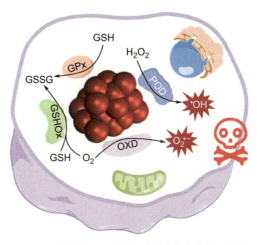

图 16.2　纳米酶诱导肿瘤细胞产生氧化应激示意图

Fe_3O_4 纳米酶共组装于树枝状二氧化硅纳米粒子中，葡萄糖氧化酶消耗肿瘤细胞中的葡萄糖并产生葡萄糖酸和 H_2O_2，可增强 Fe_3O_4 纳米酶催化产生羟基自由基，促使肿瘤细胞的死亡 [36]。

② 类 OXD 活性。除了利用类 POD 活性纳米酶催化产生高毒性羟基自由基用于肿瘤治疗外，类 OXD 活性纳米酶也可以催化 O_2 产生超氧阴离子用于肿瘤催化治疗。然而，由于乏氧的肿瘤微环境，类 OXD 活性纳米酶通常与类 CAT 活性纳米酶相结合，形成级联催化反应 [37-39]。

③ 类 GPx 活性和类 GSHOx 活性。肿瘤细胞中 GSH 浓度显著高于正常细胞，GSH 作为一种抗氧化剂，能够使 ROS 失活，因此 GSH 消耗也可以促进肿瘤催化治疗。研究者开发了一系列具有 GSH 消耗能力的纳米酶如类 GPx 纳米酶和 GSHOx

纳米酶：类 GPx 纳米酶主要通过催化 H_2O_2 氧化 GSH 生成 GSSG（氧化型谷胱甘肽），进而削弱 GSH 抗氧化作用 [40,41]；类 GSHOx 纳米酶主要通过催化 O_2 氧化 GSH 生成 GSSG，用于肿瘤的催化治疗 [21,42]。

16.1.3　纳米酶用于激活肿瘤前体药物

酶前体药物疗法，是指通过外源酶或表达特异的酶来局部激活系统给药的非特异性原药，从而达到减少毒副作用，实现局部、特定部位的治疗效果 [43,44]。现有酶前体药物疗法多聚焦于一些天然酶的催化作用，然而天然酶存在免疫原性且在复杂细胞内环境中不稳定，因此需要发展新的疗法。纳米酶为酶前体药物疗法带来新的选择与机遇 [45]。例如，研究证明天然 POD 和吲哚-3-乙酸（IAA）是一种很有前景的酶促药物组合 [46]；然而，内源性 POD 活性不足以及难以在肿瘤细胞中选择性表达外源性 POD 严重限制了 POD/IAA 的抗肿瘤效率。因而一些类 POD 活性纳米酶被开发用于激活 IAA，以产生大量 ROS 并引发肿瘤细胞凋亡 [47]。盐酸巴诺蒽醌（AQ4N）是一种可在肿瘤组织缺氧条件下转化为细胞毒性 DNA 中间体（AQ4）的原药，目前已进入临床试验阶段 [48]；然而，肿瘤缺氧程度不足以最大限度地发挥 AQ4N 的治疗潜力，研究人员开发了一种具有类细胞色素 c 氧化酶活性的纳米酶 Cu-Ag 纳米粒子（Cu-Ag NPs），以癌细胞中过度表达的细胞色素 c 为电子供体，将氧气催化还原成具有细胞毒性的超氧化物和羟基自由基，从而加剧肿瘤缺氧，进而激活 AQ4N 治疗作用（图 16.3）[49]。但纵观纳米酶催化激活前体药物用于肿瘤治疗的情况并不是很多，有待更深入开发。

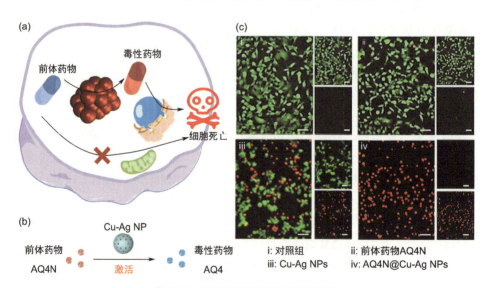

图 16.3　纳米酶用于激活肿瘤前体药物
（a）总示意图；（b）前体药物 AQ4N 被 Cu-Ag NPs 纳米酶激活示意图；（c）前体药物 AQ4N 被 Cu-Ag NPs 纳米酶激活后用于肿瘤细胞活死染色分析，绿色荧光代表活细胞，红色荧光代表死细胞｛图（b）和图（c）改编自文献 [49]｝

16.1.4　纳米酶与肿瘤饥饿治疗

　　由于增殖迅速，癌细胞通常比正常细胞需要更多的葡萄糖，消耗葡萄糖介导肿瘤饥饿治疗成为一种新型肿瘤治疗方式[50]。研究发现，一些金纳米粒子具有类 GOx 活性，进而被用于肿瘤的饥饿治疗[51]。然而，鉴于肿瘤乏氧的微环境，限制了类 GOx 纳米酶的催化效率，因而类 CAT 与类 GOx 纳米酶相组合形成级联反应被用于肿瘤的饥饿治疗（图 16.4）[52-54]。目前，类 GOx 活性主要聚焦于金纳米酶，更多具有类 GOx 活性的纳米酶有待进一步挖掘与开发。

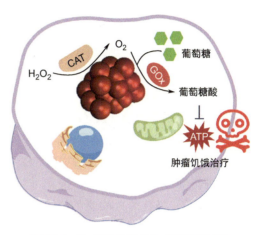

图 16.4　类 CAT 与类 GOx 纳米酶形成级联反应用于肿瘤饥饿治疗的示意图

　　综上所述，虽然纳米酶在癌症治疗领域取得了许多进展，但进一步发展仍面临一些挑战。例如，如何在癌症微环境中保持高催化活性；纳米酶通常具有多种类酶催化活性，如何通过合理设计平衡各种酶活性，以便更好应用于肿瘤治疗；纳米酶的生物相容性也需要重点关注。

16.2　抗菌治疗

　　病原菌引发的感染已经成为世界性难题，严重威胁着人类健康。目前，主流的治疗方法仍然是应用小分子抗菌药物——抗生素 / 抗真菌药。然而，滥用或误用这些抗菌药物会增加病原菌的耐药性，甚至产生超级菌，严重影响治疗效果。更具挑战性的是，这些病原菌容易在生物和非生物表面形成生物膜。生物膜中的细胞外基质能够阻止抗菌药物渗透和抵抗外界环境压力，导致病原菌无法完全清除，进而引发持续感染、器件植入失败和器件损坏等问题，加大了抗菌难度。因此，开发新型抗菌药物的替代疗法迫在眉睫。受天然酶破坏病原菌结构完整性、干扰增殖或程序性死亡的启发，纳米酶为抗病原菌感染提供了前所未有的机会。此外，与天然酶相比，纳米酶具有稳定性高、催化活性可调、易于大规模制备等优势，为各类病原菌感染性疾病的治疗提供了新方法[55,56]。

16.2.1　纳米酶在抗细菌治疗中的应用

16.2.1.1　抗浮游细菌

　　活性氧（ROS）指在不完全氧化还原反应中所形成的中间产物，主要包括过氧化氢（H_2O_2）、羟基自由基（$\cdot OH$）、超氧阴离子（$O_2^{\cdot-}$）和单线态氧（$^1O_2$）等。ROS 通过破坏细菌细胞壁 / 细胞质膜、核酸、蛋白质和多糖等方式杀灭细菌[56]。

一般情况下，较高浓度的 H_2O_2（0.5%~3%，为 166 mmol/L~1.0 mol/L）具有优异的抗细菌活性，然而也会损伤正常细胞和组织。研究发现，具有类过氧化物酶（POD）活性的纳米酶可以催化低浓度 H_2O_2（<1 mmol/L）产生氧化活性更强的 $\cdot OH$ 以杀灭细菌。如图 16.5（a）所示，石墨烯量子点（GQDs）催化 H_2O_2（10^{-2} mol/L）产生的 $\cdot OH$ 可以将大肠杆菌（E. coli）和金黄色葡萄球菌（S. aureus）的存活率降低至 10% 以下。通过建立金黄色葡萄球菌感染的创面模型进行验证，发现 GQDs 联合 H_2O_2 在整个治疗过程中未观察到红疹或水肿现象❶，并在治疗 72 h 后形成结痂，显著促进伤口愈合［图 16.5（b）］[57]。对于一些本身是微酸性环境且能够产生 H_2O_2 的器官 / 组织，具有类 POD 活性的纳米酶进入这些器官 / 组织内催化产生 ROS，实现对细菌的清除。一个典型的例子是，作为一种兼性胞内菌，沙门氏菌能够侵入宿主细胞内存活，逃逸宿主免疫系统，同时也能够逃脱大部分抗生素的杀菌作用而产生耐药性。沙门氏菌感染可引起强烈的细胞自噬，四氧化三铁纳米酶（Fe_3O_4）能够进入自噬泡内［图 16.5（c）］，并借助其酸性环境发挥类 POD 活性，提高胞内 ROS 水平以抑制沙门氏菌活性。利用雏鸡细菌侵袭性感染实验进行了验证，发现口服 Fe_3O_4 能够有效降低沙门氏菌对肝脏组织的感染［图 16.5（d）］[58]。因此，利用具有类 POD 活性的纳米酶，通过催化低浓度 H_2O_2 产生的 ROS 可实现对细菌感染性疾病的治疗[59-61]。

对于具有类氧化酶（OXD）活性的纳米酶，则可以通过催化氧气（无需 H_2O_2 参与）在短时间内产生大量的 $O_2^{\cdot-}/^1O_2$，实现对细菌的高效清除[62]。例如，在强酸性的胃部环境中，通过石墨烯壳层（G）的保护作用，铂钴合金（PtCo）纳米酶能够抵抗胃酸的腐蚀，充分发挥类 OXD 活性产生有毒的 $O_2^{\cdot-}$，对幽门螺杆菌（H. pylori）具有强大的杀灭作用［图 16.6（a）］。在通过疏水相互作用修饰细菌靶向分子——苯硼酸后，所制备的 PtCo@G@CPB（CPB 为一端含有苯硼酸，另一端含有 C_{18} 烷基链的聚乙烯二醇）对肠道共生菌［大肠杆菌和乳酸杆菌（L. B）］几乎无影响［图 16.6（b）］。在幽门螺杆菌感染的小鼠胃部模型中，经 PtCo@G@CPB 和奥美拉唑（omeprazole）、阿莫西林（amoxicillin）、克拉霉素（clarithromycin）（三者合写为 OAC）治疗的小鼠胃部幽门螺杆菌数目均显著降低［图 16.6（c）］；然而，与 OAC 不同，PtCo@G@CPB 几乎不影响肠道和粪便中共生细菌的活力［图 16.6（d）］，实现了对胃部幽门螺杆菌感染的选择性治疗，展现了纳米酶用于治疗细菌感染性疾病的优势[63]。

---

❶ 红疹和水肿现象是机体对细菌侵染的一种防御反应。

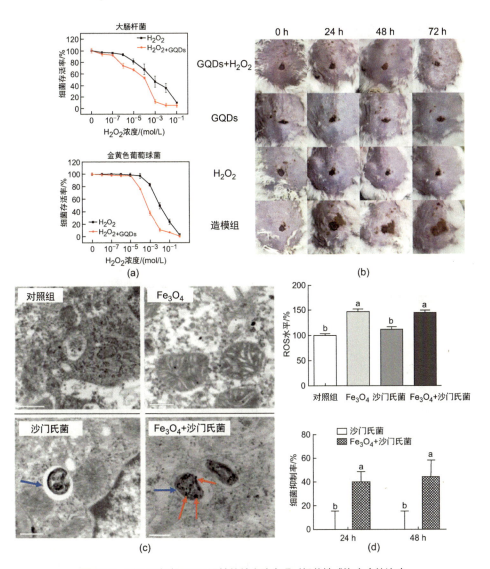

图 16.5　利用具有类 POD 活性的纳米酶实现对细菌性感染疾病的治疗

（a）GQDs 催化 H_2O_2（10^{-2} mol/L）将大肠杆菌和金黄色葡萄球菌的存活率均降低到 10% 以下；（b）GQDs 联合 H_2O_2（10^{-2} mol/L）显著促进金黄色葡萄球菌感染小鼠的伤口愈合[57]；（c）Fe_3O_4 与沙门氏菌共定位于雏鸡肝细胞的自噬空泡内，蓝色箭头表示沙门氏菌；红色箭头表示 Fe_3O_4（比例尺：0.5 μm）；（d）Fe_3O_4 显著提高雏鸡肝细胞内的 ROS 水平并抑制胞内沙门氏菌活性[58]。图中的（a）和（b）表示差异具有统计学意义（p 值 < 0.05）

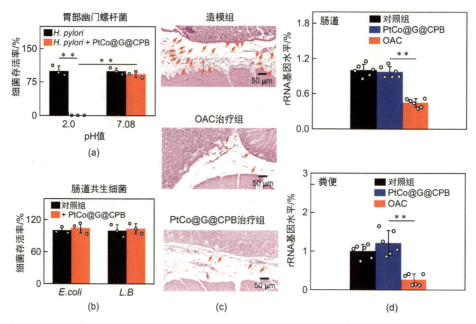

图 16.6　PtCo 有效杀死幽门螺杆菌（a）；PtCo 几乎不影响肠道共生细菌的活力（b）；在幽门螺杆菌感染的小鼠胃部模型中，PtCo@G@CPB 纳米酶显著降低了胃部幽门螺杆菌数目，且不影响肠道和粪便中共生细菌的活力（c）（d）

（c）中红色箭头表示胃部滞留的幽门螺杆菌[63]

　　利用纳米酶的 POD 和 OXD 活性产生有毒的 ROS 杀死细菌后，死亡后的细菌会产生脂多糖刺激等产生更多的 ROS，而具有抗氧化酶活性（如类 SOD、类 CAT、类 GPx 等活性）的纳米酶可清除过量 ROS，减轻细菌感染引起的炎症[64]。例如，牙周炎是由牙菌斑引起的慢性炎症性疾病，其特征是活性氧（ROS）等物质过度积累，导致牙周组织遭到破坏。铜单宁酸配位纳米片（CuTA NSs）具有类 SOD 和类 CAT 活性，可清除过量的 ROS。在厌氧牙龈卟啉单胞菌感染的大鼠牙周炎模型中，CuTA NSs 可显著降低牙槽骨缺失（注：牙槽嵴顶与釉牙骨质界的距离明显增加可表明牙槽骨缺失）［图 16.7（a）］，并明显增加胶原沉积［图 16.7（b）］，从而实现了对细菌性牙周炎的有效治疗[65]。

　　需要指出的是，一些纳米酶材料在高浓度的时候会产生细胞毒性；此外，细菌暴露在低浓度 H_2O_2 中有时能够防御氧化应激带来的损伤；更严重的是，一些细菌可以产生内生孢子清除 H_2O_2。因此，仅依靠纳米酶的类酶活性难以高效根除细菌（特别是耐药菌），需要将多种抗菌治疗方式联合应用以提高纳米酶的抗菌效率[66,67]。例如，在近红外（NIR）激光（波长：808 nm）的照射下，具有光热转化性能的碳基纳米酶（N-SCS）除了能够产生热量来杀死耐药金黄色葡萄球菌之外，通过催化 H_2O_2 发挥类 POD 活性在细菌细胞内部产生更多的 ROS 显著增强抗菌活性

[图 16.8（a）]，进而促进耐药金黄色葡萄球菌感染的伤口愈合 [图 16.8（b）][68]；亦可通过联合化学动力学疗法、光动力学疗法、声动力学疗法、磁场驱动等方法提高纳米酶在创面和口腔感染、感染性肌炎等方面的治疗效果 [69-71]。

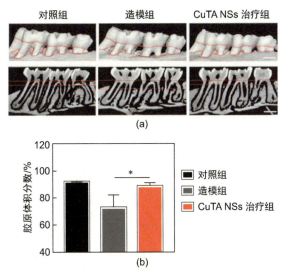

图 16.7　CuTA NSs 降低了厌氧牙龈卟啉单胞菌引发的牙槽骨（a）和胶原沉积（b）缺失（比例尺：100 μm）[65]

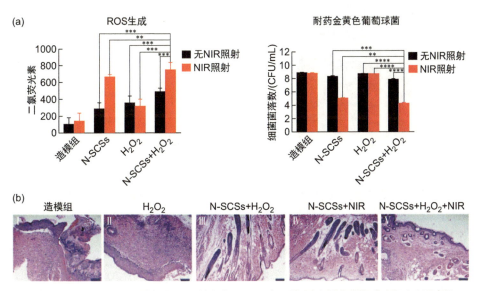

图 16.8　N-SCS 联合 H_2O_2 在 NIR 激光（808 nm）照射下通过在细菌细胞内部产生更多的 ROS 显著增强抗耐药菌活性（a）；耐药金黄色葡萄球菌感染的伤口愈合效果增加（比例尺：200 μm）（b）[68]

16.2.1.2 抗细菌生物膜

细菌生物膜是细菌在胞外聚合物（extracellular polymeric substances，EPS）的保护下所形成的簇状结构，具有自身的防御和通信系统，使得生物膜中的细菌比浮游细菌更难去除，且更易产生耐药性。因此，清除细菌生物膜对于治疗众多难治性感染疾病具有重要意义[55]。

例如，变异链球菌及其他致龋细菌所形成的生物膜会产生低浓度 H_2O_2，且会使口腔处于酸性的微环境（pH ≈ 4.5），进而侵蚀羟基磷灰石，引发龋齿[71,72]。具有类 POD 活性的纳米酶在酸性条件下催化 H_2O_2 产生的 ·OH 可以杀死生物膜中的变异链球菌，进而抑制牙釉质蛀牙。如图 16.9（a）所示，Ferumoxytol（Fer）是一种经美国食品药品监督管理局批准用于全身治疗缺铁症的四氧化三铁纳米粒子，具有类 POD 活性，可杀死变异链球菌和分解 EPS 以瓦解生物膜。通过对变异链球菌感染的大鼠龋齿进行治疗，发现局部注射 Fer 可以有效抑制生物膜积聚和牙釉质表面的酸损伤，防止牙洞的发生［图 16.9（b）］，并且不影响口腔周围的黏膜组织和微生物群［图 16.9（c）］[73]。

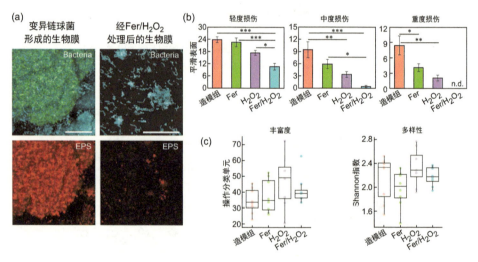

图 16.9　Fer 催化 H_2O_2 杀死变异链球菌和分解 EPS 以抑制生物膜积聚［（a），比例尺：50 μm］；可抑制牙釉质表面不同程度的损伤，防止牙洞产生（b）；不影响口腔微生物群的丰富度和多样性（c）[73]

基于纳米酶的类 OXD 活性催化产生的 $O_2^{·-}/^1O_2$，也可用于抑制细菌生物膜的形成以降低宿主的炎症反应。一个典型的例子是，银钯合金（AgPd$_{0.38}$❶）纳米笼能够高效清除细菌（耐药细菌）；与银纳米粒子（Ag NPs）不同，AgPd$_{0.38}$ 经多次使用未导致细菌耐药性出现［图 16.10（a）］。当 AgPd$_{0.38}$ 与细菌表面接触时，可以原位

❶　0.38 指的是 Ag 与 Pd 的原子比例。

催化生成表面吸附态 ROS（非游离态）杀灭细菌，而正常哺乳动物细胞则会吞噬 $AgPd_{0.38}$ 从而有效屏蔽表面吸附 ROS 的杀伤作用，实现对细菌选择性杀灭的作用 [图 16.10（b）]。医疗导管植入体内后常会出现细菌膜，但在导管表面修饰具有抗菌能力的 $AgPd_{0.38}$ 并植入体内后，相较于未经涂层修饰的导管，在 $AgPd_{0.38}$ 修饰后的导管表面细菌膜的形成被高效抑制，并在以导管植入细菌感染小鼠为模型的动物实验中降低宿主感染的相关炎性反应 [图 16.10（c）][62]。

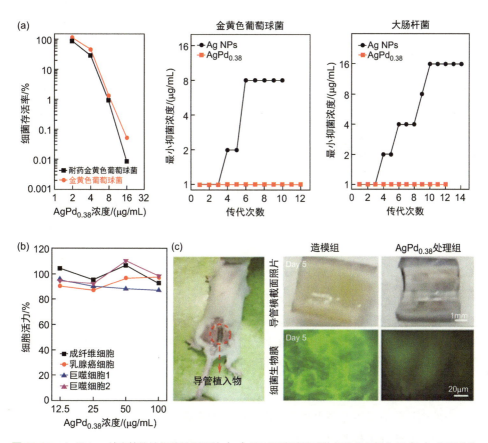

图 16.10　$AgPd_{0.38}$ 纳米笼的抗细菌效果评估（a）及对正常哺乳动物细胞的保护作用（b），以及作为导管植入物能显著抑制导管表面细菌生物膜的形成（c）[62]

作为 EPS 的关键成分之一，胞外 DNA（eDNA）负责将不同的 EPS 成分和细菌连接在一起，从而维持生物膜的完整性[55]。受天然脱氧核糖核酸酶（DNase）启发所设计的类 DNA 水解酶活性的纳米酶，可通过加速 eDNA 水解破坏 EPS 完整性以消除生物膜。如图 16.11（a）所示，$MOF_{-2.5Au-Ce}$❶ 纳米酶具有类 DNase 活性，能

---

❶ Au 原子与 Ce 原子的比例为 2.5。

够水解eDNA并破坏已建立的生物膜；同时，MOF$_{-2.5Au-Ce}$纳米酶还具有类POD活性，催化H$_2$O$_2$产生ROS杀死生物膜中的细菌，有利于避免细菌的再次定殖和生物膜的重新建立。体内抗生物膜作用结果显示，MOF$_{-2.5Au-Ce}$纳米酶在金黄色葡萄球菌感染的小鼠皮下脓肿模型中展示了优异的抗菌效果和促进伤口愈合的作用［图16.11（b）］[74]。

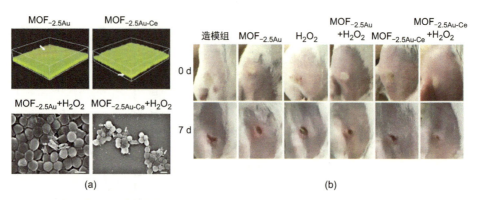

图16.11 MOF$_{-2.5Au-Ce}$纳米酶通过发挥类DNase和类POD活性破坏已建立的生物膜并杀死生物膜中的细菌（a）和对金黄色葡萄球菌感染的小鼠皮下脓肿具有优异的抗菌效果和促进愈合作用（b）[74]
（a）中白色箭头表示MOF$_{-2.5Au-Ce}$纳米酶（比例尺：1 μm）

16.2.2　纳米酶在抗真菌治疗中的应用

真菌不仅具有坚韧的细胞壁，而且会形成菌丝和孢子以实现免疫细胞的逃逸，这导致传统抗真菌药物疗效欠佳。更具挑战的是，传统抗真菌药物由于选择性较差容易损伤正常细胞和组织，引发二重感染，甚至造成耐药性，这进一步加大了临床治疗的难度[56]。因此有必要研发纳米酶等新型抗真菌治疗体系。

16.2.2.1　治疗念珠菌性阴道炎

念珠菌性阴道炎主要是由白色念珠菌引起的真菌感染性疾病，严重影响女性的身心健康。乳酸杆菌作为阴道的优势菌群通过产生乳酸、H$_2$O$_2$、黏菌素等物质调节阴道的微环境以提高阴道抵御病原菌的能力。然而，乳酸杆菌所产生的H$_2$O$_2$浓度有限，并且真菌耐酸性微环境，因此，利用乳酸杆菌制剂治疗念珠菌性阴道炎的效果往往不够理想。如图16.12（a）所示，设计合成的一种用于治疗念珠菌性阴道炎的透明质酸水凝胶制剂解决了上述问题，该制剂负载有纳米酶-乳酸杆菌。经阴道注射至感染部位，白色念珠菌分泌透明质酸酶降解透明质酸水凝胶后释放出乳酸杆菌和负载二硫化亚铁的还原型氧化石墨烯纳米酶（rGO@FeS$_2$）。一方面，乳酸杆菌可以产生乳酸和H$_2$O$_2$降低阴道的pH；另一方面，rGO@FeS$_2$可以在酸性条件下充分发挥类POD活性，催化H$_2$O$_2$产生·OH杀死白色念珠菌，即可实现同时杀灭白色念珠菌和调节阴道微环境的双重功效。在小鼠白色念珠菌感染的阴道炎模型中，该水凝胶展现出优异的抗真菌效果，并且与克霉唑药物相比，能最大限度地降低阴道黏膜损伤并具有调节阴道微生物群的作用，塑造了一个相对健康的阴道微环境，显示出很好的临床转化前景［图 16.12（b）］[75]。

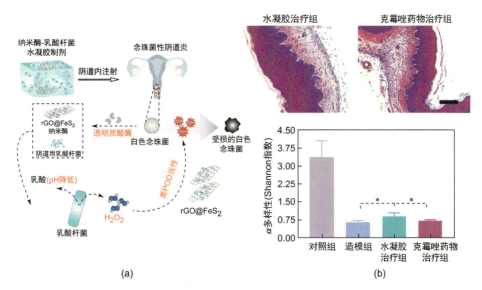

图 16.12　纳米酶-乳酸杆菌水凝胶用于治疗念珠菌性阴道炎的机理示意图（a）和纳米酶-乳酸杆菌水凝胶能够降低白色念珠菌对阴道黏膜的损伤和具有调节阴道微生物群的作用（b）（比例尺：100 μm）[75]

16.2.2.2　治疗深部皮肤真菌感染

针对深部皮肤真菌感染，设计合成了一种可生物降解的纳米酶微针贴片（CuS/PAF-26 MN）。其所含硫化铜（CuS）纳米酶具有类 POD 活性，能催化 H_2O_2 产生有毒的 ROS；所含抗菌肽 PAF-26 可与 ROS 协同直接破坏真菌的细胞膜，显示出增强的抗真菌活性，且不会造成真菌耐药性的产生［图 16.13（a）］。在小鼠深部皮肤感染模型中，CuS/PAF-26 MN 的抗真菌效果明显优于酮康唑软膏❶［图 16.13（b）］[76]。

16.2.3　小结

如前文所述，利用纳米酶的类酶催化活性可有效治疗各类病原菌感染相关的疾病。图 16.14 总结了纳米酶用于病原菌感染性疾病治疗的研究方向，未来的研究不仅需要开拓纳米酶的催化类型进行抗菌治疗，也需要开展临床试验验证抗感染效果，实现纳米酶的临床转化。

---

❶ 一种商用的抗真菌药物。

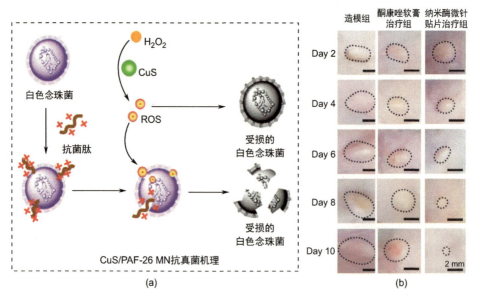

图 16.13　纳米酶微针贴片的抗真菌机理示意图（a）、对白色念珠菌感染小鼠深部皮肤感染具有优异的治疗效果，且优于酮康唑软膏（b）[76]

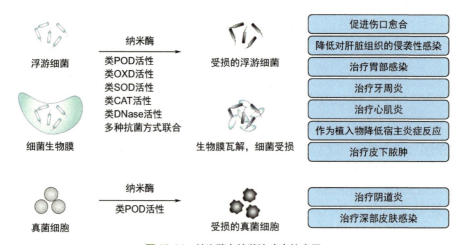

图 16.14　纳米酶在抗菌治疗中的应用

16.3　抗氧化

活性氧（ROS）是外界环境以及生命体内均能产生的一类由氧分子（O_2）衍生而来的、具有高氧化还原反应活性的含氧化合物，根据电子配对情况可以分为自由基和非自由基。超氧阴离子自由基（$O_2^{\cdot-}$）、羟基自由基（$^{\cdot}OH$）等含有未配对电子，倾向于从其他物质中夺取电子，因此具有强氧化能力，能够引发链式反应氧化体内的核酸、脂质、蛋白质等大分子产生更多自由基，同时也具有寿命短、浓度低等特点；单线态氧（$^1O_2$）、过氧化氢（H_2O_2）、次氯酸（HOCl）等含氧分子虽然不是自由基，但是本身也具有较强的反应活性或者容易转化成高活性的自由基[77]。与之类似，活性氮（reactive nitrogen species，RNS）❶是具有高氧化活性的含氮化合物，包括一氧化氮自由基（·NO）、过氧亚硝酸根（$ONOO^-$）等，与活性氧统称为 RONS（reactive oxygen and nitrogen species）。

机体内 RONS 的产生大部分源自电子传递链中的电子逃逸。电子传递链又称为呼吸链，由酶复合体与可移动电子载体构成，主要存在于线粒体内膜上，是细胞有氧呼吸的重要组成部分[78]。其能够接受并转移来自还原型辅酶 I（NADH）和琥珀酸的电子将 O_2 还原成水，同时形成 H^+ 梯度驱使高能 ATP 的产生。在电子转移过程中，部分泄漏的电子会直接传递给 O_2，使其还原产生 $O_2^{·-}$，随后可被超氧化物歧化酶（superoxide dismutase，SOD）催化转化为 H_2O_2。

还有一些 RONS 是氧化酶催化反应的中间体或产物。其中，按照酶功能划分，一部分 RONS 是酶催化反应的副产物。例如，黄嘌呤氧化酶参与机体中嘌呤的代谢，能够催化氧化嘌呤生成尿酸，同时生成副产物 $O_2^{·-}$ 和 H_2O_2。另一部分 RONS 则是酶催化反应的主要产物，被细胞主动产生用于各类代谢活动。还原型辅酶 II（NADPH）氧化酶（NOX）的主要功能即是将 NADPH 的电子传递给 O_2 以生成 $O_2^{·-}$ 或 H_2O_2，且不同类型 NOX 所产生的 RONS 的作用各不相同[79]。例如，吞噬细胞 NOX 产生 RONS 起免疫防御作用，其他细胞或组织中的 NOX 产生的 RONS 则常作为信号分子调节细胞活动。此外，过渡金属离子也会影响 RONS 的产生。其能够参与芬顿反应产生 ·OH，或者催化各类生物分子自氧化生成 RONS。

一定水平的 RONS 有利于机体生存和健康。细胞代谢过程中产生的生理浓度的 RONS 对细胞发育、存活和信号传导至关重要，并作为细胞内的第二信使发挥着重要作用。比如，中性粒细胞可以通过呼吸爆发快速产生大量 RONS 来杀伤病原体[80]。再如，RONS 作为信号分子可以调控细胞增殖、分化、凋亡、免疫应答等活动[81]。然而，由于具有强氧化活性，在调控生理活动的同时，RONS 不可避免地会对机体造成氧化损伤，例如衰老。为了调控 RONS 水平、维护细胞氧化还原动态平衡，在发挥 RONS 生理功能的同时减少氧化损伤，机体进化出了包括酶类抗氧化剂和非酶类抗氧化剂的抗氧化系统，用于清除过量 RONS[82]。酶类抗氧化剂是指可以通过催化氧化还原反应清除 RONS 的酶。例如，过氧化物还原酶是机体内调控 RONS 水平的重要酶体，可以催化 H_2O_2 氧化硫氧还蛋白，还可以催化还原已经被过氧化的脂质和蛋白质。此外，典型的酶类抗氧化剂还包括 SOD 催化 $O_2^{·-}$ 歧化生成

---

❶ 一氧化氮可以与 ROS 反应生成 RNS。

H_2O_2 和 O_2，过氧化氢酶（CAT）催化 H_2O_2 分解成水和 O_2，以及谷胱甘肽过氧化物酶（GPx）催化还原型谷胱甘肽（GSH）❶ 还原 H_2O_2 或有机过氧化物。这些酶类抗氧化剂能够协同作用，共同抵御氧化损伤。非酶类抗氧化剂按照作用方式可以分为两类。一类是能够代替其他生物大分子直接与 RONS 反应的"牺牲剂"，典型的包括 GSH、辅酶 Q10、尿酸等；另一类是能够捕获储存过渡金属离子的化合物，例如转铁蛋白可以结合铁离子从而减少氧化损伤。

当机体受到刺激产生过多的 RONS 或者机体的抗氧化能力下降时，体内的氧化-抗氧化系统的平衡失调并引起 RONS 积累，这一现象叫作氧化应激。在氧化应激下，积累的 RONS 能够氧化生物大分子进而损伤细胞，比如损伤 DNA❷ 破坏基因组稳定性[83]、过氧化脂质❸ 破坏细胞膜通透性[84]、氧化功能蛋白使其丧失活性[85]等。这些氧化损伤可能进一步引发神经退行性疾病、心血管疾病、癌症等多种疾病。此时，摄取补充抗氧化剂或许能够帮助恢复 RONS 水平、治疗疾病。除了上文提及的机体内固有的抗氧化剂，一些外源性抗氧化剂也正在被探索使用，包括维生素 C、类胡萝卜素、酚类化合物❹ 等非酶类抗氧化剂，以及酶类抗氧化剂的模拟物，如纳米酶。

纳米酶可以模拟多种酶类抗氧化剂的活性，催化清除体内 RONS、保护细胞免受氧化损伤，进而预防或治疗各类疾病。本节将按照类酶催化活性的类型，整体介绍纳米酶作为抗氧化剂在治疗各类疾病中的应用范例。

16.3.1 单一类酶活性

目前已发现多种纳米酶具有类 SOD、类 CAT 以及类 GPx 活性，并探索将它们用于抗氧化治疗。比如，钒酸铈（$CeVO_4$）纳米棒可以部分代替神经细胞中的胞质 SOD（CuZn-SOD）和线粒体 SOD（Mn-SOD）下调 $O_2^{\cdot-}$ 水平以保护抗凋亡 Bcl-2 家族蛋白❺，从而在氧化应激条件下维护线粒体功能完整和细胞中的 ATP 水平[86]；四氧化三铁（Fe_3O_4）纳米粒子在中性条件下具有类 CAT 活性，可以催化 H_2O_2 分解以保护细胞免受氧化损伤[87]；五氧化二钒（V_2O_5）纳米线能够模拟 GPx 催化活性清除细胞内的 H_2O_2，保护生物大分子不被氧化从而提高细胞生存率[88]。此外，与

---

❶ GSH 被氧化为氧化型谷胱甘肽（glutathione disulfide，GSSG）后，谷胱甘肽还原酶可以在 NADPH 的帮助下将 GSSG 还原为 GSH。

❷ 损伤 DNA 的路径包括链断裂、链交联、碱基错配等。

❸ 脂质过氧化还会产生丙二醛等有毒物质。丙二醛能够引发蛋白质、核酸交联从而使其丧失功能。

❹ 由于酚羟基是较好的电子供体，许多酚类化合物都具有抗氧化作用，并且它们大多可以直接从饮食中被摄取。酚类抗氧化剂包括单酚类化合物（如维生素 E）与多酚类化合物。多酚抗氧化剂又可分为酚酸（如没食子酸、咖啡酸）、二苯乙烯类多酚（如白藜芦醇）、类黄酮（如儿茶素、花青素）等等。

❺ 抗凋亡 Bcl-2 家族蛋白主要存在于线粒体膜上，通过控制线粒体膜的通透性来调控凋亡因子的释放，从而调控细胞凋亡。

部分纳米酶催化类芬顿反应产生 ·OH 不同，普鲁士蓝 ❶ 纳米粒子在酸性条件下具有较强的类过氧化物酶（POD）活性，能够催化 H_2O_2 氧化还原性底物而不产生 ·OH，并且对 ·OH 有一定亲和性，可以反应消除 ·OH，从而在病理环境下抑制氧化损伤 [89]。

16.3.2　级联反应体系

（1）SOD-CAT/GPx

类 SOD 纳米酶在清除 O_2^{-} 的过程中会产生 H_2O_2，H_2O_2 的堆积也会造成氧化损伤。对此，可以将类 SOD 纳米酶与类 CAT 或 GPx 纳米酶联用来构成级联反应体系，提高催化和治疗效率。比如，氧化铈（CeO_2）纳米粒子同时具有类 SOD 和类 CAT 活性，可以构成自级联催化体系，被用于视网膜变性 [90]、炎症性疾病 [91]、脊髓损伤 [92] 等疾病治疗。再如，利用具有类 GPx 活性的硒有机骨架材料（Se-MOF）包覆具有较高类 SOD 和类 CAT 活性的双铁原子纳米酶（Fe_2NC），不仅能够提高 Fe_2NC 的稳定性和生物相容性，而且构成的多酶级联平台能够通过有效消除细胞内 ROS 来抑制 ASK1/JNK 凋亡信号通路，从而减少脑缺血再灌注损伤和神经细胞凋亡 [93]。

（2）UOD-CAT

类尿酸氧化酶（urate oxidase，UOD）❷ 纳米酶能够将尿酸氧化成肾脏易代谢的尿囊素，可用于治疗痛风和高尿酸血症，但同时也会生成 H_2O_2 导致氧化应激。构建 UOD-CAT 级联体系，可以在降解尿酸的同时及时清除 H_2O_2。例如，利用 CeO_2 纳米棒负载具有类 UOD 和类 CAT 活性的铂（Pt）纳米粒子构建稳定、可调控的自级联催化体系，可以有效缓解疼痛、关节水肿、组织炎症等痛风症状 [94]。

本节介绍了利用纳米酶单一类酶活性以及级联反应体系实现抗氧化的可能路径。针对氧化应激引起的氧化损伤及各类疾病，包括炎症性疾病、衰老、心血管疾病、骨科疾病和神经退行性疾病等，其治疗方法将在后续章节做详细介绍。

16.4　抗炎

炎症是机体的一种防御性免疫反应，作为先天免疫系统的重要一环，其在机体清除受损细胞、对抗外来病原体有害刺激等方面发挥着重要作用。其中，活性氧物种（ROS）是在炎症进程中发挥重要作用的一类信号分子。在炎症条件下，病理部位聚集

---

❶ 普鲁士蓝不仅具有类POD活性，还具有类SOD和CAT活性，能够协同清除ROS。具体催化机制可参见第 12 章。

❷ 人体不存在内源性UOD，不能将尿酸降解成尿囊素。人体中的尿酸主要通过肾脏随尿液排泄，另一部分通过肠道和胆道排泄。

的吞噬细胞主要通过胞内 NADPH❶氧化酶（统称 NOX 家族）产生大量 ROS，ROS 作为细胞的"生化武器"，可以有效地消灭外来病原体。但此过程中，常常伴随着敌我不分的状况，不可避免地会对自身细胞及组织造成损伤 ❷[95]。

通常，炎症可分为急性炎症和慢性炎症。急性炎症在机体受到炎症因子刺激后快速启动并帮助身体自愈，此过程短暂，通常会在短时间内消退。而若炎症部位受到致炎因子 ❸ 的长期持续刺激，则易演变为持续数月或数年的系统慢性炎症。过量产生的 ROS 在慢性炎症的发病进程中起到重要作用，如果不加以控制，ROS 就会持续损害正常细胞及组织 [96]。利用抗氧化型纳米酶可以有效清除 ROS 进而控制炎症的发展，实现治疗作用（图 16.15）。

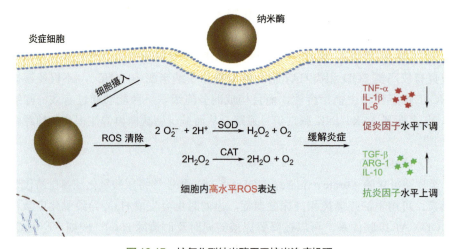

图 16.15　抗氧化型纳米酶用于抗炎治疗机理
当纳米酶通过不同给药方式到达病灶部位后，可被炎症部位细胞摄取。在炎症条件下，细胞中通常表达较高的 ROS 水平。因此，具有 ROS 清除活性的纳米酶（超氧化物歧化酶 SOD 活性 / 过氧化氢酶 CAT 活性）可以消除 ROS，进而缓解炎症水平。通常表现为促炎因子水平的下调与抗炎因子水平的上调

本节将根据疾病类型分类，分别讨论纳米酶在急性炎症与慢性炎症治疗方面的应用。

16.4.1　纳米酶用于急性炎症的治疗

急性炎症反应迅速并且剧烈，可快速启动并帮助身体自愈，通常会在短时间内

---

❶ 还原型烟酰胺腺嘌呤二核苷酸磷酸。

❷ 生物体内 ROS 有多条来源。其中，线粒体呼吸作用中电子传递链泄漏产生的 ROS 属于呼吸作用的副产物，并不是炎症反应中特有的，也不能被细胞利用以发挥杀伤病原体作用；NOX 家族主要分布在免疫细胞中，在炎症部位富集的免疫细胞可以通过 NOX 家族催化产生 ROS 用于清除外来病原体。

❸ 致炎因子是指引起机体炎症反应的诱因，如物理性致炎因子（高温、紫外线等）、生物性致炎因子（细菌、支原体等）等，应与炎症部位免疫细胞分泌的促炎因子（一类在炎症过程中起到调节作用的细胞因子）进行区分。

消退。从临床角度来讲，轻微的炎症可不额外使用药物进行控制，随着时间的推移便会缓解。而当机体主要内脏器官发生炎症时，常伴随失调的免疫应答和过量产生的 ROS。剧烈的炎症反应会引起机体内炎症因子风暴，对正常组织与器官进行"无差别"攻击，造成严重并发症（如多器官衰竭等），致死率极高。

具有高效 ROS 清除活性的纳米酶可及时清除急性炎症中过量的 ROS，已被用于肺、肝、肾等急性损伤模型的治疗，实现了对相关脏器的保护[97]。同时，通过对纳米酶进行修饰，得到具有多种功能的协同治疗纳米系统，为纳米酶的抗炎应用拓宽了思路。

16.4.1.1　急性肺损伤

急性肺损伤（acute lung injury，ALI）是呼吸系统较为常见的危重症，目前全球每年新发患者人数超过 300 万。其病因复杂多变、病程进展迅速、治疗手段匮乏，因而致死率居高不下（> 40%）。

研究表明，ALI 的进展与 ROS 水平失衡有关，过度累积的 ROS 造成肺部组织氧化损伤，导致不受控的炎症发展，甚至可能引起全身性炎症因子风暴[98,99]。因此，可开发 ROS 清除活性优异的纳米酶来控制炎症水平，用于 ALI 治疗。具有优异类 SOD 催化活性的碳量子点纳米酶可以通过清除胞内 ROS 并降低炎症水平来治疗 ALI。在体外类酶催化活性测试中，该材料表现出优异的类 SOD 活性 [图 16.16（a）、（b）]，在脂多糖 LPS 诱导的巨噬细胞炎症模型中，碳量子点纳米酶通过清除 ROS 显著降低了促炎因子（TNF-α、IL-1β 和 IL-6）的水平，保护细胞免受氧化损伤 [图 16.16（c）][100]。同时，该碳量子点纳米酶具有红色荧光发射特性，在体内动物实验中通过荧光成像证明了其在肺损伤部位的积累。

除上述途径外，通过对具有 ROS 清除活性的纳米酶进行理性设计，可以得到兼具 ROS 清除与免疫调节能力的纳米系统，为 ALI 的治疗提供了新思路。例如，使用凋亡中性粒细胞细胞膜包裹抗氧化纳米酶，使后者获得促"胞葬作用"，可通过促进巨噬细胞向 M2 型极化，进而释放抗炎因子来促进组织修复。结合纳米酶优异的抗氧化能力，该纳米系统在体内外模型中均表现出优异的 ROS 清除以及抗炎活性，这表明结合免疫调节能力与 ROS 清除能力的纳米酶在治疗 ALI 方面很有潜力❶[101]。

16.4.1.2　急性肾损伤

急性肾损伤（acute kidney injury，AKI）是指由多种病因引起的肾功能快速下降而出现的临床综合征。约 5% 的住院患者会发生 AKI，在重症监护室的病人中，其发生率高达 30%。对于 AKI 的治疗，目前仍无特异疗法，因此，AKI 死亡率高，是肾脏病中的急危重症。

---

❶ 值得注意的是，多数纳米酶治疗 ALI 的研究采用了吸入给药方式，可以使药物直接通过呼吸道更高效地富集在肺中。

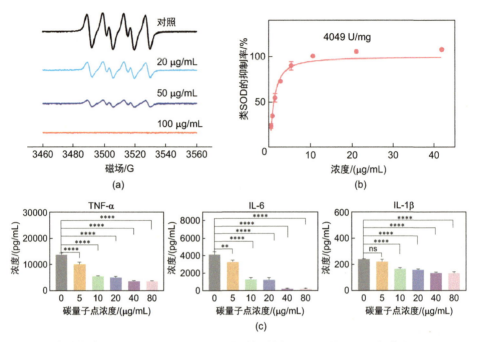

图 16.16 （a）（b）碳量子点纳米酶的 O_2^- 的清除活性及其类 SOD 活性的量化；（c）在 LPS 诱导的巨噬细胞炎症模型中，碳量子点纳米酶显著下调了典型促炎因子 TNF-α、IL-1β 和 IL-6 的表达水平（改编自文献 [100]）

　　AKI 发生时，肾小管上皮细胞中 ROS 的异常升高会引起一系列连锁反应进而导致肾功能损伤。因此，一些小分子抗氧化药物被尝试用于 AKI 治疗。然而，小分子药物不能精准抵达肾小管上皮细胞，由此导致药物的全身性暴露带来的副作用限制了其更广泛的应用。尽管如此，基于 ROS 清除的策略仍为 AKI 开辟了一个新的治疗方式 [102]。肾小球滤过阈值约为 6 nm，因此兼具超小尺寸及多种类抗氧化酶活性的纳米酶，可在肾脏富集，进而实现更优异的治疗效果。目前已开发的用于 AKI 治疗的纳米酶包括超小尺寸 RuO₂ NPs（水合粒径尺寸约为 5.4 nm）[103]、CeO₂ NPs（水合粒径尺寸约为 4 nm）[104]、Ir-PVP❶ NPs（水合粒径尺寸为 3~4 nm）[105] 等，在生理环境下材料一般保持较好的粒径稳定性，使其能够更稳定地富集在肾脏中（图 16.17）❷。在上述工作中，基于其具有多种类抗氧化酶活性，超小尺寸的纳米酶在小鼠 AKI 模型中均显著减轻了临床症状。同时，得益于材料的超小尺寸及在生理环境下的粒径稳定性 [图 16.17（b）、（c）]，它们可以通过肾小球毛细血管壁，被肾脏快速清除，因而具有相当低的全身毒性。

---

❶ PVP，polyvinylpyrrolidone，即聚乙烯吡咯烷酮。

❷ 值得注意的是，为实现药物的最大利用率，治疗 AKI 的药物一般通过静脉注射给药。

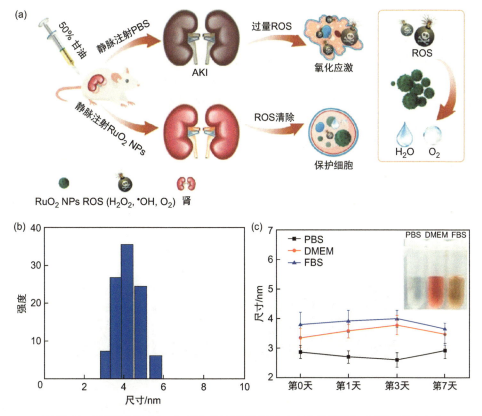

图 16.17　基于超小尺寸 RuO_2 抗氧化纳米酶用于治疗 AKI 的机理（a）[103]、超小尺寸柠檬酸修饰 CeO_2 纳米酶的水合粒径分布（b）[104] 及在不同生理环境模拟条件下 PVP 修饰的 Ir 纳米酶的粒径稳定性（c）[105]

DMEM 为 Dulbecco's modified eagle medium 的缩写，为常见细胞培养基；PBS 为磷酸缓冲盐溶液

16.4.1.3　急性肝衰竭

　　肝脏作为人体内物质代谢的主要场所，能够分解体内毒素从而降低后者对机体的损伤，但肝脏在保护机体的同时也容易受到各种毒素的伤害。导致肝损伤的原因有多种，其中临床上常见的是由药物引起的肝损伤（drug induced liver injury，DILI）。据统计，在美国和大多数西方国家，由于过量服用镇痛解热药物对乙酰氨基酚（acetaminophen，APAP）引起的肝损伤（APAP induced liver injury，AILI）的比例高达 46%，APAP 是 DILI 的主要罪魁祸首[106,107]。APAP 在肝细胞中可被代谢为 N-乙酰基-4-苯醌亚胺（N-acetyl-4-benzoquinoneimine，NAPQI），后者的过量累积涉及抗氧化自我调节系统失调、ROS 累积、线粒体功能障碍等破坏性过程，进而导致肝细胞坏死。其次，坏死肝细胞释放的损伤相关分子将进一步刺激中性粒细胞和单核巨噬细胞向肝脏迁移，加剧炎症进展。因此，将抗氧化与抗炎结合的治疗策

略是治疗 AILI 的最佳方案[108]。

目前开发的用于 AILI 治疗的纳米酶主要通过模拟 SOD 与 CAT 活性来高效清除 ROS，降低炎症因子水平，从而减少中性粒细胞与巨噬细胞的募集。例如，在细胞水平上，锰普鲁士蓝纳米酶（manganese Prussian blue nanozymes，MPBZs）可有效消除 ROS，抑制肝细胞凋亡，减少 DNA 损伤，降低炎症细胞因子和趋化因子水平。在由 APAP 诱导的小鼠 AILI 体内模型中，尾静脉注射的 MPBZs 可以富集在肝脏部位，通过激活 Nrf2 通路上调抗氧化基因来降低氧化应激（图 16.18）[109]。

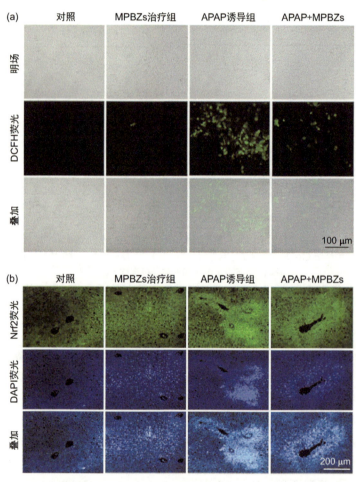

图 16.18　MPBZs 在细胞水平（a）与 APAP 诱导的小鼠体内 AILI 模型（b）中的抗氧化疗效[109]
（a）绿色荧光为 ROS 探针 DCFH 被激发后产生的荧光，荧光水平与细胞内 ROS 水平成正比。在氧化应激的小鼠肝细胞 AML12 细胞模型中，MPBZs 显著降低了胞内 ROS 水平。（b）DAPI 与 Nrf2 免疫荧光分别用于定位细胞核与 Nrf2 蛋白。在小鼠 AILI 模型中，MPBZs 预处理通过激活 Nrf2 信号通路发挥抗氧化疗效

16.4.2　纳米酶用于慢性炎症的治疗

如前所述，正常的炎症反应是有时效性的，当致炎因子被清除，炎症反应则会消退。但若致炎因子持续存在，则易演变为持续数月或数年的系统慢性炎症。由外源性刺激引起的 ROS 失调被认为在慢性炎症进程中起重要作用，因此，恢复炎症组织 ROS 平衡被认为是治疗慢性炎症的有效策略。目前，已有多种具有类抗氧化酶活性的纳米酶被用于慢性炎症性疾病的治疗 [97]。

16.4.2.1　炎症性肠病

炎症性肠病（inflammatory bowel disease，IBD）是一种病因尚不明确、胃肠道受累的慢性非特异性炎症性疾病，包括溃疡性结肠炎 [110] 和克罗恩病（Crohn's disease）[111]。与其他恶性疾病相比，尽管 IBD 致死率较低，但病情会导致患者的生活质量急剧下降，而且伴随严重的病变可能会进一步发展为结肠癌等恶性疾病 [112]。

可设计开发具有高效 ROS 清除活性的纳米酶用于 IBD 的治疗。例如，将具有类 SOD 活性的锰卟啉结构和类 CAT 活性的铂纳米粒子引入由锆氧簇和卟啉通过自组装而形成的金属有机骨架化合物 PCN-222 中，成功合成了一种集成化级联纳米酶（Pt@PCN222-Mn）[113]。该级联纳米酶具有两种相互分离的催化活性位点，它们可以分别模拟 SOD 和 CAT 的催化活性。这种基于 MOF 结构的级联纳米酶同时具有限域效应和中空结构，不仅可以实现高效地协同催化，还有利于提高底物的传质效率。体内外炎症模型均证明其具有协同催化清除 ROS 的能力，而且通过对给药剂量的优化实现了对溃疡性结肠炎和克罗恩病的良好治疗效果（图 16.19）。

现阶段临床以小分子药物、抗体和抗生素等作为 IBD 的主要治疗药剂，但由于口服药物全身暴露而引起的副作用不容忽视。因此，需要开发具有靶向肠道炎症部位能力的药物体系，能够实现炎症部位高浓度药物富集，降低药物副作用 [114-116]。对纳米酶进行修饰以赋予其靶向炎症部位的能力也获得了广泛的关注。例如，基于肠道炎症部位正电荷蛋白质富集的特点，开发设计了荷负电的蒙脱石 @ 氧化铈（CeO$_2$@Montmorillonite，CeO$_2$@MMT）纳米酶，将其对小鼠灌胃后可观察到带负电的 CeO$_2$@MMT 纳米酶在带正电的溃疡性结肠炎小鼠肠道组织中吸附、滞留；说明该纳米酶可以通过静电吸附特异性靶向肠道炎症部位（图 16.20），基于 CeO$_2$ 纳米粒子的类 CAT 与类 SOD 活性在肠道部位高效清除 ROS，降低炎症因子水平 [117]。没有修饰的裸 CeO$_2$ 纳米粒子在生理环境中易团聚，其类酶催化活性会受到严重影响。与之对比，在蒙脱石片状结构上均匀分散的 CeO$_2$ 纳米粒子较裸 CeO$_2$ 纳米粒子具有更佳的体内治疗效果。

16.4.2.2　骨关节炎

骨关节炎是一种关节退行性疾病，病因不明且致病因素复杂 [118]。随着骨关节炎病理进程研究的不断深入，研究者发现细胞内氧化应激的发生和 ROS 水平的增

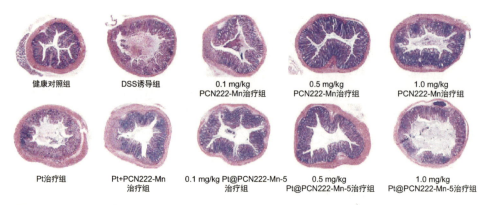

健康对照组 | DSS诱导组 | 0.1 mg/kg PCN222-Mn治疗组 | 0.5 mg/kg PCN222-Mn治疗组 | 1.0 mg/kg PCN222-Mn治疗组

Pt治疗组 | Pt+PCN222-Mn 治疗组 | 0.1 mg/kg Pt@PCN222-Mn-5 治疗组 | 0.5 mg/kg Pt@PCN222-Mn-5治疗组 | 1.0 mg/kg Pt@PCN222-Mn-5治疗组

图16.19 级联纳米酶 Pt@PCN222-Mn MOF 用于抗 ROS 治疗的效果比较（改编自文献［113］）
在使用该纳米酶治疗小鼠溃疡性结肠炎后，结肠组织切片形态较葡聚
糖硫酸钠（DSS）诱导组明显恢复

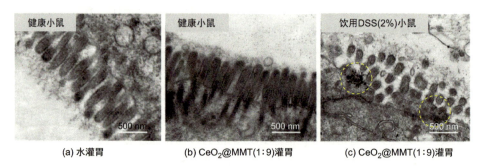

(a) 水灌胃 | (b) CeO₂@MMT(1:9)灌胃 | (c) CeO₂@MMT(1:9)灌胃

图16.20 在 DSS 造模后，分别使用水和 CeO₂@MMT 对小鼠灌胃后结肠组织切片电镜图[117]

加可能是引起关节损伤的前炎症因子和金属蛋白酶过量产生的关键中间信号分子。此外，过量的 ROS 还能够直接致使细胞膜、核酸及其细胞外基质（胶原和蛋白多糖）降解，造成关节软骨的消退[119]。因此，ROS 是骨关节炎发病的主要因素之一，目前已有多项研究表明采用抗氧化剂能够有效缓解骨关节炎[120]。

　　纳米酶在骨关节炎治疗中的应用研究仍处于起步阶段。目前关于纳米酶骨关节炎治疗的研究多数采用关节腔内注射给药，纳米酶直接在关节病理环境中发挥 ROS 清除能力达到治疗效果[121-125]。近年来，将纳米酶负载于支架或者凝胶中发挥协同治疗作用，为纳米酶用于骨关节炎的治疗提供了新的方向。例如，通过将具有类过氧化氢酶活性的锰钴氧化物纳米酶（MnCoO）负载于具有自愈合能力的水凝胶支架中（负载了 MnCoO 的水凝胶命名为 ε-PLE@MnCoO/Gel❶，简写为 Gel-NPs），在关节腔病理环境下，MnCoO 催化过量过氧化氢分解产生氧气［图 16.21（a）］，不

---

　　❶ 材料合成过程中采用了 ε-聚赖氨酸（ε-polylysine，缩写为 ε-PLE）在 MnCoO 纳米酶进行修饰，得到 ε-PLE@MnCoO 纳米粒子。

但可以调节关节腔内的 ROS 失衡，还可以改善关节腔内的乏氧环境，保护负载在水凝胶支架中的骨髓间充质干细胞免受氧化应激损伤，同时为细胞的存活、分化提供了有利的氧气条件 [图 16.21（b），在过氧化氢存在条件下，Gel-NPs 显著促进了矿化结节（成骨细胞分化成熟的标志）的产生][126]。在体内模型中，将载有细胞的纳米酶强化水凝胶注入 3D 打印钛合金假体的大微孔中（该假体被定义为 pTi@Gel-NPs 组），并植入兔股骨缺损模型中，在 12 周的治疗周期中取得了优异的再生效果 [图 16.21（c）]。因此，结合其他治疗手段（如前述策略中将纳米酶负载于水凝胶支架中，结合干细胞疗法，协同治疗骨关节炎）的纳米酶理性设计策略有望成为纳米酶骨关节炎治疗领域具有潜力的方向。

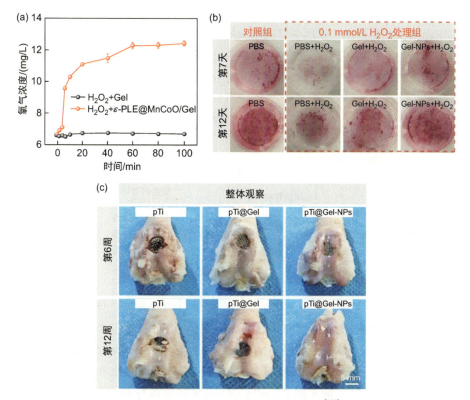

图 16.21　Gel-NPs 用于骨关节炎的治疗[126]

（a）负载了 MnCoO 纳米酶的水凝胶（Gel-NPs）在 H_2O_2 环境中表现出显著的氧气产生能力。（b）使用茜素红染色矿化结节（矿化结节是评估成骨分化成熟的重要标志），观察骨髓间充质干细胞的在不同氧化条件下的成骨分化，表明该纳米酶可以在氧化应激条件下保护骨髓间充质干细胞，通过催化过氧化氢分解产生氧来调节干细胞行为。（c）接受 pTi、pTi@Gel 和 pTi@Gel-NPs 支架治疗后的第 6 周和第 12 周，股骨远端关节面的大体外观。载有细胞的纳米酶强化水凝胶注入 3D 打印钛合金假体的大微孔中，该假体被定义为 pTi@Gel-NPs 组。为了进一步研究不同因素的影响，构建了另外两个对照组，包括负载 BMSCs 的初级 3D 打印微孔钛合金支架（pTi 组）和含 BMSCs 的凝胶修饰的 pTi（pTi@Gel 组）

16.5 抗衰老

纳米酶已被初步应用于缓解衰老相关症状和治疗衰老相关疾病，取得了较好的治疗效果。

16.5.1 延缓衰老相关症状

机体衰老是一种复杂的渐进过程。由于细胞的衰老，遗传物质、蛋白质等的损伤在机体中逐渐积累，产生一系列组织老化、代谢水平下降、慢性炎症等现象。导致细胞或机体衰老的原因有很多，氧化应激是引起衰老的重要因素之一。纳米酶抗衰老的机理主要是通过生物 ROS 水平对氧化还原平衡进行调节，以缓解氧化应激引起的各种细胞和组织损伤。纳米酶的 ROS 调节作用也能抑制或促进 ROS 介导的一些下游细胞信号通路，这些信号通路有的产生抗炎或促炎物质，有的直接或间接参与启动细胞凋亡相关程序，因此对这些信号通路的调节会从细胞代谢层面逆转细胞衰老和凋亡过程，从而延缓机体衰老（图 16.22）。

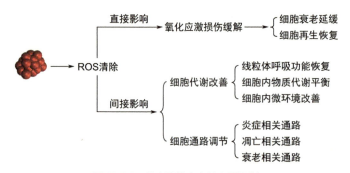

图 16.22　纳米酶抗衰老的主要机制

抗衰老效果最直观的体现就是延长寿命。通过清除 ROS，调节细胞代谢，纳米酶可以有效延长一些动物的寿命。比如使用具有 SOD 或 CAT 活性的纳米酶进行治疗，可平衡 ROS 水平，缓解小鼠和果蝇的衰老症状，如记忆减退、行动迟缓和身体虚弱 [127-129]。使用兼有 NADH 氧化酶（NOX）和细胞色素 c 氧化酶（CcO）活性的钯（Pd）单原子纳米酶 Pd@PPy/GO 喂食秀丽隐杆线虫时（PPy，聚吡咯；GO，石墨烯氧化物），由于纳米酶催化产生 NAD$^+$，改善了线粒体的呼吸功能。同时，NAD$^+$诱导线粒体核蛋白失衡，这会激活线粒体未折叠蛋白反应（mitochondrial unfolded protein response，UPR^{mt}）❶，而轻度的 UPR^{mt}可以逆转线粒体功能障碍，对线粒体抵抗衰老有益。秀丽隐杆线虫经过该纳米酶喂食后，由于激活了 UPR^{mt}，形

---

❶ 线粒体未折叠蛋白反应（mitochondrial unfolded protein response，UPR^{mt}）是指当线粒体功能损伤时，细胞诱导促进线粒体功能修复，维持线粒体内蛋白质稳态平衡的防御和适应性应激反应通路。

成了更致密的线粒体网络（图 16.23），线粒体的数量和代谢功能得到提高，寿命延长了约 18.6%[130]。

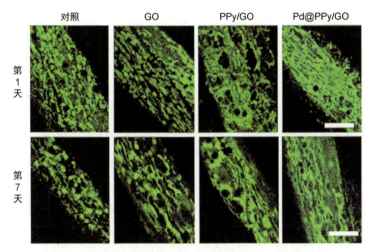

图 16.23　Pd@PPy/GO 纳米酶延长秀丽隐杆线虫的寿命

使用 Pd@PPy/GO 纳米酶治疗秀丽隐杆线虫后，在幼虫期（第 1 天）到成虫期（第 7 天）形成了更致密的线粒体网络，荧光亮度更强。比例尺为 10 μm

　　衰老还会引起皮肤的老化和萎缩。ROS 的积累会导致皮肤细胞中的蛋白质、DNA 和脂质氧化，导致细胞衰老。一些具有 SOD 和 CAT 活性的纳米酶可降低细胞中的 ROS 水平，起到延缓皮肤衰老的作用。PAPLAL 是一种 Pt 和 Pd 纳米粒子的混合试剂。因其具有类 CAT 和 SOD 活性，PALPAL 有效地抑制了氧化损伤，抑制了促炎基因的表达，缓解小鼠皮肤老化症状[131]。此外，普鲁士蓝纳米酶也可通过其类 SOD 和 CAT 活性清除细胞内过量的 ROS 并抑制下游与衰老相关的 ERK/AP-1 通路，抵抗紫外线引起的细胞衰老，延缓皮肤的老化进程[132]。

16.5.2　治疗衰老相关疾病

　　衰老引起的各种组织和器官变化会让一系列慢性疾病的患病率激增。在应用纳米酶进行治疗后，衰老进程被延缓，这将降低患慢性疾病的风险或缓解已有的病情。

16.5.2.1　治疗神经退行性疾病

　　阿尔茨海默病是一种与细胞衰老相关的神经退行性疾病，其标志性病理特征是 β-淀粉样蛋白在神经细胞中的积累。使用纳米酶，可通过清除 ROS 减少 β-淀粉样蛋白产生和聚集，延缓阿尔茨海默病的发展。诱导产生 β-淀粉样蛋白的黑腹果蝇在进食具有 CAT 活性的膳食四氧化三铁纳米酶后，由于神经细胞中 ROS 水平的下降，

β-淀粉样蛋白的表达显著降低 [133]。在给予小鼠和大鼠纳米酶治疗后，神经细胞的氧化应激损伤得到缓解，因患阿尔茨海默病导致的记忆减退行为得到改善 [134-137]。除此之外，将纳米酶与其他纳米粒子结合，可起到协同治疗的作用，比如使用硼酸官能化的介孔二氧化硅作为载体负载铜螯合剂和纳米氧化铈。当纳米制剂到达病理组织，组织中较高水平的 ROS 会氧化硼酸酯键，释放出负载的螯合剂和纳米氧化铈。螯合剂可以清除神经组织中的过量铜离子，而具有 SOD 和 CAT 活性的纳米氧化铈能清除神经组织中过量的 ROS，保护神经组织 [138]。

另一种常见的神经退行性疾病是帕金森病。纳米酶通过清除 ROS 缓解氧化应激，可减少帕金森病中病理性 α-突触核蛋白在小鼠脑组织中的扩散 [139]，缓解患帕金森病小鼠的神经组织炎症并改善记忆减退现象 [140,141]。

16.5.2.2　治疗骨组织疾病

衰老会使软骨细胞中积累高水平 ROS，导致软骨细胞的微环境被破坏而逐渐凋亡，引起骨关节炎、椎间盘退变等软骨退行性疾病。使用纳米酶清除 ROS，可以延缓软骨退行性病变进展，同时还能对一些细胞信号通路，如 Rac1-NF-κB 通路、p53-p21 信号轴等起抑制作用，抵抗组织衰老 [121,123,142]。

原发性骨质疏松是一种多发于老年人的骨组织疾病。骨质疏松性微环境的特征之一是 ROS 富集引起的破骨细胞分化因子异常分泌，这导致成骨细胞的衰老。纳米酶可清除成骨细胞内的 ROS，起到治疗炎症、抑制破骨细胞分化、延缓细胞衰老的作用 [143,144]。通过将纳米酶与基因敲除质粒结合，还可以从基因层面减少衰老相关物质的表达，实现对成骨细胞和破骨细胞的双向调控，有效治疗骨质疏松 [145]。

16.5.2.3　治疗其他衰老相关疾病

血管内皮细胞的衰老是动脉粥样硬化形成和成熟的关键驱动因素。衰老的内皮细胞积累在血管中，会使血管内壁硬化，抗氧化能力下降。高水平的 ROS 会将低密度脂蛋白（low-density lipoprotein，LDL）氧化为氧化低密度脂蛋白（oxLDL），摄取了 oxLDL 的巨噬细胞还会发展为泡沫细胞，oxLDL 和泡沫细胞在血管中持续积累，形成粥样斑块。此外，抗氧化酶 SOD 和 GPx 的缺乏会加重动脉粥样硬化的进展。因此，补给抗氧化酶及减缓内皮细胞衰老有望为治疗动脉粥样硬化提供新策略。整合类 SOD 和 GPx 活性的抗衰老纳米酶 MSe［M：MIL-53(Fe)-NO$_2$；Se：Selenium］可通过级联反应清除过量的 ROS 抑制血管内皮细胞衰老，同时还能减少 LDL 的氧化和泡沫细胞的形成。如图 16.24 所示，使用级联纳米酶治疗动脉粥样硬化小鼠后，小鼠动脉中的斑块形成减少，脂质积累降低，动脉粥样硬化的发展被有效遏制 [146]。

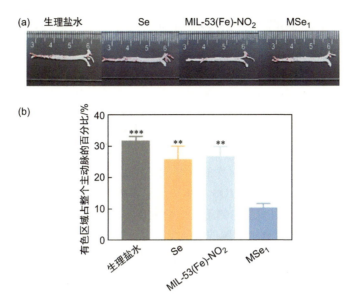

图 16.24　使用 MOF、Se 和 MSe 纳米酶对动脉粥样硬化小鼠进行治疗，治疗后的小鼠主动脉中脂质积累（红色）下降，其中 MSe 的治疗效果最为显著

16.5.3　展望

由于衰老具有复杂的机制，如何延缓衰老仍然是具有挑战性的问题。目前纳米酶在抗衰老领域的应用集中在对衰老相关疾病的治疗上，致力于解决较为显著的病理症状。但衰老是一个渐进的过程，如何在疾病产生前通过人为干预更好地延缓衰老疾病的发生更值得研究。未来的研究可着眼于纳米酶是否能为生物体带来长期的、可持续的保护作用，如通过负载植入物的方式在生物体内持续地进行微环境调控。另一方面，纳米酶可以集成治疗与检测功能，这可以发展为一种即时、高效的新型健康监护方案。

16.6　心血管疾病

目前，心血管疾病的发病率与致死率仍高居榜首，给患者、其家庭和整个社会带来了巨大的健康和经济负担。临床上主要使用降脂、抗血栓、抗炎等药物来治疗心血管疾病。然而，这一系列药物存在用药量大、用药时间长，会造成不可避免的永久性副作用等问题，所以迫切需要设计开发新型高效药物用于心血管疾病。心血管疾病发病机制较为复杂，临床上通常将其划分为慢性炎症性疾病[147]。由于心血管疾病病灶处具有炎症水平较高且活性氧（ROS）浓度较高的特点，所以，具有抗氧化能力的药物受到广泛关注。纳米酶的出现，为心血管疾病的治疗提供了新的思路。纳米酶固有的抗氧化活性可以通过直接清除过量的 ROS 或调节相关病理分子，达到治疗心血管疾病的目的[148]。本节主要介绍 ROS 与心血管疾病发病机理的关系以及纳米酶在治疗心血管疾病中的应用。

16.6.1　氧化应激与心血管疾病

动脉粥样硬化是心血管疾病最主要的病理学基础，可引起中风、心脏缺血再灌注、冠心病和外周动脉疾病等心血管疾病的发生[147]。此外，高胆固醇血症、糖尿病、高血压等基础疾病与心血管疾病的发生发展也紧密相关，其中，ROS 是导致相关病理的关键因素之一[149]。ROS 在正常的生理浓度下对细胞的发育、生存和信号传递必不可少，并作为细胞内的第二信使发挥着重要作用。但过量的 ROS 会突破细胞的氧化防御系统，削弱细胞的抗氧化能力，导致细胞和组织的破坏，从而导致疾病的发生。在心血管系统中，血管内皮细胞、平滑肌细胞、外膜细胞和内膜细胞，都具有产生 ROS 的能力。一般来说，ROS 的产生和消除过程均需要酶的参与。血管壁中参与 ROS 产生的酶主要包括 NOX、黄嘌呤氧化酶（xanthine oxidase，XO）、线粒体电子传递链和解偶联的内皮型一氧化氮合酶。但是当体内 ROS 浓度过高时，体内抗氧化酶的结构会被破坏，以至于其抗氧化功能被削弱。除此之外，高水平的 ROS 还能通过产生氧化应激来促使相关疾病的发生发展。如 ROS 介导的氧化应激会导致脂蛋白和磷脂的氧化修饰、内皮细胞的激活和巨噬细胞的渗透或激活，这些都与动脉粥样硬化的形成呈正相关。此外，ROS 导致的血管氧化应激可直接诱导动脉粥样硬化的形成。人体内的抗氧化酶，如 SOD、CAT、GPx 都具有很好的平衡 ROS 效果，可以通过清除 ROS 减少氧化应激对细胞和组织的伤害。但天然酶在疾病治疗中有一定的局限性。因此，利用纳米酶的抗氧化活性，清除过量的 ROS，抑制血管氧化应激，平衡 ROS 在组织中的正常水平，在治疗心血管疾病中具有很好的应用前景。

16.6.2　纳米酶在治疗心血管疾病中的应用

氧化应激是心血管疾病发展的有害因素，高水平 ROS 导致内皮细胞凋亡和功能障碍、平滑肌细胞增殖和迁移、血管炎症和血管重塑、血管基质改变，从而导致动脉粥样硬化。利用纳米酶的抗氧化活性可以消除细胞和组织内过量的 ROS。比如，利用纳米酶的类 SOD 活性，可以将超氧阴离子转化为过氧化氢；过氧化氢可以进一步在纳米酶的类 CAT 活性作用下分解为水和氧气，或在类谷胱甘肽过氧化物酶活性作用下分解为水。一方面，纳米酶可以作为抗氧化剂用于组织修复和疾病治疗；另一方面，一些具有多孔结构的纳米酶可以作为药物递送载体，在递送药物的同时发挥催化清除 ROS 的作用（图 16.25）。因此，纳米酶在心血管疾病的治疗中具有较好的应用前景。

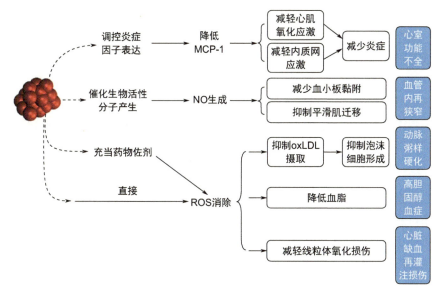

图 16.25　纳米酶在心血管疾病治疗中充当的角色及相关治疗机制

16.6.2.1　高胆固醇血症

　　高胆固醇血症以体内高 ROS 和高血脂水平为主要病理基础。具有 ROS 清除活性的纳米酶可用于高胆固醇血症治疗。将具有抗氧化活性和降血脂能力的 CeO_2 纳米酶嵌入生物相容性和安全性良好的介孔二氧化硅（$MSiO_2$）中，$MSiO_2$ 作为载药壳层可以最大限度地提高纳米药物在生理微环境中的稳定性，同时维持 CeO_2 的稳定性，使其持续发挥纳米酶清除 ROS 的能力。通过 CeO_2 的抗氧化酶活性以及其参与调节多种 ROS 和炎症相关分子通路的能力，$MSiO_2$ 搭载的 CeO_2 可降低脂肪酸的循环水平，并在给药五周后显著改善肥胖 Zucker 大鼠模型中的代谢表型，即：降低了甘油三酯、软脂酸和低密度脂蛋白和胆固醇的水平[150]。

16.6.2.2　心室功能不全

　　单核细胞趋化因子 1（monocyte chemoattractant protein-1，MCP-1）过表达与心室功能不全密切相关，因为它参与调控心脏缺血再灌注的信号通路，其过高的表达会使心肌受损从而导致心室功能不全。CeO_2 纳米酶可以通过抑制 MCP-1 的表达来改善进行性左心功能不全。在心脏特异性表达 MCP-1 的转基因小鼠中，CeO_2 显著降低血清中 MCP-1 的含量；另外 CeO_2 纳米酶通过其自身抗氧化特性来减轻心肌氧化应激、内质网应激和炎症过程，进而防止心脏功能障碍和重塑的进展[151]。

16.6.2.3　动脉粥样硬化

　　金属有机骨架（MOF）或者普鲁士蓝等纳米酶，它们可以在不改变自身活性发挥催化作用的同时被当作合适的药物载体。锰掺杂普鲁士蓝纳米酶的多孔结构可以搭载抗氧化药物，利用纳米酶催化和药物治疗的协同作用来清除体内过量的 ROS，在很大程度上减少了巨噬细胞对氧化低密度脂蛋白的摄取，从而达到良好的动脉粥样硬化治疗效果[152]。由于动脉粥样硬化斑块内含大量泡沫细胞和堆积的血小板，研究者还利用铈-铂双金属纳米酶搭载抗凝血药物替卡格雷，通过作用于 $P2Y_{12}$ 受体，清除体内大量 ROS。同时，通过抑制泡沫细胞和血小板在斑块处的堆积以达到治疗动脉粥样硬化的目的[153]。

16.6.2.4　血管内再狭窄

心血管疾病发展到一定程度需要手术的干预。但是球囊扩张或支架植入等介入手术不可避免地会造成血管内皮损伤脱落，再次出现血管内狭窄的情况，在很大程度上影响了手术的疗效。普鲁士蓝纳米酶可以通过调控巨噬细胞极化防止球囊扩张术后血管内再狭窄的发生。通过静脉注射普鲁士蓝纳米酶后，M1 型巨噬细胞的形成被抑制，体内 ROS 水平降低，从而减少了炎症。另外，普鲁士蓝纳米酶还可以直接调控血管内皮细胞和平滑肌细胞的增殖迁移，从而达到抑制血管内再狭窄发生的效果[154]。

介入术后及时对内皮细胞进行修复，实现快速血管内皮化是预防血管内再狭窄的关键之一。一氧化氮（NO）由内皮细胞中的一氧化氮合酶合成，是调控血管稳态的信号分子，具有较好的抗凝血作用。NO 同时参与血管内多条重要信号通路的调控，如 ROS 的分解。在介入术后，内皮细胞功能受损，NO 的合成受阻，血管内大量 ROS 生成，血小板凝集形成血栓，氧化应激水平上升。铜基 MOF（Cu-MOF）纳米酶具有催化内源性亚硝基硫醇（RSNO）产生 NO 的功能。将该纳米酶修饰在血管内支架表面，通过纳米酶对 RSNO 催化生成 NO，可以较快实现术后血管内皮化，且减少血小板黏附。体内治疗效果表明，纳米酶作为新型支架涂层通过催化产生 NO 抑制血管新生内膜增生和减少炎症反应可以达到较理想的治疗效果[155]。在组织工程方面，同样可以利用 Cu 对 RSNO 的催化作用，将含 Cu 的 MOF 纳米酶掺杂到人工血管中，实现人工血管移植术后快速血管内皮化的目的。铜基 MOF（如MOF-199）与聚己内酯共同制备的人工血管具有快速内皮化及抗血小板凝集的作用，可促进人工血管和体内自生血管的融合[156]。

16.6.2.5　心脏缺血再灌注损伤

心肌缺血或急性心肌梗死可引起心脏缺血再灌注损伤，主要由于血管在长期缺血后恢复血供时出现的 ROS 风暴和钙离子过载导致的炎症。心脏缺血再灌注发生的时候，主要的 ROS 种类包括 $O_2^{\cdot-}$、H_2O_2、$\cdot OH$。在缺血再灌注之前，心肌细胞线粒体电子运输链的泛半醌位点已经产生了大量 ROS。在血运重建后，缺血心肌的血流量恢复时，有大量产生 ROS 的酶系统被激活 ❶，如处于应激状态下的线粒体、细胞膜上被激活的 NOX 酶、细胞质内的 XO 以及解偶联的一氧化氮合酶，都会产生大量 ROS。另外，在心肌缺血时过量的钙离子也能激活 XO 产生 ROS；同时，再灌注时大量产生的铁离子也能通过芬顿反应产生大量 ROS。因此，及时清除 ROS，才能缓解缺血再灌注带来的伤害。研究者开发了一种利用铁蛋白杂化纳米酶来靶向线粒体和减轻线粒体氧化损伤的方法来治疗心脏缺血再灌注损伤。利用铁蛋白 ❷作为纳米酶的支架，在中空的铁蛋白内装载锰基纳米酶，克服了溶酶体吞噬的问题，使目标药物从溶酶体逃逸到细胞质中并在线粒体中积累。具有 SOD 和 CAT 类酶活性的杂化纳米酶通过分解超氧阴离子以及双氧水，有效地减少病灶部位的大量ROS，实现了良好的治疗效果，心脏功能得到了较好的恢复 [157]。

16.7　骨应用

骨科疾病包括炎性关节炎、骨质疏松症、创伤性骨缺损、细菌相关感染和骨肉瘤等多种病症。纳米酶因其具有多酶活性和对炎症、成骨和骨溶解等相关信号通路的调节能力，为有效治疗骨科疾病提供了新的策略。不同骨相关疾病的生理病理微环境各不相同，因此，可以依据相关病理特征选用具有不同类酶催化活性的纳米酶进行治疗。本节主要介绍活性氧（ROS）/ 活性氮（RNS）在骨相关疾病发病机理中的角色以及纳米酶在治疗骨科疾病中的应用（图 16.26）。

16.7.1　骨关节炎

具有抗氧化活性的纳米酶，例如类 SOD、类 CAT 活性以及多酶活性的纳米酶，能够有效降低骨关节炎症部位过高的氧化应激水平，减轻炎症反应，从而有助于保护和恢复关节组织的健康状态。纳米酶的可持续催化能力在骨关节疾病的治疗中展现出了优异的潜力。

关节炎是一种退行性关节疾病，会导致不同程度的关节功能丧失。其主要特征是关节软骨退化、骨赘 ❸ 的形成和关节退变。一般情况下，病理性恶化与关节内

---

❶ 缺血时，细胞内 Ca^{2+} 含量异常增多，导致 Ca^{2+} 超载。此时，ATP 减少导致细胞膜泵功能障碍，Ca^{2+} 进入细胞激活 Ca^{2+} 依赖性蛋白水解酶使黄嘌呤脱氢酶大量转变为黄嘌呤氧化酶；另一方面 ATP 的降解产物 ADP、AMP、次黄嘌呤堆积。当恢复血流再灌注时，大量分子氧随血液进入缺血组织，黄嘌呤氧化酶催化次黄嘌呤转化为黄嘌呤、尿酸，产生大量 $O_2^{\cdot-}$ 和 H_2O_2、$^{\cdot}OH$ 等氧自由基。

❷ 铁蛋白是一种重要的铁储存蛋白，对维持细胞内的铁平衡有重要贡献。它可以以铁矿物核心的形式封装大约 4500 个铁（Ⅲ）原子。由于其内腔直径为 8 nm，铁蛋白具有封装许多药物分子的潜在空间。

❸ 骨赘，俗称骨刺，又称骨质增生，是软骨被破坏后，软骨膜过度增生而产生的新骨，经骨化后形成骨赘，是机体为了维持关节正常功能的一种代偿反应，常见于中老年人，长期站立、久坐的年轻人，肥胖、重体力劳动等人群。

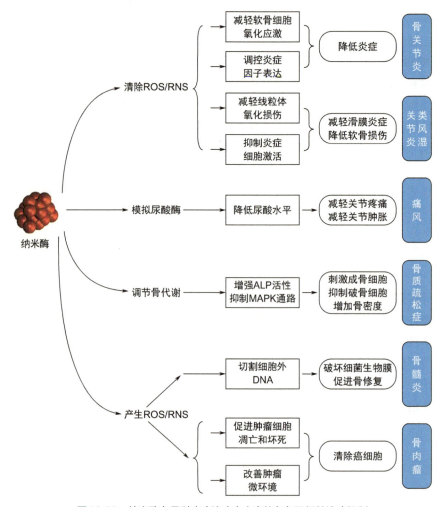

图 16.26　纳米酶在骨科疾病治疗中充当的角色及相关治病机制

过量 ROS 引起的氧化应激密切相关。ROS 的增加引起的脂质过氧化、蛋白质羰基化 ❶ 和 DNA 损伤会扰乱关节微环境的氧化还原稳态。此外，过量产生的 ROS 还会促进巨噬细胞的活化，激活产生炎性细胞因子的信号通路，加重炎症反应。因此，使用具有 ROS 清除能力的纳米酶，可以降低骨关节炎病灶中氧化应激水平，延缓骨关节炎的进展。例如，具有类 SOD 和类 CAT 活性的普鲁士蓝纳米酶可以通过降低关节内超氧阴离子（$O_2^{·-}$）和过氧化氢（H_2O_2）等 ROS 水平，重塑关节微环境，进而保护软骨细胞，可有效治疗关节炎[123]。RNS 包括一氧化氮（NO）、二氧化氮（NO_2）和过氧亚硝酸盐（$ONOO^-$）等。除了 ROS，RNS 也是导致骨关节炎的重要

❶　蛋白质羰基化一般是指蛋白质上的氨基酸残基（如赖氨酸、组氨酸等）被氧化物质（如活性氧等）氧化成羰基，从而调控蛋白质的结构和功能，进而导致细胞内信号通路的异常激活或抑制。

因素之一，RNS 可通过多种途径影响骨关节炎的发生和发展，如影响软骨细胞的代谢、促进炎症反应等。因此研究者通过 Mg^{2+} 掺杂二硫化钼设计了一种抗氧化纳米酶用于清除 ROS/RNS，通过减少氧化应激来达到抗炎效果[158]。另外，利用纳米酶易于修饰的特性，可与其他功能材料联用来提高纳米酶在关节腔的滞留时间。如将具有类 CAT 以及类 SOD 活性的超小四氧化三锰（6 nm）纳米酶整合到硫酸软骨水凝胶中，用于慢性骨关节炎的治疗。这种整合纳米酶水凝胶可以使药物治疗效果至少维持一周，有效延长纳米酶在关节腔中的滞留时间，从而持续分解软骨细胞中的 H_2O_2，以清除过量的 ROS，实现更长效的治疗[159]。

缺氧诱导因子（HIF-1α）在关节炎中充当着重要的角色，HIF-1α 过表达会导致关节部位的 ROS 过量积累并影响巨噬细胞亚型的平衡从而引发炎症。特别是在类风湿关节炎中，HIF-1α 的过表达会诱发滑膜炎症及骨骼和软骨损伤。针对这一病理特点，研究人员以介孔二氧化硅纳米粒子为载体，共负载锰铁氧体纳米粒子和二氧化铈纳米粒子，制备得到复合 MFC-MSNs❶ 纳米酶[160]。MFC-MSNs 中的锰铁氧体和二氧化铈纳米粒子均具有类 CAT 活性，可以使 H_2O_2 分解产生 O_2，缓解乏氧环境，降低 HIF-1α 的表达水平。另外，锰铁氧体和二氧化铈纳米粒子具有类 SOD 活性可有效清除 O_2^{-}，进而将 M1 型巨噬细胞（炎症亚型）诱导为 M2 型巨噬细胞（抗炎亚型），降低炎症水平，达到治疗类风湿关节炎的目的。除了减轻炎症外，恢复骨骼和软骨缺损的微环境也是治疗类风湿关节炎的关键所在，通过增加碱性磷酸酶活性可以有效促进成骨分化。研究表明，具有 SOD 和 CAT 活性的二维金属有机框架纳米酶（Zn-MnTCPP❷）可在体内降解释放出 Zn^{2+}，释放的 Zn^{2+} 通过促进碱性磷酸酶（alkaline phosphatase，ALP）的活性，可以间接促进成骨分化和骨骼的形成；而该纳米酶自身的类酶活性可以消除炎症。两种疗效相结合为类风湿关节炎治疗提供可行的方案[161]。

痛风是炎症性关节炎中另一种常见的形式，它是由尿酸紊乱引起的疾病，其源于关节或关节周围组织中过量单钠尿酸盐晶体的沉积。因此，痛风的治疗重点是抑制炎症和降低尿酸水平来缓解关节疼痛。而人类缺乏尿酸酶，因此治疗痛风需要长期使用尿酸酶等制剂来降低尿酸水平。然而，在尿酸酶降解尿酸时产生的 H_2O_2，会在关节中积累引起严重的副作用。设计一种可同时模拟尿酸酶和 CAT 活性的多功能纳米酶，在关节环境中实现对尿酸降解的自级联催化，可以为痛风的治疗提供一

---

❶ 材料合成过程中采用介孔二氧化硅（mesoporous silica nanoparticles, MSNs）为模板，负载锰铁氧体纳米颗粒（manganese ferrite，MF）、二氧化铈纳米粒子（CeO₂），得到复合纳米酶 MFC-MSNs。

❷ MnTCPP 指的是锰（Ⅱ）酞菁配合物［manganese（Ⅱ）tetrakis (p-carboxyphenyl)porphyrin］，其分子结构中包含四个羧基苯环和一个中心的四氮杂环（porphyrin），这种配位环境在几何上类似于 Mn-SOD 酶和 CAT 酶的活性金属位点，使这类分子同时具有类 SOD 和类 CAT 活性。Zn-MnTCPP 是通过 Mn-TCPP 的苯甲酰氧基和 Zn^{2+} 之间的配位反应合成的。

种新选择。研究者开发了一种自级联 Pt/CeO$_2$ 纳米酶[162]。选用 CeO$_2$ 纳米棒作为支撑基底，聚乙烯吡咯烷酮（polyvinyl pyrrolidone，PVP）充当引导分子使 Pt 在纳米棒上的原位生长分散更加均匀。Pt 纳米酶是一种类尿酸酶模拟物，具有出色的尿酸降解能力；而 CeO$_2$ 纳米酶具有类 CAT 活性，可有效清除 ROS 和 RNS［图16.27（a）和（b）］。对尿酸钠诱导的大鼠急性痛风，Pt/CeO$_2$ 纳米酶能显著缓解疼痛以及关节肿胀，改善步态跛行［图16.27（c）和（d）］，实现了痛风的有效治疗[163]。

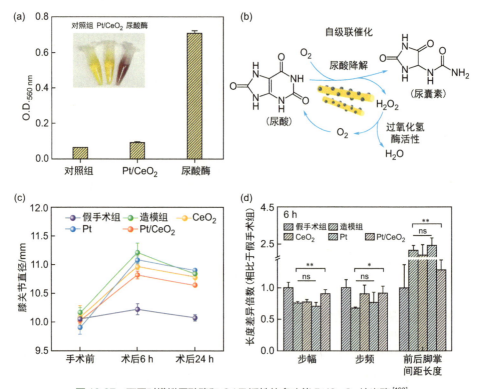

图 16.27　可同时模拟尿酸酶和 CAT 活性的多功能 Pt/CeO$_2$ 纳米酶[163]

（a）Pt/CeO$_2$ 和尿酸酶催化反应后的 H$_2$O$_2$ 积累量以及（b）Pt/CeO$_2$ 纳米酶自催化级联的机制示意图。（c）大鼠造模及治疗后后肢的膝关节直径变化。（d）造模 6 h 后大鼠步幅、步频、前后脚掌间距长度的定量结果。图（d）中通过测量脚印的步幅、步频以及前后脚掌间距，反映跑动中的跛行情况。大鼠正常跑动时前后脚印趋于重叠，造模后大鼠由于疼痛出现跛行情况，前后脚印间距明显增大，且步幅、步频减小

16.7.2　纳米酶增强骨修复和骨再生

　　健康骨组织存在成骨细胞骨形成和破骨细胞骨吸收之间的平衡。在骨质疏松症中，这种平衡被打破，导致骨流失、骨组织的微结构变化和骨折风险增加。ROS 是骨质疏松症的关键触发因素之一，ROS 主要通过诱导成骨细胞和骨细胞凋亡并促进破骨细胞的增殖及分化造成骨质疏松症的不断恶化。因此，调节骨损伤部位过

量 ROS，改善恶劣病理微环境有望恢复骨代谢内在平衡，实现骨质疏松症治疗[164]。研究者将 CeO₂ 纳米粒子负载在二氧化钛纳米管阵列，制备得到的 Ti NTA-Ce NPs❶ 具有类 SOD 以及类 CAT 活性，可有效保护前成骨细胞免受 ROS 诱导的氧化应激，并增强成骨细胞活力和分化能力[165]。另外，纳米酶还可以通过调节骨代谢过程中的关键酶和信号分子，如 ALP、骨钙素等，来促进骨的形成和修复。中空普鲁士蓝纳米酶（HPBZ）可以抑制细胞内 ROS 生成、抑制丝裂原活化蛋白激酶（MAPK）和炎症因子（NF-κB）信号通路，使骨微环境正常化。该纳米酶在体内外模型中能够显著抑制破骨细胞活性并减少小鼠骨流失[143]。除了单纯使用纳米酶外，在创伤性骨损伤中还会与多种生物支架结合使用以达到更佳的治疗效果。常见的生物支架有金属支架、陶瓷（羟基磷灰石陶瓷支架）、高分子支架（聚乳酸支架、聚乙醇酸支架）以及复合材料等[166-168]。这些生物支架材料通常具有优良的生物相容性、力学性能和生物活性，能够与人体骨骼和组织良好结合，促进骨骼和关节的再生与修复。因此，纳米酶凭借其清除 ROS 的能力、抗炎特性以及对信号通路的调控作用，通过改善骨微环境为骨质疏松症和骨缺损的治疗提供了新策略。

16.7.3　纳米酶对抗细菌感染和骨肉瘤

类氧化酶（OXD）和类过氧化物酶（POD），作为高效的促氧化纳米酶，在抗菌及抗肿瘤治疗领域得到了较广泛应用。

目前，仍难以杜绝病原体引起的骨感染。病原体会经血流（将身体其他部位的病原体感染带到骨骼内）、直接侵袭（通过开放性骨折、手术或刺入骨骼的物体）或邻近结构的感染（天然关节或人工关节或软组织）等途径造成骨感染。一旦在骨组织表面形成生物膜，将导致局部骨骼持续破损和坏死，从而造成骨髓炎等骨骼相关疾病。因此，类 OXD 和类 POD 纳米酶可以催化产生具有毒性的 ROS，清除细菌生物膜，从而治疗骨髓炎。例如，具有 POD 活性的 CuFe₅O₈ 立方体纳米酶催化双氧水产生羟基自由基（˙OH），可切割细胞外 DNA 破坏生物膜。通过在生物膜内产生高浓度 ˙OH 并与膜外 M1 型巨噬细胞协同作用，可以消除生物膜，缓解炎症。在植入物相关感染模型中对生物膜的消除表现出好的疗效[169]。除了抗菌活性，促进成骨活性也有助于骨髓炎的治疗。比如使用铜（Cu）和锶（Sr）双金属掺杂的纳米酶，一方面可通过芬顿反应产生大量的 ˙OH 以杀死细菌；另一方面，释放的 Sr^{2+} 能促进细胞增殖、碱性磷酸酶活性、细胞外基质钙化和骨相关基因表达，从而实现促成骨效果[170]。

类 POD 和类 OXD 纳米酶在骨肉瘤治疗领域也展现了巨大潜力。骨肉瘤是一种

❶ 垂直排列的二氧化钛纳米管阵列（TiO₂ nanotube array，TiNTA）负载二氧化铈纳米粒子（CeNPs）命名为 TiNTA-CeNPs。

来源于成骨间充质干细胞的骨肿瘤。骨肉瘤是骨恶性肿瘤之一，可引起严重的局部侵袭和全身转移，导致疼痛、骨折甚至死亡。目前，化疗、放疗以及手术切除肿瘤组织是骨肉瘤最常用的治疗方法。然而，化疗和放疗可能会增加全身性副作用和耐药性的风险。研究发现氧化铈颗粒在生理 pH 值为 7.4 时表现出抗氧化和细胞保护作用，而在肿瘤微环境 pH 值为 6.4 时表现出促氧化和细胞毒性作用，有效地杀死骨癌细胞[171,172]。若将纳米酶与其他治疗药物相联合，则有望达到增效的作用。通过将 CaO_2 和 Fe_3O_4 纳米酶负载到 3D 打印的人造支架中，构建了一种多功能的生物材料。其负载的 CaO_2 纳米粒子可作为 H_2O_2 源❶，在负载的 Fe_3O_4 纳米酶催化下实现 H_2O_2 自给自足的纳米催化骨肉瘤治疗，而释放的 Ca^{2+} 可以同时促进骨再生。外加交变磁场时，Fe_3O_4 纳米粒子产生的磁热和增强的催化反应产生更多的 ·OH，磁热与 ·OH 二者可协同治疗骨肉瘤。而 3D 复合支架具有良好的骨再生活性，多重作用下，该纳米酶支架能实现肿瘤消融并促进新骨组织的生长，从而恢复骨缺损和功能[173]。

16.7.4 展望

尽管纳米酶在骨科疾病治疗领域已经取得了较显著的进展，但仍面临着一系列亟待解决的问题。首先是靶向性的难题，通过纳米酶的理性设计实现药物在关节等部位的精准递送以及延长药物保留时间可极大地提高纳米酶在骨科疾病的治疗效果。其次，在骨修复和骨再生领域使用的纳米酶，其活性大多集中于类 SOD 和 CAT 等氧化还原酶方面，对水解酶、裂解酶、异构酶、连接酶的研究较少。生命过程是通过多种酶的协同作用完成的。例如为羟基磷灰石的沉积提供必要的磷酸的碱性磷酸酶，是骨骼形成过程中的关键步骤。因此，集成多酶活性的纳米酶开发将扩展纳米酶的功能和应用。最后，尽管纳米酶在骨科疾病领域展现出了巨大的潜力，但确保其生物安全性仍是当前面临的核心挑战。因此，需要更系统的研究来验证其疗效和安全性。未来的研究可着眼于设计具有诊断和靶向治疗功能的纳米酶以推进其在骨科疾病治疗中的临床应用。

16.8　神经保护

神经系统疾病指中枢和外周神经系统的各种疾病。据统计，自 1990 年以来，由神经系统疾病引起的残疾、相关疾病和过早死亡的总数增加了 18%，在 2021 年全球已有超过 30 亿人患有神经系统疾病，对公共卫生形成了极大挑战[174]。许多神经系统疾病缺乏有效的治疗方法，主要原因是目前对发病机制的了解仍比较有限。

---

❶ CaO_2 纳米粒子在微酸性（pH 6.5）环境中可以产生 H_2O_2，反应方程式如下：$CaO_2 + 2H_2O \longrightarrow Ca(OH)_2 + H_2O_2$。

研究发现，病灶部位炎症和活性氧水平升高，是导致神经疾病发生的主要原因之一。因此，具有抗氧化活性的纳米酶为神经系统疾病的治疗提供了新策略，已初步用于神经退行性疾病（如帕金森病和阿尔茨海默病）、脑血管疾病（如缺血性中风）以及创伤性脑和脊髓损伤等的治疗（图 16.28）。

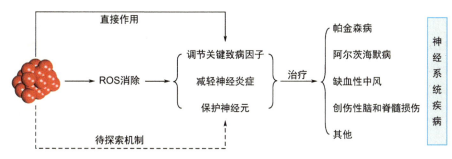

图 16.28　纳米酶治疗神经系统疾病

16.8.1　神经退行性疾病

神经退行性疾病主要包括帕金森病和阿尔茨海默病。帕金森病的主要病理改变为黑质纹状体通路变性，表现为黑质多巴胺能神经元的丢失和残余神经元中路易体（Lewy body）的形成[175]。目前认为帕金森病是遗传和环境因素共同作用的复杂结果[176]。脑组织的小胶质细胞在帕金森病患者的黑质中过度活化，被激活的小胶质细胞会产生大量自由基[177]，损伤神经元。同时，帕金森病患者脑组织对自由基的敏感性增强而导致清除能力降低，从而引起病情加重。因此，帕金森病与自由基介导的氧化应激有着密切的关系。此外，研究表明路易体的主要成分 α 突触核蛋白（α-synuclein，α-syn）与帕金森病的发生和发展也密切相关，α-syn 的异常聚集会诱发帕金森病[178,179]。因此，有效抗氧化应激和干扰 α-syn 异常聚集的药物有望用于帕金森病的治疗。

C_{60} 及其衍生物能有效吸附并清除氧自由基[180]，减少神经元的损伤，具有显著的抗氧化应激能力，在帕金森病的治疗中显现了良好的效果［图 16.29（a）］。2001年的研究显示，丙二酸修饰的水溶性 C_{60} 衍生物 C_{60}-C_3（简称 C_3）与 C_{60}-D_3（简称 D_3）均对 1-甲基-4 苯基-1,2,3,6-四氢吡啶（MPTP）和 6-羟基多巴胺盐酸盐（6-OHDA）引起的中脑多巴胺能神经元损伤具有保护作用［图 16.29（b）］[181]。与 D_3 相比较，C_3 与其有相似的水溶性，但 C_3 比 D_3 显示了更好的神经保护效果，这可能是因为 C_3 比 D_3 更容易进入细胞膜内[180]，能更好地发挥类 SOD 的催化活性（其催化机制见本书第 6 章）。2014 年的一项灵长类动物双盲实验结果进一步验证了 C_3 的功效：对用 MPTP 处理 1 周后的食蟹猴进行两个月 C_3 和安慰剂治疗，C_3 治疗实验组（$n = 58$）与安慰剂对照组（$n = 57$）相比，经 C_3 治疗后，食蟹猴运动能力明显改善，纹状体中多巴脱羧酶和 2 型囊泡单胺转运蛋白的摄取增加，纹状体内多巴胺水平提高［图 16.29（c）、(d)][182]，这些结果表明，C_3 对帕金森病具有明显的治疗作用。随后的生物代谢和毒理学研究表明，C_3 对小鼠和食蟹猴没有明显的毒性作用，证明了其安全性较好[183]，为进一步开展 C_3 的临床研究打下了基础。此外，其他纳米酶（如 CeO_2）在保护神经细胞免受活性氧损伤方面也表现出一定作用，在 MPTP 和 6-OHDA 诱导的帕金森病模型中也显示出良好的治疗效果[184,185]。磁性纳米酶 Fe_3O_4 在干扰 α-syn 异常聚集方面受到关注[186]，但其作用机制和安全性仍需进一步研究。

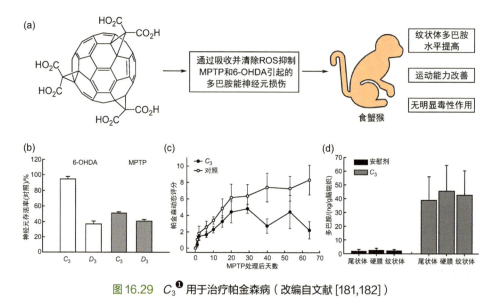

图 16.29　$C_3$❶ 用于治疗帕金森病（改编自文献 [181,182]）
（a）C_3 治疗帕金森病示意图；（b）C_3 对神经元的保护作用；（c）帕金森病动态评分结果；（d）多巴胺含量分析结果

　　阿尔茨海默病的主要病理特征是微管相关蛋白 Tau 异常磷酸化引起的淀粉样蛋白-β（Aβ）肽斑块和神经元纤维缠结的堆积。氧化应激在早期阿尔茨海默病神经元中发挥关键作用，与 Aβ 的形成、神经元纤维缠结和神经炎症密切相关。通过减少 ROS 的产生可以降低 Aβ 水平和缓解神经炎症来延缓阿尔茨海默病的发生。因此，抗氧化纳米酶可被应用于阿尔茨海默病的治疗。目前纳米酶（如 CeO_2[136]、Cu_xO[137]、MoS_2[187] 等）主要通过清除病灶部位的 ROS，减轻氧化应激，从而保护神经元细胞免受损伤；同时抑制氧化应激引起的小神经胶质细胞的活化，抑制促炎因子的表达，防止阿尔茨海默病的发生。此外，通过抑制 Tau 蛋白磷酸化引起的 Aβ 聚集，也可以减轻阿尔茨海默病症状[188]（图 16.30）。

---

❶ 两个区域异构体：C_3，三丙二酸 C_{60}；D_3，三丙二酸 C_{60} 异构体。

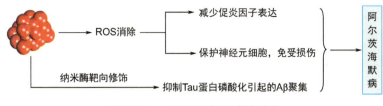

图 16.30　纳米酶治疗阿尔茨海默病

虽然纳米酶治疗策略可以为解决阿尔茨海默病缺乏有效药物的问题提供一种新方案，但是由于纳米酶的安全性还没有得到充分验证，以及疾病病因较为复杂，所以纳米酶对阿尔茨海默病的治疗机制还需要深入探索，其临床疗效还需进一步验证。

16.8.2　其他神经系统疾病

缺血性中风包括血栓或栓塞引起的脑血管阻塞[189]。脑血管栓塞会导致脑血流量减少和缺氧，并且引起脑部的缺血和再灌注，导致 ROS 的过多产生，进而破坏线粒体结构并引起细胞凋亡，对大脑产生损伤[190]。氧化铈纳米酶对缺血性中风疾病的治疗具有良好的效果[191,192]，研究表明仅用 0.7 mg/kg 剂量的氧化铈纳米酶就能实现较好的治疗效果，明显减轻病变部位的面积，保护脑部组织[192]（图 16.31）。

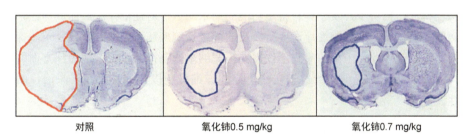

对照　　　　　　　　氧化铈0.5 mg/kg　　　　　　　氧化铈0.7 mg/kg

图 16.31　氧化铈治疗缺血性中风（改编自文献 [192]）

创伤性脑损伤通常与创伤后应激障碍、记忆缺陷和导致退行性脑疾病的慢性神经炎症相关[193,194]。氧化应激是创伤性脑损伤中最早的继发性损伤形式之一，会导致线粒体损伤，引起过多的还原 O_2 释放，形成主要活性氧 O_2^{-}[195]，损害蛋白质、脂质和 DNA，引起神经元损伤，加重创伤性脑损伤。因此，平衡自由基在创伤性脑损伤的第一阶段对减轻继发性损伤的影响和实现创伤性脑损伤的治疗至关重要。所以，抗氧化纳米酶清除活性氧有利于创伤性脑损伤的治疗。但目前对该领域的研究较少，只有有限数量的纳米酶可用于创伤性脑损伤治疗。研究人员通过模拟 SOD、CAT 和 GPx 的催化活性，制备了一系列纳米酶用来治疗创伤性脑损伤。此类纳米酶通过具有的类 SOD、CAT 和 GPx 活性清除脑损伤部位产生的 ROS，减轻氧化应激，恢复 MMP-9 活性、抑制炎症因子产生和抑制细胞死亡来缓解神经炎症治疗创伤性脑损伤（图 16.32）[196–198]。

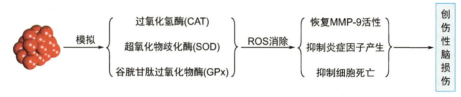

图 16.32　纳米酶用于创伤性脑损伤的治疗

纳米酶在创伤性脑损伤治疗领域应用有待深入研究。其中，纳米酶的生物相容性与生物代谢是需要深入研究的问题。未来可以研制生物相容性更好的纳米酶，如制备具有原子级精度的超小纳米酶，以加速它们在体内的代谢清除，从而解决生物代谢带来的毒性问题。

16.8.3　总结与展望

利用纳米酶治疗神经系统疾病，目前在动物实验阶段取得了部分成效，能够减轻模型动物的疾病症状。其作用机制主要集中于清除疾病部位的 ROS，从而减轻其对细胞的损伤，缓解疾病的症状。针对帕金森病、阿尔茨海默病等神经系统疾病的病理特征，已初步开发了具有特定功能的纳米酶进行对症治疗。然而，神经系统疾病的种类众多，纳米酶治疗迄今所涉及的神经系统疾病有限，并且只是一些探索性治疗实验。因此，未来的研究不仅需要拓宽纳米酶在神经系统疾病治疗方面的应用，也需要深入研究纳米酶对于疾病治疗的详细机制以及纳米酶在临床治疗的可能性。

参考文献

[1]　Bray, F.; Laversanne, M.; Sung, H.; Ferlay, J.; Siegel, R. L.; Soerjomataram, I.; Jemal, A. Global cancer statistics 2022: GLOBOCAN estimates of incidence and mortality worldwide for 36 cancers in 185 countries. *CA Cancer J. Clin.* **2024**, *74*, 229-263.

[2]　Bray, F.; Laversanne, M.; Weiderpass, E.; Soerjomataram, I. The ever-increasing importance of cancer as a leading cause of premature death worldwide. *Cancer* **2021**, *127*, 3029-3030.

[3]　Citrin Deborah, E. Recent Developments in Radiotherapy. *N. Engl. J. Med.* **2017**, *377*, 1065-1075.

[4]　Sharma, R. A.; Plummer, R.; Stock, J. K.; Greenhalgh, T. A.; Ataman, O.; Kelly, S.; Clay, R.; Adams, R. A.; Baird, R. D.; Billingham, L.; Brown, S. R.; Buckland, S.; Bulbeck, H.; Chalmers, A. J.; Clack, G.; Cranston, A. N.; Damstrup, L.; Ferraldeschi, R.; Forster, M. D.; Golec, J.; Hagan, R. M.; Hall, E.; Hanauske, A.-R.; Harrington, K. J.; Haswell, T.; Hawkins,

M. A.; Illidge, T.; Jones, H.; Kennedy, A. S.; McDonald, F.; Melcher, T.; O'Connor, J. P. B.; Pollard, J. R.; Saunders, M. P.; Sebag-Montefiore, D.; Smitt, M.; Staffurth, J.; Stratford, I. J.; Wedge, S. R.; on behalf of the, N. C. A.-P. J. W. G. Clinical development of new drug-radiotherapy combinations. *Nat. Rev. Clin. Oncol.* **2016**, *13*, 627-642.

[5]   Greenlee, H.; DuPont-Reyes, M. J.; Balneaves, L. G.; Carlson, L. E.; Cohen, M. R.; Deng, G.; Johnson, J. A.; Mumber, M.; Seely, D.; Zick, S. M.; Boyce, L. M.; Tripathy, D. Clinical practice guidelines on the evidence-based use of integrative therapies during and after breast cancer treatment. *CA Cancer J. Clin.* **2017**, *67*, 194-232.

[6]   Davis, I. D. An overview of cancer immunotherapy. *Immunol. Cell Biol.* **2000**, *78*, 179-195.

[7]   Markman, J. L.; Rekechenetskiy, A.; Holler, E.; Ljubimova, J. Y. Nanomedicine therapeutic approaches to overcome cancer drug resistance. *Adv. Drug Delivery Rev.* **2013**, *65*, 1866-1879.

[8]   Wang, J.; Li, Y.; Nie, G. Multifunctional biomolecule nanostructures for cancer therapy. *Nat. Rev. Mater.* **2021**, *6*, 766-783.

[9]   Wang, Q.; Liu, J.; He, L.; Liu, S.; Yang, P. Nanozyme: a rising star for cancer therapy. *Nanoscale* **2023**, *15*, 12455-12463.

[10]   Zhang, Y.; Wei, G.; Liu, W.; Li, T.; Wang, Y.; Zhou, M.; Liu, Y.; Wang, X.; Wei, H. Nanozymes for nanohealthcare. *Nat. Rev. Methods Primers* **2024**, *4*, 36.

[11]   Zhang, R.; Jiang, B.; Fan, K.; Gao, L.; Yan, X. Designing nanozymes for in vivo applications. *Nat. Rev. Bioeng.* **2024**, *2*, 849-868.

[12]   Dewhirst, M. W.; Cao, Y.; Moeller, B. Cycling hypoxia and free radicals regulate angiogenesis and radiotherapy response. *Nat. Rev. Cancer* **2008**, *8*, 425-437.

[13]   Wilson, W. R.; Hay, M. P. Targeting hypoxia in cancer therapy. *Nat. Rev. Cancer* **2011**, *11*, 393-410.

[14]   Wan, Y.; Fu, L.H.; Li, C.; Lin, J.; Huang, P. Conquering the hypoxia limitation for photodynamic therapy. *Adv. Mater.* **2021**, *33*, 2103978.

[15]   Xu, D.; Wu, L.; Yao, H.; Zhao, L. Catalase-like nanozymes: Classification, catalytic mechanisms, and their applications. *Small* **2022**, *18*, 2203400.

[16]   Castano, A. P.; Mroz, P.; Hamblin, M. R. Photodynamic therapy and anti-tumour immunity. *Nat. Rev. Cancer* **2006**, *6*, 535-545.

[17]   Wei, F.; Rees, T. W.; Liao, X.; Ji, L.; Chao, H. Oxygen self-sufficient photodynamic therapy. *Coord. Chem. Rev.* **2021**, *432*, 213714.

[18]   Zhang, Y.; Wang, F.; Liu, C.; Wang, Z.; Kang, L.; Huang, Y.; Dong, K.; Ren, J.; Qu, X. Nanozyme decorated metal-organic frameworks for enhanced photodynamic therapy. *ACS Nano* **2018**, *12*, 651-661.

[19]   Wang, D.; Wu, H.; Lim, W. Q.; Phua, S. Z. F.; Xu, P.; Chen, Q.; Guo, Z.; Zhao, Y. A mesoporous nanoenzyme derived from metal-organic frameworks with endogenous oxygen generation to alleviate tumor hypoxia for significantly enhanced photodynamic therapy. *Adv. Mater.* **2019**, *31*, 1901893.

[20] Lin, T.; Zhao, X.; Zhao, S.; Yu, H.; Cao, W.; Chen, W.; Wei, H.; Guo, H. O_2-generating MnO_2 nanoparticles for enhanced photodynamic therapy of bladder cancer by ameliorating hypoxia. *Theranostics* **2018**, *8*, 990-1004.

[21] Wang, D.; Wu, H.; Phua, S. Z. F.; Yang, G.; Qi Lim, W.; Gu, L.; Qian, C.; Wang, H.; Guo, Z.; Chen, H.; Zhao, Y. Self-assembled single-atom nanozyme for enhanced photodynamic therapy treatment of tumor. *Nat. Commun.* **2020**, *11*, 357.

[22] Sui, X.; Chen, R.; Wang, Z.; Huang, Z.; Kong, N.; Zhang, M.; Han, W.; Lou, F.; Yang, J.; Zhang, Q.; Wang, X.; He, C.; Pan, H. Autophagy and chemotherapy resistance: a promising therapeutic target for cancer treatment. *Cell Death Dis.* **2013**, *4*, e838-e838.

[23] Chen, Z.; Shi, T.; Zhang, L.; Zhu, P.; Deng, M.; Huang, C.; Hu, T.; Jiang, L.; Li, J. Mammalian drug efflux transporters of the ATP binding cassette (ABC) family in multidrug resistance: A review of the past decade. *Cancer Lett.* **2016**, *370*, 153-164.

[24] He, Y.; Cong, C.; Li, L.; Luo, L.; He, Y.; Hao, Z.; Gao, D. Sequential intra-intercellular delivery of nanomedicine for deep drug-resistant solid tumor penetration. *ACS Appl. Mater. Interfaces* **2020**, *12*, 8978-8988.

[25] Deng, Y.; Jia, F.; Chen, X.; Jin, Q.; Ji, J. ATP suppression by pH-activated mitochondria-targeted delivery of nitric oxide nanoplatform for drug resistance reversal and metastasis inhibition. *Small* **2020**, *16*, 2001747.

[26] Cong, C.; He, Y.; Zhao, S.; Zhang, X.; Li, L.; Wang, D.; Liu, L.; Gao, D. Diagnostic and therapeutic nanoenzymes for enhanced chemotherapy and photodynamic therapy. *J. Mater. Chem. B* **2021**, *9*, 3925-3934.

[27] Wu, Y.; Song, Y.; Wang, R.; Wang, T. Molecular mechanisms of tumor resistance to radiotherapy. *Mol. Cancer* **2023**, *22*, 96.

[28] Chen, Y.; Zhong, H.; Wang, J.; Wan, X.; Li, Y.; Pan, W.; Li, N.; Tang, B. Catalase-like metal-organic framework nanoparticles to enhance radiotherapy in hypoxic cancer and prevent cancer recurrence. *Chem. Sci.* **2019**, *10*, 5773-5778.

[29] He, Z.; Huang, X.; Wang, C.; Li, X.; Liu, Y.; Zhou, Z.; Wang, S.; Zhang, F.; Wang, Z.; Jacobson, O.; Zhu, J.J.; Yu, G.; Dai, Y.; Chen, X. A Catalase-like metal-organic framework nanohybrid for O_2-evolving synergistic chemoradiotherapy. *Angew. Chem. Int. Ed.* **2019**, *58*, 8752-8756.

[30] Yi, X.; Chen, L.; Zhong, X.; Gao, R.; Qian, Y.; Wu, F.; Song, G.; Chai, Z.; Liu, Z.; Yang, K. Core-shell Au@MnO_2 nanoparticles for enhanced radiotherapy via improving the tumor oxygenation. *Nano Res.* **2016**, *9*, 3267-3278.

[31] Zhen, W.; Liu, Y.; Wang, W.; Zhang, M.; Hu, W.; Jia, X.; Wang, C.; Jiang, X. Specific "unlocking" of a nanozyme-based butterfly effect to break the evolutionary fitness of chaotic tumors. *Angew. Chem. Int. Ed.* **2020**, *59*, 9491-9497.

[32] Hu, X.; Li, F.; Xia, F.; Guo, X.; Wang, N.; Liang, L.; Yang, B.; Fan, K.; Yan, X.; Ling, D. Biodegradation-mediated enzymatic activity-tunable molybdenum oxide nanourchins for

tumor-specific cascade catalytic therapy. *J. Am. Chem. Soc.* **2020**, *142*, 1636-1644.

[33] Cheung, E. C.; Vousden, K. H. The role of ROS in tumour development and progression. *Nat. Rev. Cancer* **2022**, *22*, 280-297.

[34] Sheng, J.; Wu, Y.; Ding, H.; Feng, K.; Shen, Y.; Zhang, Y.; Gu, N. Multienzyme-like nanozymes: regulation, rational design, and application. *Adv. Mater.* **2024**, *36*, 2211210.

[35] Tang, G.; He, J.; Liu, J.; Yan, X.; Fan, K. Nanozyme for tumor therapy: surface modification matters. *Exploration* **2021**, *1*, 75-89.

[36] Huo, M.; Wang, L.; Chen, Y.; Shi, J. Tumor-selective catalytic nanomedicine by nanocatalyst delivery. *Nat. Commun.* **2017**, *8*, 357.

[37] Zhu, Y.; Wang, W.; Cheng, J.; Qu, Y.; Dai, Y.; Liu, M.; Yu, J.; Wang, C.; Wang, H.; Wang, S.; Zhao, C.; Wu, Y.; Liu, Y. Stimuli-responsive manganese single-atom nanozyme for tumor therapy via integrated cascade reactions. *Angew. Chem. Int. Ed.* **2021**, *60*, 9480-9488.

[38] Wang, Z.; Zhang, Y.; Ju, E.; Liu, Z.; Cao, F.; Chen, Z.; Ren, J.; Qu, X. Biomimetic nanoflowers by self-assembly of nanozymes to induce intracellular oxidative damage against hypoxic tumors. *Nat. Commun.* **2018**, *9*, 3334.

[39] Fan, K.; Xi, J.; Fan, L.; Wang, P.; Zhu, C.; Tang, Y.; Xu, X.; Liang, M.; Jiang, B.; Yan, X.; Gao, L. In vivo guiding nitrogen-doped carbon nanozyme for tumor catalytic therapy. *Nat. Commun.* **2018**, *9*, 1440.

[40] Zhong, X.; Wang, X.; Cheng, L.; Tang, Y. a.; Zhan, G.; Gong, F.; Zhang, R.; Hu, J.; Liu, Z.; Yang, X. GSH-depleted PtCu$_3$ nanocages for chemodynamic-enhanced sonodynamic cancer therapy. *Adv. Funct. Mater.* **2020**, *30*, 1907954.

[41] Feng, L.; Liu, B.; Xie, R.; Wang, D.; Qian, C.; Zhou, W.; Liu, J.; Jana, D.; Yang, P.; Zhao, Y. An ultrasmall SnFe$_2$O$_4$ nanozyme with endogenous oxygen generation and glutathione depletion for synergistic cancer therapy. *Adv. Funct. Mater.* **2021**, *31*, 2006216.

[42] Meng, X.; Li, D.; Chen, L.; He, H.; Wang, Q.; Hong, C.; He, J.; Gao, X.; Yang, Y.; Jiang, B.; Nie, G.; Yan, X.; Gao, L.; Fan, K. High-performance self-cascade pyrite nanozymes for apoptosis-ferroptosis synergistic tumor therapy. *ACS Nano* **2021**, *15*, 5735-5751.

[43] Yao, Q.; Lin, F.; Fan, X.; Wang, Y.; Liu, Y.; Liu, Z.; Jiang, X.; Chen, P. R.; Gao, Y. Synergistic enzymatic and bioorthogonal reactions for selective prodrug activation in living systems. *Nat. Commun.* **2018**, *9*, 5032.

[44] Xu, G.; McLeod, H. L. Strategies for enzyme/prodrug cancer therapy. *Clin. Cancer Res.* **2001**, *7*, 3314-3324.

[45] Tonga, G. Y.; Jeong, Y.; Duncan, B.; Mizuhara, T.; Mout, R.; Das, R.; Kim, S. T.; Yeh, Y.-C.; Yan, B.; Hou, S.; Rotello, V. M. Supramolecular regulation of bioorthogonal catalysis in cells using nanoparticle-embedded transition metal catalysts. *Nat. Chem.* **2015**, *7*, 597-603.

[46] Wardman, P. Indole-3-acetic acids and horseradish peroxidase: a new prodrug/enzyme combination for targeted cancer therapy. *Curr. Pharm. Des.* **2002**, *8*, 1363-1374.

[47] Liang, Q.; Xi, J.; Gao, X. J.; Zhang, R.; Yang, Y.; Gao, X.; Yan, X.; Gao, L.; Fan, K. A metal-

free nanozyme-activated prodrug strategy for targeted tumor catalytic therapy. *Nano Today* **2020**, *35*, 100935.

[48] Albertella, M. R.; Loadman, P. M.; Jones, P. H.; Phillips, R. M.; Rampling, R.; Burnet, N.; Alcock, C.; Anthoney, A.; Vjaters, E.; Dunk, C. R.; Harris, P. A.; Wong, A.; Lalani, A. S.; Twelves, C. J. Hypoxia-selective targeting by the bioreductive prodrug AQ4N in patients with solid tumors: results of a phase I study. *Clin. Cancer Res.* **2008**, *14*, 1096-1104.

[49] Cao, C.; Yang, N.; Su, Y.; Zhang, Z.; Wang, C.; Song, X.; Chen, P.; Wang, W.; Dong, X. Starvation, ferroptosis, and prodrug therapy synergistically enabled by a cytochrome c oxidase like nanozyme. *Adv. Mater.* **2022**, *34*, 2203236.

[50] Yu, S.; Chen, Z.; Zeng, X.; Chen, X.; Gu, Z. Advances in nanomedicine for cancer starvation therapy. *Theranostics* **2019**, *9*, 8026-8047.

[51] Zhang, H.; Liang, X.; Han, L.; Li, F. "Non-Naked" gold with glucose oxidase-like activity: A nanozyme for tandem catalysis. *Small* **2018**, *14*, 1803256.

[52] Zhang, Y.H.; Qiu, W.X.; Zhang, M.; Zhang, L.; Zhang, X.-Z. MnO$_2$ motor: A prospective cancer-starving therapy promoter. *ACS Appl. Mater. Interfaces* **2018**, *10*, 15030-15039.

[53] Yang, L.; Ren, C.; Xu, M.; Song, Y.; Lu, Q.; Wang, Y.; Zhu, Y.; Wang, X.; Li, N. Rod-shape inorganic biomimetic mutual-reinforcing MnO$_2$-Au nanozymes for catalysis-enhanced hypoxic tumor therapy. *Nano Res.* **2020**, *13*, 2246-2258.

[54] Yang, X.; Yang, Y.; Gao, F.; Wei, J.J.; Qian, C.G.; Sun, M.-J. Biomimetic hybrid nanozymes with self-supplied H$^+$and accelerated O$_2$ generation for enhanced starvation and photodynamic therapy against hypoxic tumors. *Nano Lett.* **2019**, *19*, 4334-4342.

[55] Mei, L.; Zhu, S.; Liu, Y.; Yin, W.; Gu, Z.; Zhao, Y. An overview of the use of nanozymes in antibacterial applications. *Chem. Eng. J.* **2021**, *418*, 129431-129451.

[56] Lee, Y.; Puumala, E.; Robbins, N.; Cowen, L. E. Antifungal drug resistance: molecular mechanisms in *Candida albicans* and beyond. *Chem. Rev.* **2021**, *121*, 3390-3411.

[57] Sun, H.; Gao, N.; Dong, K.; Ren, J.; Qu, X. Graphene quantum dots-band-aids used for wound disinfection. *ACS Nano* **2014**, *8*, 6202-6210.

[58] Shi, S.; Wu, S.; Shen, Y.; Zhang, S.; Xiao, Y.; He, X.; Gong, J.; Farnell, Y.; Tang, Y.; Huang, Y.; Gao, L. Iron oxide nanozyme suppresses intracellular *Salmonella Enteritidis* growth and alleviates infection *in vivo*. *Theranostics* **2018**, *8*, 6149-6162.

[59] Shan, J.; Li, X.; Yang, K.; Xiu, W.; Wen, Q.; Zhang, Y.; Yuwen, L.; Weng, L.; Teng, Z.; Wang, L. Efficient bacteria killing by Cu$_2$WS$_4$ nanocrystals with enzyme-like properties and bacteria-binding ability. *ACS Nano* **2019**, *13*, 13797-13808.

[60] Xi, J.; Wei, G.; An, L.; Xu, Z.; Xu, Z.; Fan, L.; Gao, L. Copper/carbon hybrid nanozyme: tuning catalytic activity by the copper state for antibacterial therapy. *Nano Lett.* **2019**, *19*, 7645-7654.

[61] Xu, Z.; Qiu, Z.; Liu, Q.; Huang, Y.; Li, D.; Shen, X.; Fan, K.; Xi, J.; Gu, Y.; Tang, Y.; Jiang, J.; Xu, J.; He, J.; Gao, X.; Liu, Y.; Koo, H.; Yan, X.; Gao, L. Converting organosulfur compounds

to inorganic polysulfides against resistant bacterial infections. *Nat. Commun.* **2018**, *9*, 3713-3726.

[62]　Gao, F.; Shao, T.; Yu, Y.; Xiong, Y.; Yang, L. Surface-bound reactive oxygen species generating nanozymes for selective antibacterial action. *Nat. Commun.* **2021**, *12*, 745-763.

[63]　Zhang, L.; Zhang, L.; Deng, H.; Li, H.; Tang, W.; Guan, L.; Qiu, Y.; Donovan, M. J.; Chen, Z.; Tan, W. *In vivo* activation of pH-responsive oxidase-like graphitic nanozymes for selective killing of *Helicobacter pylori*. *Nat. Commun.* **2021**, *12*, 2002-2012.

[64]　Li, Y.; Fu, R.; Duan, Z.; Zhu, C.; Fan, D. Artificial nonenzymatic antioxidant MXene nanosheet-anchored injectable hydrogel as a mild photothermal-controlled oxygen release platform for diabetic wound healing. *ACS Nano* **2022**, *16*, 7486-7502.

[65]　Xu, Y.; Luo, Y.; Weng, Z.; Xu, H.; Zhang, W.; Li, Q.; Liu, H.; Liu, L.; Wang, Y.; Liu, X.; Liao, L.; Wang, X. Microenvironment-responsive metal-phenolic nanozyme release platform with antibacterial, ROS scavenging, and osteogenesis for periodontitis. *ACS Nano* **2023**, *17*, 1940-1955.

[66]　Liu, Z.; Zhao, X.; Yu, B.; Zhao, N.; Zhang, C.; Xu, F.-J. Rough carbon-iron oxide nanohybrids for near-infrared- II light-responsive synergistic antibacterial therapy. *ACS Nano* **2021**, *15*, 7482-7490.

[67]　Yin, W.; Yu, J.; Lv, F.; Yan, L.; Zheng, L. R.; Gu, Z.; Zhao, Y. Functionalized nano-MoS$_2$ with peroxidase catalytic and near-infrared photothermal activities for safe and synergetic wound antibacterial applications. *ACS Nano* **2016**, *10*, 11000-11011.

[68]　Xi, J.; Wei, G.; Wu, Q.; Xu, Z.; Liu, Y.; Han, J.; Fan, L.; Gao, L. Light-enhanced sponge-like carbon nanozyme used for synergetic antibacterial therapy. *Biomater. Sci.* **2019**, *7*, 4131-4141.

[69]　Chen, M.; Long, Z.; Dong, R.; Wang, L.; Zhang, J.; Li, S.; Zhao, X.; Hou, X.; Shao, H.; Jiang, X. Titanium incorporation into Zr-porphyrinic metal-organic frameworks with enhanced antibacterial activity against multidrug-resistant pathogens. *Small* **2020**, *16*, 6240-6251.

[70]　Sun, D.; Pang, X.; Cheng, Y.; Ming, J.; Xiang, S.; Zhang, C.; Lv, P.; Chu, C.; Chen, X.; Liu, G.; Zheng, N. Ultrasound-switchable nanozyme augments sonodynamic therapy against multidrug-resistant bacterial infection. *ACS Nano* **2020**, *14*, 2063-2076.

[71]　Dong, Q.; Li, Z.; Xu, J.; Yuan, Q.; Chen, L.; Chen, Z. Versatile graphitic nanozymes for magneto actuated cascade reaction-enhanced treatment of *S. mutans* biofilms. *Nano Res.* **2022**, *15*, 9800-9808.

[72]　Gao, L.; Liu, Y.; Kim, D.; Li, Y.; Hwang, G.; Naha, P. C.; Cormode, D. P.; Koo, H. Nanocatalysts promote *Streptococcus mutans* biofilm matrix degradation and enhance bacterial killing to suppress dental caries *in vivo*. *Biomaterials* **2016**, *101*, 272-284.

[73]　Liu, Y.; Naha, P. C.; Hwang, G.; Kim, D.; Huang, Y.; Simon-Soro, A.; Jung, H. I.; Ren, Z.; Li, Y.; Gubara, S.; Alawi, F.; Zero, D.; Hara, A. T.; Cormode, D. P.; Koo, H. Topical ferumoxytol nanoparticles disrupt biofilms and prevent tooth decay *in vivo* via intrinsic catalytic activity. *Nat. Commun.* **2018**, *9*, 2920-2932.

[74] Liu, Z.; Wang, F.; Ren, J.; Qu, X. A series of MOF/Ce-based nanozymes with dual enzyme-like activity disrupting biofilms and hindering recolonization of bacteria. *Biomaterials* **2019**, *208*, 21-31.

[75] Wei, G.; Liu, Q.; Wang, X.; Zhou, Z.; Zhao, X.; Zhou, W.; Liu, W.; Zhang, Y.; Liu, S.; Zhu, C.; Wei, H. A probiotic nanozyme hydrogel regulates vaginal microenvironment for *Candida* vaginitis therapy. *Sci. Adv.* **2023**, *9*, 949-961.

[76] Wang, B.; Zhang, W.; Pan, Q.; Tao, J.; Li, S.; Jiang, T.; Zhao, X. Hyaluronic acid-based CuS nanoenzyme biodegradable microneedles for treating deep cutaneous fungal infection without drug resistance. *Nano Lett.* **2023**, *23*, 1327-1336.

[77] Kalyanaraman, B. Teaching the basics of redox biology to medical and graduate students: Oxidants, antioxidants and disease mechanisms. *Redox Biol.* **2013**, *1*, 244-257.

[78] Vercellino, I.; Sazanov, L. A. The assembly, regulation and function of the mitochondrial respiratory chain. *Nat. Rev. Mol. Cell Biol.* **2022**, *23*, 141-161.

[79] Lambeth, J. D.; Neish, A. S. Nox enzymes and new thinking on reactive oxygen: a double-edged sword revisited. *Annu. Rev. Pathol.: Pathol. Mech. Dis.* **2014**, *9*, 119-145.

[80] El-Benna, J.; Hurtado-Nedelec, M.; Marzaioli, V.; Marie, J.C.; Gougerot-Pocidalo, M.A.; Dang, P. M.C. Priming of the neutrophil respiratory burst: role in host defense and inflammation. *Immunol. Rev.* **2016**, *273*, 180-193.

[81] Reczek, C. R.; Chandel, N. S. ROS-dependent signal transduction. *Curr. Opin. Cell Biol.* **2015**, *33*, 8-13.

[82] Halliwell, B. Understanding mechanisms of antioxidant action in health and disease. *Nat. Rev. Mol. Cell Biol.* **2024**, *25*, 13-33.

[83] Srinivas, U. S.; Tan, B. W. Q.; Vellayappan, B. A.; Jeyasekharan, A. D. ROS and the DNA damage response in cancer. *Redox Biol.* **2019**, *25*, 101084.

[84] Dong, Y.; Yong, V. W. Oxidized phospholipids as novel mediators of neurodegeneration. *Trends Neurosci.* **2022**, *45*, 419-429.

[85] Ezraty, B.; Gennaris, A.; Barras, F.; Collet, J.F. Oxidative stress, protein damage and repair in bacteria. *Nat. Rev. Microbiol.* **2017**, *15*, 385-396.

[86] Singh, N.; NaveenKumar, S. K.; Geethika, M.; Mugesh, G. A cerium vanadate nanozyme with specific superoxide dismutase activity regulates mitochondrial function and ATP synthesis in neuronal cells. *Angew. Chem. Int. Ed.* **2021**, *60*, 3121-3130.

[87] Chen, Z.; Yin, J.J.; Zhou, Y.T.; Zhang, Y.; Song, L.; Song, M.; Hu, S.; Gu, N. Dual enzyme-like activities of iron oxide nanoparticles and their implication for diminishing cytotoxicity. *ACS Nano* **2012**, *6*, 4001-4012.

[88] Vernekar, A. A.; Sinha, D.; Srivastava, S.; Paramasivam, P. U.; D′Silva, P.; Mugesh, G. An antioxidant nanozyme that uncovers the cytoprotective potential of vanadia nanowires. *Nat. Commun.* **2014**, *5*, 5301.

[89] Zhang, W.; Hu, S.; Yin, J.-J.; He, W.; Lu, W.; Ma, M.; Gu, N.; Zhang, Y. Prussian Blue

nanoparticles as multienzyme mimetics and reactive oxygen species scavengers. *J. Am. Chem. Soc.* **2016**, *138*, 5860-5865.

[90] Chen, J.; Patil, S.; Seal, S.; McGinnis, J. F. Rare earth nanoparticles prevent retinal degeneration induced by intracellular peroxides. *Nat. Nanotechnol.* **2006**, *1*, 142-150.

[91] Muhammad, F.; Huang, F.; Cheng, Y.; Chen, X.; Wang, Q.; Zhu, C.; Zhang, Y.; Yang, X.; Wang, P.; Wei, H. Nanoceria as an electron reservoir: spontaneous deposition of metal nanoparticles on oxides and their anti-inflammatory activities. *ACS Nano* **2022**, *16*, 20567-20576.

[92] Xu, L.; Mu, J.; Ma, Z.; Lin, P.; Xia, F.; Hu, X.; Wu, J.; Cao, J.; Liu, S.; Huang, T.; Ling, D.; Gao, J.; Li, F. Nanozyme-integrated thermoresponsive in situ forming hydrogel enhances mesenchymal stem cell viability and paracrine effect for efficient spinal cord repair. *ACS Appl. Mater. Interfaces* **2023**, *15*, 37193-37204.

[93] Tian, R.; Ma, H.; Ye, W.; Li, Y.; Wang, S.; Zhang, Z.; Liu, S.; Zang, M.; Hou, J.; Xu, J.; Luo, Q.; Sun, H.; Bai, F.; Yang, Y.; Liu, J. Se-containing MOF coated dual-Fe-atom nanozymes with multi-enzyme cascade activities protect against cerebral ischemic reperfusion injury. *Adv. Funct. Mater.* **2022**, *32*, 2204025.

[94] Lin, A.; Sun, Z.; Xu, X.; Zhao, S.; Li, J.; Sun, H.; Wang, Q.; Jiang, Q.; Wei, H.; Shi, D. Self-Cascade Uricase/Catalase Mimics Alleviate Acute Gout. *Nano Lett.* **2022**, *22*, 508-516.

[95] Mittal, M.; Siddiqui, M. R.; Tran, K.; Reddy, S. P.; Malik, A. B. Reactive oxygen species in inflammation and tissue injury. *Antioxid. Redox Signaling* **2014**, *20*, 1126-1167.

[96] Ranneh, Y.; Ali, F.; Akim, A. M.; Hamid, H. A.; Khazaài, H.; Fadel, A. Crosstalk between reactive oxygen species and pro-inflammatory markers in developing various chronic diseases: a review. *Appl. Biol. Chem.* **2017**, *60*, 327-338.

[97] Lu, Y.; Cao, C. Structure design mechanisms and inflammatory disease applications of nanozymes. *Nanoscale* **2022**, *15*, 14-40.

[98] Chow, C. W.; Herrera Abreu, M. T.; Suzuki, T.; Downey, G. P. Oxidative stress and acute lung injury. *Am. J. Respir. Cell Mol. Biol.* **2003**, *29*, 427-431.

[99] Lei, J.; Wei, Y.; Song, P.; Li, Y.; Zhang, T.; Feng, Q.; Xu, G. Cordycepin inhibits LPS-induced acute lung injury by inhibiting inflammation and oxidative stress. *Eur. J. Pharmacol.* **2018**, *818*, 110-114.

[100] Liu, C.; Fan, W.; Cheng, W.X.; Gu, Y.; Chen, Y.; Zhou, W.; Yu, X.F.; Chen, M.; Zhu, M.; Fan, K.; Luo, Q.Y. Red Emissive Carbon Dot Superoxide Dismutase Nanozyme for Bioimaging and ameliorating acute lung injury. *Adv. Funct. Mater.* **2023**, *33*, 2213856.

[101] Ji, H.; Zhang, C.; Xu, F.; Mao, Q.; Xia, R.; Chen, M.; Wang, W.; Lv, S.; Li, W.; Shi, X. Inhaled pro-efferocytic nanozymes promote resolution of acute lung injury. *Adv. Sci.* **2022**, *9*, e2201696.

[102] Paller, M. S.; Hoidal, J. R.; Ferris, T. F. Oxygen free radicals in ischemic acute renal failure in the rat. *J. Clin. Invest.* **1984**, *74*, 1156-1164.

[103] Liu, Z.; Xie, L.; Qiu, K.; Liao, X.; Rees, T. W.; Zhao, Z.; Ji, L.; Chao, H. An ultrasmall RuO$_2$ nanozyme exhibiting multienzyme-like activity for the prevention of acute kidney injury. *ACS Appl. Mater. Interfaces* **2020**, *12*, 31205-31216.

[104] Zhang, D.-Y.; Liu, H.; Li, C.; Younis, M. R.; Lei, S.; Yang, C.; Lin, J.; Li, Z.; Huang, P. Ceria nanozymes with preferential renal uptake for acute kidney injury alleviation. *ACS Appl. Mater. Interfaces* **2020**, *12*, 56830-56838.

[105] Zhang, D. Y.; Younis, M. R.; Liu, H.; Lei, S.; Wan, Y.; Qu, J.; Lin, J.; Huang, P. Multi-enzyme mimetic ultrasmall iridium nanozymes as reactive oxygen/nitrogen species scavengers for acute kidney injury management. *Biomaterials* **2021**, *271*, 120706.

[106] Jaeschke, H.; Adelusi, O. B.; Akakpo, J. Y.; Nguyen, N. T.; Sanchez-Guerrero, G.; Umbaugh, D. S.; Ding, W. X.; Ramachandran, A. Recommendations for the use of the acetaminophen hepatotoxicity model for mechanistic studies and how to avoid common pitfalls. *Acta Pharm. Sin. B* **2021**, *11*, 3740-3755.

[107] LoGuidice, A.; Boelsterli, U. A. Acetaminophen overdose-induced liver injury in mice is mediated by peroxynitrite independently of the cyclophilin D-regulated permeability transition. *Hepatology* **2011**, *54*, 969-978.

[108] Yan, M.; Huo, Y.; Yin, S.; Hu, H. Mechanisms of acetaminophen-induced liver injury and its implications for therapeutic interventions. *Redox Biol.* **2018**, *17*, 274-283.

[109] Chen, C.; Wu, H.; Li, Q.; Liu, M.; Yin, F.; Wu, M.; Wei, X.; Wang, H.; Zha, Z. Manganese Prussian blue nanozymes with antioxidant capacity prevent acetaminophen-induced acute liver injury. *Biomater. Sci.* **2023**, *11*, 2348-2358.

[110] Ungaro, R.; Mehandru, S.; Allen, P. B.; Peyrin-Biroulet, L.; Colombel, J. F. Ulcerative colitis. *Lancet* **2017**, *389*, 1756-1770.

[111] Torres, J.; Mehandru, S.; Colombel, J. F.; Peyrin-Biroulet, L. Crohn's disease. *Lancet* **2017**, *389*, 1741-1755.

[112] Nagao-Kitamoto, H.; Kitamoto, S.; Kamada, N. Inflammatory bowel disease and carcinogenesis. *Cancer Metastasis Rev.* **2022**, *41*, 301-316.

[113] Liu, Y.; Cheng, Y. Integrated cascade nanozyme catalyzes in vivo ROS scavenging for anti-inflammatory therapy. *Sci. Adv.* **2020**, *6*, eabb2695.

[114] Lautenschläger, C.; Schmidt, C.; Fischer, D.; Stallmach, A. Drug delivery strategies in the therapy of inflammatory bowel disease. *Adv. Drug Delivery Rev.* **2014**, *71*, 58-76.

[115] Farkas, S.; Hornung, M.; Sattler, C.; Anthuber, M.; Gunthert, U.; Herfarth, H.; Schlitt, H. J.; Geissler, E. K.; Wittig, B. M. Short-term treatment with anti-CD44v7 antibody, but not CD44v4, restores the gut mucosa in established chronic dextran sulphate sodium (DSS)-induced colitis in mice. *Clin. Transl. Immunol.* **2005**, *142*, 260-267.

[116] Zhang, S.; Ermann, J.; Succi, M. D.; Zhou, A.; Hamilton, M. J.; Cao, B.; Korzenik, J. R.; Glickman, J. N.; Vemula, P. K.; Glimcher, L. H.; Traverso, G.; Langer, R.; Karp, J. M. An inflammation-targeting hydrogel for local drug delivery in inflammatory bowel disease. *Sci.*

Transl. Med. **2015**, *7*, 300ra128.

[117] Zhao, S.; Li, Y.; Liu, Q.; Li, S.; Cheng, Y.; Cheng, C.; Sun, Z.; Du, Y.; Butch, C. J.; Wei, H. An orally administered CeO_2@montmorillonite nanozyme targets inflammation for inflammatory bowel disease therapy. *Adv. Funct. Mater.* **2020**, *30*, 2004692.

[118] Vincent, T. L.; Alliston, T.; Kapoor, M.; Loeser, R. F.; Troeberg, L.; Little, C. B. Osteoarthritis pathophysiology: Therapeutic target discovery may require a multifaceted approach. *Clin. Geriatr. Med.* **2022**, *38*, 193-219.

[119] Weinstein, A. M.; Rome, B. N.; Reichmann, W. M.; Collins, J. E.; Burbine, S. A.; Thornhill, T. S.; Wright, J.; Katz, J. N.; Losina, E. Estimating the burden of total knee replacement in the United States. *J. Bone Joint Surg.* **2013**, *95*, 385-392.

[120] Taruc-Uy, R. L.; Lynch, S. A. Diagnosis and treatment of osteoarthritis. *Primary Care* **2013**, *40*, 821-836.

[121] Kumar, S.; Adjei, I. M.; Brown, S. B.; Liseth, O.; Sharma, B. Manganese dioxide nanoparticles protect cartilage from inflammation-induced oxidative stress. *Biomaterials* **2019**, *224*, 119467.

[122] Tootoonchi, M. H.; Hashempour, M.; Blackwelder, P. L.; Fraker, C. A. Manganese oxide particles as cytoprotective, oxygen generating agents. *Acta Biomater.* **2017**, *59*, 327-337.

[123] Hou, W.; Ye, C.; Chen, M.; Gao, W.; Xie, X.; Wu, J.; Zhang, K.; Zhang, W.; Zheng, Y.; Cai, X. Excavating bioactivities of nanozyme to remodel microenvironment for protecting chondrocytes and delaying osteoarthritis. *Bioactive Materials* **2021**, *6*, 2439-2451.

[124] Xiong, H.; Zhao, Y.; Xu, Q.; Xie, X.; Wu, J.; Hu, B.; Chen, S.; Cai, X.; Zheng, Y.; Fan, C. Biodegradable hollow-structured nanozymes modulate phenotypic polarization of macrophages and relieve hypoxia for treatment of osteoarthritis. *Small* **2022**, *18*, e2203240.

[125] Filho, M. C. B.; Dos Santos Haupenthal, D. P.; Zaccaron, R. P.; de Bem Silveira, G.; de Roch Casagrande, L.; Lupselo, F. S.; Alves, N.; de Sousa Mariano, S.; do Bomfim, F. R. C.; de Andrade, T. A. M.; Machado-de-Ávila, R. A.; Silveira, P. C. L. Intra-articular treatment with hyaluronic acid associated with gold nanoparticles in a mechanical osteoarthritis model in Wistar rats. *J. Orthop. Res.* **2021**, *39*, 2546-2555.

[126] Zhao, Y.; Song, S.; Wang, D. Nanozyme-reinforced hydrogel as a H_2O_2-driven oxygenerator for enhancing prosthetic interface osseointegration in rheumatoid arthritis therapy. *Nat. Commun.* **2022**, *13*, 6758.

[127] Han, J.; Wang, J.; Shi, H.; Li, Q.; Zhang, S.; Wu, H.; Li, W.; Gan, L.; Brown-Borg, H. M.; Feng, W.; Chen, Y.; Zhao, R. C. Ultra-small polydopamine nanomedicine-enabled antioxidation against senescence. *Mater. Today Bio* **2023**, *19*, 100544.

[128] Nikitchenko, Y. V.; Klochkov, V. K.; Kavok, N. S.; Averchenko, K. A.; Karpenko, N. A.; Nikitchenko, I. V.; Yefimova, S. L.; Bozhkov, A. I. Anti-aging effects of antioxidant rare-earth orthovanadate nanoparticles in wistar rats. *Biol. Trace Elem. Res.* **2021**, *199*, 4183-4192.

[129] Kim, J.; Oh, S.; Shin, Y. C.; Wang, C.; Kang, M. S.; Lee, J. H.; Yun, W.; Cho, J. A.; Hwang, D. Y.; Han, D.W.; Lee, J. Au nanozyme-driven antioxidation for preventing frailty. *Colloids Surf., B* **2020**, *189*, 110839.

[130] Cong, W.; Meng, L.; Pan, Y.; Wang, H.; Zhu, J.; Huang, Y.; Huang, Q. Mitochondrial-mimicking nanozyme-catalyzed cascade reactions for aging attenuation. *Nano Today* **2023**, *48*, 101757.

[131] Shibuya, S.; Ozawa, Y.; Watanabe, K.; Izuo, N.; Toda, T.; Yokote, K.; Shimizu, T. Palladium and platinum nanoparticles attenuate aging-like skin atrophy via antioxidant activity in mice. *PLoS One* **2014**, *9*, e109288.

[132] Li, Y.; Zeng, N.; Qin, Z.; Chen, Y.; Lu, Q.; Cheng, Y.; Xia, Q.; Lu, Z.; Gu, N.; Luo, D. Ultrasmall Prussian blue nanoparticles attenuate UVA-induced cellular senescence in human dermal fibroblasts via inhibiting the ERK/AP-1 pathway. *Nanoscale* **2021**, *13*, 16104-16112.

[133] Zhang, Y.; Wang, Z.; Li, X.; Wang, L.; Yin, M.; Wang, L.; Chen, N.; Fan, C.; Song, H. Dietary iron oxide nanoparticles delay aging and ameliorate neurodegeneration in Drosophila. *Adv. Mater.* **2016**, *28*, 1387-1393.

[134] Kwon, H. J.; Cha, M.Y.; Kim, D.; Kim, D. K.; Soh, M.; Shin, K.; Hyeon, T.; Mook-Jung, I. Mitochondria-targeting ceria nanoparticles as antioxidants for Alzheimer's disease. *ACS Nano* **2016**, *10*, 2860-2870.

[135] Jia, Z.; Yuan, X.; Wei, J.A.; Guo, X.; Gong, Y.; Li, J.; Zhou, H.; Zhang, L.; Liu, J. A functionalized octahedral palladium nanozyme as a radical scavenger for ameliorating Alzheimer's disease. *ACS Appl. Mater. Interfaces* **2021**, *13*, 49602-49613.

[136] Chen, Q.; Du, Y.; Zhang, K.; Liang, Z.; Li, J.; Yu, H.; Ren, R.; Feng, J.; Jin, Z.; Li, F.; Sun, J.; Zhou, M.; He, Q.; Sun, X.; Zhang, H.; Tian, M.; Ling, D. Tau-targeted multifunctional nanocomposite for combinational therapy of Alzheimer's disease. *ACS Nano* **2018**, *12*, 1321-1338.

[137] Ma, M.; Liu, Z.; Gao, N.; Pi, Z.; Du, X.; Ren, J.; Qu, X. Self-protecting biomimetic nanozyme for selective and synergistic clearance of peripheral amyloid-β in an Alzheimer's disease model. *J. Am. Chem. Soc.* **2020**, *142*, 21702-21711.

[138] Li, M.; Shi, P.; Xu, C.; Ren, J.; Qu, X. Cerium oxide caged metal chelator: anti-aggregation and anti-oxidation integrated H_2O_2-responsive controlled drug release for potential Alzheimer's disease treatment. *Chem. Sci.* **2013**, *4*, 2536-2542.

[139] Liu, Y.Q.; Mao, Y.; Xu, E.; Jia, H.; Zhang, S.; Dawson, V. L.; Dawson, T. M.; Li, Y.M.; Zheng, Z.; He, W.; Mao, X. Nanozyme scavenging ROS for prevention of pathologic α-synuclein transmission in Parkinson's disease. *Nano Today* **2021**, *36*, 101027.

[140] Hao, C.; Qu, A.; Xu, L.; Sun, M.; Zhang, H.; Xu, C.; Kuang, H. Chiral molecule-mediated porous Cu_xO nanoparticle clusters with antioxidation activity for ameliorating parkinson's disease. *J. Am. Chem. Soc.* **2019**, *141*, 1091-1099.

[141] Feng, W.; Han, X.; Hu, H.; Chang, M.; Ding, L.; Xiang, H.; Chen, Y.; Li, Y. 2D vanadium

carbide MXenzyme to alleviate ROS-mediated inflammatory and neurodegenerative diseases. *Nat. Commun.* **2021**, *12*, 2203.

[142] Shi, Y.; Li, H.; Chu, D.; Lin, W.; Wang, X.; Wu, Y.; Li, K.; Wang, H.; Li, D.; Xu, Z.; Gao, L.; Li, B.; Chen, H. Rescuing nucleus pulposus cells from senescence via dual-functional greigite nanozyme to alleviate intervertebral disc degeneration. *Adv. Sci.* **2023**, *10*, 2300988.

[143] Ye, C.; Zhang, W.; Zhao, Y.; Zhang, K.; Hou, W.; Chen, M.; Lu, J.; Wu, J.; He, R.; Gao, W.; Zheng, Y.; Cai, X. Prussian blue nanozyme normalizes microenvironment to delay osteoporosis. *Adv. Healthcare Mater.* **2022**, *11*, 2200787.

[144] Zheng, L.; Zhuang, Z.; Li, Y.; Shi, T.; Fu, K.; Yan, W.; Zhang, L.; Wang, P.; Li, L.; Jiang, Q. Bone targeting antioxidative nano-iron oxide for treating postmenopausal osteoporosis. *Bioact. Mater.* **2022**, *14*, 250-261.

[145] Li, K.; Hu, S.; Huang, J.; Shi, Y.; Lin, W.; Liu, X.; Mao, W.; Wu, C.; Pan, C.; Xu, Z.; Wang, H.; Gao, L.; Chen, H. Targeting ROS-induced osteoblast senescence and RANKL production by Prussian blue nanozyme based gene editing platform to reverse osteoporosis. *Nano Today* **2023**, *50*, 101839.

[146] Liu, W.; Zhang, Y.; Wei, G.; Zhang, M.; Li, T.; Liu, Q.; Zhou, Z.; Du, Y.; Wei, H. Integrated cascade nanozymes with antisenescence activities for atherosclerosis therapy. *Angew. Chem. Int. Ed.* **2023**, *62*, e202304465.

[147] Falk, E. Pathogenesis of atherosclerosis. *J. Am. Coll. Cardiol.* **2006**, *47*, C7-12.

[148] Zhang, Y.; Liu, W.; Wang, X.; Liu, Y.; Wei, H. Nanozyme-enabled treatment of cardio-and cerebrovascular diseases. *Small* **2022**, e2204809.

[149] Forrester, S. J.; Kikuchi, D. S.; Hernandes, M. S.; Xu, Q.; Griendling, K. K. Reactive oxygen species in metabolic and inflammatory signaling. *Circ. Res.* **2018**, *122*, 877-902.

[150] Parra-Robert, M.; Zeng, M.; Shu, Y.; Fernandez-Varo, G.; Perramon, M.; Desai, D.; Chen, J.; Guo, D.; Zhang, X.; Morales-Ruiz, M.; Rosenholm, J. M.; Jimenez, W.; Puntes, V.; Casals, E.; Casals, G. Mesoporous silica coated CeO_2 nanozymes with combined lipid-lowering and antioxidant activity induce long-term improvement of the metabolic profile in obese Zucker rats. *Nanoscale* **2021**, *13*, 8452-8466.

[151] Niu, J.; Azfer, A.; Rogers, L. M.; Wang, X.; Kolattukudy, P. E. Cardioprotective effects of cerium oxide nanoparticles in a transgenic murine model of cardiomyopathy. *Cardiovasc. Res.* **2007**, *73*, 549-559.

[152] Zhang, Y.; Yin, Y.; Zhang, W.; Li, H.; Wang, T.; Yin, H.; Sun, L.; Su, C.; Zhang, K.; Xu, H. Reactive oxygen species scavenging and inflammation mitigation enabled by biomimetic prussian blue analogues boycott atherosclerosis. *J. Nanobiotechnol.* **2021**, *19*, 161.

[153] Wang, S. Y.; Zhou, Y.; Liang, X. Y.; Xu, M.; Li, N.; Zhao, K. Platinum-cerium bimetallic nano-raspberry for atherosclerosis treatment via synergistic foam cell inhibition and P2Y12 targeted antiplatelet aggregation. *Chem. Eng. J.* **2022**, *430*, 132859.

[154] Feng, L. S.; Dou, C. R.; Xia, Y. G.; Li, B. H.; Zhao, M. Y.; El-Toni, A. M.; Atta, N. F.; Zheng, Y. Y.; Cai, X. J.; Wang, Y.; Cheng, Y. S.; Zhang, F. Enhancement of nanozyme permeation by endovascular interventional treatment to prevent vascular restenosis via macrophage polarization modulation. *Adv. Funct. Mater.* **2020**, *30*, 428-445.

[155] Zhao, Q.; Fan, Y. H.; Zhang, Y.; Liu, J. F.; Li, W. J.; Weng, Y. J. Copper-based SURMOFs for nitric oxide generation: hemocompatibility, vascular cell growth, and tissue response. *ACS Appl. Mater. Interfaces* **2019**, *11*, 7872-7883.

[156] Zhang, X. Y.; Wang, Y. B.; Liu, J.; Shi, J.; Mao, D.; Midgley, A. C.; Leng, X. G.; Kong, D. L.; Wang, Z. H.; Liu, B.; Wang, S. F. A metal-organic-framework incorporated vascular graft for sustained nitric oxide generation and long-term vascular patency. *Chem. Eng. J.* **2021**, *421*, 129577.

[157] Zhang, Y.; Khalique, A.; Du, X. C.; Gao, Z. X.; Wu, J.; Zhang, X. Y.; Zhang, R.; Sun, Z. Y.; Liu, Q. Q.; Xu, Z. L.; Midgley, A. C.; Wang, L. Y.; Yan, X. Y.; Zhuang, J.; Kong, D. L.; Huang, X. L. Biomimetic design of mitochondria-targeted hybrid nanozymes as superoxide scavengers. *Adv. Mater.* **2021**, *33*, 2006570.

[158] Yu, P.; Li, Y.; Sun, H.; Zhang, H.; Kang, H.; Wang, P.; Xin, Q.; Ding, C.; Xie, J.; Li, J. Mimicking antioxidases and hyaluronan synthase: A zwitterionic nanozyme for photothermal therapy of osteoarthritis. *Adv. Mater.* **2023**, *35*, e2303299.

[159] Wang, W.; Duan, J.; Ma, W.; Xia, B.; Liu, F.; Kong, Y.; Li, B.; Zhao, H.; Wang, L.; Li, K.; Li, Y.; Lu, X.; Feng, Z.; Sang, Y.; Li, G.; Xue, H.; Qiu, J.; Liu, H. Trimanganese tetroxide nanozyme protects cartilage against degeneration by reducing oxidative stress in osteoarthritis. *Adv. Sci.* **2023**, *10*, 2205859.

[160] Kim, J.; Kim, H. Y.; Song, S. Y.; Go, S.H; Sohn, H. S.; Baik, S.; Soh, M.; Kim, K.; Kim, D.; Kim, H.-C.; Lee, N.; Kim, B.-S.; Hyeon, T. Synergistic oxygen generation and reactive oxygen species scavenging by manganese ferrite/ceria co-decorated nanoparticles for rheumatoid arthritis treatment. *ACS Nano* **2019**, *13*, 3206-3217.

[161] Yang, B.; Yao, H.; Yang, J.; Chen, C.; Shi, J. Construction of a two-dimensional artificial antioxidase for nanocatalytic rheumatoid arthritis treatment. *Nat. Commun.* **2022**, *13*, 1988.

[162] 林安琪. 过氧化氢酶活性相关的纳米酶活性检测与级联催化应用. 南京：南京大学, 2023.

[163] Lin, A.; Sun, Z.; Xu, X.; Zhao, S.; Li, J.; Sun, H.; Wang, Q.; Jiang, Q.; Wei, H.; Shi, D. Self-cascade uricase/catalase mimics alleviate acute gout. *Nano Lett.* **2021**, *22*, 508-516.

[164] Pinna, A.; Torki Baghbaderani, M.; Vigil Hernández, V.; Naruphontjirakul, P.; Li, S.; McFarlane, T.; Hachim, D.; Stevens, M. M.; Porter, A. E.; Jones, J. R. Nanoceria provides antioxidant and osteogenic properties to mesoporous silica nanoparticles for osteoporosis treatment. *Acta Biomater.* **2021**, *122*, 365-376.

[165] Shao, D.; Li, K.; Hu, T.; Wang, S.; Xu, H.; Zhang, S.; Liu, S.; Xie, Y.; Zheng, X. Titania nanotube array supported nanoceria with redox cycling stability ameliorates oxidative stress-

inhibited osteogenesis. *Chem. Eng. J.* **2021**, *415*, 128913.

[166] Yan, Z.; Wu, X.; Tan, W.; Yan, J.; Zhou, J.; Chen, S.; Miao, J.; Cheng, J.; Shuai, C.; Deng, Y. Single-atom Cu nanozyme-loaded bone scaffolds for ferroptosis-synergized mild photothermal therapy in osteosarcoma treatment. *Adv. Healthc. Mater.* **2024**, *13*, e2304595.

[167] Zhang, M.; Zhai, X.; Ma, T.; Huang, Y.; Jin, M.; Yang, H.; Fu, H.; Zhang, S.; Sun, T.; Jin, X.; Du, Y.; Yan, C.H. Sequential therapy for bone regeneration by cerium oxide-reinforced 3D-printed bioactive glass scaffolds. *ACS Nano* **2023**, *17*, 4433-4444.

[168] Chen, X.; He, Q.; Zhai, Q.; Tang, H.; Li, D.; Zhu, X.; Zheng, X.; Jian, G.; Cannon, R. D.; Mei, L.; Wang, S.; Ji, P.; Song, J.; Chen, T. Adaptive nanoparticle-mediated modulation of mitochondrial homeostasis and inflammation to enhance infected bone defect healing. *ACS Nano* **2023**, *17*, 22960-22978.

[169] Guo, G.; Zhang, H.; Shen, H.; Zhu, C.; He, R.; Tang, J.; Wang, Y.; Jiang, X.; Wang, J.; Bu, W.; Zhang, X. Space-selective chemodynamic therapy of $CuFe_5O_8$ nanocubes for implant-related infections. *ACS Nano* **2020**, *14*, 13391-13405.

[170] Guan, X.; Wu, S.; Ouyang, S.; Ren, S.; Cui, N.; Wu, X.; Xiang, D.; Chen, W.; Yu, B.; Zhao, P.; Wang, B. Remodeling microenvironment for implant-associated osteomyelitis by dual metal peroxide. *Adv. Healthc. Mater.* **2024**, *13*, 2303529.

[171] Mehmood, R.; Wang, X.; Koshy, P.; Yang, J. L.; Sorrell, C. C. Engineering oxygen vacancies through construction of morphology maps for bio-responsive nanoceria for osteosarcoma therapy. *CrystEngComm* **2018**, *20*, 1536-1545.

[172] Alpaslan, E.; Yazici, H.; Golshan, N. H.; Ziemer, K. S.; Webster, T. J. pH-dependent activity of dextran-coated cerium oxide nanoparticles on prohibiting osteosarcoma cell proliferation. *ACS Biomater. Sci. Eng.* **2015**, *1*, 1096-1103.

[173] Dong, S.; Chen, Y.; Yu, L.; Lin, K.; Wang, X. Magnetic hyperthermia-synergistic H_2O_2 self-sufficient catalytic suppression of osteosarcoma with enhanced bone-regeneration bioactivity by 3D-printing composite scaffolds. *Adv. Funct. Mater.* **2019**, *30*, 1907071.

[174] Steinmetz, D. J. Global, regional, and national burden of disorders affecting the nervous system, 1990-2021: a systematic analysis for the Global Burden of Disease Study 2021. *Lancet Neurol.* **2024**, *23*, 344-381.

[175] Kalia, L. V.; Lang, A. E. Parkinson's disease. *Lancet* **2015**, *386*, 896-912.

[176] Lee, V. M. Y.; Trojanowski, J. Q. Mechanisms of Parkinson's disease linked to pathological α-synuclein: new targets for drug discovery. *Neuron* **2006**, *52*, 33-38.

[177] Scudamore, O.; Ciossek, T. Increased oxidative stress exacerbates α-synuclein aggregation in vivo. *J. Neuropathol. Exp. Neurol.* **2018**, *77*, 443-453.

[178] A. B. Singleton, M. F., J. Johnson, A. Singleton, S. Hague, J. Kachergus, M. Hulihan, T. Peuralinna, A. Dutra, R. Nussbaum, S. Lincoln, A. Crawley, M. Hanson, D. Maraganore, C. Adler, M. R. Cookson, M. Muenter, M. Baptista, D. Miller, J. Blancato, J. Hardy, K. Gwinn-Hardy. α-Synuclein locus triplication causes Parkinson's disease. *Science* **2003**, *302*, 841.

[179] Musgrove, R. E.; Helwig, M.; Bae, E.J.; Aboutalebi, H.; Lee, S.J.; Ulusoy, A.; Di Monte, D. A. Oxidative stress in vagal neurons promotes parkinsonian pathology and intercellular α-synuclein transfer. *J. Clin. Invest.* **2019**, *129*, 3738-3753.

[180] Dugan, L. L.; Turetsky, D. M.; Du, C.; Lobner, D.; Wheeler, M.; Almli, C. R.; Shen, C. K. F.; Luh, T.-Y.; Chol, D. W.; Lin, T.-S. Carboxyfullerenes as neuroprotective agents. *Proc. Natl. Acad. Sci. U.S.A.* **1997**, *94*, 9434-9439.

[181] Dugana, L. L.; Lovett, E. G.; Quick, K. L.; Lotharius, J.; Linc, T. T.; O'Malley, K. L. Fullerene-based antioxidants and neurodegenerative disorders. *Parkinsonism Relat. Disord.* **2001**, *7*, 243-246.

[182] Dugan, L. L.; Tian, L.; Quick, K. L.; Hardt, J. I.; Karimi, M.; Brown, C.; Loftin, S.; Flores, H.; Moerlein, S. M.; Polich, J.; Tabbal, S. D.; Mink, J. W.; Perlmutter, J. S. Carboxyfullerene neuroprotection postinjury in Parkinsonian nonhuman primates. *Ann. Neurol.* **2014**, *76*, 393-402.

[183] Hardt, J. I.; Perlmutter, J. S.; Smith, C. J.; Quick, K. L.; Wei, L.; Chakraborty, S. K.; Dugan, L. L. Pharmacokinetics and Toxicology of the Neuroprotective *e,e,e*-Methanofullerene(60)-63-tris Malonic Acid [C₃] in Mice and Primates. *Eur. J. Drug Metab. Pharmacokinet.* **2018**, *43*, 543-554.

[184] Kwon, H. J.; Kim, D.; Seo, K.; Kim, Y. G.; Han, S. I.; Kang, T.; Soh, M.; Hyeon, T. Ceria nanoparticle systems for selective scavenging of mitochondrial, intracellular, and extracellular reactive oxygen species in Parkinson's disease. *Angew. Chem. Int. Ed.* **2018**, *57*, 9408-9412.

[185] Cimini, A.; D'Angelo, B.; Das, S.; Gentile, R.; Benedetti, E.; Singh, V.; Monaco, A. M.; Santucci, S.; Seal, S. Antibody-conjugated PEGylated cerium oxide nanoparticles for specific targeting of Abeta aggregates modulate neuronal survival pathways. *Acta Biomater.* **2012**, *8*, 2056-2067.

[186] Fang, X.; Yuan, M.; Zhao, F.; Yu, A.; Lin, Q.; Li, S.; Li, H.; Wang, X.; Yu, Y.; Wang, X.; Lin, Q.; Lu, C.; Yang, H. In situ continuous Dopa supply by responsive artificial enzyme for the treatment of Parkinson's disease. *Nat. Commun.* **2023**, *14*, 2661.

[187] Ren, C.; Li, D.; Zhou, Q.; Hu, X. Mitochondria-targeted TPP-MoS₂ with dual enzyme activity provides efficient neuroprotection through M1/M2 microglial polarization in an Alzheimer's disease model. *Biomaterials* **2020**, *232*, 119752.

[188] Ma, M.; Gao, N.; Li, X.; Liu, Z.; Pi, Z.; Du, X.; Ren, J.; Qu, X. A biocompatible second near-Infrared nanozyme for spatiotemporal and non-Invasive attenuation of amyloid deposition through scalp and skull. *ACS Nano* **2020**, *14*, 9894-9903.

[189] Ulrich Dirnagl; Iadecola, C.; Moskowitz, M. A. Pathobiology of ischaemic stroke: an integrated view. *Trends Neurosci.* **1999**, *22*, 391-397.

[190] Granger, D. N.; Kvietys, P. R. Reperfusion injury and reactive oxygen species: The evolution of a concept. *Redox Biol.* **2015**, *6*, 524-551.

[191] He, L.; Huang, G.; Liu, H.; Sang, C.; Liu, X.; Chen, T. Highly bioactive zeolitic imidazolate framework-8-capped nanotherapeutics for efficient reversal of reperfusion-induced injury in ischemic stroke. *Sci. Adv.* **2020**, *6*, eaay9751.

[192] Kim, C. K.; Kim, T.; Choi, I. Y.; Soh, M.; Kim, D.; Kim, Y. J.; Jang, H.; Yang, H. S.; Kim, J. Y.; Park, H. K.; Park, S. P.; Park, S.; Yu, T.; Yoon, B. W.; Lee, S. H.; Hyeon, T. Ceria nanoparticles that can protect against Ischemic Stroke. *Angew. Chem. Int. Ed.* **2012**, *51*, 11039-11043.

[193] Blennow, K.; Brody, D. L.; Kochanek, P. M.; Levin, H.; McKee, A.; Ribbers, G. M.; Yaffe, K.; Zetterberg, H. Traumatic brain injuries. *Nat. Rev. Dis. Primers* **2016**, *2*, 16084.

[194] Johnson, V. E.; Stewart, W. Traumatic brain injury: age at injury influences dementia risk after TBI. *Nat. Rev. Neurol.* **2015**, *11*, 128-130.

[195] Sovitj Pou; Lori Keaton; Wanida Surichamorn; Rosen, G. M. Mechanism of superoxide generation by neuronal nitric-oxide synthase. *J. Biol. Chem.* **1999**, *274*, 9573-9580.

[196] Liu, H.; Li, Y.; Sun, S.; Xin, Q.; Liu, S.; Mu, X.; Yuan, X.; Chen, K.; Wang, H.; Varga, K.; Mi, W.; Yang, J.; Zhang, X.D. Catalytically potent and selective clusterzymes for modulation of neuroinflammation through single-atom substitutions. *Nat. Commun.* **2021**, *12*, 114.

[197] Zhang, S.; Li, Y.; Sun, S.; Liu, L.; Mu, X.; Liu, S.; Jiao, M.; Chen, X.; Chen, K.; Ma, H.; Li, T.; Liu, X.; Wang, H.; Zhang, J.; Yang, J.; Zhang, X.D. Single-atom nanozymes catalytically surpassing naturally occurring enzymes as sustained stitching for brain trauma. *Nat. Commun.* **2022**, *13*, 4744.

[198] Mu, X.; Wang, J.; He, H.; Li, Q.; Yang, B.; Wang, J.; Liu, H.; Gao, Y.; Ouyang, L.; Sun, S.; Ren, Q.; Shi, X.; Hao, W.; Fei, Q.; Yang, J.; Li, L.; Vest, R.; Wyss-Coray, T.; Luo, J.; Zhang, X.D. An oligomeric semiconducting nanozyme with ultrafast electron transfers alleviates acute brain injury. *Sci. Adv.* **2021**, *7*, eabk1210.

第17章 环境检测与治理

纳米酶可以应用于环境中有害物质的检测与治理，包括重金属离子检测、残留于环境的农药分子与抗生素检测以及有机污染物降解等。

17.1　环境中有害物质检测

随着工农业的发展，重金属离子、农药分子和抗生素等有害物质在环境中的残留量日益增加，长时间暴露或摄取高浓度有害物质对人体健康和生存环境会造成危害。因此，发展便捷、快速且高灵敏的方法检测各种有害物质尤为重要。

17.1.1　重金属离子检测

利用重金属离子对纳米酶活性的调控，结合比色、荧光等检测方法，可实现对汞（Hg）、铜（Cu）和银（Ag）等重金属离子的检测。

17.1.1.1　抑制纳米酶的类酶活性

金（Au）、铂（Pt）和 Hg 金属之间会形成 Hg-Pt 和 Hg-Au 等亲金属相互作用❶[1,2]，且其晶格结构类似，易形成合金；同时 Ag^+ 和 Hg^{2+} 易被还原，沉积在纳米酶表面屏蔽其催化活性位点，抑制其类酶活性，据此可检测相应重金属离子。例如：柠檬酸修饰的 Pt 纳米酶可利用还原性柠檬酸把 Hg^{2+} 原位还原为 Hg，从而抑制 Pt 纳米酶的类过氧化物酶活性，实现 Hg^{2+} 的比色检测 [3]。

当 Hg^{2+} 被柠檬酸盐还原为 Hg 时，会与 $Pt_{0.1}/Au$❷ 纳米酶中的 Au 形成强 Hg-Au 键，$Pt_{0.1}/Au$ 纳米酶的类过氧化物酶活性由于 Hg 的沉积转变为类过氧化氢酶活性，无法把底物荧光红氧化为强荧光产物试卤灵，据荧光信号的变化可检测 Hg^{2+} 含量 [4]。

具有类过氧化物酶活性的钴铁氧纳米粒子可以催化增强鲁米诺-过氧化氢的化学发光信号，若体系中存在 Ag^+，Ag^+ 会被鲁米诺还原为 Ag 并覆盖在纳米酶表面，屏蔽催化活性位点，降低鲁米诺的化学发光强度，据此检测 Ag^+ 含量 [5]。

---

❶ 亲金属相互作用是一种非共价弱相互作用力，在一般情况下，若两个金属离子之间的距离小于范德华半径之和时，即认为存在亲金属相互作用。

❷ 制备纳米酶时原材料中 $[Au^{3+}]/[Pt^{4+}]$ 的摩尔比为 9.0/1.0。

17.1.1.2　增强纳米酶的类酶活性

与抑制活性相反，金属-汞合金在特定条件下会增加对应金属的类酶活性。如 Hg^{2+} 被柠檬酸盐还原成 Hg，沉积在还原氧化石墨烯／聚乙烯亚胺／钯纳米酶（rGO/PEI/Pd）表面后，新形成的 Pd-Hg 合金薄层可以极大地改变纳米酶表面的物理化学性质，显著增强纳米酶的类过氧化物酶活性（图 17.1）。据此，用 rGO/PEI/Pd 纳米酶可实现低至 10 nmol/L Hg^{2+} 的检测[6]。

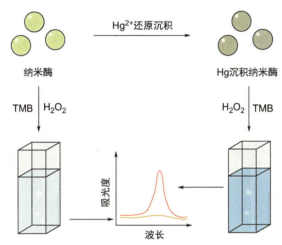

图 17.1　利用 Hg^{2+} 增强 rGO/PEI/Pd 纳米酶的类过氧化物酶活性
比色检测 Hg^{2+}（改编自文献 [6]）

除通过与纳米酶形成合金调控纳米酶活性外，重金属离子还可以调控纳米材料的尺寸，进而影响其类酶活性，据此可以发展相应重金属离子的检测方法。如 Hg^{2+} 可以蚀刻银纳米粒子，使银纳米粒子的尺寸减小，从而增强其类过氧化物酶活性，实现废水和血液中 Hg^{2+} 含量的检测[7]。

清除纳米酶抑制剂也能实现重金属离子的检测。如 3-巯基丙酸可以抑制银／铂纳米簇的催化能力；而 Cu^{2+} 对巯基类化合物具有氧化作用，可以氧化 3-巯基丙酸，因此恢复纳米酶的类过氧化物酶活性，从而实现 Cu^{2+} 检测[8]。

17.1.1.3　其他相互作用

通过简单有效的点击化学方法可以将两个分子偶联在一起。例如，铜催化叠氮-炔烃环加成反应是典型点击反应。因 Cu^{2+} 的关键作用，可将上述反应和纳米酶结合来发展高灵敏、高选择性的 Cu^{2+} 检测方法。如叠氮化物功能化的磁性二氧化硅纳米粒子与炔基功能化的多壁碳纳米管在 Cu^{2+} 存在的时候可以结合生成具有类过氧化物酶活性更强的复合物，据此可利用比色法检测铜离子[9]（图 17.2）。

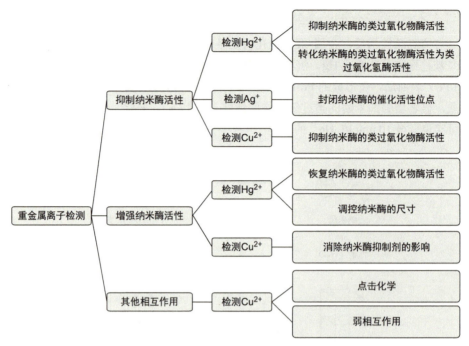

图 17.2　重金属离子检测方法的简要总结 [3-10]

　　亦可基于金属离子与一些化合物之间的弱相互作用 ❶ 来检测 Cu^{2+}。组氨酸-金纳米簇纳米酶具有类过氧化物酶活性，以 3,3′,5,5′-四甲基联苯胺（TMB）和过氧化氢为底物，若体系中存在 Cu^{2+}，Cu^{2+} 与组氨酸络合，纳米酶的类过氧化物酶活性被抑制，据此检测 Cu^{2+} 含量 [10]。

17.1.2　农药分子检测

　　农药可保护农作物免受病虫害的侵扰，促使作物生长，但长期使用农药会对土壤造成破坏，最终危害人体健康。因此，十分有必要发展高效便捷的农药检测方法。通过农药分子对天然酶活性的抑制 [11] 或通过不同种类农药分子对纳米酶活性产生不同影响来构建传感器阵列 [12]，还可通过农药分子清除纳米酶活性抑制剂 [13] 等方法实现农药分子的检测。这里仅简要叙述农药的检测，更详细内容，请参阅第 20 章"农业应用"。

17.1.3　抗生素分子检测

　　抗生素常用于控制细菌引起的相关疾病的治疗，但抗生素的滥用会使其残留在食品和环境中，沿着食物链向上传播，最终危害人体健康。纳米酶也被用于抗生素

---

❶ 弱相互作用包括氢键、配位作用、范德华作用力等。

检测。碳保护镍钴双金属氧化物（NiCo@C HCs）纳米酶具有类过氧化物酶样活性，当其与识别抗生素的适配体结合后，活性位点被屏蔽，纳米酶活性受到抑制；而当对应抗生素存在时，抗生素可以和适配体结合，进而恢复纳米酶的活性，产生增强比色信号（图 17.3）。因此可以根据比色信号与抗生素浓度之间的对应关系实现抗生素的检测[14]。

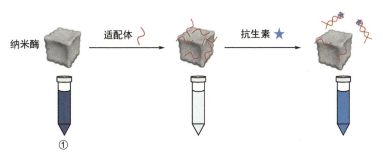

图 17.3　利用抗生素竞争纳米酶表面的适配体检测抗生素（改编自文献 [14]）
① 含纳米酶、3,3′,5,5′-四甲基联苯胺、过氧化氢

若在纳米酶的表面修饰可特异识别四环素的分子印迹聚合物❶，当四环素存在时会占据分子印记聚合物上的识别位点，从而抑制纳米酶接触显色底物，产生降低的信号，据此实现四环素的检测[15]。

17.2　治理

污染物实现便捷检测后，其治理也不容忽视。纳米酶可降解包括多酚化合物、微塑料和有机磷农药等污染物。

17.2.1　多酚化合物的降解

酚类化合物广泛用于石油化工、食品加工、制药等领域。因其高细胞毒性和低生物降解性，排放到环境中会严重污染环境，危害人体健康[16]，所以开发低成本且环保的方法处理酚类化合物具有重要意义。天然漆酶是一种多铜氧化酶，能有效降解多酚等持久污染物。但天然漆酶成本高且不稳定，因此类漆酶活性纳米酶是降解多酚类化合物的替代选择。例如，通过模拟漆酶的铜活性位点，可以合成多氧化态的铜基纳米酶 MoS_2/Cu，此纳米酶通过模拟漆酶活性来催化氧化酚类污染物，将其用于模拟污水和实际污水样品处理时，均能有效降解酚类污染物[17]。已报道的类漆酶活性纳米酶包括羧甲基纤维素钠修饰的铂纳米酶[18]、珊瑚样柠檬酸银纳米酶[19]、

---

❶ 分子印迹技术：基于分子印迹聚合物模拟天然生物分子中发生的识别现象。

腺嘌呤磷酸铜纳米酶[20]等，均已成功应用于多种酚类污染物的降解。

17.2.2 微塑料的降解

白色垃圾常被人们提及，除了从源头上降低难以降解的高分子塑料的使用频率，处理被无意丢弃的难降解的塑料也十分重要。可利用表面修饰疏水性化合物的磁性氧化铁分离微塑料，但分离和降解微塑料是分开进行的，过程较为繁琐，不利于一步操作[21]。利用纳米酶多功能的特性，可以设计合成亲水性四氧化三铁纳米酶。利用磁性分离微塑料，利用类过氧化物酶活性降解微塑料，最终还可以实现纳米酶的回收，高效、低成本地去除和降解微塑料（图17.4），有利于解决环境问题[22]。

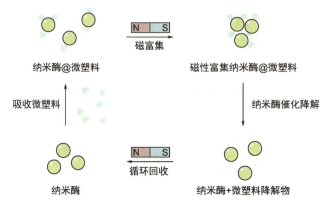

图 17.4　利用亲水性的四氧化三铁纳米酶去除和降解微塑料（改编自文献[22]）

17.2.3 有机磷农药的降解

关于有机磷农药分子的降解方面，纳米酶也有十分显著的效果，相关内容将在本书第 20.2 节中详细阐述。

参考文献

[1] Katz, M. J.; Sakai, K.; Leznoff, D. B. The use of aurophilic and other metal-metal interactions as crystal engineering design elements to increase structural dimensionality. *Chem. Soc. Rev.* **2008**, *37*, 1884-1895.

[2] Sculfort, S.; Braunstein, P. Intramolecular d_{10}-d_{10} interactions in heterometallic clusters of the transition metals. *Chem. Soc. Rev.* **2011**, *40*, 2741-2740.

[3] Wu, G.W.; He, S.B.; Peng, H.P.; Deng, H.H.; Liu, A.L.; Lin, X.H.; Xia, X.H.; Chen, W. Citrate-capped platinum nanoparticle as a smart probe for ultrasensitive mercury sensing. *Anal. Chem.* **2014**, *86*, 10955-10960.

[4] Tseng, C.W.; Chang, H.Y.; Chang, J.Y.; Huang, C.C. Detection of mercury ions based on

mercury-induced switching of enzyme-like activity of platinum/gold nanoparticles. *Nanoscale* **2012**, *4*, 6823-6830.

[5] Abdolmohammad-Zadeh, H.; Rahimpour, E. A novel chemosensor for Ag(I) ion based on its inhibitory effect on the luminol-H_2O_2 chemiluminescence response improved by $CoFe_2O_4$ nanoparticles. *Sens. Actuators, B* **2015**, *209*, 496-504.

[6] Zhang, S.; Zhang, D.; Zhang, X.; Shang, D.; Xue, Z.; Shan, D.; Lu, X. Ultratrace naked-eye colorimetric detection of Hg^{2+} in wastewater and serum utilizing mercury-stimulated peroxidase mimetic activity of reduced graphene oxide-PEI-Pd nanohybrids. *Anal. Chem.* **2017**, *89*, 3538-3544.

[7] Sun, Z.; Zhang, N.; Si, Y.; Li, S.; Wen, J.; Zhu, X.; Wang, H. High-throughput colorimetric assays for mercury(ii) in blood and wastewater based on the mercury-stimulated catalytic activity of small silver nanoparticles in a temperature-switchable gelatin matrix. *Chem. Commun.* **2014**, *50*, 9196-9199.

[8] Wu, L. L.; Qian, Z. J.; Xie, Z. J.; Zhang, Y.Y.; Peng, C.F. Colorimetric detection of copper ions based on surface modification of silver/platinum cluster nanozyme. *Chin. J. Anal. Chem.* **2017**, *45*, 471-476.

[9] Song, Y.; Qu, K.; Xu, C.; Ren, J.; Qu, X. Visual and quantitative detection of copper ions using magnetic silica nanoparticles clicked on multiwalled carbon nanotubes. *Chem. Commun.* **2010**, *46*, 6572-6574.

[10] Liu, Y.; Ding, D.; Zhen, Y.; Guo, R. Amino acid-mediated 'turn-off/turn-on' nanozyme activity of gold nanoclusters for sensitive and selective detection of copper ions and histidine. *Biosens. Bioelectron.* **2017**, *92*, 140-146.

[11] Liang, M.; Fan, K.; Pan, Y.; Jiang, H.; Wang, F.; Yang, D.; Lu, D.; Feng, J.; Zhao, J.; Yang, L.; Yan, X. Fe_3O_4 magnetic nanoparticle peroxidase mimetic-based colorimetric assay for the rapid detection of organophosphorus pesticide and nerve agent. *Anal. Chem.* **2012**, *85*, 308-312.

[12] Zhu, Y.; Wu, J.; Han, L.; Wang, X.; Li, W.; Guo, H.; Wei, H. Nanozyme sensor arrays based on heteroatom-doped graphene for detecting pesticides. *Anal. Chem.* **2020**, *92*, 7444-7452.

[13] Weerathunge, P.; Ramanathan, R.; Shukla, R.; Sharma, T. K.; Bansal, V. Aptamer-controlled reversible inhibition of gold nanozyme activity for pesticide sensing. *Anal. Chem.* **2014**, *86*, 11937-11941.

[14] Zhu, X.; Tang, J.; Ouyang, X.; Liao, Y.; Feng, H.; Yu, J.; Chen, L.; Lu, Y.; Yi, Y.; Tang, L. Hollow NiCo@C nanozyme-embedded paper-based colorimetric aptasensor for highly sensitive antibiotic detection on a smartphone platform. *Anal. Chem.* **2022**, *94*, 16768-16777.

[15] Chen, Y.; Xia, Y.; Liu, Y.; Tang, Y.; Zhao, F.; Zeng, B. Colorimetric and electrochemical detection platforms for tetracycline based on surface molecularly imprinted polyionic liquid on Mn_3O_4 nanozyme. *Biosens. Bioelectron.* **2022**, *216*, 114650.

[16] Schweigert, N.; Zehnder, A. J. B.; Eggen, R. I. L. Chemical properties of catechols and

their molecular modes of toxic action in cells, from microorganisms to mammals. *Environ. Microbiol.* **2001**, *3*, 81-91.

[17]   Ankala, B. A.; Achamyeleh, A. A.; Abda, E. M.; Workie, Y. A.; Su, W. N.; Wotango, A. S.; Mekonnen, M. L. MoS_2/Cu as a peptide/nucleotide-matrix-free laccase mimetic nanozyme for robust catalytic oxidation of phenolic pollutants. *New J. Chem.* **2023**, *47*, 19880-19888.

[18]   Yang, L.; Guo, X. Y.; Zheng, Q. H.; Zhang, Y.; Yao, L.; Xu, Q.X.; Chen, J.C.; He, S.B.; Chen, W. Construction of platinum nanozyme by using carboxymethylcellulose with improved laccase-like activity for phenolic compounds detection. *Sens. Actuators, B* **2023**, *393*, 134165.

[19]   Koyappayil, A.; Kim, H. T.; Lee, M. H. 'Laccase-like' properties of coral-like silver citrate micro-structures for the degradation and determination of phenolic pollutants and adrenaline. *J. Hazard. Mater.* **2021**, *412*, 125211.

[20]   Chai, T. Q.; Chen, G. Y.; Chen, L. X.; Wang, J.L.; Zhang, C.Y.; Yang, F.Q. Adenine phosphate-Cu nanozyme with multienzyme mimicking activity for efficient degrading phenolic compounds and detection of hydrogen peroxide, epinephrine and glutathione. *Anal. Chim. Acta* **2023**, *1279*, 341771.

[21]   Sarcletti, M.; Park, H.; Wirth, J.; Englisch, S.; Eigen, A.; Drobek, D.; Vivod, D.; Friedrich, B.; Tietze, R.; Alexiou, C.; Zahn, D.; Apeleo Zubiri, B.; Spiecker, E.; Halik, M. The remediation of nano-/microplastics from water. *Mater. Today* **2021**, *48*, 38-46.

[22]   Zandieh, M.; Liu, J. Removal and degradation of microplastics using the magnetic and nanozyme activities of bare iron oxide nanoaggregates. *Angew. Chem. Int. Ed.* **2022**, *61*, e202212013.

第 18 章　国防领域的应用

　　纳米酶因其具有丰富各异的类酶活性、优异的稳定性、良好的理化特性和低成本性，在国防领域有着较高的应用价值。其中，以破坏、降解化学战剂和对抗船体生物淤积领域最具代表性。

　　本章将探讨纳米酶在破坏、降解化学战剂和对抗船体生物淤积中的应用潜力。

18.1　降解化学战剂

18.1.1　化学战剂

　　化学战剂（chemical warfare agents, CWA）是指用于战争的化学物质，对动植物均有强烈的毒害作用。其中，含有磷酸酯键的化学战剂是已知毒性最大的化学物质之一，也被称为神经毒剂。

　　常见的神经毒剂有沙林（saron，GB）、梭曼（soman，GD）、塔崩（tabun，GA）、维埃克斯（venomous agent X，VX）等，其化学结构式见图 18.1。

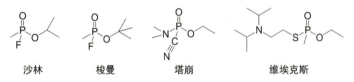

沙林　　　梭曼　　　塔崩　　　维埃克斯

图 18.1　常见神经毒剂的化学结构式

18.1.2　神经毒剂降解

　　磷酸酯酶能够通过催化水解神经毒剂的磷酸酯键，进而使其失活，起到对神经毒剂灭毒的作用。天然磷酸酯酶的活性中心为锌离子-氧阴离子连接对（Zn-OH-Zn），它对神经毒剂的催化水解作用依赖于金属氧/羟基物种的催化活性。受其启发，人们发现一种锆基（Zr）金属有机骨架（MOF）纳米酶——UiO-66，其 Zr_6 节点中含有 Zr-OH-Zr——能够模拟磷酸酯酶的活性位点（如图 18.2 所示），因而也具备对神经毒剂的水解效果 [1]。

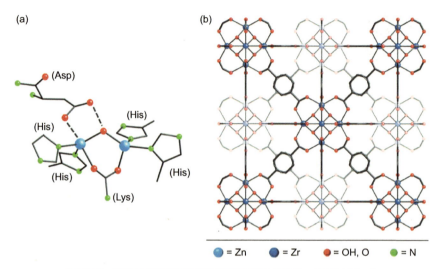

(a)

(Asp)

(His)

(His)

(His)

(His)

(Lys)

● = Zn　　● = Zr　　● = OH, O　　● = N

图 18.2　磷酸三酯酶的活性部位结构示意图（PDB：1DPM）（a）
和 UiO-66 的三维结构（b）[1]

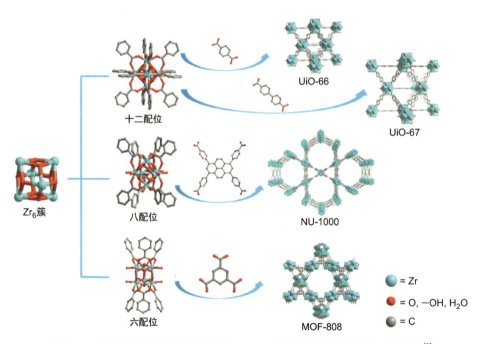

十二配位

UiO-66

UiO-67

Zr₆簇

八配位

NU-1000

六配位

MOF-808

● = Zr

● = O, −OH, H₂O

● = C

图 18.3　可水解神经毒剂及其模拟物的 Zr-MOF 的金属簇及配体结构组成示意图[3]

表 18.1　可水解神经毒剂及其模拟物的 MOF 材料 [3]

MOF名称	结构图	有机配体	金属节点	对神经毒剂模拟物的水解活性即半反应时间$t_{1/2}$/min	对神经毒剂的水解活性即半反应时间$t_{1/2}$/min
NENU-11				无报道	无报道
HKST-1				无报道	GD[①]：2880
MIL-101(Cr)-DAAP[②]				DENP[③]：300	无报道
{[Ho₄(dpdo)₁₆ (H₂O)₁₆ BiW₁₂O₄₀] (H₂O)₂}ₙ⁷⁺				BNPP[④]：29500	无报道

349

续表

MOF名称	结构图	有机配体	金属节点	对神经毒剂模拟物的水解活性即半反应时间 $t_{1/2}$/min	对神经毒剂的水解活性即半反应时间 $t_{1/2}$/min
UiO-66				DMNP①: 25	无报道
UiO-66-(OH)₂				DMNP: 60	无报道
UiO-66-NO₂				DMNP: 45	无报道
UiO-66-NH₂				DMNP: 1	无报道
UiO-66@LiOtBu②				DIFP⑦: 5 DMMP⑧: 25 CEES⑨: 3	无报道
UiO-67				DMNP: 4.5	VX⑩: 7.9

续表

MOF名称	结构图	有机配体	金属节点	对神经毒剂模拟物的水解活性即半反应时间$t_{1/2}$/min	对神经毒剂的水解活性即半反应时间$t_{1/2}$/min
UiO-67-NMe₂				DMNP: 2	VX: 1.8
UiO-67-NH₂				DMNP: 2	VX: 6
NU-1000				DMNP: 15 CEES: 6	GD①: 3 HD①: 33
NU-1000-dehyd②				DMNP: 1.5	无报道
MOF-808				DMNP: <0.5	无报道

MOF名称	结构图	有机配体	金属节点	对神经毒剂模拟物的水解 活性即半反应时间 t₁/₂/min	对神经毒剂的水解活性 即半反应时间 t₁/₂/min
PCN-222				CEES: 13 双催化® DMNP: 8 CEES: 12	无报道

① 梭曼（soman，GD）。
② 戊基磷酸二戊酯（diamyl amyl phosphonate，DAAP）。
③ 磷酸硝酚乙酯（diethyl 4-nitrophenyl phosphate，DENP）。
④ 二(对硝基苯酚)磷酸酯［bis(4-nitrophenyl) phosphate，BNPP］。
⑤ 磷酸二甲基-硝基苯基（dimethyl 4-nitrophenyl phosphate，DMNP）。
⑥ 该MOF的活性位点修饰了含锂的多金属氧酸盐，且其催化活性探究实验采用50%乙醇溶液为反应介质。
⑦ 二异丙基氟磷酸（diisopropyl-fluorophosphate，DIFP）。
⑧ 甲基膦酸二甲酯（dimethyl methylphosphonate，DMMP）。
⑨ 2-氯乙基乙基硫醚（2-chloroethyl ethyl sulfide，CEES）。
⑩ 维埃克斯（venomous agent X，VX）。
⑪ 硫芥（sulfur mustard，HD）。
⑫ NU-1000-dehydrated即dehydrated NU-1000，脱水化的NU-1000。
⑬ 双催化指该MOF能通过同一催化途径将DMNP和CEES分别水解和氧化为无毒产物。

除了 UiO-66 外，诸如 Zr-MOF-808、NU-1000、PCN-222 和 UiO-67 等 Zr 基 MOF 也能够有效地水解神经毒剂[2]。图 18.3 列出了一些具有水解神经毒剂活性的 Zr-MOF 的金属节点及配体结构。当 Zr-MOF 中 Zr_6 簇的配位数由十二配位减少至六配位时，能够提升 Zr 活性位点的可接近性，促进底物与活性位点结合，从而提升其催化水解神经毒剂模拟物的活性。此外，通过对配体进行不同官能团的修饰，也能改善 Zr-MOF 的水解活性。与 UiO-66 相比，氨基功能化的 UiO-66-NH$_2$ 对神经毒剂及其模拟物的水解活性更强，而硝基功能化的 UiO-66-NO$_2$ 和双羟基功能化的 UiO-66-(OH)$_2$ 的催化效果并无明显变化[3]。

作为可水解神经毒剂的代表性纳米酶，MOF 除了具有类磷酸酯酶活性外，其高孔隙率和活性可调控性均有助于对神经毒剂的吸附和降解，如可通过增大活性位点暴露面积、减少配位数或增强表面疏水性[4] 等来对 MOF 二级结构单元进行调控[5]，进而有效提升 MOF 对神经毒剂的吸附作用；此外，可通过对配体进行功能化修饰[6]或客体封装 ❶[7] 来增加活性位点与底物之间的氢键相互作用力，进而增强 MOF 对神经毒剂的亲和力。这些方式均能有效地调控 MOF 对神经毒剂的水解活性。值得注意的是，在设计能够催化水解神经毒剂的 MOF 时，需考虑其亲疏水性的平衡，因为较好的疏水性有利于其对神经毒剂的吸附作用，而其发挥水解作用则需要有水分子的参与[2]。

表 18.1 中列出了一些可水解神经毒剂及其模拟物二甲硝醚（又称 3,5-二甲基苯基对硝基苯基醚，DMNP）的 MOF 材料。

18.2　对抗船体生物淤积

18.2.1　海洋船体生物淤积

海洋生物淤积是指海洋生物体对处于固液交界处的表面进行黏附、侵占的现象。海洋生物淤积会带来一系列危害，如：①损坏船体；②黏附的生物使船体航行阻力变大，导致船体航行速度、可操控性能下降；③船体航速下降，导致能耗增加和有害物质的排放；④船体维修费用急剧上升；⑤船体表面定植的生物会随着船体的运行而移动，导致生物入侵[8,9]。

海洋船体生物淤积的过程可大致分为四个阶段（如图 18.4 所示），分别为[10]：

① 分子淤积：多糖、蛋白质、脂质等吸附于表面，形成条件层；

---

❶ 客体封装：MOF 内部的孔隙结构使其能够作为主体来限制各种客体分子，如有机染料、钙钛矿量子点、光致变色分子、镧系离子、金属配合物等。通过对不同的客体分子进行封装，能够使 MOF 具备不同的功能特性。[参考文献：Acc. Mater. Res. 2023, 4 (11): 982-994]

图 18.4　船体表面的生物淤积及各淤积层的主要生物组成 [9]

② 微型淤积中的初级定植：细菌和硅藻吸附于表面，分泌胞外聚合物基质（extracellular polymeric substance，EPS），形成细菌生物膜；

③ 微型淤积中的次级定植：微型藻类及其孢子和原生动物开始定植于表面；

④ 大型淤积：大型藻类、藤壶及其幼虫开始定植于表面。

海洋船体生物淤积的过程如图 18.5 所示。

图 18.5　海洋船体生物淤积的过程 [10]

18.2.2　对抗船体生物淤积的常见方式

在了解了生物淤积大致的形成过程之后，本节将概述对抗生物淤积的一些常见举措。

早期的海洋船体防污材料为沥青、柏油、蜡、重金属材料、三丁基锡化合物涂层材料、含铜或杀虫剂的涂层等，这些防淤积材料对海洋生物及海洋环境具有一定的危害，因而被渐渐淘汰，取而代之的是一些环境友好型抗淤积涂层。

目前的环境友好型抗污涂层的设计理念主要分为 3 种，分别是：

① 阻碍淤积的形成：可以通过表面化学或物理修饰或改性，抑制微生物的黏附；

② 淤积释放：一些疏水性材料具有自清洁功能，能够将表面的生物淤积释放；

③ 淤积降解：通过在表面涂覆含有酶的涂层，降解细菌生物膜以及生物淤积[11,12]。

18.2.3　纳米酶在对抗船体生物淤积中的应用

基于淤积降解的设计理念，纳米酶在对抗船体生物淤积中也有着广泛的应用前景。纳米酶对生物淤积的破坏策略主要依赖于纳米酶对淤积形成的关键环节——细菌生物膜的抑制和破坏作用，通过抑制生物膜的形成或破坏已形成的生物膜，从而阻碍淤积的形成或降解生物淤积。下面介绍纳米酶对抗船体生物淤积的不同策略。

18.2.3.1　阻碍淤积的形成策略

细菌之间会存在信号分子的交流，其主要结构如图 18.6 所示。这些信号分子对细菌生物膜的形成起到重要的作用。海洋中的藻类能够分泌卤素过氧化物酶，这种酶可以催化海水中的过氧化氢（H_2O_2）和卤素离子形成次卤酸（HOX，X = Cl、Br、I），次卤酸进一步对这些信号交流分子进行卤代反应，导致信号分子失活，抑制细菌之间的交流（细菌群体感应机制），从而阻碍细菌形成生物膜。由于生物膜的形成是船体生物淤积发生的一个重要环节，因此，通过抑制生物膜的形成，可以有效抑制生物淤积的形成[13,14]。

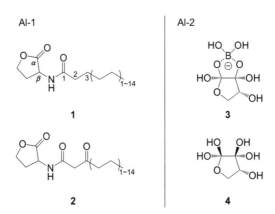

图 18.6　两种常见的细菌交流信号分子的结构式[15]

（AI-1：自体诱导物-1，从属于酰基高丝氨酸内酯类物质；AI-2：自体诱导物-2）

近年来发现了多种具有卤素过氧化物酶活性的纳米酶，包括氧化钒纳米线[16]、氧化铈纳米棒[17]、氧化铜纳米粒子[18]和铈基 MOF（Ce-MOF-808[19]），它们均能

催化 H_2O_2 和卤素离子产生次卤酸，进而抑制细菌群体感应机制，起到阻碍细菌生物膜形成的作用。其中，在实地抗海洋生物淤积研究中发现，包覆有 V_2O_5 纳米线的聚合物涂层的生物淤积覆盖率远远低于对照组（如图 18.7 所示）。此外，Ce-MOF-808 也被证明能够有效杀菌，并对水管内壁附着的生物膜有一定的抑制效果。

图 18.7　负载有 V_2O_5 纳米线的船体商用漆涂布于船壳板表面的不锈钢片上，
并在海水中浸泡 60 天后能够有效抑制船体生物淤积 [16]

然而，V_2O_5 纳米线自身对细胞的强毒副作用使其应用受限。相较而言，得益于 Ce 基材料中 Ce 价态之间的可逆转换、优异的催化性能，以及其优良的生物相容性，Ce 基材料或将是更优的选择 [17]。

18.2.3.2　淤积降解策略

（1）利用氧化还原型纳米酶催化产生的杀菌性物质破坏生物膜

氧化还原型纳米酶，尤其是过氧化物酶型纳米酶，能够催化 H_2O_2 产生活性氧物质（ROS）。ROS 具有强氧化性，可破坏细菌细胞壁，导致细菌细胞破裂，造成细菌死亡，进而对细菌生物膜起到破坏作用。

此外，还可以辅以光、热、声等外场来增强过氧化物酶型纳米酶的抗生物淤积效果 [20]。近年来，人们通过对纳米粒子进行功能化修饰、改性或形貌优化来实现氧化还原型纳米酶对细菌的双重破坏作用 [21]。一方面，可以凭借材料自身的类酶活性杀伤细菌。另一方面，改良后的纳米粒子所具有的其他特性可以为其抗生物膜效果起到叠加功效，例如：①通过构建不对称结构而具有驱动性的纳米马达，能够潜入深层生物膜中发挥作用；②自身具有磁性的纳米粒子能够在破坏生物膜后，通过磁场作用进一步清除生物膜残余物；③形貌改良使纳米粒子具有一定的尖锐结构，能够在与细菌细胞或生物膜接触时发挥机械作用力，进一步破坏细菌细胞或生物膜。

图 18.8 为氧化还原型纳米酶在抗菌和抗生物膜中发挥功效的作用原理。

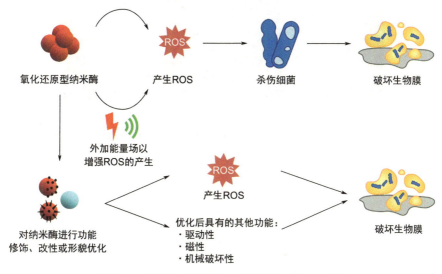

图 18.8　氧化还原型纳米酶在抗菌和抗生物膜中的应用

（2）基于水解型纳米酶对生物膜的水解作用进行淤积降解

鉴于细菌生物膜中的 EPS 是由脂质、多糖、蛋白质、胞外 DNA（eDNA）等物质组成，水解型纳米酶可通过催化 EPS 中生物大分子的水解，降解细菌生物膜，从而实现淤积降解的目的。

目前有关应用于生物膜降解的水解型纳米酶的研究主要集中于类脱氧核糖核酸酶型纳米酶（DNA 水解酶型纳米酶）和具有多种类水解酶活性的纳米酶。

eDNA 通过连接细菌和其他 EPS 成分，有利于形成成熟网络、建立固着细菌群落以及维持生物膜的结构稳定。因此，一旦 eDNA 被破坏，生物膜将面临瓦解的风险。DNA 水解酶型纳米酶可催化生物膜中 eDNA 的水解，破坏生物膜的结构，为进一步清除生物膜和生物淤积奠定了有利的基础[22]。图 18.9 展示了细菌 DNA 被纳米酶水解前后的电泳结果照片。

除了水解 eDNA 外，通过水解 EPS 内的其他生物大分子也对破坏生物膜有着重要意义。由 Ce 与富马酸（fumaric acid，FMA）组成的 Ce-MOF（Ce-FMA）具有多重水解酶活性，兼具水解磷酸酯键、糖苷键和肽键的能力，被应用于大肠杆菌和金黄色葡萄球菌生物膜的降解（如图 18.10 所示）。该研究为水解型纳米酶在降解船体生物淤积的应用研究提供了思路[23]。

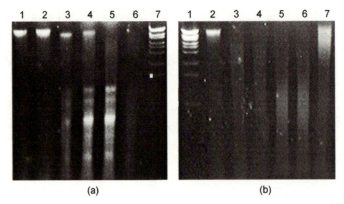

图 18.9　被纳米酶水解后的金黄色葡萄球菌基因组 DNA 的水平电泳图[22]

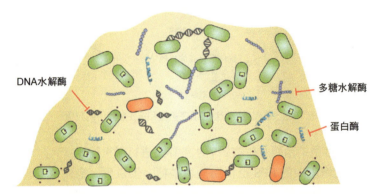

图 18.10　具有多重水解酶活性的纳米酶对生物膜 EPS 内物质的水解示意图[23]

参考文献

[1] Katz, M. J.; Mondloch, J. E.; Totten, R. K.; Park, J. K.; Nguyen, S. T.; Farha, O. K.; Hupp, J. T. Simple and compelling biomimetic metal-organic framework catalyst for the degradation of nerve agent simulants. *Angew. Chem. Int. Ed.* **2014**, *53*, 497-501.

[2] Son, F. A.; Wasson, M. C.; Islamoglu, T.; Chen, Z.; Gong, X.; Hanna, S. L.; Lyu, J.; Wang, X.; Idrees, K. B.; Mahle, J. J.; Peterson, G. W.; Farha, O. K. Uncovering the role of metal-organic framework topology on the capture and reactivity of chemical warfare agents. *Chem. Mater.* **2020**, *32*, 4609-4617.

[3] Liu, Y.; Howarth, A. J.; Vermeulen, N. A.; Moon, S.-Y.; Hupp, J. T.; Farha, O. K. Catalytic degradation of chemical warfare agents and their simulants by metal-organic frameworks. *Coord. Chem. Rev.* **2017**, *346*, 101-111.

[4] Montoro, C.; Linares, F.; Procopio, E. Q.; Senkovska, I.; Kaskel, S.; Galli, S.; Masciocchi, N.; Barea, E.; Navarro, J. A. Capture of nerve agents and mustard gas analogues by hydrophobic

robust MOF-5 type metal-organic frameworks. *J. Am. Chem. Soc.* **2011**, *133*, 11888-11891.

[5]   Mondloch, J. E.; Katz, M. J.; Isley, W. C., 3rd; Ghosh, P.; Liao, P.; Bury, W.; Wagner, G. W.; Hall, M. G.; DeCoste, J. B.; Peterson, G. W.; Snurr, R. Q.; Cramer, C. J.; Hupp, J. T.; Farha, O. K. Destruction of chemical warfare agents using metal-organic frameworks. *Nat. Mater.* **2015**, *14*, 512-516.

[6]   Katz, M. J.; Moon, S. Y.; Mondloch, J. E.; Beyzavi, M. H.; Stephenson, C. J.; Hupp, J. T.; Farha, O. K. Exploiting parameter space in MOFs: A 20-fold enhancement of phosphate-ester hydrolysis with UiO-66-NH$_2$. *Chem. Sci.* **2015**, *6*, 2286-2291.

[7]   Zou, R.; Zhong, R.; Han, S.; Xu, H.; Burrell, A. K.; Henson, N.; Cape, J. L.; Hickmott, D. D.; Timofeeva, T. V.; Larson, T. E.; Zhao, Y. A porous metal-organic replica of α-PbO$_2$ for capture of nerve agent surrogate. *J. Am. Chem. Soc.* **2010**, *132*, 17996-17999.

[8]   Callow, J. A.; Callow, M. E. Trends in the development of environmentally friendly fouling-resistant marine coatings. *Nat. Commun.* **2011**, *2*, 244.

[9]   Selim, M. S.; Shenashen, M. A.; El-Safty, S. A.; Higazy, S. A.; Selim, M. M.; Isago, H.; Elmarakbi, A. Recent progress in marine foul-release polymeric nanocomposite coatings. *Prog. Mater Sci.* **2017**, *87*, 1-32.

[10] Lejars, M.; Margaillan, A.; Bressy, C. Fouling release coatings: A nontoxic alternative to biocidal antifouling coatings. *Chem. Rev.* **2012**, *112*, 4347-4390.

[11] Maan, A. M. C.; Hofman, A. H.; Vos, W. M.; Kamperman, M. Recent developments and practical feasibility of polymer-based antifouling coatings. *Adv. Funct. Mater.* **2020**, *30*, 2000936.

[12] Yan, H.; Wu, Q.; Yu, C.; Zhao, T.; Liu, M. Recent progress of biomimetic antifouling surfaces in marine. *Adv. Mater. Interfaces* **2020**, *7*, 2000966.

[13] Lee, K.; Yu, H.; Zhang, X.; Choo, K. H. Quorum sensing and quenching in membrane bioreactors: Opportunities and challenges for biofouling control. *Bioresour. Technol.* **2018**, *270*, 656-668.

[14] Whiteley, M.; Diggle, S. P.; Greenberg, E. P. Progress in and promise of bacterial quorum sensing research. *Nature* **2017**, *551*, 313-320.

[15] Herget, K.; Frerichs, H.; Pfitzner, F.; Tahir, M. N.; Tremel, W. Functional enzyme mimics for oxidative halogenation reactions that combat biofilm formation. *Adv. Mater.* **2018**, *30*, e1707073.

[16] Natalio, F.; Andre, R.; Hartog, A. F.; Stoll, B.; Jochum, K. P.; Wever, R.; Tremel, W. Vanadium pentoxide nanoparticles mimic vanadium haloperoxidases and thwart biofilm formation. *Nat. Nanotechnol.* **2012**, *7*, 530-535.

[17] Herget, K.; Hubach, P.; Pusch, S.; Deglmann, P.; Götz, H.; Gorelik, T. E.; Gural'skiy, I. y. A.; Pfitzner, F.; Link, T.; Schenk, S.; Panthöfer, M.; Ksenofontov, V.; Kolb, U.; Opatz, T.; André, R.; Tremel, W. Haloperoxidase mimicry by CeO$_{2-x}$ nanorods combats biofouling. *Adv. Mater.* **2017**, *29*, e1603823.

[18] Wang, L.; Hou, J.; Liu, S.; Carrier, A. J.; Guo, T.; Liang, Q.; Oakley, D.; Zhang, X. CuO nanoparticles as haloperoxidase-mimics: Chloride-accelerated heterogeneous Cu-Fenton chemistry for H$_2$O$_2$ and glucose sensing. *Sens. Actuators, B* **2019**, *287*, 180-184.

[19] Zhou, Z.; Li, S.; Wei, G.; Liu, W.; Zhang, Y.; Zhu, C.; Liu, S.; Li, T.; Wei, H. Cerium-based metal-organic framework with intrinsic haloperoxidase-like activity for antibiofilm formation. *Adv. Funct. Mater.* **2022**, *32*.

[20] Yang, Y.; Wu, X.; He, C.; Huang, J.; Yin, S.; Zhou, M.; Ma, L.; Zhao, W.; Qiu, L.; Cheng, C.; Zhao, C. Metal-organic framework/Ag-based hybrid nanoagents for rapid and synergistic bacterial eradication. *ACS Appl. Mater. Interfaces* **2020**, *12*, 13698-13708.

[21] Fan, X.; Yang, F.; Nie, C.; Ma, L.; Cheng, C.; Haag, R. Biocatalytic nanomaterials: A new pathway for bacterial disinfection. *Adv. Mater.* **2021**, *33*, e2100637.

[22] Chen, Z.; Ji, H.; Liu, C.; Bing, W.; Wang, Z.; Qu, X. A multinuclear metal complex based DNase-mimetic artificial enzyme: Matrix cleavage for combating bacterial biofilms. *Angew. Chem. Int. Ed.* **2016**, *55*, 10732-10736.

[23] Li, S.; Zhou, Z.; Tie, Z.; Wang, B.; Ye, M.; Du, L.; Cui, R.; Liu, W.; Wan, C.; Liu, Q.; Zhao, S.; Wang, Q.; Zhang, Y.; Zhang, S.; Zhang, H.; Du, Y.; Wei, H. Data-informed discovery of hydrolytic nanozymes. *Nat. Commun.* **2022**, *13*, 827.

第19章 物质合成

纳米酶已被初步用于聚合物合成和 α-酮酸合成。利用纳米酶进行合成反应，有利于产物分离，可以实现催化剂的回收，降低生产成本。本章节对相关内容进行简要阐述。

19.1 聚合物合成

羟基自由基因其高反应活性被用作聚合反应引发剂。其引发机制有两类：一方面，羟基自由基可以与不饱和碳碳键发生亲电加成反应，生成自由基；另一方面，还可以从单体上夺取氢原子（或者单个电子），生成自由基[1]。

具有类过氧化物酶活性的纳米酶在双氧水存在下可以产生羟基自由基，因而被用作烯烃、苯胺及含有酚羟基单体等的聚合反应（图 19.1）[2-6]。例如，利用 CuO 纳米酶与双氧水产生羟基自由基，可以引发 N,N-二甲基丙烯酰胺聚合形成水凝胶；利用 Fe_3O_4 纳米酶与双氧水产生羟基自由基，可以引发聚乙二醇二丙烯酸酯交联形

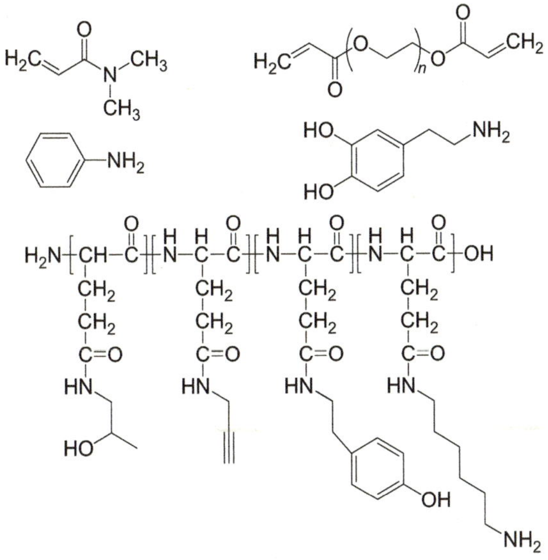

图 19.1 能被纳米酶催化聚合的单体结构

成水凝胶[2,3]。利用类过氧化物酶纳米酶引发烯烃聚合的机理如图 19.2 所示。磷酸铁 Na$_{4.55}$Fe(PO$_4$)$_2$H$_{0.45}$O 与 FeH$_3$P$_2$O$_8$·H$_2$O 具有类过氧化酶的催化活性，在双氧水存在下可以引发苯胺聚合产生聚苯胺[4]。多巴胺含有酚羟基，因而可以在双氧水存在下，被 Fe$_3$O$_4$ 纳米酶催化聚合形成聚多巴胺[7]。含有酚羟基的多肽 P2HPG❶ 也可以被纳米酶催化产生的羟基自由基交联聚合形成凝胶[5]。利用类过氧化物酶纳米酶引发含有酚羟基单体交联聚合的机理如图 19.3 所示[6]。

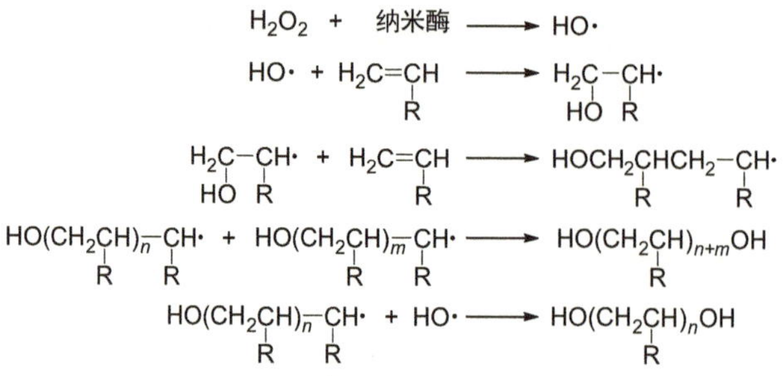

图 19.2　类过氧化物酶纳米酶引发烯烃聚合的机理

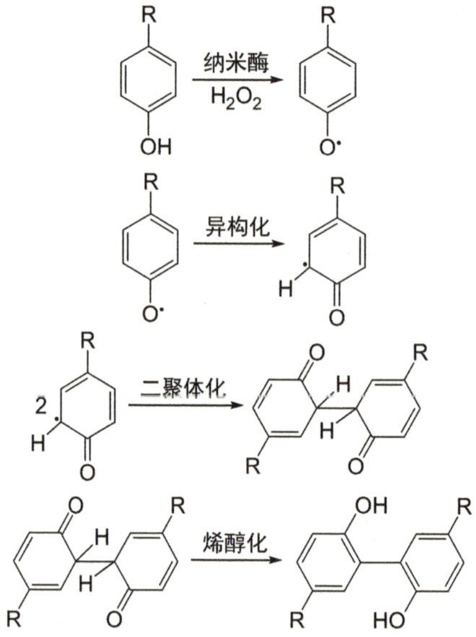

图 19.3　类过氧化物酶纳米酶引发含酚羟基单体交联聚合的机理

---

❶ P2HPG 命名为：poly[N^5-(2-hydroxypropyl)-L-glutamine-ran-N^5-propragyl-L-glutamine-ran-N^5-(6-aminohexyl)-L-glutamine]-ran-N^5-[2-(4-hydroxyphenyl)ethyl-L-glutamine]，中文名：聚 [N^5-(2-羟丙基)-左旋谷氨酰胺-无规-N^5-丙酰基-左旋谷氨酰胺-无规-N^5-(6-氨基己基)-左旋谷氨酰胺]-无规-N^5-[2-(4-羟苯基)乙基-左旋谷氨酰胺]。

19.2　α-酮酸合成

α-酮酸是重要的化工原料。可以利用 L-氨基酸氧化酶（或者 D-氨基酸氧化酶）催化 L-氨基酸（或者 D-氨基酸）氧化脱氢制备 α-酮酸。其反应如图 19.4 所示，首先氨基酸氧化酶催化氧气把氨基酸氧化为亚胺酸和双氧水，然后亚胺酸自发水解为 α-酮酸和氨。α-酮酸还可以进一步与双氧水发生脱羧反应，生成少一个碳的羧酸、二氧化碳和水。为了抑制 α-酮酸的脱羧反应，提高其产率，需要及时去除反应生成的双氧水。可以利用过氧化氢酶来去除双氧水，也可以使用具有类过氧化氢酶活性的纳米酶去除双氧水。利用纳米酶（或者其他纳米材料）的负载功能，可以将氨基酸氧化酶和纳米酶集成在一起，提高级联催化效率（图 19.5）。例如，可以将 D-氨基酸氧化酶与具有类过氧化氢酶活性的 MnO_2、Pt 等纳米酶联用，把 D-丙氨酸转化为丙酮酸 [8-10]。还可以将 L-色氨酸转化为吲哚-3-丙酮酸 [11,12]。

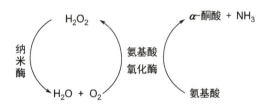

图 19.4　氨基酸氧化酶催化氧化氨基酸生成 α-酮酸及双氧水对 α-酮酸的脱羧反应

图 19.5　氨基酸氧化酶与类过氧化氢酶纳米酶级联催化氧化氨基酸生成 α-酮酸

19.3　小分子有机化合物合成

纳米酶除了可以用于上述的合成，它还可以电催化 CO_2 转化为小分子有机化合物。这一反应一方面可以缓解温室效应，另一方面也可以创造经济价值。天然酶具有限域的三维结构，催化位点限域在三维的蛋白质壳层内部。据此，可以构建核壳结构的纳米酶：核可以催化第一步反应，壳可以利用第一步反应的产物再进行第二步的催化反应。这样的限域结构，使得中间产物分子可以立即并直接参与到下一步催化反应，从而避免扩散到反应介质中。在电场的驱动下，此类纳米酶可以先将温室气体 CO_2 转化为 CO，这一过程由纳米酶的核进行催化；进一步，中间产物 CO 在纳米酶壳的催化作用下生成乙烯、乙醇以及丙醇有机小分子[13]。

参考文献

[1] Thomas G. McKenzie; Amin Reyhani; Mitchell D.Nothling; Qiao, G. G.: Hydroxyl radical activated RAFT polymerization. In *In Reversible Deactivation Radical Polymerization: Mechanisms and Synthetic Methodologies*; American Chemical Society, **2018**, *1284*, 307-321.

[2] Ye, Y.; Xiao, L.; Bin, H.; Zhang, Q.; Nie, T.; Yang, X.; Wu, D.; Cheng, H.; Li, P.; Wang, Q. Oxygen-tuned nanozyme polymerization for the preparation of hydrogels with printable and antibacterial properties. *J. Mater. Chem. B* **2017**, *5*, 1518-1524.

[3] Ibeaho, W. F.; Chen, M.; Shi, J.; Chen, C.; Duan, Z.; Wang, C.; Xie, Y.; Chen, Z. Multifunctional magnetic hydrogels fabricated by iron oxide nanoparticles mediated radical polymerization. *ACS Appl. Polym. Mater.* **2022**, *4*, 4373-4381.

[4] Li, L.; Liang, K.; Hua, Z.; Zou, M.; Chen, K.; Wang, W. A green route to water-soluble polyaniline for photothermal therapy catalyzed by iron phosphates peroxidase mimic. *Polym. Chem.* **2015**, *6*, 2290-2296.

[5] Šálek, P.; Golunova, A.; Dvořáková, J.; Pavlova, E.; Macková, H.; Proks, V. Iron oxide nanozyme as catalyst of nanogelation. *Mater. Lett.* **2020**, *269*, 127610.

[6] Li, L.; Wang, W.; Chen, K. Synthesis of black elemental selenium peroxidase mimic and its application in green synthesis of water-soluble polypyrrole as a photothermal agent. *J. Phys. Chem. C* **2014**, *118*, 26351-26358.

[7] Liu, B.; Han, X.; Liu, J. Iron oxide nanozyme catalyzed synthesis of fluorescent polydopamine for light-up Zn^{2+} detection. *Nanoscale* **2016**, *8*, 13620-13626.

[8] Sun, J.; Du, K.; Song, X.; Gao, Q.; Wu, H.; Ma, J.; Ji, P.; Feng, W. Specific immobilization of d-amino acid oxidase on hematin-functionalized support mimicking multi-enzyme catalysis. *Green Chem.* **2015**, *17*, 4465-4472.

[9] Sun, J.; Fu, Y.; Li, R.; Feng, W. Multifunctional hollow-shell microspheres derived from cross-linking of MnO_2 nanoneedles by zirconium-based coordination polymer: Enzyme mimicking, micromotors, and protein immobilization. *Chem. Mater.* **2018**, *30*, 1625-1634.

[10] Bu, Y.; Hu, L.; Feng, W. d-Amino acid oxidase immobilized on Pt nanoparticle-loaded porous SiO_2 nanospheres coated with a zirconium-based coordination polymer for catalytic deamination of d-Alanine. *ACS Appl. Nano Mater.* **2021**, *4*, 12373-12381.

[11] Wu, Y.; Shi, J.; Mei, S.; Katimba, H. A.; Sun, Y.; Wang, X.; Liang, K.; Jiang, Z. Concerted chemoenzymatic synthesis of α-Keto acid through compartmentalizing and channeling of metal-organic frameworks. *ACS Catal.* **2020**, *10*, 9664-9673.

[12] Wang, Z.; Liu, Y.; Dong, X.; Sun, Y. Cobalt phosphate nanocrystals: A catalase-like nanozyme and in situ enzyme-encapsulating carrier for efficient chemoenzymatic synthesis of α-keto acid. *ACS Appl. Mater. Interfaces* **2021**, *13*, 49974-49981.

[13] O'Mara, P. B.; Wilde, P.; Benedetti, T. M.; Andronescu, C.; Cheong, S.; Gooding, J. J.; Tilley, R. D.; Schuhmann, W. Cascade reactions in nanozymes: Spatially separated active sites inside Ag-core-porous-Cu-shell nanoparticles for multistep carbon dioxide reduction to higher organic molecules. *J. Am. Chem. Soc.* **2019**, *141*, 14093-14097.

第20章 农业应用

纳米酶已经被初步应用于农药检测与鉴别、农药降解及农作物增产等研究。

20.1 农药检测与鉴别

农药广泛应用于农作物生产中以提高农作物的质量和产量。然而农药残留也会对环境和健康造成不良影响，因此对农药的检测十分重要。

20.1.1 农药检测

对于有对应抗体的农药分子，可以利用纳米酶标记的检测抗体采用直接法、竞争法等实现检测［图20.1（a）］。如利用具有类过氧化物酶活性的氮化碳／铁酸铋标记检测抗体，基于免疫层析技术的竞争法可以实现对毒死蜱和西维因两种农药的比色及化学发光检测[1]。除抗体外，还可以利用核酸适配体、分子印迹聚合物等对农药分子的特异识别作用实现对农药的检测[2,3]。

对于本身具有电化学、光学等活性的农药分子，则可以对其进行直接检测。

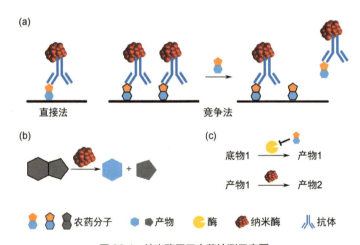

图20.1 纳米酶用于农药检测示意图

（a）直接免疫法和竞争免疫法；（b）利用纳米酶将农药分子转化为活性产物进行测量；（c）基于农药分子对酶的抑制，通过酶-纳米酶级联催化反应间接测量农药分子

如对具有电化学活性的人工合成生长素（1-萘乙酸），可以利用具有类氧化酶活性的纳米酶催化其电化学氧化来进行检测[4]。而对于一些不具有上述特性的农药分子，则可以利用纳米酶将其转化为有电化学或光学等活性的物质，通过对产物的测量来实现对农药分子的间接检测［图 20.1（b）］。有机磷农药（如甲基对氧磷）含有磷酸酯键，可利用二氧化铈纳米酶的类磷酸酯酶水解活性，将甲基对氧磷水解为具有电化学活性的对硝基苯酚，进而利用电化学法通过测量对硝基苯酚间接实现甲基对氧磷的检测[5]。对于一些本身是酶抑制剂的农药分子，可利用这一特性，将相关酶反应与纳米酶催化反应相结合，实现对农药分子的检测［图 20.1（c）］。一个典型的例子是，乙酰胆碱酯酶可以将乙酰胆碱转化为胆碱；胆碱可以被其氧化酶催化氧化产生双氧水。而有机磷类农药分子可以抑制乙酰胆碱酯酶的活性，因而能抑制上述级联催化反应，无法产生双氧水。因为纳米酶（类过氧化物酶活性）可以催化双氧水与底物的反应，产生比色（或荧光、化学发光）产物。因此可以利用具有类过氧化物酶活性的纳米酶，通过检测产生的双氧水间接检测有机磷类农药分子[6]。

20.1.2 农药鉴别

将现有纳米酶用于农药检测，仍需要使用抗体等生物识别分子来实现对其的特异性识别。这一方面提高了检测的成本，另一方面限制了对无对应抗体的农药的检测。此外，第 20.1.1 节所述方法也不能实现混合农药的鉴别。

由多个交叉响应传感元件组成的传感器阵列能模拟哺乳动物的嗅觉（味觉）系统，对每个分析物产生不同的独特响应，再通过多变量统计方法（如线性判别分析）对响应结果进行分析得到分析物的特征点簇（即"指纹图"），实现对多种分析物的鉴别。不同农药分子对不同纳米酶催化活性有着不同影响，据此可以构筑纳米酶传感器阵列用于农药鉴别。如图 20.2 所示，选用三种具有类过氧化物酶活性的纳米酶，可以实现对土壤样品中五种芳香类农药的鉴别[7]。

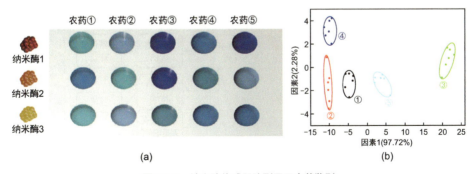

图 20.2 纳米酶传感器阵列用于农药鉴别

（a）纳米酶传感器阵列示意图；（b）鉴别土壤中 5 种农药：①乳氟禾草灵，②氯氟吡氧乙酸异辛酯，③苄嘧磺隆，④氟磺胺草醚，⑤丁醚脲[7]

20.2 农药降解

通过对农药的降解，可以将其转化为毒性更低甚至无毒的物质，这对于环境保护、食品安全等具有重要意义。

对于有机磷农药，因其含有磷脂键，故可以使用具有类磷酸酯酶活性的纳米酶对其进行降解[8]。因为农药分子多为有机物，因此可以利用纳米酶（如类过氧化物酶纳米酶）催化过程中所产生的羟基自由基等对其进行降解；对于兼具光催化活性的纳米酶，还可以同时利用光照促进对农药分子的降解[9]。

20.3 提高农作物产量

包括纳米酶在内的一些功能纳米材料可促进农作物的生长、开花、结果等，进而提高其产量[10-15]。农作物的生长周期大致可以分为种子发芽、茎叶生长、开花、果实生长与成熟等阶段；这些阶段以开花为界，可以分为营养生长期和生殖生长期。具有活性氧物种（ROS）清除活性的纳米酶能有效清除各阶段过量的ROS，促进农作物生长。如兼具类超氧化物歧化酶和类过氧化氢酶活性的二氧化铈纳米酶，能进入叶绿体到达类囊体膜附近，消除叶绿体内的ROS，从而保护叶绿体，提高光合作用效率。若将二氧化铈纳米酶负载在单壁碳纳米管上，则由于碳纳米管对光的吸收和电子传递功能，能进一步增强叶绿体的光合作用效率[13]。考虑到光合作用在农作物生长中的关键作用，通过对叶绿体保护等方式提升光合作用的效率必然会提高农作物产量。以金纳米粒子、铁酸锰（MnFe$_2$O$_4$）纳米粒子调节拟南芥、番茄的生长

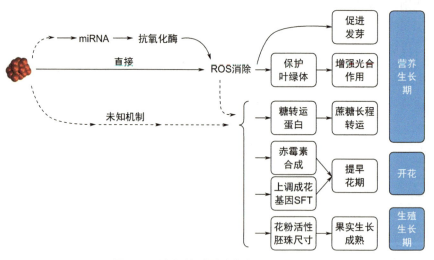

图20.3 纳米酶提高农作物产量的可能机制

为例，通过 miRNA 表达水平、关键基因的表达水平分析，提出了如下可能的机制：首先，通过纳米酶直接消除 ROS，或者通过（调控 miRNA 水平）调控抗氧化酶的表达来消除 ROS，实现对叶绿体等的保护作用；其次，通过抑制营养生长期相关基因表达或促进生殖生长期相关基因的表达（如赤霉素相关合成基因与番茄成花基因 SFT），使花期提前，更早进入生殖生长期，以提高产量；最后，亦可通过增加养分合成、提升养分转运（如上调糖转运蛋白、提高蔗糖长程转运、提高固氮酶活性等）、增大胚珠尺寸等促进农作物生长与增长（图 20.3）[12,14,15]。

20.4 胁迫环境下调控农作物生长

由于全球气候变化带来的干旱、洪水、高温、低温、盐碱等逆境胁迫极大制约了农作物的正常生产，给全球粮食安全带来了巨大的挑战。逆境下农作物体内的 ROS 水平升高，引起核酸、蛋白质和磷脂等重要生物分子的损伤，产生氧化胁迫，进而会抑制农作物生长从而导致减产。纳米酶能有效调控 ROS 水平，已有研究报道纳米酶通过有效调控农作物体内的 ROS 平衡，从而提升农作物的抗逆能力。

20.4.1 胁迫条件下参与种子引发

种子引发是指通过外界调控使种子缓慢吸胀提前进入萌发状态。种子引发能有效打破休眠，增加种子活力和出苗率等。二氧化铈纳米酶可以在特定的胁迫条件下参与多种农作物的种子引发。如在 200 mmol/L NaCl 的高盐胁迫下，通过聚丙烯酸保护的二氧化铈的引发，能有效提升陆地棉的发芽率（图 20.4）[16]。在 200 mmol/L NaCl 的高盐胁迫下，通过聚丙烯酸保护的二氧化铈的引发，也能将油菜的发芽率提高 12%。二氧化铈能有效降低茎部和根部的双氧水、超氧阴离子和磷脂氧化产物丙二醛的水平，同时也提高了 α-淀粉酶的活性 [17]。然而，二氧化铈纳米酶并不能促进所有农作物种子萌发；而无 ROS 消除活性的二氧化钛纳米粒子也能促进一些

图 20.4 二氧化铈纳米酶在 200 mmol/L NaCl 的高盐胁迫下促进油菜种子萌发 [17]

农作物种子的萌发[18]。这表明对纳米酶及其他纳米材料促进农作物种子萌发的生化与分子机制需要进一步深入研究。

20.4.2　其他抗逆能力

二氧化铈等具有抗氧化活性的纳米酶通过清除 ROS，能提高拟南芥、油菜、黄瓜等对光、热、冷、干旱、高盐等的抵抗能力[19–22]。除抗氧化机制外，也有研究表明纳米酶参与农作物的抗逆能力可能与抑制钾离子外排有关[21]。

20.5　纳米酶农药

通过使用纳米材料与技术，能提高农药的稳定性和利用率，降低农药的使用量，有望实现农药减施增效。纳米农药既可以将现有分子农药通过纳米材料作为载体进行负载、包覆，也可以利用功能纳米材料作为农药。纳米酶农药属于后一类，即利用其独特的类酶活性实现分子农药的功能。如具有水解活性的右手性 $Cu_{1.96}S$ 纳米酶能够选择性结合在烟草花叶病毒从 99 位谷氨酰胺到 105 位丙氨酸的片段，并且在光的辅助下能特异性水解断裂 101 位天冬酰胺与 102 位脯氨酸之间的肽键，进而高效杀灭烟草花叶病毒[23]。

20.6　展望

前文所述为狭义农业，仅指种植业；而广义农业则包括种植业、林业、畜牧业、渔业、副业等产业形式。广义农业的对象不限于植物，还包括动物、微生物。如图20.5 所示，纳米酶迄今为止主要用于农作物的探索研究，未来的研究不仅需要拓宽在植物（农作物）的应用，也需要开拓在动物和微生物方面的应用。

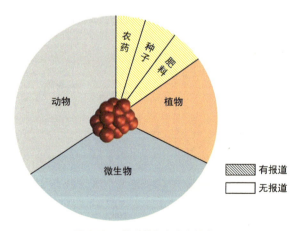

图 20.5　纳米酶在农业中的应用

拓展阅读

［1］ Nano-enabled agriculture 网络专辑：https://www.nature.com/collections/dagecebchf.

［2］ DeRosa, M. C.; Monreal, C.; Schnitzer, M.; Walsh, R.; Sultan, Y., Nanotechnology in fertilizers. *Nature Nanotechnology*, **2010**, *5* (2), 91.

［3］ Zhao, L.; Bai, T.; Wei, H.; Gardea-Torresdey, J. L.; Keller, A.; White, J. C., Nanobiotechnology-based strategies for enhanced crop stress resilience. *Nature Food* **2022**, *3* (10), 829-836.

［4］ 朱昀瑶. 杂原子掺杂石墨烯的类酶活性及其用于农药检测的研究. 南京：南京大学，2020.

［5］ 王权. 尖晶石氧化物的类酶活性、催化机制及其应用研究. 南京：南京大学，2022.

参考文献

[1] Ouyang, H.; Tu, X.; Fu, Z.; Wang, W.; Fu, S.; Zhu, C.; Du, D.; Lin, Y. Colorimetric and chemiluminescent dual-readout immunochromatographic assay for detection of pesticide residues utilizing g-C_3N_4/$BiFeO_3$ nanocomposites. *Biosens. Bioelectron.* **2018**, *106*, 43-49.

[2] Weerathunge, P.; Ramanathan, R.; Shukla, R.; Sharma, T. K.; Bansal, V. Aptamer-controlled reversible inhibition of gold nanozyme activity for pesticide sensing. *Anal. Chem.* **2014**, *86*, 11937-11941.

[3] Yan, M.; Chen, G.; She, Y.; Ma, J.; Hong, S.; Shao, Y.; Abd El-Aty, A. M.; Wang, M.; Wang, S.; Wang, J. Sensitive and simple competitive biomimetic nanozyme-linked immunosorbent assay for colorimetric and surface-enhanced raman scattering sensing of triazophos. *J. Agric. Food. Chem.* **2019**, *67*, 9658-9666.

[4] Zhu, X.; Lin, L.; Wu, R.; Zhu, Y.; Sheng, Y.; Nie, P.; Liu, P.; Xu, L.; Wen, Y. Portable wireless intelligent sensing of ultra-trace phytoregulator α-naphthalene acetic acid using self-assembled phosphorene/Ti_3C_2-MXene nanohybrid with high ambient stability on laser induced porous graphene as nanozyme flexible electrode. *Biosens. Bioelectron.* **2021**, *179*, 113062.

[5] Sun, Y.; Wei, J.; Zou, J.; Cheng, Z.; Huang, Z.; Gu, L.; Zhong, Z.; Li, S.; Wang, Y.; Li, P. Electrochemical detection of methyl-paraoxon based on bifunctional cerium oxide nanozyme with catalytic activity and signal amplification effect. *J. Pharm. Anal.* **2021**, *11*, 653-660.

[6] Liang, M.; Fan, K.; Pan, Y.; Jiang, H.; Wang, F.; Yang, D.; Lu, D.; Feng, J.; Zhao, J.; Yang, L.; Yan, X. Fe_3O_4 magnetic nanoparticle peroxidase mimetic-based colorimetric assay for the rapid detection of organophosphorus pesticide and nerve agent. *Anal. Chem.* **2013**, *85*, 308-312.

[7] Zhu, Y.; Wu, J.; Han, L.; Wang, X.; Li, W.; Guo, H.; Wei, H. Nanozyme sensor arrays based on heteroatom-doped graphene for detecting pesticides. *Anal. Chem.* **2020**, *92*, 7444-7452.

[8] Janoš, P.; Kuráň, P.; Pilařová, V.; Trögl, J.; Šťastný, M.; Pelant, O.; Henych, J.; Bakardjieva, S.; Životský, O.; Kormunda, M.; Mazanec, K.; Skoumal, M. Magnetically separable reactive sorbent based on the CeO_2/γ-Fe_2O_3 composite and its utilization for rapid degradation of the organophosphate pesticide parathion methyl and certain nerve agents. *Chem. Eng. J.* **2015**,

262, 747-755.

[9]   Boruah, P. K.; Das, M. R. Dual responsive magnetic Fe_3O_4-TiO_2/graphene nanocomposite as an artificial nanozyme for the colorimetric detection and photodegradation of pesticide in an aqueous medium. *J. Hazard. Mater.* **2020**, *385*, 121516.

[10] Sicard, C.; Perullini, M.; Spedalieri, C.; Coradin, T.; Brayner, R.; Livage, J.; Jobbágy, M.; Bilmes, S. A. CeO_2 Nanoparticles for the protection of photosynthetic organisms immobilized in silica gels. *Chem. Mater.* **2011**, *23*, 1374-1378.

[11] Boghossian, A. A.; Sen, F.; Gibbons, B. M.; Sen, S.; Faltermeier, S. M.; Giraldo, J. P.; Zhang, C. T.; Zhang, J.; Heller, D. A.; Strano, M. S. Application of nanoparticle antioxidants to enable hyperstable chloroplasts for solar energy harvesting. *Adv. Energy Mater.* **2013**, *3*, 881-893.

[12] Kumar, V.; Guleria, P.; Kumar, V.; Yadav, S. K. Gold nanoparticle exposure induces growth and yield enhancement in Arabidopsis thaliana. *Sci. Total Environ.* **2013**, *461-462*, 462-468.

[13] Giraldo, J. P.; Landry, M. P.; Faltermeier, S. M.; McNicholas, T. P.; Iverson, N. M.; Boghossian, A. A.; Reuel, N. F.; Hilmer, A. J.; Sen, F.; Brew, J. A.; Strano, M. S. Plant nanobionics approach to augment photosynthesis and biochemical sensing. *Nat. Mater.* **2014**, *13*, 400-408.

[14] Ma, J.; Song, Z.; Yang, J.; Wang, Y.; Han, H. Cobalt ferrite nanozyme for efficient symbiotic nitrogen fixation via regulating reactive oxygen metabolism. *Environ. Sci.: Nano* **2021**, *8*, 188-203.

[15] Yue, L.; Feng, Y.; Ma, C.; Wang, C.; Chen, F.; Cao, X.; Wang, J.; White, J. C.; Wang, Z.; Xing, B. Molecular mechanisms of early flowering in tomatoes induced by manganese ferrite ($MnFe_2O_4$) nanomaterials. *ACS Nano* **2022**, *16*, 5636-5646.

[16] An, J.; Hu, P.; Li, F.; Wu, H.; Shen, Y.; White, J. C.; Tian, X.; Li, Z.; Giraldo, J. P. Emerging investigator series: molecular mechanisms of plant salinity stress tolerance improvement by seed priming with cerium oxide nanoparticles. *Environ. Sci.: Nano* **2020**, *7*, 2214-2228.

[17] Khan, M. N.; Li, Y.; Khan, Z.; Chen, L.; Liu, J.; Hu, J.; Wu, H.; Li, Z. Nanoceria seed priming enhanced salt tolerance in rapeseed through modulating ROS homeostasis and α-amylase activities. *J. Nanobiotechnol.* **2021**, *19*, 276.

[18] Andersen, C. P.; King, G.; Plocher, M.; Storm, M.; Pokhrel, L. R.; Johnson, M. G.; Rygiewicz, P. T. Germination and early plant development of ten plant species exposed to titanium dioxide and cerium oxide nanoparticles. *Environ. Toxicol. Chem.* **2016**, *35*, 2223-2229.

[19] Wu, H.; Tito, N.; Giraldo, J. P. Anionic cerium oxide nanoparticles protect plant photosynthesis from abiotic stress by scavenging reactive oxygen species. *ACS Nano* **2017**, *11*, 11283-11297.

[20] Palmqvist, N. G. M.; Seisenbaeva, G. A.; Svedlindh, P.; Kessler, V. G. Maghemite nanoparticles acts as nanozymes, improving growth and abiotic stress tolerance in brassica napus. *Nanoscale Res. Lett.* **2017**, *12*, 631.

[21] Wu, H.; Shabala, L.; Shabala, S.; Giraldo, J. P. Hydroxyl radical scavenging by cerium oxide

nanoparticles improves Arabidopsis salinity tolerance by enhancing leaf mesophyll potassium retention. *Environ. Sci.: Nano* **2018**, *5*, 1567-1583.

[22] Lu, L.; Huang, M.; Huang, Y.; Corvini, P. F. X.; Ji, R.; Zhao, L. Mn_3O_4 nanozymes boost endogenous antioxidant metabolites in cucumber (Cucumis sativus) plant and enhance resistance to salinity stress. *Environ. Sci.: Nano* **2020**, *7*, 1692-1703.

[23] Gao, R.; Xu, L.; Sun, M.; Xu, M.; Hao, C.; Guo, X.; Colombari, F. M.; Zheng, X.; Král, P.; de Moura, A. F.; Xu, C.; Yang, J.; Kotov, N. A.; Kuang, H. Site-selective proteolytic cleavage of plant viruses by photoactive chiral nanoparticles. *Nat. Catal.* **2022**, *5*, 694-707.